JN306417

生化学

― 基礎と工学 ―

左右田　健次　編著

川嵜　敏祐・菊池　正和・黒坂　光
西野　徳三・福井　成行　　共著

化学同人

執 筆 者

編著者 左右田健次	関西大学教授（工学部）	1章
		2章 (2.1, 2.2, 2.6節)
		3章

川嵜　敏祐	京都大学教授（薬学部）	2章 (2.3～2.5節)
		7章
黒坂　　光	京都産業大学教授（工学部）	2章 (2.3～2.5節)
西野　徳三	東北大学教授（工学部）	4章
菊池　正和	立命館大学教授（理工学部）	5章, 6章
福井　成行	京都産業大学教授（工学部）	7章

はじめに

『年たけて また越ゆべしと 思ひきや 命なりけり 小夜の中山』．西行の歌に詠まれているこの「いのち」．「いのち」と「生命」は同義語と解されていますが，それぞれの使われ方は少し違うようです．法律用語としては「生命」が専らですが，文学では両方が使われています．ただ「いのち」のほうが語感が柔らかく，漢語の「生命」(昔は〝しょうみょう〟と呉音で読まれたようです)は硬く感じられるので，文章の調子に合わせていずれかが選ばれているのでしょう．自然科学では圧倒的に「生命」が用いられています．しかし医療の現場で，個々の患者を対象にした場合などには「いのち」が主体です．つまり，生物の命を客観的にとらえた場合には「生命」が使われ，特定の人(あるいは動物)の「掛け替えのない命」を考えるときには「いのち」となるようです．

この「いのち」と「生命」をめぐって，人類はどれほど多くの文学作品を生み，法律をつくり，哲学を談じ，農業や経済活動を行い，医学や科学技術を進歩させ，また戦争をしてきたことでしょう．文明も文化もこの両者の間に発達したとさえいえます．

さて，「生化学」は生命活動を化学のことばで解き明かす学問です．19世紀，近代科学は爆発的な発展を遂げました．有機化合物は〝造物主たる神によってつくられた生物〟のみがつくりうる，という従来の観念を打ち破ったウェーラーの尿素合成(1828)に端を発した有機化学は，リービッヒやケクレなどによって体系化されました．一方，人体の働きを系統的に解明しようとする生理学が誕生し，パスツールやコッホにより微生物学が確立され，発酵や消化の研究などと相まって，生命現象を化学的に研究しようという機運が醸成されたのです．元来，生物の化学的研究を目ざした有機化学が，しだいに「炭素化合物の化学」に向かうにつれて，19世紀末，純粋に「生命」を化学の立場から研究する生化学が独立して発展を始めました．

その後の生化学の発展の軌跡は，20世紀の科学の歴史を大きく特徴づけるものです．簡単な生体分子の研究から始まった生化学は，タンパク質，DNAなど，生体高分子の構造や機能だけでなく，それらの相互作用，その作用の伝達，遺伝や進化のメカニズムの解明，さらにはDNAの改変と新しいタンパク質の合成などと，目覚ましい飛躍を遂げました．生化学の周辺には，分子生物学，生物工学，生物情報学などといった新しい学問分野が派生し，それぞれ大きく進展しつつあります．

さてこの本は，生化学を長年にわたり研究し，生化学を愛する著者たちが現在の生化学とそこから生まれた生物工学の基礎を平明に解説したものです．しかし，紙幅の関係で生物工学の詳細は述べられていません．私たちは，この本を土台にして，学部，大学院の学生や生化学に関心を抱く若い人びとが21世紀の新しい生物科学を切り開いてほしいと念じます．分子生物学や分子遺伝学に進むにしても，生化学に基づいた「生体分子」の正しい理解なしには，新しい概念や分野の開拓は難しいでしょう．また，生化学は広い「生命の科学」の一部であり，その全体の上に成り立っていることを，いつも意識する必要があります．そして，生化学に関する片々たる知識の集積だけを目ざすのでなく，時に「いのち」や「生命」にも思いを馳せてほしいと思います．

　本書を企画するにあたって，私たちは互いに意見を述べ，論を戦わせ，そしてそれぞれの専門とする分野の執筆を担当しました．しかし，内容が多岐にわたっているので，全体を通しての統一に欠ける点が見られるかもしれないことや，思い違いや誤りのあることを恐れます．江湖のご批判とご叱正を待つものです．この本ができあがったのは，化学同人の平林 央 氏が私たちのわがままを暖かく受け入れ，調整しながら，我慢強く舵取りをして下さったお陰です．ここに心からお礼を申します．

2001年1月

著者を代表して
左右田　健次

目 次

1章　生化学の基礎 …………………………………………1
1.1　生命とその誕生 ……………………………1
1.2　生物の多様性 ………………………………2
1.3　細　　胞 ……………………………………3
1.4　生命の化学的環境 …………………………5
  1.4.1　生命と水 ………………5
  1.4.2　酸と塩基 ………………7
  1.4.3　pHおよび活量と緩衝液 …………7
1.5　生体分子における化学結合 ………………9
【コラム】生き物は水物 ……………………………6
    断想・科学用語の読み方について ……………10

2章　生体を構成する物質 ………………………………11
2.1　アミノ酸 ……………………………………11
  2.1.1　アミノ酸の生体内での役割　11
  2.1.2　アミノ酸の構造 …………11
  2.1.3　アミノ酸の性質 …………12
2.2　ペプチドとタンパク質 ……………………16
  2.2.1　タンパク質の種類 ………16
  2.2.2　タンパク質の性質に基づく精製法と分子量の測定法 …18
  2.2.3　タンパク質の構造 ………21
  2.2.4　タンパク質の構造形成 …30
  2.2.5　タンパク質の翻訳後修飾 …31

2.3 糖　　質 …………………………………………………………………… 31
　　2.3.1　単糖類 ………………… 32　　2.3.5　二糖類 ………………… 39
　　2.3.2　その他の単糖 ………… 34　　2.3.6　多糖類 ………………… 40
　　2.3.3　単糖の環状化 ………… 36　　2.3.7　複合糖質 ……………… 42
　　2.3.4　グリコシド …………… 38
2.4 脂　　質 …………………………………………………………………… 44
　　2.4.1　脂肪酸 ………………… 44　　2.4.3　リポタンパク質 ……… 51
　　2.4.2　脂質の分類 …………… 45　　2.4.4　ミセルとリポソーム … 52
2.5 核　　酸 …………………………………………………………………… 53
　　2.5.1　核酸の構成成分 ……… 53　　2.5.4　RNA …………………… 58
　　2.5.2　ヌクレオシドとヌクレオチド 54　　2.5.5　核酸の変性と復元 …… 60
　　2.5.3　DNA ………………… 57　　2.5.6　核タンパク質 ………… 60
2.6 ビタミンと微量元素 ……………………………………………………… 63
　　2.6.1　ビタミン ……………… 63 ｜ 2.6.2　生体微量元素 ………… 71

【コラム】奇妙なアミノ酸 ……………………………………………… 14
　　　　　アミノ酸銘々伝 ……………………………………………… 16
　　　　　タンパクとタンパク質 ……………………………………… 20
　　　　　D-アミノ酸は非天然型か？ ……………………………… 29
　　　　　血液型とオリゴ糖鎖 ………………………………………… 49

3章　酵素とその働き …………………………………………………… 73

3.1 酵素の定義およびその分類と命名法 …………………………………… 73
　　3.1.1　酵素の分類 …………… 73 ｜ 3.1.2　酵素の命名法 ………… 75
3.2 酵素活性の単位と活性表示 ……………………………………………… 76
3.3 酵素の触媒としての特性 ………………………………………………… 77
　　3.3.1　触媒能率と反応条件 … 77　　3.3.3　不安定性 ……………… 83
　　3.3.2　特異性 ………………… 77
3.4 補　酵　素 ………………………………………………………………… 84
3.5 ペプチド・ビルトイン型補酵素 ………………………………………… 91
3.6 補欠金属 …………………………………………………………………… 93
3.7 酵素阻害剤 ………………………………………………………………… 96
3.8 酵素反応速度論 …………………………………………………………… 96
　　3.8.1　ミカエリス・メンテンの式…97 ｜ 3.8.2　ラインウィーバー・バークの式 …99

　　　　3.8.3　酵素阻害 ……………100　｜　3.8.4　酵素活性のアロステリック
　　　　　　　　　　　　　　　　　　　　　　　　調節……………………104
　3.9　触媒機構 ………………………………………………………………………106
　　　　3.9.1　酵素の基本的触媒機構 …107　｜　3.9.2　酵素の触媒機構の実例 …108
　3.10　酵素の応用 ……………………………………………………………………111
　　　　3.10.1　酵素的合成 …………111　｜　3.10.2　その他の酵素の応用 …114

　【コラム】ラセマーゼの発見 ………………………………………………………81
　　　　　　日本で教鞭をとったミカエリス ………………………………………97

4章　物質代謝とエネルギー代謝 ……………………………115

　4.1　代謝の基礎 ……………………………………………………………………115
　　　　4.1.1　代謝の概念 ……………115　｜　4.1.3　動的平衡 ………………116
　　　　4.1.2　異化代謝と同化代謝 …116　｜　4.1.4　代謝とエネルギー ……117
　4.2　糖代謝 …………………………………………………………………………119
　　　　4.2.1　解糖 ……………………119　｜　4.2.5　ペントースリン酸経路 131
　　　　4.2.2　発酵 ……………………123　｜　4.2.6　グリコーゲンの分解および
　　　　4.2.3　クエン酸回路 …………125　｜　　　　　合成とその調節 ………133
　　　　4.2.4　糖新生 …………………129　｜　4.2.7　光合成 …………………137
　4.3　電子伝達系と酸化的リン酸化 ………………………………………………143
　　　　4.3.1　ミトコンドリア ………143　｜　4.3.3　酸化的リン酸化とATPの
　　　　4.3.2　電子伝達系 ……………144　｜　　　　　合成 ………………148
　4.4　脂質代謝 ………………………………………………………………………150
　　　　4.4.1　トリアシルグリセロールの消化 151　｜　4.4.3　脂肪酸の生合成 …156
　　　　4.4.2　脂肪酸の酸化 …………152　｜　4.4.4　コレステロールの代謝 162
　4.5　アミノ酸代謝 …………………………………………………………………165
　　　　4.5.1　窒素固定と自然界における　　　　　　アミノ酸の合成 ………168
　　　　　　　窒素循環 ………………165　｜　4.5.4　アミノ酸の分解 ………170
　　　　4.5.2　タンパク質の消化 ……167　｜　4.5.5　尿素回路 ………………172
　　　　4.5.3　アンモニアの同化および　　｜　4.5.6　硫黄の循環 ……………172
　4.6　核酸の代謝 ……………………………………………………………………173
　　　　4.6.1　核酸の同化 ……………173　｜　4.6.3　デオキシリボースの
　　　　4.6.2　ヌクレオチド補酵素の　　　　　　　　　生合成 ………………175
　　　　　　　生合成 …………………175　｜　4.6.4　核酸の異化代謝 ………176
　4.7　代謝調節とその応用 ── アミノ酸発酵を中心に …………………………178

viii　目　次

　　　　4.7.1　代謝調節の概要 ……… 178 ｜ 4.7.2　発酵工業への応用 …… 179
　　【コラム】脂質は水の貯蔵体－脂質の役割 ……………………………………… 150
　　　　　　注目あびるバイオレメディエーション …………………………………… 156

5章　遺伝子と遺伝情報……………………………………………183

　5.1　複製，修復，組換え ………………………………………………………… 183
　　　　5.1.1　複製 ………………… 183 ｜ 5.1.3　組換え ……………… 189
　　　　5.1.2　修復 ………………… 185
　5.2　遺伝情報の発現 ……………………………………………………………… 193
　　　　5.2.1　セントラルドグマと　　　｜ 5.2.3　翻訳 ………………… 199
　　　　　　　遺伝暗号 ……………… 193 ｜ 5.2.4　タンパク質の局在化 … 208
　　　　5.2.2　転写 ………………… 195
　5.3　遺伝子発現の調節 …………………………………………………………… 210
　　　　5.3.1　原核生物における遺伝子発現 ｜ 5.3.2　真核生物における遺伝子発現
　　　　　　　の調節 ………………… 211 ｜ 　　　　　の調節 ………………… 214
　5.4　バクテリオファージ ………………………………………………………… 218
　　　　5.4.1　大腸菌のファージ …… 218 ｜ 5.4.3　実験材料としての
　　　　5.4.2　溶原性ファージ ……… 220 ｜ 　　　　　ファージ ……………… 221
　　【コラム】DNA修復機構の異常による疾患 …………………………………… 187
　　　　　　タンパク質合成と抗生物質 ……………………………………………… 204
　　　　　　オパールコドンの例外的作用 …………………………………………… 207

6章　遺伝子工学とタンパク質工学………………………………227

　6.1　組換えDNA ………………………………………………………………… 227
　　　　6.1.1　組換えDNA技術の確立 … 227 ｜ 6.1.5　組換えDNA実験で汎用する
　　　　6.1.2　DNAの切断と連結 …… 227 ｜ 　　　　　ヌクレアーゼ ………… 234
　　　　6.1.3　プラスミド ………… 230 ｜ 6.1.6　物理的封じ込めと生物学的
　　　　6.1.4　形質転換 …………… 233 ｜ 　　　　　封じ込め ……………… 236
　6.2　遺伝子のクローニング ……………………………………………………… 237
　　　　6.2.1　クローニングベクター　237 ｜ 6.2.3　クローンの選択 …… 241
　　　　6.2.2　遺伝子ライブラリーの　　　｜ 6.2.4　塩基配列の決定 …… 244
　　　　　　　作製 …………………… 239 ｜ 6.2.5　PCR法 ……………… 246
　6.3　組換えタンパク質 …………………………………………………………… 247
　　　　6.3.1　遺伝子発現系 ……… 247 ｜ 6.3.2　遺伝子産物の検出 … 251

6.4　遺伝子工学の応用 …………………………………………………252
6.5　タンパク質工学 ……………………………………………………253
　　6.5.1　タンパク質の改良技術 …253　　6.5.3　タンパク質の構造形成　261
　　6.5.2　タンパク質の改良 ……256

【コラム】制限酵素の怪 ……………………………………………………229
　　　　　マーカー遺伝子 ………………………………………………237
　　　　　ブロッティング ………………………………………………242

7章　生体膜と細胞工学 ……………………………………………267

7.1　生 体 膜 ………………………………………………………………267
　　7.1.1　細胞における生体膜の
　　　　　存在場所と生体膜の
　　　　　一般的な特徴 …………267
　　7.1.2　生体膜の化学組成 ……270
　　7.1.3　生体膜を構成する脂質 …272
　　7.1.4　生体膜を構成する
　　　　　タンパク質 ……………277
　　7.1.5　生体膜を構成する糖質 …281
　　7.1.6　生体膜を構成する脂質と
　　　　　タンパク質の膜面上での
　　　　　拡散 ……………………283
　　7.1.7　生体膜の再構成実験 …287

7.2　細胞融合と細胞工学 ………………………………………………288
　　7.2.1　岡田善雄による細胞融合の
　　　　　発見 ……………………289
　　7.2.2　融合細胞の性質 ………289
　　7.2.3　融合細胞の選別方法 …291
　　7.2.4　Köhler と Milstein による
　　　　　モノクローナル抗体の
　　　　　作製 ……………………294
　　7.2.5　細胞融合を利用した高分子
　　　　　物質の移入実験 ………296
　　7.2.6　生体内で起こる細胞融合
　　　　　現象 ……………………298
　　7.2.7　膜融合タンパク質のもつ特徴
　　　　　と細胞融合の機構 ……298

【コラム】脂質二分子層に浮かぶ筏 ………………………………………286

索　引 ………………………………………………………………………301

1章 生化学の基礎

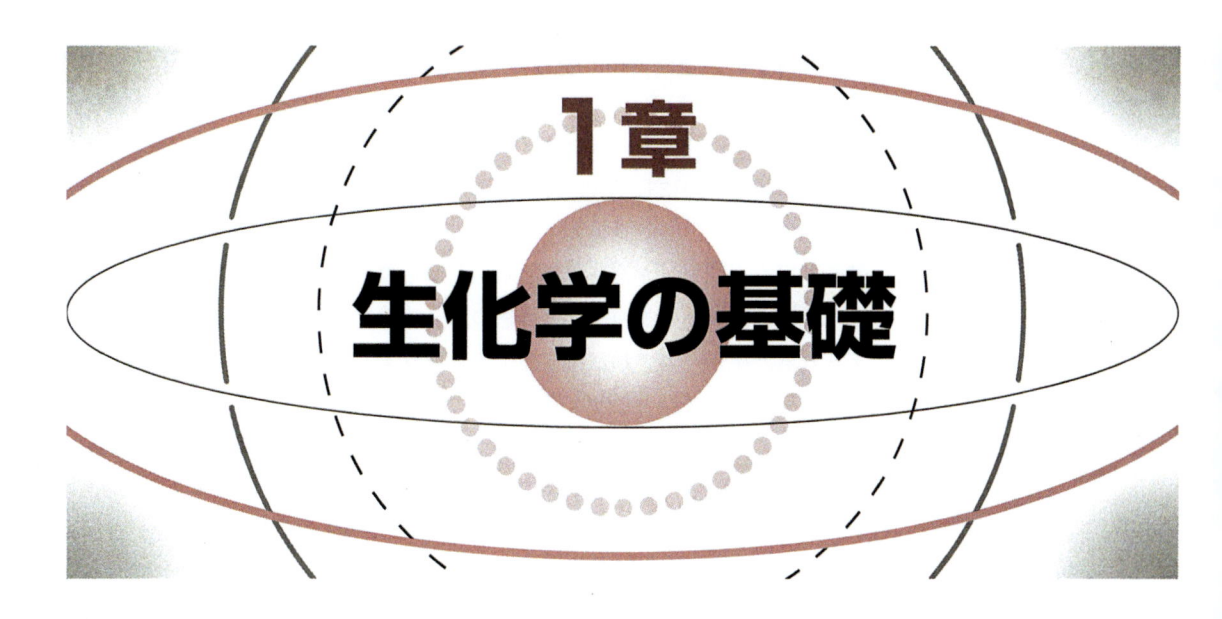

1.1 生命とその誕生

　生命とは何か．この問いに対する答えは自明のように思えるが，生命を正確に定義することは容易ではない．辞書(『国語辞典』，集英社，1993年)を見ると，「生物を生物として存在させる根源の力」とある．また，生物は「生命をもち，生長，繁殖するもの」とあって，説明の責任のなすり合いをしている．『広辞苑・第5版』(岩波書店，1998年)には，生命は「生物が生物として存在し得るゆえんの本源的属性として，栄養摂取・感覚・運動・生長・増殖のような生活現象から抽象される一般概念」と記してあるが，われわれが知りたいのは「抽象される一般概念」の内容である．ある生物が生命を失った瞬間，その生物を構成している生体物質は変化していない．「生命がある」，「生きている」とは，「生物を構成している物質全体が，ある一定の生きているという方向に向かって秩序だって動いている状態」としか表現できないであろう．

　この生命はいつ誕生したのだろうか．46億年前，太陽系の一惑星として宇宙に誕生した地球は，宇宙塵とガスの塊の時代，マグマの塊の時代を経て，36億年前にしだいに温和な様相を示しはじめた．原始地球の大気は，おそらく CO_2，CO，N_2，H_2O から構成されていたという説が有力であるが，CH_4，NH_3，H_2，N_2，H_2O から構成されていたという考えもある．しかしいずれの場合も，O_2 はほとんど存在しなかったと考えられる．O_2 がなければ，当然，オゾン層は存在せず，太陽からの強烈な紫外線や空中放電によって励起された大気成分は，反応しあって HCN，HCHO，O＝C＝C＝C＝O(カーボンサブオキシド)などの簡単な有機化合物を合成し，これらはさらに反応してDL-アミノ酸，核酸塩基，糖，有機酸などに変化し，ついにはタンパク質，RNA，DNA，多糖類などの高分子が合成されたと考えられる．L-アミノ酸だけが選択的に脱水縮合してタンパク質が合成された機構は諸説あるものの不分明である．これらの高分子化合

物が凝集し，多種多様な有機および無機化合物を取り込んで**コアセルベート**(coacervate，液滴)を形成し，これらが体制化して生命が誕生したといわれている．このようにいろいろな物質が入っていたコアセルベートが生命に至る確率はきわめて低いにしても，ここには何千万年，何億年という時間の因子が存在したのである．生命が生まれたのは，致死的な強さの紫外線が適度に弱まり，還元作用をもつ H_2S が海底の熱水噴出孔から豊かに供給された海の浅瀬であった可能性が高い．最初の生物は現在の超好熱性始原菌に近い存在であったと考えられる．生命が生まれるまでの生体を構成する化合物の化学的変化の過程を**化学進化**(chemical evolution)と呼ぶ．

いずれにしても最初の生物は生育，増殖を繰り返しつつ**生物進化**(biological evolution)を遂げ，20数億年前には太陽エネルギーを利用する光合成細菌が現れ，地球の大気に O_2 を供給した．長い時間の過程で O_2^-, $^1O_2$, $HO\cdot$, H_2O_2 (活性酸素)が生成してほとんどの原始生物は死滅したであろう．しかし，一部の生物は活性酸素消去能(スーパーオキシドジスムターゼやカタラーゼなどの生産性)を獲得し，この難問を克服した．そして長い進化の果てに400万年ほど前に人類が現れ，その頭脳の活動を駆使して文化・文明を発展させ，繁栄を享受した．しかしその一方で人類は，自らの生んだ産業や人口の爆発的増加などによる環境破壊や食糧危機のなかに，今，起死回生の苦渋の道を探りつつある．

生化学(biochemistry)は，この生物の示す生命活動を**化学**(chemistry)の立場から解き明かす学問分野である．120年ほど前に有機化学と生理学などを統合して生まれたのが「生命活動を化学的に解明する」生化学である．生化学は，遺伝学，有機化学，分析化学，物理化学など周辺の学問分野の進歩を取り入れ，生物物理学，分子生物学，分子遺伝学，生物工学などの関連する新分野を生みつつ大きく進展している．

1.2 生物の多様性

原始生物から進化を遂げ，多くの生物が現れては消えていった栄枯盛衰の歴史は，地球を舞台にした最も壮大なドラマともいえよう．現在，地球には36億年の進化の反映として130万種もの生物が存在している．生物学では，この多様な生物を，それぞれの特徴的な形質に基づいて，また最近ではリボソーム粒子を構成する16S RNAの塩基配列などやこれらの類縁関係に基づいて，「種」を中心に系統的に分類し，二命名法で記載している．最も基本的には，細胞内にDNAを含む明確な核をもつ**真核生物**(eucaryote)，**原核生物**(procaryote，細菌，放線菌，シアノバクテリア)，および**始原菌**(archaea，アーケア，古細菌)の三つに生物を分類している．単細胞で 1 μm 程度の大きさの細菌からカビ，イネ科植物，魚類，両生類，哺乳類，そして氷のなかでも光合成をして生育す藻類から 110°C でも活発に生育する超好熱性細菌まで思いつくままに記して

超好熱性始原菌

超好熱性始原菌(hyperthermophilic archaea)とは，最適生育温度が80°Cで，90°C以上でも生育可能な始原菌(アーケア，古細菌)をさす．この温度で生育する真正細菌(*Thermotoga* 属，*Aquifex* 属など)もあるが，大部分は始原菌である．エネルギー獲得性，栄養要求性などは多様で嫌気性のものが多いが，*Sulfolobus* 属，*Pyrobaculum* 属など好気性のものもある．一般に種々の超耐熱性酵素を生産する．

二命名法

二命名法(binominal nomenclature)とは，生物命名の基準として，種の学名をラテン語の属名と種名の2語の組合せで表す方式である．たとえば属名の *Bacillus* と種名の *subtilis* を組合せた *Bacillus subtilis* は一般的な和名で枯草菌と呼ばれる細菌であり，属名の *Aspergillus* と種名の *oryzae* (イネの意)を組合せた *Aspergillus oryzae* はコウジカビを示す．

もわかるように，その**多様性**(diversity)が生物の大きな特色であるとともに，その物質代謝やエネルギー代謝，生体高分子の構造や機能，そして遺伝子の構造や働きなど，生化学の立場から眺めると，そこには驚くほどの共通性，**統一性**(unity)が存在する．この統一性と多様性は共通の祖先から出ている生物進化の道筋と環境への適応の反映にほかならない．この進化と適応を分子のレベルで解明する分子進化や遺伝子変異の研究も，生化学の重要な研究領域である．

1.3 細 胞

単細胞生物の細菌や酵母はもとより他のすべての生物も，**細胞**(cell)から構成されている．原核生物のグラム陽性の細菌細胞では，図1.1の代表例が示すように，外側の**細胞壁**(cell wall)はペプチドグリカン（グラム陽性菌ではテイコ酸）

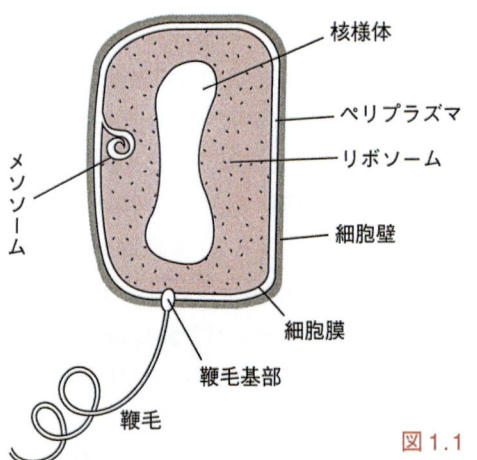

図1.1 細菌細胞の模式図（グラム陽性菌）

を主成分とする強固な防護構造である．グラム陰性菌では，細胞壁の外側にリポタンパク質，リン脂質，リポ多糖から構成される**細菌外膜**(bacterial outer membrane)が存在する（図1.2）．**細胞膜**(cell membrane)は**細胞質**(cytoplasm)を包む選択透過性，能動輸送などの機能をもった膜で，タンパク質を含む脂質二重層からなる．細菌によっては，細胞膜が細胞質に陥入してメソソームを形成しているものもある．また，細菌においてはDNAを包む核膜はなく，つま

原形質と細胞質

以前，両者を同意語的に使った時代があったが，現在では，細胞の生命活動をしている部分を原形質と呼んでいる．また真核細胞では，原形質は大ざっぱにいえば細胞質と核質から構成されている．核質は核膜中で染色体および核小体以外の部分をいう．

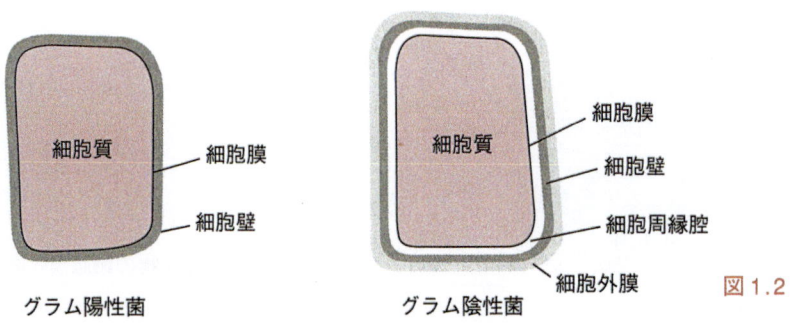

図1.2 グラム陽性菌とグラム陰性菌の細胞周縁部構造の模式図

りDNAが染色体構造をとらずに細胞質中に固く巻いた形で核様体として存在する．細菌の種類によっては特徴的な**鞭毛**(flagellum, 複数形はflagella)を運動器官としてもっているものがあり，*Bacillus*属のいくつかの細菌(たとえばナットウ菌)に見られるように，粘質物が細胞表面を包んでいるものもある．この細胞外粘質物の多くはポリγ-D-グルタミン酸(L-グルタミン酸を20%程度含むこともある)と多糖から構成されている．

真核生物の細胞〔図1.3，図7.1も参照〕は多くの場合，原核細胞より20～100倍大きく，また種類によって異なるが複雑なオルガネラ(細胞小器官)をもっている．細胞壁はなく，核膜でDNAが包まれた核(一般に4～6 μmの直径)が**原形質**(protoplasm)に存在する．ミトコンドリア(mitochondria)は電子伝達系，クエン酸回路などのエネルギー代謝関連酵素系を含み(4章参照)，細胞の発電機にもあたる．その長さは約2 μmで，内外2層の膜に包まれ，内膜の内部は**マトリックス**(matrix)と呼ばれる〔図4.15参照〕．内膜自体は多くのヒダを形成し，このヒダ構造は**クリステ**(crista)と呼ばれ，その内側表層はATPの生産に関与する電子伝達系の酵素群が存在する．またマトリックスは独自のDNAも含んでいる．光合成を行う植物細胞には，光合成工場ともいえる小器官の**クロロプラスト**(chloroplast, 葉緑体)が，二重膜で包まれて存在している．**小胞体**(endoplasmic reticulum：ER)は，普遍的に存在する一重膜に包まれ，小胞状や小管状など多様で，種々のタンパク質や代謝産物を生産し，リボソームとしばしば結合している．リボソーム(ribosome)はタンパク質とRNAから構成される小さなオルガネラで，タンパク質合成の場である．リソソーム(lysosome)はいろいろな加水分解酵素(リボヌクレアーゼ，酸性ホスファターゼ，カテプシンなど)を含む小さな膜性のオルガネラである．ゴルジ体(Golgi body)は複合的な膜系から構成され，小胞体で合成された膜タンパク質，分泌タンパク質はゴルジ体に運ばれて修飾(プロセシング)を受ける．なお，真核細胞の構造については**7.1.1**に詳しく述べられている．

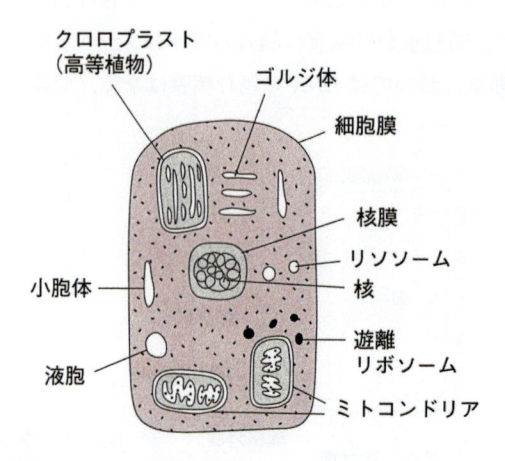

図1.3 真核生物の細胞模式図

1.4 生命の化学的環境
1.4.1 生命と水

生命は，水を溶媒として種々の有機化合物，無機化合物が溶質となっていた原始スープの海，それも太陽からの強烈な紫外線が適度に吸収されて減衰した浅瀬で誕生し，その反映として現在も細胞質や体液の組成は本質的には海水のそれと同類である．水(H_2O)は図1.4のように折れ曲がった形をしている．OとHの結合の距離は0.958 Åである．酸素は電気陰性度が高いので，二つの水素

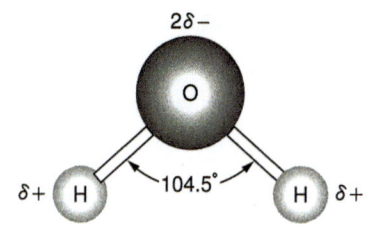

図1.4　水の構造

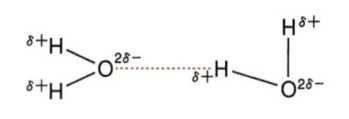

図1.5　水分子間の水素結合（点線）

原子と共有している電子を引き寄せ，その結果，部分的に負の電荷($2\delta-$)を獲得する．水素原子は逆に部分的に正の電荷($\delta+$)をもつ．この双極性のために，水分子は別の水分子との間に**水素結合**(hydrogen bond)を形成し（図1.5），水分子どうしは数分子で動的なゆるい集合体を形成している（図1.6）．

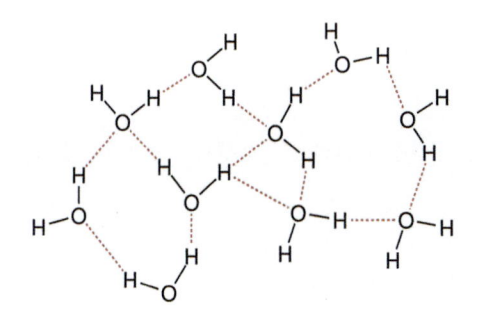

図1.6　水分子の動的集合体

また水は，双極性に基づいて異なる電荷をもつ原子を引き寄せ，水素結合によって水和（溶媒和）された層をそのまわりにつくる．つまり，**親水性**(hydrophilicity)の物質を水和により溶解する（図1.7）．このため水は最も多くの物質に対する**溶媒**（共通溶媒）として，無機塩，アルコール，カルボニル，有機酸，糖，アミノ酸，タンパク質などの極性あるいはイオン性物質を溶かす．

図1.7　水との水素結合による親水性化合物〔エチレングリコール（**1,2-エタンジオール**）〕の水和の例

このような水の作用は生命活動の重要な基盤となっている．一方，非極性物質は「水と油」のたとえのように水に溶けにくい**疎水性**(hydrophobicity)を示す．

分子内に極性(あるいはイオン性)部分と非極性部分を併せもつ**両親媒性**(amphiphilicity)の化合物も存在する．長鎖脂肪酸，たとえばパルミチン酸〔$CH_3-(CH_2)_{14}-COO^-$〕などはその典型である．水溶液中の長鎖脂肪酸はそれぞれ固有の濃度(ミセル形成臨界濃度，CMC)で親水性部分($-COO^-$)を水と接する外側に，また疎水性つまり非極性部分(長鎖アルキル部分)を内側にした会合体を形成する．あるいは疎水性部分を内側にして，親水性部分を水と接する外側にした二分子膜構造をとる(**2.4.4**および**7.1.3**参照)．

脂質二重膜(二分子膜)が本質的には細胞膜の構造であり，水の存在下でこのような膜構造が形成されて細胞膜となったこと，つまり外界と内部とを隔てる選択的透過性をもつ境界によって細胞の形成が促されたことは，生命の誕生の重要な段階であった．この二分子膜構造の細胞膜は内在性のタンパク質を含み，流動性をもって細胞の活動に必須の機能を示している(**7.1**参照)．この細胞膜の構造と機能だけを見ても，水の存在があってはじめて生命が存在することがわかるであろう．

さらに上述したように，水はいろいろな無機および有機化合物を溶かして生命活動を可能にしている．それだからすべての生命活動には水分子が関与しており，厳密に生体反応を理解するには水分子の活量など，その物理化学的性質や作用を考慮する必要がある．

コラム

生き物は水物

水に関する熟語や言い回しは実に多い．「水が合わない」(その土地の気候，風土，気風が合わず，生活しにくい)，「水もしたたるような美人」(水にぬれてつやつやとしたような美しい女性)，そして「水に流す」，「水臭い」，「水掛け論」，さらには「秋水一閃」(秋の澄みきった水のようにとぎすまされた刀が振り下ろされキラッと光ること)等など．英語にも多いようで，「水ももらさぬ警護」(厳重な警護)に匹敵するような"watertight argument"(反論の余地のないような完璧な議論)や，「水っぽい，散漫な文芸作品」に対してはそのまま"watery writing"がある．

水は人間の生活に最も重要な物質である．生物の体の70％から95％は水である．「勝負は水物で予想し難い」などというが，生物もまた水物である．

本文に述べたように，水のないところにあらゆる生物の存在は考えられない．地球の海と山と陸地をならすと，地球は3800 mの海で覆われるという．地球は実に水の惑星である．水分子にはその極性によっていろいろな親水性物質が溶解する．水ほど多種多様な物質を溶かす溶媒はない．このため37億年ほど前，長い化学進化の過程で生成した有機および無機化合物が高濃度に溶解した原子スープの海ができ，浅瀬で生命は誕生したといわれる．生体高分子をはじめとする種々の生体分子は水との相互作用に基づいて生命活動に関与している．生体において水の示す融点，沸点，比熱，溶解熱，比誘電率などその性質のいずれをとっても他の溶媒に置き換えることはできない．生命がはぐくまれた水の惑星，地球の天与の優しい環境を人類は守らなければならない．

1.4.2 酸と塩基

Brønsted-Lowry の定義によると，**酸**(acid)とは「AH あるいは BH$^+$ のようにプロトン(H$^+$)を供与しうる化合物」であり，一方，**塩基**(base)とは「プロトンを受け取りうる化合物」である．水はプロトンと水酸イオンに解離しており，水分子どうしの間では図 1.8 に示すようにヒドロニウムイオン(H$_3$O$^+$，水中で

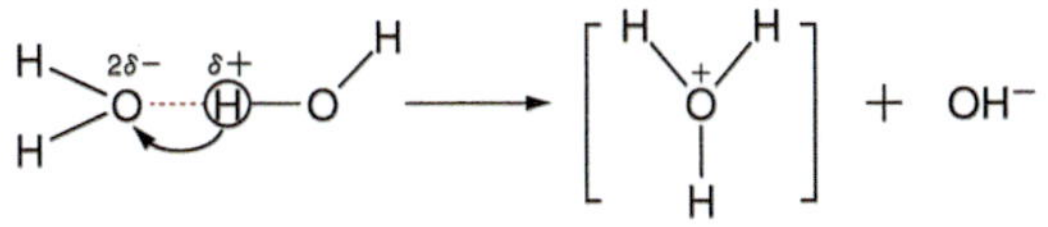

図 1.8 水のヒドロニウムイオンへの解離

プロトンが H$_2$O に結合した形)が形成され，プロトンが連続的に移動している(プロトンジャンプ)．

$$HA + H_2O \rightleftharpoons H_3O^+ + A^-$$

ここで HA は酸であり，H$_2$O は塩基として反応し，共役塩基(A$^-$)と共役酸(H$_3$O$^+$)を生成する．この酸-塩基反応においてそれぞれのモル濃度を[ ]で示すと，平衡定数 K_a は

$$K_a = \frac{[H_3O^+][A^-]}{[HA][H_2O]}$$

である．希薄溶液では[H$_2$O] = 55.5 M と実際上一定であり，[H$_3$O$^+$]は実際上[H$^+$]と同じであるから，解離定数 K は

$$K = K_a[H_2O] = \frac{[H^+][A^-]}{[HA]}$$

である．HCl，H$_2$SO$_4$，HNO$_3$ などの強酸は $K > 1$ で水のなかでほとんど完全に解離する．たとえば HCl は，HCl → H$^+$ + Cl$^-$ のようにほぼ完全に解離し，水のなかでプロトン(前述のように実際には H$_3$O$^+$ の形で存在する)を与える．有機酸などの弱酸は $K < 1$ であり，たとえばクエン酸，酢酸の K(25 ℃での)はそれぞれ 7.41×10^{-4}，1.74×10^{-5} である．

強塩基はプロトンに対して強い親和性を示し，一方，弱塩基はプロトンに対して弱い親和性しか示さず，溶液中でプロトンを受け取りにくい．

1.4.3 pH および活量と緩衝液

pH は溶液中の H$^+$(= H$_3$O$^+$)濃度[H$^+$]の逆数の対数として表す．

$$pH = -\log[H^+]$$

pH は数値 1 ～ 14 の間にあり，[H$^+$]が 10^{-1} M, 10^{-7} M, 10^{-14} M において 1, 7, 14 である．pH 7 は中性で溶液が 10^{-7} M の[H$^+$]を含んでいることを意味し，それ以上および以下の[H$^+$]を含む溶液はそれぞれ酸性(pH ＜ 7)および塩基性(pH ＞ 7)である．pH 値が 1 低いことは[H$^+$]が 10 倍高いことを意味する．ヒトの胃液，唾液，血液の平均 pH はそれぞれ 1 ～ 1.5, 6.4, 7.4 である．胃液は 0.2 ～ 0.5 ％塩酸を含む強酸性溶液で，食物に付着した微生物などを死滅させるとともに，キモシン(牛の第四胃で生産)，リパーゼ，ペプシノーゲンなどの酸性で作用する酵素を含んでいる．pH あるいは[H$^+$]はガラス電極を用いた電位差計である pH メーターによって測定される．

溶液の pH や[H$^+$]の測定において，得られる値は厳密には**活量**(activity)，つまり実効濃度を表している．溶液において溶質−溶質間および溶質−溶媒間には相互作用があり，これは溶質や溶媒などの濃度や物理的条件によって変化する．ほとんどの生体反応の場である電解質溶液のようにイオン性溶質の場合には，とくにこれらの相互作用が大きいので，反応などに関与する溶質の実効濃度は計算上のモル濃度と異なってくる．このように反応や平衡に実際に関与する濃度が活量である．物質 X の活量 a_x はモル濃度[X]に活量係数 γ_x を掛けた値である．

$$a_\mathrm{x} = \gamma_\mathrm{x}[\mathrm{X}]$$

活量は蒸気圧，沸点，溶解度，浸透圧などの測定によって決定される．

酸あるいは塩基の添加によって起こる溶液の pH 変化を妨げる作用(緩衝作用)をもつ「弱酸とその塩」または「弱塩基とその塩」の混合液を**緩衝液**(buffer solution)と呼ぶ．弱酸 HA は水溶液中で次のように解離する．

$$\mathrm{HA} \rightleftharpoons \mathrm{H}^+ + \mathrm{A}^-$$

解離定数 K は

$$K = \frac{[\mathrm{H}^+][\mathrm{A}^-]}{[\mathrm{HA}]}$$

この溶液に強塩基 bOH を添加すると，

$$\mathrm{HA} + \mathrm{b}^+ + \mathrm{OH}^- \longrightarrow \mathrm{A}^- + \mathrm{b}^+ + \mathrm{H_2O}$$

となり，HA が OH$^-$ を中和するので溶液の pH 変化は比較的少ない．弱酸 HA の塩 MA に強酸 Ha を添加した場合には，

$$\mathrm{M}^+ + \mathrm{A}^- + \mathrm{H}^+ + \mathrm{a}^- \longrightarrow \mathrm{HA} + \mathrm{M}^+ + \mathrm{a}^-$$

となって pH 変化は大きくならない．つまり弱酸とその塩の混合溶液は酸にも塩基にも緩衝作用を示す．

生体が恒常的な生命活動を保つためには，細胞質や血液など生体組織のpH，温度，代謝関連物質の濃度，溶存酸素濃度などに**恒常性**(homeostasis)が保たれていることが必須である．たとえばヒトの血液は正常状態では7.4に保たれているが，そのpHが0.2程度の変動を示すと，つまり7.8に上昇したり6.8に低下してもアルカローシス，アシドーシスになって生命維持が困難になる．血液は，① 炭酸(H_2CO_3)－炭酸水素塩($HCOO^-$)系，② リン酸－リン酸塩系，③ 血漿タンパク質系，④ ヘモグロビン系の4種類の緩衝系によってpH 7.4に保たれている．その中心的役割を果たす炭酸－炭酸水素塩系での炭酸の解離平衡は次のHenderson - Hasselbalch式で表される．

$$\mathrm{pH} = \mathrm{p}K_a + \log \frac{[HCO_3^-]}{[H_2CO_3]}$$

ここで炭酸の解離定数pK_a = 6.1，正常pHは7.4であるから，$[HCO_3^-]$ / $[H_2CO_3]$ = 20/1である．$[H_2CO_3]$の増大(呼吸性アシドーシス)，$[HCO_3^-]$の減少(代謝性アシドーシス)および$[H_2CO_3]$の減少(呼吸性アルカローシス)，$[HCO_3^-]$の増大(代謝性アルカローシス)によりpH変化がひき起こされ，それぞれ意識障害や筋肉の攣縮(テタニー，tetany)などが見られる．

アシドーシスとアルカローシス

血液などの体液の酸塩基平衡が破れて，そのpHが酸側へ傾いた状態(病態)をアシドーシス(acidosis)，アルカリ側へ傾いた状態をアルカローシス(alkalosis)と呼ぶ．

1.5 生体分子における化学結合

さまざまな生体分子はそれ自体が共有結合，つまり原子の外殻電子を共有して安定化されている単結合(H－H, C－H, C－N など)，二重結合(C＝C, C＝O など)および三重結合(C≡C, C≡N など)を中心とするいろいろな化学結合によって強固に結合されている．生体分子あるいは生体分子どうし，生体分子と水などは，**水素結合**，**静電結合**〔electrostatic bond，**イオン結合**(ionic bond)〕，**疎水性結合**(hydrophobic bond)，**ファンデルワールス力**(van der Waals force)によって構造や性質を規制されたり結合されて，いろいろな物質代謝やエネルギー代謝が行われている．

水素結合は水素原子を介して形成されて比較的強い相互作用を示す．一般にはOH, NHなどのプロトン供与体と，電気陰性度の高いCOなどのプロトン受容体との間で形成され，X－H⋯Yと表される．前述したように，水分子ではOHがプロトン供与体，Oが受容体としてOH⋯Oの水素結合が形成されて水の動的集合体が生成される．後述されるように，DNAの二重らせん構造はAとT，CとGの核酸塩基間の相補的水素結合によって保たれている(図2.42参照)．また，タンパク質のαヘリックスやβ構造は分子内および分子間水素結合により形成されている．

静電結合はイオン結合または塩橋の別名が示すように，正電荷と負電荷の間に働く**クーロン力**(Coulomb force, クーロンの法則に従う静電気的相互作用)によって形成される．この結合は水中では大きい誘電率のために弱くなるが，

イオンへの解離の一因となる．タンパク質内部のように疎水的環境下では静電力が生じて強くなる．同じ電荷どうしでは斥力となり，異なる電荷間では引力となる．

疎水性結合は疎水性相互作用，つまり水分子と親和性の低い非極性基（疎水性基）どうしが水分子に反発して互いに集まる作用によって結果的に形成される結合の一種である．後述するように，一般の球状タンパク質の三次構造は，疎水性基が内側に，親水性基が水と接する外側に位置するように折りたたまれる．

ファンデルワールス力は弱い非共有結合の一つで，3〜4Åの距離に接近した原子間に働く非特異的な引力または斥力をさす．たとえば長鎖脂肪酸どうしがファンデルワールス力によって数百〜数千分子が会合してミセルを形成する（**2.4.4** 参照）．

コラム

断想・科学用語の読み方について

化合物や酵素などの科学用語の読みは伝統的にドイツ語に基づいている．たとえば文部省から出ている『学術用語集』なども原則的にドイツ語の読み方に準じている．pH は「ペーハー」であり，Michaelis constant は「ミカエリス定数」であって「マイケリス定数」ではない．しかし世上，英語表現が一般化しているうえに，『用語集』などに出ている術語の数も多くはないので，「英語読み」が普通になっている例は少なくない．「キャピラリー電気泳動」が一般的で，「カピラル電気泳動」は耳にしない．

superoxide dismutase は「スーパーオキシドジスムターゼ」と呼ばれており，『生化学辞典』第3版（東京化学同人）や『生物学辞典』第4版（岩波書店）などにもそのように記載されているが，superoxide は英語では「スーパーオキサイド」と発音され，ドイツ語 (Superoxyd) では「ズーパーオキシド」的に発音される．つまり，一つの語の前半は英語式，後半はドイツ語式の読みで，英独が仲よくか，けんかしながらかは知らないが，共存している．さらに dismutase（ジスムターゼ）はドイツ語読みである．

立体化学における鏡像異性や不斉中心は現今「キラリティー」，「キラル中心」と呼ぶことが一般化しているが，chirality や chiral の英語読みは「カイラリティー」，「カイラル」であり，ドイツ語では "chi" は一般に "ヒ" と発音されるので「キラリティー」，「キラル」は無国籍の読みである．最初にどなたかがこのような奇妙な日本語名をつけられるとそれが世の中に流布し，定着するのであろう．

アミノ酸の lysine も『学術用語集』にリシンと記載されている．英語，ドイツ語ではそれぞれ「ライシン」，「リジン」であるから，これも無国籍的である．そのうえ ricin というヒマ種子の有名な毒性タンパク質があって，英語では「リシン」と発音されるので，r と l の区別ができない日本語のカナ書きではお手上げである．『学術用語集』の執筆者はおそらく高名な化学者であったであろうから，どうして lysine を「リシン」にされたのか，興味深い問題である．日本語の科学用語の読みでも「浸漬（シンシ）」や「洗滌（センデキ）」はかなり一般的にシンセキ，センジョウと読まれていた．「異国情緒」や「情緒不安定」などの「情緒（ジョウショ）」が誤ってジョウチョと読まれ，これが一般的になっているのと似ている．

英語の transfer は「移転（する），移動（する）」を，また production は「生産」を意味するが，理化学，医学分野では，昔，日本語訳にあたって少し権威をつけるためか，「転移」，「産生」などとした，この影響が今でも残っていて，本書でもできるだけ一般の表現を用いているが，複合語的に固定化した専門用語（たとえばアミノ基転移や抗体産生）はそのまま使っている．

2章 生体を構成する物質

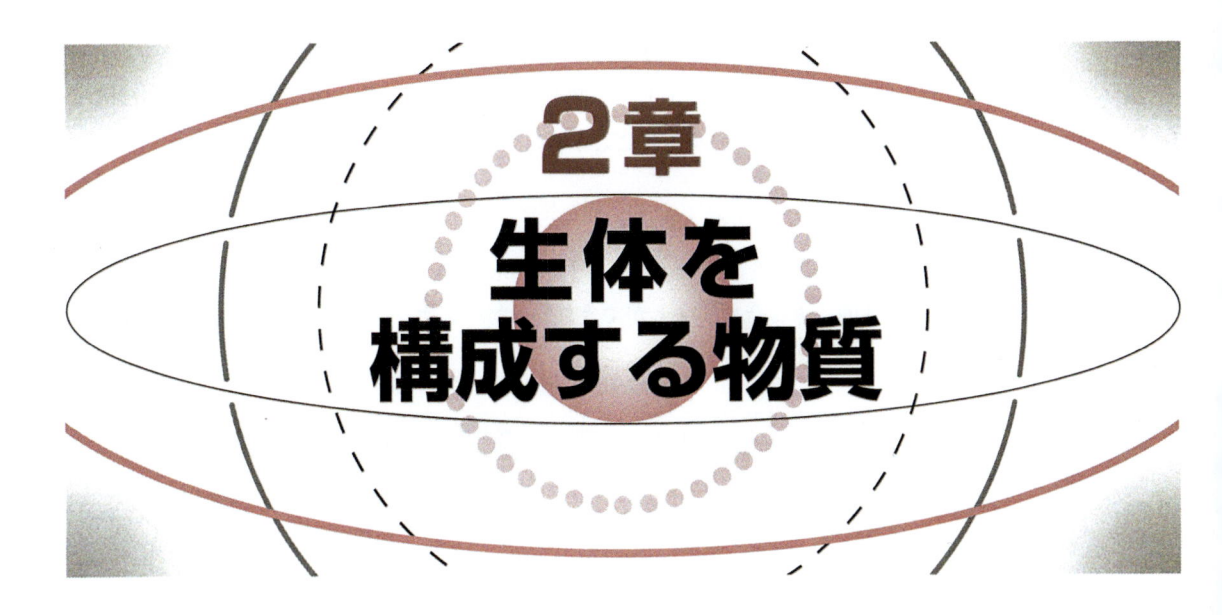

2.1 アミノ酸
2.1.1 アミノ酸の生体内での役割

アミノ酸(amino acid)には，タンパク質の基本構造単位をなす20種類のアミノ酸(表2.1に名称およびその略号と構造を記す)と，生体内に遊離あるいは結合状態で存在する多種類の非タンパク質性のものとがある．アミノ酸はタンパク質の構成成分としてその構造と機能発現の根幹をなすだけでなく，代謝中間体，神経伝達物質などとしてそれぞれ独自の役割を果たしている．この節では，タンパク質の構成成分である20種類のアミノ酸を中心に解説し，ついで特殊なアミノ酸についても概説する．

2.1.2 アミノ酸の構造

一般的には，アミノ基とカルボキシル基の二つの官能基を分子内にもつ化合物をアミノ酸と総称する．カルボキシル基の代わりにスルホン酸基やスルフィン酸基をもつタウリン，$H_2NCH_2CH_2SO_3H$ やヒポタウリン，$H_2NCH_2CH_2SO_2H$，およびホスホン酸基をもつシリアチン(2-アミノエチルホスホン酸)なども広義のアミノ酸として扱われる．

一般のアミノ酸は，カルボキシル基が結合する炭素を基準として，アミノ基が結合する炭素の位置に応じてα-，β-，γ-アミノ酸などに分類される．アミノ酸の炭素骨格の炭素分子も同様にα炭素，β炭素，γ炭素などと呼ばれる．別の命名法では，アミノ基の結合している炭素に結合しているカルボキシル基を起点として1, 2, 3, …と炭素原子に数字をつける．末端(ω位)にアミノ基をもつγ-アミノ酪酸やε-アミノカプロン酸などはまとめてω-アミノ酸と呼ばれる．α-アミノ酸はタンパク質を構成する最も代表的なアミノ酸である(図2.1)．一般のタンパク質中に含まれるプロリンや，コラーゲン，ゼラチンなどに含ま

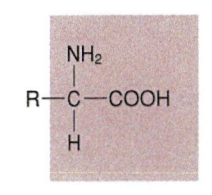

図2.1 アミノ酸の一般式

■ ：共通構造
R ：側鎖

れる4-ヒドロキシプロリンは，化学的にはα-イミノカルボン酸，より厳密には置換型α-アミノカルボン酸であるが，アミノ酸と同様の性質（物理化学的あるいは生理学的）をもつことから，アミノ酸の一つとして扱われる．

2.1.3 アミノ酸の性質

グリシンを除くα-アミノ酸では，α炭素が不斉中心（キラル中心）をなし，立体的に重ね合わすことができない1対の**エナンチオマー**〔enantiomer，鏡像（異

表2.1 タンパク質を構成するアミノ酸

名称[a]	分子量	R基	名称[a]	分子量	R基
アラニン alanine (Ala, A)	89.09		トレオニン threonine (Thr, T)	119.12	
バリン valine (Val, V)	117.15		システイン cysteine (Cys, C)	121.16	
ロイシン leucine (Leu, L)	131.18		チロシン tyrosine (Tyr, Y)	181.19	
イソロイシン isoleucine (Ile, I)	131.18		アスパラギン asparagine (Asn, N)	132.12	
プロリン proline (Pro, P)	115.13		グルタミン glutamine (Gln, Q)	146.15	
フェニルアラニン phenylalanine (Phe, F)	165.19		リシン lysine (Lys, K)	146.19	
トリプトファン tryptophan (Trp, W)	204.23		アルギニン arginine (Arg, R)	174.20	
メチオニン methionine (Met, M)	149.21		ヒスチジン histidine (His, H)	155.16	
グリシン glycine (Gly, G)	75.07		アスパラギン酸 aspartic acid (Asp, D)	133.10	
セリン serine (Ser, S)	105.09		グルタミン酸 glutamic acid (Glu, E)	147.13	

a) （ ）内は三文字略号と一文字略号

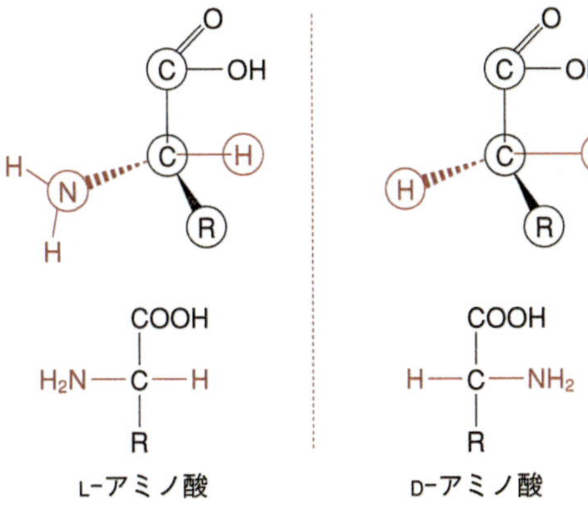

図2.2 アミノ酸の立体構造

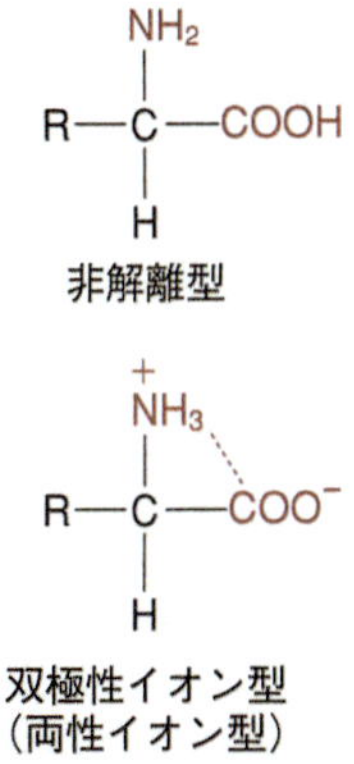

性)体，対掌体，光学異性体〕が存在する（図2.2）．両エナンチオマーは，融点や等電点などの物理化学的性質は同じであるが，旋光度などの光学的性質が異なっている．α-アミノ酸は同一の炭素（α炭素）に結合したアミノ基とカルボキシル基をもち，生理的条件（pH 7付近）下では図2.3のようにそれぞれの基が解離しているため（表2.2にアミノ酸のpK'値を示す），酸としても塩基としても作用する**両性電解質**（ampholyte, amphoteric electrolyte）である．このため，アミノ酸はpHに応じて正味の総体的な電荷が変化し，NH_3^+，COO^-の状態だけでなく，pHによってNH_2，COO^-やNH_3^+，COOHの状態も存在する．リシンやグルタミン酸などのように側鎖に解離基をもつアミノ酸では，当然，それらの電荷も分子全体の電荷に寄与する．正味の電荷が見かけ上0となり，電場を与えても泳動は見られなくなるpHを**等電点**（isoelectric point）と呼ぶ．

また，アミノ酸は分子間にイオン結合を形成するため，水溶液あるいは結晶中で安定で，その分解点は300℃になるものもあり，また有機溶媒など非極性溶媒には難溶であるが，一般に水などの極性溶媒に溶解しやすい性質をもつ．

非解離型

双極性イオン型
（両性イオン型）

図2.3 アミノ酸の非解離型と解離型

アミノ酸や有機酸などの非解離型と解離型は厳密には異なる化学種であるが，生体内では両者は共存し，区別できないので，同じ化学種として扱っている．英語でもaspartic acidとaspartateを区別せずに使う．

(1) 個々のアミノ酸の性質

アミノ酸の性質は，側鎖の構造や物理化学的性質によって決まる．アミノ酸

表2.2 アミノ酸のpK'値（25℃）

アミノ酸	pK'_1 α-COOH	pK'_2 α-NH_3^+	pK'_R 側鎖	アミノ酸	pK'_1 α-COOH	pK'_2 α-NH_3^+	pK'_R 側鎖
アラニン	2.35	9.87		トレオニン	2.09	9.10	
バリン	2.29	9.74		システイン	1.92	10.78	8.33（チオール基）
ロイシン	2.33	9.74		チロシン	2.20	9.11	10.13（フェノール性ヒドロキシル基）
イソロイシン	2.32	9.76		アスパラギン	2.1	8.84	
プロリン	2.95	10.65		グルタミン	2.17	9.13	
フェニルアラニン	2.16	9.18		リシン	2.16	9.18	10.79（ε-アミノ基）
トリプトファン	2.43	9.44		アルギニン	1.82	8.99	12.48（グアニジノ基）
メチオニン	2.13	9.28		ヒスチジン	1.80	9.33	6.04（イミダゾール基）
グリシン	2.35	9.78		アスパラギン酸	1.99	9.90	3.90（β-カルボキシル基）
セリン	2.19	9.21		グルタミン酸	2.10	9.47	4.07（γ-カルボキシル基）

表2.3　アミノ酸の分類

非極性アミノ酸(疎水性をもち，水に溶けにくい) 　アラニン，ロイシン，イソロイシン，バリン，フェニルアラニン，トリプトファン(インドール基)[a]，メチオニン，プロリン(ピロリジン基)
非荷電・極性アミノ酸(非解離性の極性官能基をもち，水分子と水素結合を形成しうる) 　セリン(ヒドロキシル基)，トレオニン(ヒドロキシル基)，チロシン(ヒドロキシル基)，アスパラギン(アミド基)，グルタミン(アミド基)，システイン(チオール基；システイン2分子間ではシスチンを形成)，グリシン
解離性アミノ酸(中性pHで正味の正電荷をもつ塩基性アミノ酸と，負電荷をもつ酸性アミノ酸とがある) 　塩基性アミノ酸 　　リシン(ε-アミノ基)，アルギニン(グアニジノ基)，ヒスチジン(弱塩基性のイミダゾール基) 　酸性アミノ酸 　　アスパラギン酸(β-カルボキシル基)，グルタミン酸(γ-カルボキシル基)

[a] （ ）内は側鎖の反応性の官能基を示す．

は一般的に側鎖の疎水性，親水性あるいは極性に基づいて，表2.3のように非極性(疎水性)アミノ酸，極性アミノ酸，解離性アミノ酸に大別できる．この分類は便宜的なものであり，たとえばチロシンやシステインの側鎖は通常の生理的条件では解離しないが，極端に高いpHでは解離しうる．表2.1にはタンパク質を構成するアミノ酸の名称と略号および構造と分子量を示した．

(2) 特殊なアミノ酸

(i) タンパク質中に含まれる特殊なアミノ酸

遺伝暗号にコードされたアミノ酸は20種類にすぎないが，いくつかのタンパク質は翻訳後修飾により生じた特殊なアミノ酸残基を含むことがある．たと

コラム

奇妙なアミノ酸

少し古い生化学の教科書を見ると，異常アミノ酸(unusual amino acids)という表現が出てくる．正常アミノ酸(usual amino acids)という言葉も，頻繁ではないが，時折，使われている．こちらはタンパク質の構成成分として普遍的に存在するアラニン，メチオニン，グルタミン酸，リシンなどをさしているから，これらが正常であり，それ以外のアミノ酸を異常と見なしている．オルニチンが異常で，リシンが正常というのは科学的ではなく，少しなじみにくい．このようにあまりに擬人的，タンパク質中心主義的であるからか，最近ではタンパク質アミノ酸(protein amino acids, proteinous amino acids, またはproteinic amino acids)や非タンパク質アミノ酸(non-protein amino acids)という言葉のほうが一般的になっている．

タンパク質に含まれるアミノ酸は通常20種類であるが，それ以外の非タンパク質アミノ酸のほうがはるかに多い．正確な数は知らないが，遊離型，結合型を合わせるとタンパク質アミノ酸の数十倍近いのではなかろうか．とくに植物には実にさまざまなアミノ酸が存在しているし，微生物の生産する抗生物質にも奇妙な結合型アミノ酸がたくさん見いだされている．どうして植物や抗生物質に一風変わったアミノ酸が多く存在するのであろうか．偶然ではなく何かの必然性があるに違いないが，このような研究が行われた話は聞かない．

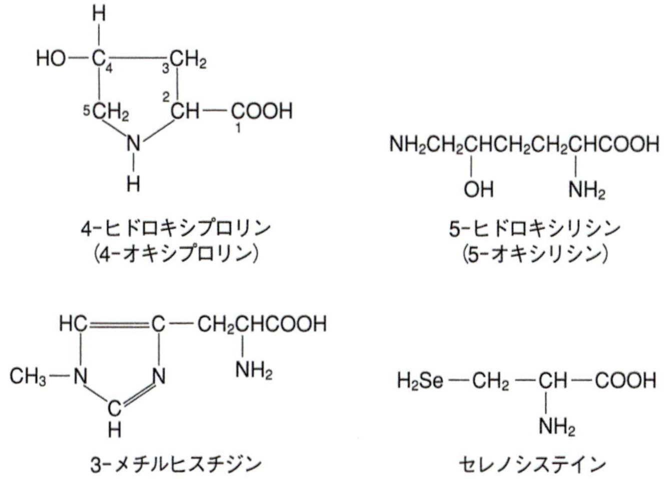

図2.4 タンパク質中の特殊アミノ酸

えば哺乳類の主要な繊維タンパク質であるコラーゲンには4-ヒドロキシプロリンや5-ヒドロキシリシンが，またある種の筋肉タンパク質には3-メチルヒスチジンなどが見いだされている．ほかにもアセチル化，リン酸化などを受けたアミノ酸残基が存在する．また哺乳類のグルタチオンペルオキシダーゼや細菌のグリシンレダクターゼなどの酵素の活性中心にはセレノシステイン残基が存在する（図2.4）．これらの特殊なアミノ酸は，**3.5**に述べるペプチド・ビルトレイン型補酵素も含め，特異な機能を示している．タンパク質中のアミノ酸の修飾については，**2.2.5**で詳しく述べる．

(ii) **特殊な生物活性をもつ遊離アミノ酸**

生体物質の生合成における前駆体や中間体としては，β-アラニン（ビタミンの一種であるパントテン酸の構成成分）やホモシステイン，シトルリン〔尿素回路（**4.5.5**参照）の一員，スイカの成分〕，オルニチン（尿素回路の一員，アルギ

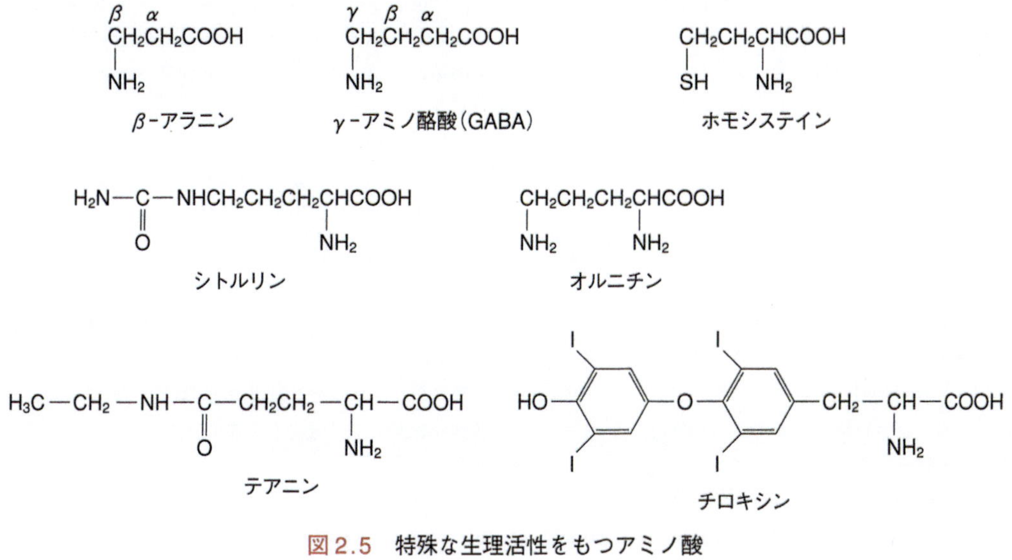

図2.5 特殊な生理活性をもつアミノ酸

ドーパ(DOPA)

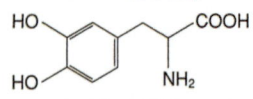

アルカリ性で酸化されるとメラニンに変わる．芳香族アミノ酸デカルボキシラーゼによりドーパミンに変化し，ついでノルアドレナリン，アドレナリンに代謝される．パーキンソン病の治療薬で，チロシン β-リアーゼにより合成される．

ニン合成の中間体)などが知られている．テアニン(緑茶の旨味成分)，チロキシン(甲状腺ホルモン)のようなアミノ酸も存在する．神経伝達物質として作用するγ-アミノ酪酸(GABA)や，メラニン生合成の中間体であり，パーキンソン病に効果のある 3,4-ジヒドロキシルフェニルアラニン(DOPA)なども重要な非タンパク質性アミノ酸である(図 2.5 および左図).

2.2 ペプチドとタンパク質

2.2.1 タンパク質の種類

ペプチド(peptide)は基本的には一方のα-アミノ酸のα-カルボキシル基ともう一方のα-アミノ酸のα-アミノ基とが脱水縮合して生じる．**タンパク質**(protein)は化学的にいえばポリペプチド(polypeptide)にほかならず，一般に分

コラム

アミノ酸銘々伝

通常のタンパク質構成アミノ酸だけでも 20 種類存在し，それ以外の天然に見いだされた遊離型あるいは結合型のアミノ酸や合成されたアミノ酸も含めた数は 1000 を超えるであろう．タンパク質構成アミノ酸のいくつかの由来やエピソードを紹介しよう．

アスパラギン アスパラギンが天然界で最初に発見されたアミノ酸である．1806 年，アスパラガスの絞り汁から単離され，1873 年，酸による加水分解で NH_3 とアスパラギン酸が生じることなどから，4-アミド基をもつ分子構造が決められた．アスパラギンはいろいろな生物，とくに植物には広くまた高い濃度で存在する．ニンヒドリン反応で褐色を呈する．放線菌など微生物の培地に窒素源として広く利用される．血液性小児がんである急性リンパ性白血病の細胞は比較的高濃度のアスパラギンを生育に要求する．アスパラギンの加水分解を触媒するアスパラギナーゼはこの小児がんの治療薬として利用されたことがある．

シスチンとシステイン シスチンは 1810 年に尿結石から単離された．水には難溶性であるので尿道で結石を形成する．毛髪や爪のケラチンには高濃度に含まれ，シスチンのジスルフィド結合により三次元的にペプチド鎖が強固に結合しているので，ケラチンは化学的およびプロテアーゼによる加水分解を受けにくい．毛髪を軽くアルカリ処理をして柔らかくしてから，システインなどの還元剤でジスルフィド結合をチオールに還元してシステイン残基に変換した後，不規則なジスルフィドに再酸化してケラチンを波状にするのが，パーマネントウエーブである．

グルタミン酸 グルタミン酸は 1866 年に小麦グルテンの加水分解物から単離された．グルタミン酸のモノ Na 塩が昆布の呈味成分であることは 1908 年に東京大学理学部化学科物理化学講座教授であった池田菊苗が発見した．夏目漱石がロンドン留学中，鬱病気味で苦しんでいたとき，気心の知れた唯一の友人として心を開いたのはこの池田であった．漱石のロンドン日記に池田の名前はしばしば出てくる．鈴木三郎助は調味料としての L-グルタミン酸 Na 塩の工業的生産に成功した．D-グルタミン酸 Na 塩は無味であるだけでなく，L-グルタミン酸 Na 塩の呈味性を減少させる．

グリシン グリシンは 1820 年にタンパク質(ゼラチン)の加水分解物から最初に単離され，その甘みにちなんで「甘い」を意味するギリシャ語から命名された．構造は最も簡単で，光学異性をもたない．日本海などでとれる「甘エビ」の甘味は飽和濃度に近く含まれるグリシンに由来する．アミノ基転移酵素，アミノ酸脱水素酵素などの酵素によってグリオキシル酸からグリシンが生成する反応は存在するのに，グリシンからグリオキシル酸を生じる逆反応は知られていない．

子量は1万以上とされている．

すべてのタンパク質やペプチドは炭素，水素，窒素，酸素を構成元素として含み，またほとんどが硫黄も含んでいる．そのほかに鉄，亜鉛，銅などの金属元素やリンあるいはセレンを含むものもある．

タンパク質はアミノ酸のみから構成される**単純タンパク質**(simple protein)と，アミノ酸以外の無機成分あるいは有機成分を含む**複合タンパク質**(conjugated protein)とに大別される．複合タンパク質には糖鎖が付加した**糖タンパク質**(glycoprotein)，リン脂質や中性脂質などが付加した**リポタンパク質**(lipoprotein)，金属元素を結合した**金属タンパク質**(metalloprotein)などがある(表2.4)．酵素の活性に必須な因子(補欠因子)に注目すると，後述するピリドキサールリン酸，FAD，FMNなどの補酵素，あるいはヘム分子や金属元素などの補欠因子を結合して活性型になるタンパク質がある．補欠因子を含む状態を**ホロタンパク質**(holoprotein)，含まない状態を**アポタンパク質**(apoprotein)(酵素においてはそれぞれホロ酵素，アポ酵素)という．

タンパク質はそれぞれ固有の三次元構造(コンホメーション)をもち，それによって繊維状タンパク質と球状タンパク質とに大別することができる．**繊維状タンパク質**(fibrous protein)は構成ポリペプチド鎖が1本の軸に平行に並び，長いシートあるいは繊維を形成する．繊維状タンパク質は安定で，水溶液にはほとんど溶けず，多くは高等動物の結合組織の基本構成成分となっている．例としてコラーゲン，αケラチン，エラスチンなどがあげられる．**球状タンパク質**(globular protein)では1本のポリペプチド鎖が比較的固く折りたたまれた密な構造をもっており，多くは水溶液に溶ける．抗体やホルモン，輸送タンパク質，酵素などはこれに入り，多様な生理機能をもっている．

表2.4 複合タンパク質の例

種類(作用)	例(補欠因子)
糖タンパク質 (抗体，ホルモンなどとして作用)	オボアルブミン，γ-グロブリン (ガラクトース，マンノースなど)
核タンパク質 (遺伝情報の発現，タンパク質の翻訳)	リボソーム(RNA)
リンタンパク質(栄養分として重要)	カゼイン，ホスビチン
リポタンパク質 (脂質の貯蔵や輸送に関与)	血清 β1-リポタンパク質(リン脂質など)
色素タンパク質	
ヘムタンパク質	ヘモグロビン，カタラーゼ，シトクロム c (鉄プロトポルフィリン)
フラビンタンパク質	コハク酸デヒドロゲナーゼ(FAD，鉄と硫黄)， D-アミノ酸オキシダーゼ(FAD)
金属タンパク質(金属の輸送や貯蔵)	フェリチン(水酸化鉄) シトクロムオキシダーゼ(鉄と銅) アルコールデヒドロゲナーゼ(亜鉛)

2.2.2 タンパク質の性質に基づく精製法と分子量の測定法

タンパク質の性質や構造を調べるためには，まず精製した純品を得る必要がある．タンパク質の分子量，溶解度，電荷，疎水性，吸着性の差などの違い，すなわちそれぞれのタンパク質の性質に基づいて，目的とするタンパク質を他のタンパク質から分離・精製する．ここではタンパク質の各性質に基づいた精製法について概説し，ついで分子量の測定法について述べる．

(1) タンパク質の性質に基づく精製法
(i) 分子の大きさに基づく方法

タンパク質をそれぞれの分子量の差によって分離することは，タンパク質精製の有効な手法である．透析や限外沪過では，直径 1～10 nm の孔をもつ合成高分子の半透膜を利用した一種の分子ふるいで高分子化合物を保持し，低分子化合物と分離することが可能である．**透析**(dialysis)では自然拡散，**限外沪過**(ultrafiltration)では膜内外の圧力差を利用して分子量の異なるタンパク質を分離する．**密度勾配遠心法**(density-gradient centrifugation)では，通常，連続濃度勾配をもつショ糖溶液を用い，そのなかで遠心させると，タンパク質分子はその分子量や形によって固有の速度で沈降し，相互に分離しうることに基づいている．広く利用されている**ゲル沪過カラムクロマトグラフィー**(gel filtration column chromatography)では，架橋したデキストランなどの多孔体をカラムに充填し，タンパク質を三次元の網目構造の通過時間の差によって分離できる．網目に入れない大きなタンパク質はカラムから排除され，最も早く溶出する．小さなタンパク質は網目を通過しながら分子量に応じた速度で溶出される．この方法の分解能は非常に高く，タンパク質の分子量決定法としても用いられる．

(ii) 溶解度の差を利用する方法

多くの球状タンパク質は可溶性で，一般に大きな双極子モーメントをもち，硫酸アンモニウムなどの多価カチオンを少量加えた場合は溶解度が上昇するが(**塩入，塩溶**: salting in)，さらに大量に加えると沈殿する(**塩析**: salting out)．塩析の起こる塩濃度はタンパク質の種類によって異なるので，この性質に基づいて目的のタンパク質の精製を行う．硫酸アンモニウムによる塩析効果は温度による影響を比較的受けにくく，大量の試料を一度に処理できるので，精製過程の第一段階として用いられる．その際には，pH低下に留意し，アンモニウムなどの添加によって pH を調節することが大切である．− 20 ℃などの冷エタノールやアセトンなどの有機溶媒に対するタンパク質の溶解度の差を利用して精製する方法もある．

(iii) 電荷を利用する方法

タンパク質は一定の pH で一定の正味の電荷をもち，電場に置くと陽極あるいは陰極に移動するが，正味の電荷が見かけ上 0 となる等電点では移動は起こ

らない．このような性質はタンパク質のアミノ酸組成と配列に依存している．等電点は，タンパク質への陽イオンや陰イオンの結合，あるいは溶液中の塩の存在によって左右される．実際に電場での移動が起こらなくなる pH を**等イオン点**(isoionic point)という．

電場での分子の移動度の差を利用した分離法は**電気泳動**(electrophoresis)と呼ばれ，最もよく使われるのはポリアクリルアミドゲルを担体に用いる方法(ポリアクリルアミドゲル電気泳動法：PAGE)である．タンパク質を変性させない条件での電気泳動は Native-PAGE と呼ばれ，タンパク質の精製と純度分析に広く利用されている．調製 PAGE は分離や精製に用いられる．

イオン交換クロマトグラフィー(ion exchange chromatography)は，カルボン酸，アンモニウム塩などイオン性の基をもつ多孔性のイオン交換ポリマーを詰めたカラムを用い，電荷をもつタンパク質分子を分離する方法である．正電荷をもつタンパク質の精製には，たとえばスルホン酸のような陽イオン交換ポリマーに吸着させ，負電荷をもつタンパク質の場合には，第四級アミン塩基のようなポリマーに吸着させ，それぞれ pH や，塩濃度を変化させてタンパク質を溶離させる．

等電点電気泳動法(isoelectric focusing)は，あらかじめ形成させた pH 勾配をもつゲル担体中で試料を電気泳動させ，各タンパク質を等電点に等しい pH 領域に分布させる精製法である．

(iv) 選択的吸着に基づく方法
(a) 疎水性クロマトグラフィー

タンパク質のもつ疎水性が，イオン強度が高い条件下で強く，低い条件下で弱くなる性質を利用して，タンパク質の分離・精製を行うのが**疎水性クロマトグラフィー**(hydrophobic chromatography)である．この方法では，多糖類や親水性ポリマーに疎水性リガンドを導入した担体に，塩析が起こらない適度な濃度の塩溶液で溶かしたタンパク質を吸着させ，より低濃度の塩溶液を添加して疎水的相互作用を弱めることによって各タンパク質を溶出させる．担体への吸着や溶出は，溶媒中のイオンの種類や濃度，温度によって影響される．アンモニウムイオン，カリウムイオン，硫酸イオン，塩素イオンには水の構造を安定化し，疎水的相互作用を強める効果があり(このようなイオンを総称してアンチカオトロピックイオンという)，疎水性クロマトグラフィーには硫酸アンモニウム，塩化カリウムなどの溶液がよく用いられる．

また結晶性リン酸カルシウムの一種であるヒドロキシアパタイトを用いて，結晶格子中のカルシウムイオンに負電荷をもつタンパク質を吸着させ，高濃度のリン酸緩衝液によって溶出させる方法も有効である．

(b) アフィニティークロマトグラフィー

タンパク質がリガンドと呼ばれる分子を特異的に非共有結合する性質を用いて精製する方法を，**アフィニティークロマトグラフィー**(affinity chromatography)

と呼ぶ．リガンドとしては，目的とする酵素に特異的に結合する補酵素，基質，基質類縁体などを用いる．この方法では，リガンドを適当な化学反応によりスペーサーを介してカラム担体に結合させてカラムを充填し，目的とするタンパク質を含む試料を添加すると，このリガンドに親和性をもつタンパク質だけが吸着される一方，他のタンパク質は素通りしてしまう．ついで吸着されている目的のタンパク質を，遊離のリガンド溶液を添加して溶出する．

このように，タンパク質のいろいろな性質に基づいて種々のカラムクロマトグラフィーを組み合わせてタンパク質を精製する．細胞や組織などからタンパク質を抽出後，まず塩析により沈殿させる．タンパク質溶液を透析して塩濃度を減少させ，緩衝液を交換した後，イオン交換クロマトグラフィーあるいは疎水性クロマトグラフィーなどで，順次，精製を行う．主としてタンパク質の分子量に依存し，特異性の比較的低いゲル沪過カラムクロマトグラフィーは，精製の後半に用いられることが多い．

(2) タンパク質の分子量測定法

タンパク質の分子量は，浸透圧，小角散乱，超遠心分離（沈降速度法，沈降平衡法）などさまざまな物理化学的方法によって測定できる．これらにはいずれも長所と短所があり，目的に応じて利用される．沈降平衡法やレーザー光，X線，中性子の散乱を利用する方法ではオリゴマータンパク質の分子量だけではなく，高次構造の動的状態を測定することも可能である．

一方，単に分子量を推定するのには精製法の項で説明したゲル沪過カラムクロマトグラフィー，ドデシル硫酸ナトリウム-ポリアクリルアミド電気泳動法（SDS-PAGE）が用いられることが多い．SDS-PAGE は分子量の推定のみならず，タンパク質の精製過程で試料の純度を調べる場合にも有用である．この

コラム

タンパクとタンパク質

タンパク質はドイツ語の Eiweißkörper（卵の白身の物質）の訳語である．本来，蛋白質が正しい中国での表記法であるが，「蜑」は複雑な字であるので，「蛋」が俗字として広く使われ，わが国においてもそれを踏襲している．ドイツ語では現在は英語と同様に "Protein" が一般に用いられている．時折，「タンパク」を使う人もいるが，ドイツ語に堪能な先生から，これは卵白のことだから，「タンパク質」が正しいとお叱りを受けることもある．ただし，ドイツ語の辞書で Eiweiß の項をひくと，「卵白，生化学や化学ではタンパク質」とあるから，彼の国でも面倒くさがり屋がいて，どちらでもよいことになっているのであろう．

現在，広く使われている英語やドイツ語の "Protein" は，1838 年にオランダの生理学者 Gararduss J. Mulder が，ギリシャ語の「根元的，一義的」（英語の prime, of the first rank）を意味する "proteios" にちなんで命名した．偶然性もあるかもしれないが，今日から見るとその洞察力と先見性に脱帽せざるをえない．

方法によってオリゴマータンパク質をその構成サブユニットに解離させ，サブユニットの分子量を決定することができる．還元剤の存在下で，タンパク質を界面活性剤であるSDSと加熱処理すると，タンパク質分子内あるいは分子間のジスルフィド結合は切断され，各サブユニットを構成するポリペプチド鎖は完全にほどかれてSDS－ポリペプチド複合体が生じる．不溶性タンパク質の場合でも，SDS処理によって可溶化させて分子量を測定することが一般に可能である．ポリペプチド鎖中のアミノ酸残基2個あたり負電荷をもつSDS約1分子が結合するので，この複合体のもつ電荷はポリペプチドの大きさに比例し，本来ポリペプチド鎖がもっている電荷を無視できる．したがって，この複合体をSDSを含むポリアクリルアミドゲルで電気泳動すると，ゲルの分子ふるい効果によってポリペプチド鎖をその大きさに応じて分離することが可能である．電気泳動後にゲルをクーマシーブリリアントブルー(CBB)染色あるいは銀染色し，タンパク質のバンドを可視化させる．もちろん，一次構造が決定されたタンパク質では正確な分子量を算定できる．

2.2.3 タンパク質の構造
(1) タンパク質の高次構造
タンパク質の構造は一般に一次，二次，三次，四次構造に分けて論じられる．また二次，三次，四次構造をまとめて高次構造と呼ぶ．

(i) **一次構造**
タンパク質中でのアミノ酸残基の並び方をさし，アミノ酸配列とも呼ばれる．システイン残基間のジスルフィド結合(－S－S－)の位置も一次構造に含まれる．基本的に一次構造はDNAに記された遺伝情報によって規定される．

(ii) **二次構造**
ペプチド結合は図2.6のような共鳴構造によって二重結合性を帯び，平面(アミド平面)を形成している(図2.7)．隣接する二つのアミノ酸残基のα炭素はこの平面上で互いに対角に位置することがほとんどであり(*trans*構造)，α炭素が同じ側に位置する*cis*構造をとることは立体障害のためにまれである．

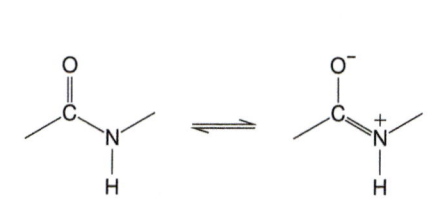

図2.6　ペプチド結合の二重結合性

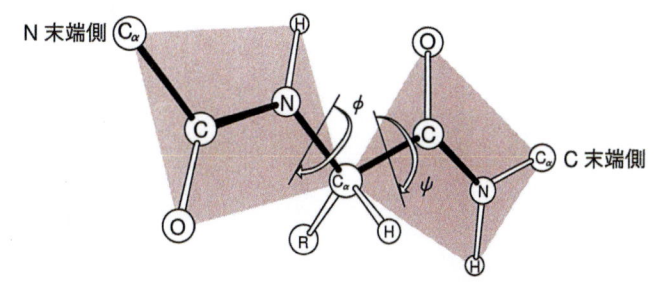

図2.7　ペプチド結合の模式図

図2.8 ペプチド鎖中のアミノ酸残基の空間的配置

例外的にプロリン残基のカルボキシル基側に隣接する部分では *cis* 構造が見られることがある(図2.8)．二次構造とは，タンパク質主鎖中の⊃C＝O基とN－H基間の水素結合によって形成される規則性のある立体構造，つまり後述する三次構造のうちで規則性のある部分構造をさす〔図2.9(a)，(b)，(c)〕．二次構造の主要なものを以下に述べ，統計的に得られた各アミノ酸残基の二次構造形成の傾向を表2.5に示す．

αヘリックス：ペプチド主鎖がアミノ酸3.6残基ごとに繰り返す右巻きらせん構造を**α**ヘリックス(α-helix)という．らせん1回転あたり四つの水素結合

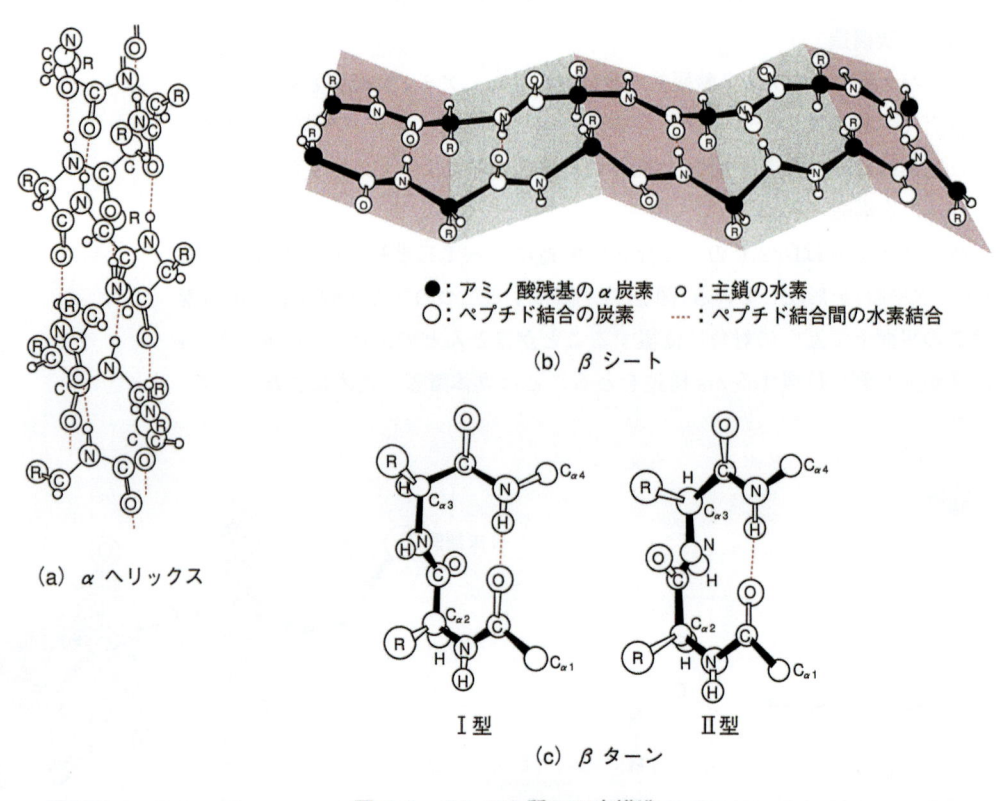

●：アミノ酸残基のα炭素　○：主鎖の水素
○：ペプチド結合の炭素　⋯：ペプチド結合間の水素結合

(a) αヘリックス　　(b) βシート

(c) βターン　　I型　II型

図2.9 タンパク質の二次構造

表2.5 アミノ酸残基の二次構造形成の傾向

αヘリックス $P_α$[a]		安定化/不安定化傾向	βシート $P_β$[a]		安定化/不安定化傾向
グルタミン酸	1.51	安定化	バリン	1.70	安定化
メチオニン	1.45	安定化	イソロイシン	1.60	安定化
アラニン	1.42	安定化	チロシン	1.47	安定化
ロイシン	1.21	安定化	フェニルアラニン	1.38	やや安定化
リシン	1.16	やや安定化	トリプトファン	1.37	やや安定化
フェニルアラニン	1.13	やや安定化	ロイシン	1.30	やや安定化
グルタミン	1.11	やや安定化	システイン	1.19	やや安定化
トリプトファン	1.08	やや安定化	トレオニン	1.19	やや安定化
イソロイシン	1.08	やや安定化	グルタミン	1.10	やや安定化
バリン	1.06	やや安定化	メチオニン	1.05	やや安定化
アスパラギン酸	1.01	弱い安定化	アルギニン	0.93	弱い不安定化
ヒスチジン	1.00	弱い安定化	アスパラギン	0.89	弱い不安定化
アルギニン	0.98	弱い不安定化	ヒスチジン	0.87	弱い不安定化
トレオニン	0.83	弱い不安定化	アラニン	0.83	弱い不安定化
セリン	0.77	弱い不安定化	セリン	0.75	やや不安定化
システイン	0.70	弱い不安定化	グリシン	0.75	やや不安定化
チロシン	0.69	やや不安定化	リシン	0.74	やや不安定化
アスパラギン	0.67	やや不安定化	プロリン	0.55	不安定化
プロリン	0.57	不安定化	アスパラギン酸	0.54	不安定化
グリシン	0.57	不安定化	グルタミン酸	0.37	不安定化

a) $P_α$, $P_β$ は各アミノ酸残基がそれぞれαヘリックス，βシートに出現する頻度を定量化した値を示す．浜口浩三，「改訂 蛋白質機能の分子論」，学会出版センター(1990)を改変．

が形成され，αヘリックス構造が安定化される〔図2.9(a)〕．各アミノ酸残基の側鎖はαヘリックスの外側を向くように位置するが，側鎖の構造に基づく立体的制約によりαヘリックスを形成しやすいアミノ酸残基と，形成しにくいアミノ酸残基とがある(表2.5)．形成しやすいのはアラニン，グルタミン酸，ロイシン，メチオニンなどで，逆に形成しにくいのはプロリン，グリシン，チロシン，セリンである．とくにプロリンはαヘリックス構造の形成を妨げる．αヘリックス内に水素結合が形成される結果，αヘリックスはN末端，C末端のそれぞれに正電荷，負電荷が偏った"双極子モーメント"をもつ．このため，タンパク質中のαヘリックスのN末端には負電荷をもった分子，たとえばリン酸イオンが結合しやすい．

βシート：複数のペプチド鎖が平行して並び，隣接する主鎖の間の水素結合によって形成されたシート状の構造をβシート(β-sheet，β構造)と呼ぶ．つまりβシート構造は全体として"ひだ状板構造"を形成している〔図2.9(b)〕．2本のポリペプチド鎖の方向が同一のものを平行βシート，逆の場合を逆平行βシートという．

βシートを形成しやすいアミノ酸残基はβ炭素に枝分れがあるバリン，イソロイシン，トレオニン，および芳香族アミノ酸のフェニルアラニン，チロシン，

トリプトファンであり，βシートを形成しにくい残基は側鎖に電荷をもつグルタミン酸，アスパラギン酸，リシン，およびアミド基をもつグルタミン，アスパラギンと置換型アミノ基をもつプロリンである（表2.5）．

　βターン：ペプチド鎖の方向がほぼ180°で鋭角的に折り返す構造をβターン（β-turn，折り返し構造）といい，四つのアミノ酸残基により形成される〔図2.9(c)〕．これらの最初の残基の>C=O基と4番目の残基のN−H基との間に水素結合が形成されて安定化される．図2.9(c)では代表的なⅠ型とⅡ型の構造を示す．βターンを形成しやすいのは，側鎖に立体的障害が少なく自由度の高いグリシンや親水性のアスパラギン酸，アスパラギン，セリンなどである．プロリンは側鎖に水素結合を形成しえないため，αヘリックスあるいはβシートの形成能はないがβターンにはしばしば見いだされ，この二次構造を安定化すると考えられている（βターンにおけるプロリンとタンパク質の耐熱性の相関が報告されている）．βターンは球状タンパク質の表面に存在することが多いため，疎水性アミノ酸残基がβターンに見いだされることは少ない．

　その他の構造：大半は上記のようであるが，ほかにも規則性の乏しいコイル，あるいは柔軟性のあるループなどの非繰り返し構造が存在する．この非繰り返し構造とランダムコイル（タンパク質の変性によってペプチド鎖が規則性を失い，動きやすくなった構造）とは明確に区別される．ループ構造は酵素タンパク質において基質の結合，あるいは生成物の解離に伴う構造変化に重要な役割をもつなど，タンパク質の機能に関与する例も少なくない．

　モチーフ（超二次構造）：タンパク質中で，複数の二次構造が集合した特徴的な構造をモチーフ（motif, 超二次構造）という．モチーフは往々にして機能的な役割をもつ．たとえば，平行する二つのβシートがαヘリックスを介して結合したβαβ構造〔図2.10(a)〕は，発見者の名を冠してRossmannフォールドと呼ばれ，NAD(P)などのヌクレオチド結合モチーフとして知られている．他のモチーフとしては，βシートが逆平行に並んだβヘアピン構造(b)，2本のαヘリックスからなるαα構造(c)や複数のβシートが樽上に並んだβバレル構造などが知られている．

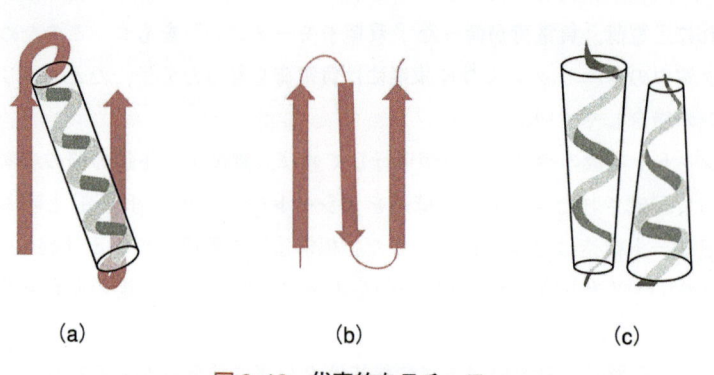

図2.10　代表的なモチーフ
(a) βαβ構造，(b) βヘアピン構造，(c) αα構造

(iii) 三次構造

タンパク質のポリペプチド主鎖が最終的に形成する立体的な構造を三次構造（三次元構造，コンホメーション）という．球状タンパク質においては，ドメインあるいはモジュールと呼ばれる機能的あるいは構造的な単位から形成されることがある．

ドメイン構造：分子量の大きな球状タンパク質において，その立体構造はドメイン（domain，領域の意味）と呼ばれる構造的に独立した単位からなることが多い．一つのドメインは通常 100～200 個のアミノ酸残基から構成され，直径は約 25 Å 程度である．ドメインは構造的単位であるとともに機能的単位でもあることが多い．たとえば解糖系（図 4.2 参照）の酵素の多くは，補酵素結合ドメインと触媒反応を行うドメインとに分かれている．多くの場合，タンパク質の機能部位は二つ以上のドメインの接触する界面に位置している．また，複数のドメインからなるタンパク質をプロテアーゼで限定分解してドメインを結合している部分（ヒンジ構造）を切断すると，立体構造を保ったままドメインを単離することが可能な場合もある．このようなもとのタンパク質のドメインに相当するペプチド断片が互いに分子認識をして会合し，もとの機能をもった断片型タンパク質が形成されることもある．

モジュール：ドメインはさらに小さな構造単位であるモジュール（module, 約 10～40 残基）から形成されていることが多い．真核細胞の遺伝子は，タンパク質へ翻訳される領域（エキソン：exon）が非翻訳領域（イントロン：intron）によって分断された構造をもっている（**6.2.2** 参照）．興味深いことに，エキソンはモジュールに対応していることがヘモグロビンやリゾチーム，免疫グロブリンなど多くのタンパク質について示されている．この事実はタンパク質の分子進化において，モジュールを基本単位として変化が起こってきたことを示唆する．

(iv) 四次構造（サブユニット構造）

複数のポリペプチド鎖が集合して機能をもつようなタンパク質をオリゴマータンパク質といい，その全体構造を四次構造という．オリゴマータンパク質中の個々のポリペプチド鎖をサブユニット（subunit）といい，各サブユニットはその表面に位置するアミノ酸残基間での水素結合や静電的結合などによって互いに結合している．このような非共有結合によって結合しているオリゴマータンパク質は厳密にいえば分子ではないので，分子量も存在しないが，これらは一つの構造的，機能的単位として挙動するので生化学の分野では一般に分子として取り扱い，分子量でその大きさを表している．

(2) タンパク質の構造解析法

(i) 一次構造の決定法

タンパク質の一次構造は，① X 線結晶解析などによって立体構造を決定する，② 他の既知のタンパク質との相同性から機能を推定する，③ 相同タンパ

表2.6 ペプチド鎖の切断法

特異性の低い方法	
トリプシン	塩基性アミノ酸 Arg, Lys 残基の直後(つまり C 末端側)で切断
キモトリプシン	おもに芳香族アミノ酸 Phe, Tyr, Trp 残基の直後(Asn, His, Met, Leu 残基の直後でも切断しうるが遅い)
特異性の高い方法	
臭化シアン	Met 残基の直後で切断
リシルエンドペプチダーゼ	Lys 残基の直後で切断
アルギニルエンドペプチダーゼ	Arg 残基の直後で切断
エンドペプチダーゼV8	酸性アミノ酸 Asp, Glu 残基の直後
プロリルエンドペプチダーゼ	Pro 残基の直後

ク質との比較によってタンパク質の分子進化を論じる，などの研究に重要な情報をもたらす．

　かつては，タンパク質の一次構造の決定にはグラム単位の試料と数年もの年月を要したが，現在ではマイクログラム程度の試料を使って数日間で構造決定ができる．また最近は，タンパク質の一次構造はクローン化された遺伝子の塩基配列から推定されることが多くなったが，タンパク質の部分配列解析と併用して総合的に構造決定を行うことは重要であるし，また構造が未知の遺伝子をクローニングする場合，タンパク質の N 末端や内部ペプチドの部分配列の情報はプローブの作製に欠かすことができない．

　タンパク質の一次構造の基本的な解析法としては，まずタンパク質をサブユニットに分離してから各サブユニットを精製して，各ポリペプチド鎖のアミノ酸組成を決定した後，それぞれのポリペプチド鎖を酵素的あるいは化学的に断片化し(表2.6)，各断片を精製してそれぞれの配列を決定する．最終的には異なる断片の配列を比較して全体配列を決定し，ジスルフィド結合の位置を決める．

　一次構造の解析はエドマン分解法(Edman degradation method, 図2.11)に基づいて行われることが多い．解析対象とするタンパク質試料はまず化学的あるいは酵素的に数十残基以下のペプチドに加水分解するとともに，ジスルフィド結合の切断，システイン残基の修飾を行う．

(a) エドマン分解法による一次構造解析

　① ジスルフィド結合の切断とシステイン残基の保護：遊離のシステイン残基は反応性が高く，ジスルフィド結合を形成する残基間とでもジスルフィド交換が起こるおそれがある．またジスルフィド結合を含むタンパク質の場合，そのままでは一次構造の決定が不可能であるため，ジスルフィド結合を切断し，システイン残基を保護する必要がある．歴史的には過ギ酸酸化による切断が最初

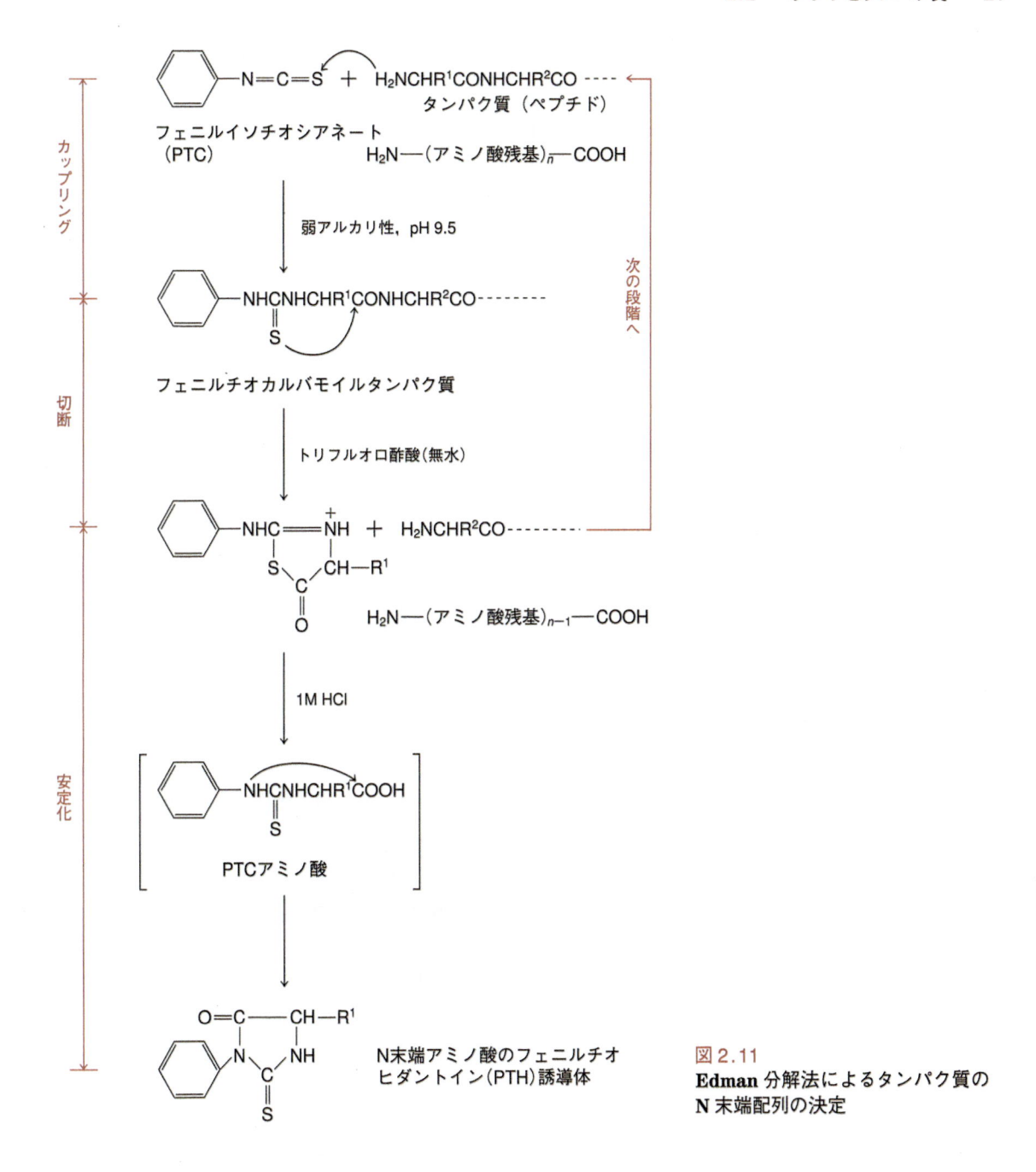

図 2.11 **Edman 分解法によるタンパク質の N 末端配列の決定**

に考案された．この方法ではシステイン残基は安定なシステイン酸に変換されるが，メチオニン残基のメチオニンスルホン残基への変換（後述する臭化シアンによる切断を行えなくなる），トリプトファン残基のインドール環の一部酸化などの副反応が起こる欠点がある．現在では，2-メルカプトエタノールあるいはジチオトレイトールによる遊離，またはシスチン残基（ジスルフィド結合）のシステイン残基への還元を行い，引き続いてヨード酢酸によってチオール基のアルキル化を行うことが多い．この方法によってシステイン残基を安定なカ

ルボキシルメチルシステイン残基へ変換し，構造決定へ進む．

② **ペプチド断片の取得**：ついで，ポリペプチド鎖を化学的あるいは酵素的手法によって特異的に切断する．化学的手法としては臭化シアンによるメチオニン残基のC末端側での切断（図2.12）が広く用いられる．メチオニン残基は一般にタンパク質中に数残基しかないため，得られる断片の種類は少なく，その精製は容易なことが多い．酵素的手法としては，比較的特異性の高い方法と低い方法がある（表2.6）．いずれもシステイン残基の修飾後，対象とするタンパク質の立体構造がほどけるが，用いるタンパク質分解酵素が大きな失活を受けない適度な濃度の尿素やSDSなどのタンパク質変性剤の存在下でタンパク質分解反応を行う．

③ **N末端配列の解析**：N末端構造の決定方法としては，Sangerにより開発

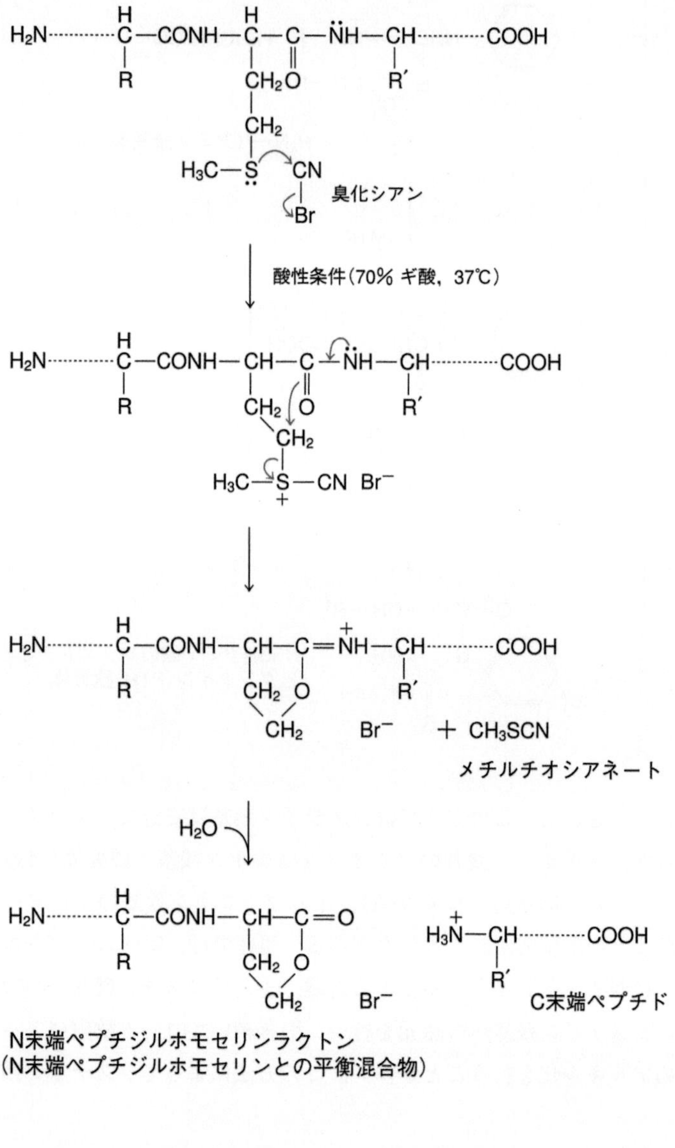

図2.12 臭化シアンによるメチオニン残基の化学的ペプチド切断　　N末端ペプチジルホモセリンラクトン（N末端ペプチジルホモセリンとの平衡混合物）

された1-フルオロ-2,4-ジニトロベンゼン(FDNB),あるいはダンシルクロリド(5-ジメチルアミノナフタレン-1-スルホニルクロリド)を用いる方法が適用されてきた．タンパク質を修飾した後，加水分解により修飾されたアミノ酸を取りだして同定するが，いずれの方法もN末端のアミノ酸残基のみしか決定できない．前述したように，現在ではアミノ酸配列の決定はエドマン分解法によって行われることが多い．この方法では，フェニルイソチオシアネートによる修飾，無水フッ化水素酸による修飾アミノ酸のみの遊離を行うため，N末端からのアミノ酸配列を順次行えることが特徴である．この方法は自動アミノ酸配列分析装置(オートペプチドシークエンサー)として自動化されており，分子量数万程度のタンパク質ならマイクログラム程度の試料があれば，N末端から約

コラム

D-アミノ酸は非天然型か？

かつてタンパク質はすべてL-アミノ酸から構成されていると考えられ，D-アミノ酸は生物には存在せず，化学合成によってのみ生成する「非天然型」アミノ酸と目されていた．その後，細菌の細胞壁ペプチドグリカン層や抗菌性ペプチドなどにD-アミノ酸が含まれることが見いだされ，さらに近年になって，原核，真核生物を問わず，D-アミノ酸が遊離型あるいはペプチド構成成分としてだけではなく，タンパク質中にも存在することが明らかとなってきた．

遊離のD-アミノ酸の例としては，D-セリン，D-アスパラギン酸などが海洋生物や鳥類，哺乳類に見いだされており，D-アミノ酸が発生や分化などにおいて重要な役割をもっていることが明らかにされつつある．たとえばN-メチル-D-アスパラギン酸(NMDA)は，脳の分化における情報伝達物質として作用すると考えられている．一方，真核生物におけるD-アスパラギン酸オキシダーゼやセリンラセマーゼの発見により，高等生物におけるD-アミノ酸の生合成あるいは分解機構も酵素レベルで解明されつつある．

ペプチド鎖中に含まれるD-アミノ酸残基の例としては，細菌の細胞壁ペプチドグリカン層のD-アラニンおよびD-グルタミン酸(またはD-グルタミン，D-アスパラギン酸)，セファロスポリンCやグラミシジンなどの細菌由来抗菌性ペプチドのD-フェニルアラニンなどが知られている．ペプチドグリカン中に存在するメソ-α,ε-ジアミノピメリン酸においては，分子内にL-アミノ酸とD-アミノ酸の構造が共存しているともいえる．これらのペプチドはリボソーム翻訳系によらず，酵素複合体を介して生合成され，D-アミノ酸およびその誘導体は直接ペプチド内に取り込まれる．近年の研究から真核生物にもD-アミノ酸含有ペプチドが見いだされ，この場合，D-アミノ酸は翻訳後修飾により生じると考えられている．例としては，カエルの皮膚から単離された鎮痛性ペプチドdermorphin(D-アラニンを含む)，アフリカマイマイ由来の神経ペプチドachatin-I(D-フェニルアラニン)，同じくfulicin(D-アスパラギン)，クモ毒由来のカルシウムチャンネルブロッカーω-agatoxin(D-セリン)などがあげられる．

一方，タンパク質中のD-アミノ酸の生成と個体の老化との関係は早くから指摘されており，たとえば老人の歯，脳，目の水晶体など代謝回転の低い組織に存在するタンパク質にD-アミノ酸残基が見いだされてきた．カルモジュリン，リゾチーム，ヒト上皮増殖因子など種々のタンパク質においても *in vitro* でD-アミノ酸残基の生成することが報告されている．*in vitro* の実験では，ペプチド主鎖中でD-体への異性化が起こるとタンパク質やペプチドの立体構造の変化を引き起こすことが示唆されており，タンパク質などの性質や機能に影響を与える可能性がある．すなわち，これらの現象はタンパク質の「分子老化」を引き起こすとも考えられ，病態との関連も示唆されている．このように現在ではD-アミノ酸を非天然型と呼ぶのは誤りである．

30 残基までのアミノ酸配列を決定することが可能である．

(b) 質量分析による一次構造の決定

質量分析法(mass spectrometry)は生体分子の分子量の決定や構造決定に広く用いられてきたが，最近はタンパク質やペプチドの一次構造解析に適用され，急速に普及してきた．この方法では，気化させた試料をさらにイオン化し，得られたイオンを質量数/電荷数(m/z)にしたがって分離し，その相対強度を測定する．ペプチドの解析には穏やかな条件でイオン化を行える高速原子衝撃 (FAB)質量分析法がよく使われ，nmol 程度の量があれば 20 残基程度までのアミノ酸配列の決定が可能である．この方法の利点として，試料は必ずしも完全に精製する必要はないこと，および測定の正確さに優れ，リン酸化，グルコシル化などの修飾を受けた特殊なアミノ酸をも検出できることがあげられる．

(ii) 二次構造の解析

二次構造含量を調べるには，**円(偏光)二色性**(circular dichroism：CD)，あるいは赤外吸収，ラマン散乱による測定法がある．CD による方法の原理は，ペプチド結合が 240 nm 以下の遠紫外部波長領域にいくつかの電子遷移をもっており，これがペプチド結合の状態，すなわち二次構造によって異なることに基づいている．溶液状態にある試料について，全体の α ヘリックスあるいは β シートの二次構造含量を調べることができる．

(iii) 三次構造の解析

タンパク質の三次構造を決定する方法としては，**X 線結晶構造解析**(X-ray crystal structure analysis)と**核磁気共鳴法**(nuclear magnetic resonance：NMR)が代表的である．X 線結晶構造解析では試料の結晶化が可能であるという前提条件があるが，分子量の大きなタンパク質の構造決定もできる．NMR では構造決定ができる分子量の限界は 20,000 程度であるが，溶液状態のタンパク質の動的な構造変化をも測定できる長所をもっている．また，極低温電子顕微鏡によるタンパク質の三次構造解析の研究も進展しつつある．

2.2.4 タンパク質の構造形成

タンパク質が DNA の遺伝情報，そして mRNA の指令に従ってペプチドが合成されると，その一次構造の性質に基づいて二次構造を形成しながら折りたたまれ，最終的には主鎖や側鎖間のさまざまな非共有結合やシステイン残基間のジスルフィド結合などによって安定化された三次構造を形成する．さらに，サブユニット間の静電気的結合やイオン結合などによって四次構造が完成する．しかし，ポリペプチドの高次構造形成はこのように自発的かつ可逆的(Anfinsen のドグマ)だけとは限らず，このような構造形成を補助するタンパク質因子を必要とする場合もある．このような因子は原核生物，真核生物を問わず広く存在し，代表的なものは新生ペプチドの分子内および分子間ジスルフィド結合の形成を触媒するタンパク質ジスルフィドイソメラーゼ(PDI)，プロリン残基で

のシス-トランス異性化を触媒するペプチジルプロリルイソメラーゼ(PPI)および各種の**分子シャペロン**〔molecular chaperon, その多くは**熱ショックタンパク質**(heat shock protein)〕である．これらについては **6.5.3** に詳しく解説されている．

2.2.5 タンパク質の翻訳後修飾

タンパク質には，翻訳後に共有結合の生成あるいは切断を伴って糖鎖あるいは脂肪などの修飾を受ける例がある．このような修飾はタンパク質の活性の調節，あるいは生体内での輸送などに重要な役割を果たしている．

タンパク質のリン酸化は可逆的な活性調節に重要であると考えられ，これを触媒する各種のタンパク質キナーゼは特定のセリン，トレオニン，チロシン残基中の OH 基を特異的にリン酸化し，またホスファターゼは脱リン酸化を触媒する．これらの反応は細胞内のサイクリック AMP，あるいはカルシウムイオン濃度によって調節されると考えられる．そのほかにグルタミン酸残基の可逆的メチル化，チロシン残基のアデニル化などもタンパク質の活性調節に重要である．またタンパク質の N 末端がアセチル化されている例も多い．

分泌タンパク質には特殊な翻訳後修飾が見られ，たとえばコラーゲンは，プロリン，リシン残基が水酸化されたヒドロキシプロリン，ヒドロキシリシンを含んでいる．カルシウムイオン結合性タンパク質では，グルタミン酸残基がさらに γ 位炭素にカルボキシル基を付加して γ-カルボキシグルタミン酸残基を形成し，カルシウムイオンの結合能を高めている．また大多数の分泌タンパク質にはアスパラギン，まれにセリンやチロシン残基に糖鎖が付加していることがある．膜タンパク質には脂肪酸が共有結合した例も少なくない．

2.3 糖　　質

糖質(sugar)は，その分子の多くが $C_x(H_2O)_y$ の組成式をもち，炭素の水和物とみなされたことから**炭水化物**(carbohydrate)とも呼ばれている．しかしながら，糖質のなかには必ずしも上記の組成式にあてはまらないものもある．糖質には，単純な**単糖**(monosaccharide)と，それが脱水縮合して重合してできた**オリゴ糖**(oligosaccharide)や**多糖**(polysaccharide)が含まれる．単糖類は，細胞内でのエネルギー代謝にかかわり，酸化されて細胞活動に必要なエネルギーをうみだす．糖がいくつか結合してできたオリゴ糖は，ラクトースやスクロースのようにそれ単独でも存在するが，タンパク質や脂質と共有結合し，複合糖質と呼ばれる一群の分子を形成して，細胞の種々の生理機能にかかわっている．また多糖には，動物・植物においてエネルギー貯蔵物質として蓄えられるグリコーゲンやデンプンなどがある．その一方で多糖は，いくつかの生物では細胞壁や外骨格の成分として保護的な機能をも担っている．

アミノ酸が直線的に重合してできるペプチドとは異なり，糖鎖は糖分子間の

グリセルアルデヒド

ジヒドロキシアセトン

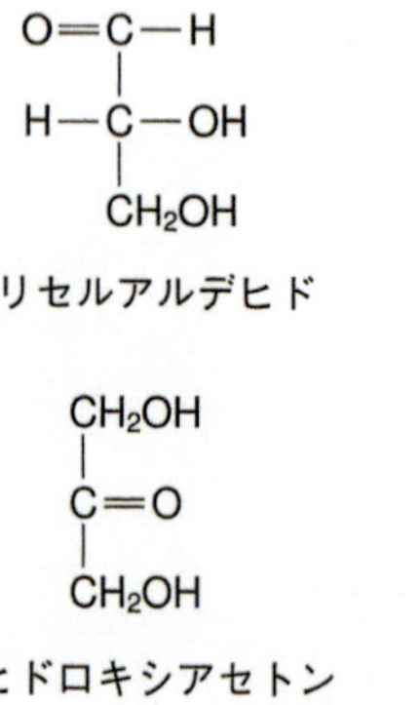

図2.13　トリオースの構造

旋光性

ある化合物の層を単一な振動面のみをもつ直線偏光が通過したとき，偏光面が回転すれば，その化合物には旋光性があるという．

旋光性は旋光計を用いて測定する．この装置では，光源からでた光が偏光子を通過して，直線偏光となり，その偏光が物質の溶液層を通過するときの偏光面の回転方向と角度を測定する．

立体配座と立体配置

立体配座(conformation)とは，分子中の原子の単結合の回転によって生じる分子の構造の多様性のことである．構造の多様性が分子間の認識などに重要な役割を果たすことがある．タンパク質などの高分子の立体構造を示すときには立体配座という名称は用いず，コンホメーションと呼ぶのがふつうである．一方，立体配置(configuration)とは，分子を構成する原子の三次元配置を示す．この際，単結合の回転によって生じる種々の分子種は同じ配置であると考える．

結合位置と結合様式の違い，さらに枝分かれの存在により多様な構造をもちうる．この構造の多様性が，多糖類の代謝反応を速やかなものにするとともに，複合糖質糖鎖を介した細胞間および分子間の認識機構を可能にしている．

2.3.1　単糖類

(1)　単糖の構造

単糖は，大きく二つのグループに分けることができる．一つはポリヒドロキシアルデヒドのグループであり，これはアルドース(aldose)と呼ばれる．もう一つは，ポリヒドロキシケトンであるケトース(ketose)のグループである．最も小さい単糖はトリオース(三つの炭素からなる単糖)であり，アルドースのトリオース(アルドトリオース)はグリセルアルデヒド(glyceraldehyde)である．この分子の2位の炭素は不斉炭素であるので，光学異性体が存在する．また，ケトースのトリオース(ケトトリオース)はジヒドロキシアセトン(dihydroxyacetone)である．この分子には不斉炭素はない．

グリセルアルデヒドの光学異性体を区別するために，グリセルアルデヒドのアルデヒド基を上に書いたときに，ヒドロキシル基が右にある構造をD体，左にある構造をL体と呼ぶ．このような光学異性体(**2.1.3**参照)は，溶解度や融点・沸点などの物理化学的性質は同じであるが光学活性(**旋光性**)に違いがある．すなわち，光の偏向面を一方の分子に当てるとそれを時計向きに回転させる(右旋性)が，もう一方の分子に当てると反時計回りに回転させる(左旋性)．D-グリセルアルデヒドは右旋性であり，L-グリセルアルデヒドは左旋性である．旋光性はD/Lの記号の後に，右旋性は(+)，左旋性は(−)をつけて表すが，一般に光学活性分子が偏向面をどちらの方向にどれだけ回転させるかは予測が困難である．

グリセルアルデヒドを基本物質として導かれるテトロース(炭素数4)，ペントース(炭素数5)，ヘキソース(炭素数6)の構造を図2.14に示した．このように，単糖は多くの光学異性体からなる分子集団であるが，D-アルドースの系列はいずれもアルデヒド基から最も遠い不斉炭素の**立体配座**(conformation)は同一である．L-アルドースの仲間を考慮に入れると，一般的に不斉炭素がn個あれば異性体の数は2^n個となるが，グルコース(glucose)をはじめ天然に見いだされる糖質の多くはD体である．

分子中に不斉炭素をいくつかもつ糖のうちで，そのうちの一つの立体配置だけが違うものを互いに**エピマー**(epimer)と呼ぶ．アルドヘキソース(炭素数6のアルドース)の代表的な糖を例にあげると，D-ガラクトース(galactose)はD-グルコースの4位の炭素のエピマーであり，D-マンノース(mannose)は2位の炭素のエピマーである．

ジヒドロキシアセトンからも，同様に炭素数の異なる一連のケトースが誘導される(図2.15)．ケトースはアルドースと比べると，炭素数が同じならば不斉

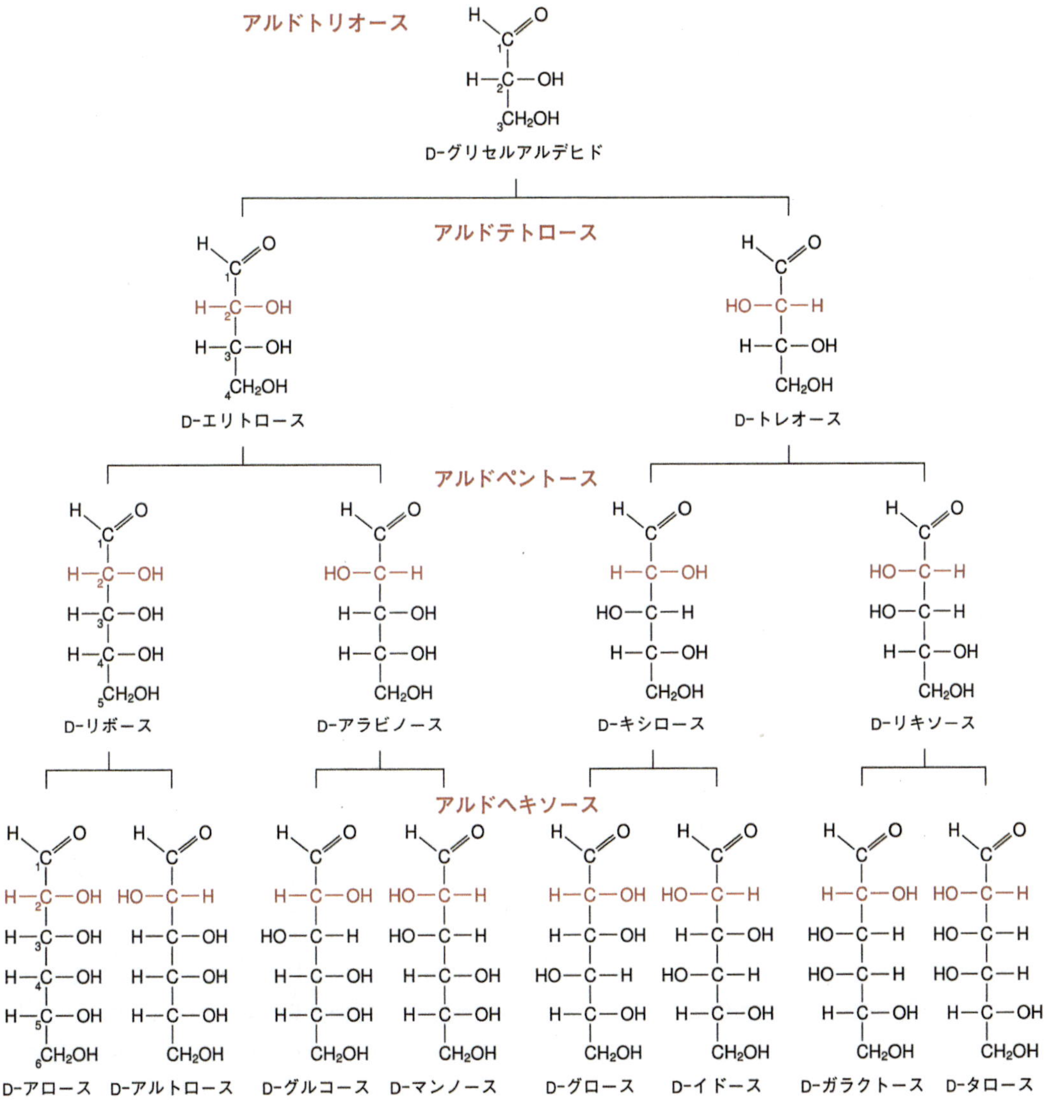

図2.14 アルドースの構造
それぞれの炭素数が一つ増えると，不斉炭素も一つ増え（赤で示した炭素），1対の光学異性体が生じる．

炭素は一つ少ない．

ここにあげた糖のなかで，グリセルアルデヒド，エリトロース，リボース，グルコース，マンノース，ガラクトース，ジヒドロキシアセトン，キシルロース，リブロース，フルクトースは，種々の代謝反応や高分子化合物の構成成分として存在しており，生化学の分野で重要な単糖である．

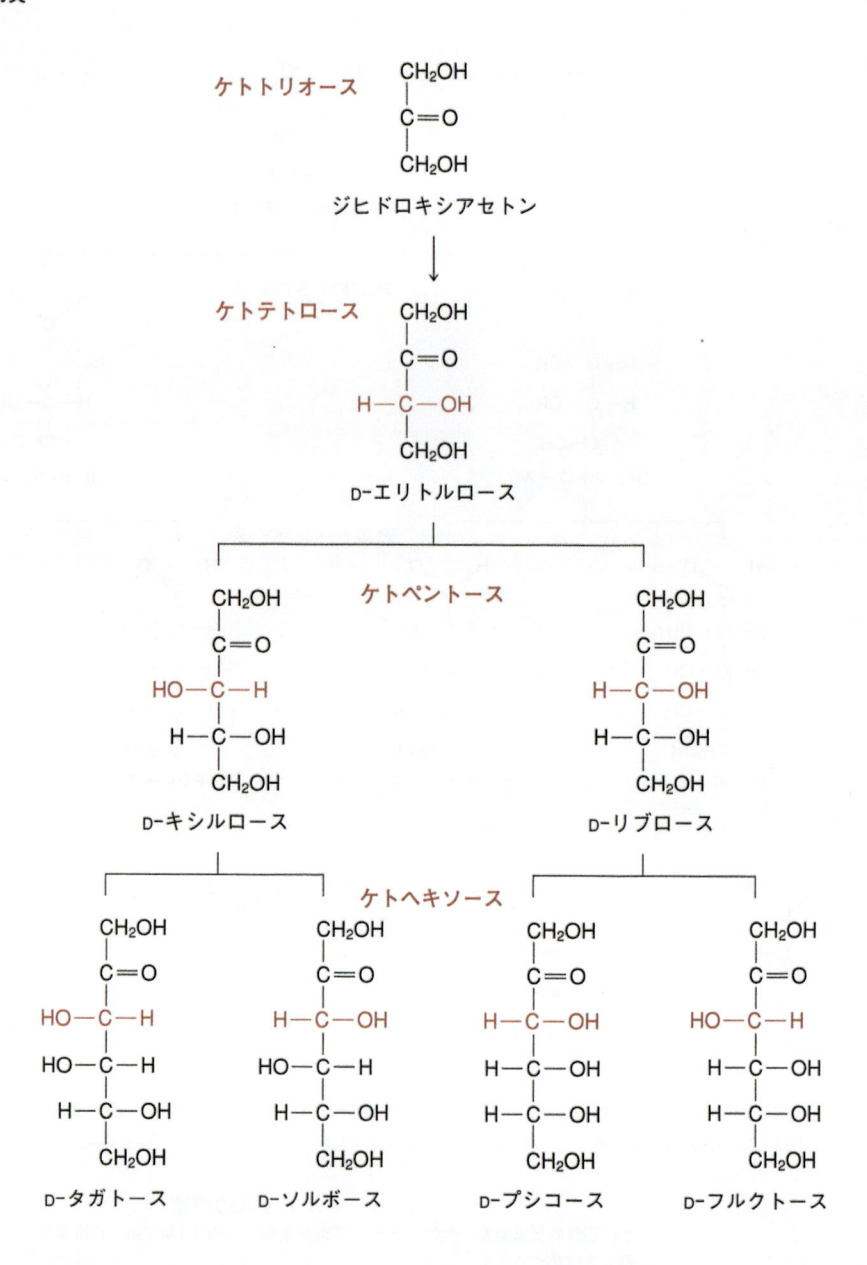

図2.15 ケトースの構造

2.3.2 その他の単糖

(1) アミノ糖

ヒドロキシル基の一つがアミノ基に置換された糖であり，通常，そのアミノ基はアセチル化されている．図2.16には3種のアミノ糖の構造を示してある．***N*-アセチルグルコサミン**(*N*-acetylglucosamine)と***N*-アセチルガラクトサミン**(*N*-acetylgalactosamine)は後述する複合糖質の糖鎖に含まれていることが多い．***N*-アセチルノイラミン酸**(*N*-acetylneuraminic acid)は，炭素数が9の単糖である．この分子は，カルボキシル基に由来する負電荷をもち，通常は複合糖質の末端にあり，分子や細胞表面に負電荷を与える．*N*-アセチルノイラミ

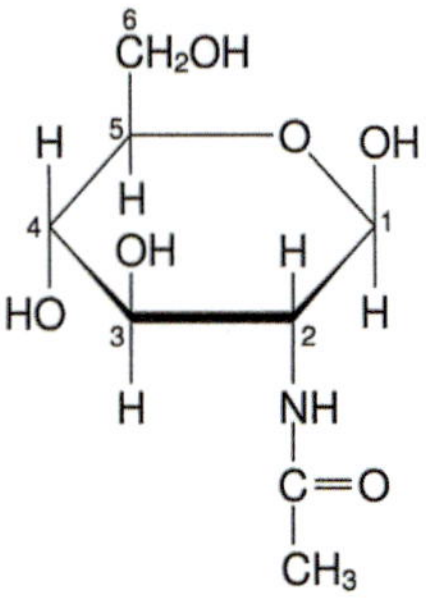

N-アセチル-β-D-グルコサミン

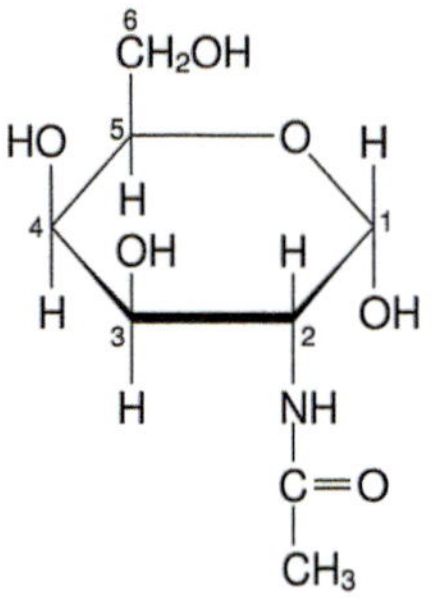

N-アセチル-α-D-ガラクトサミン

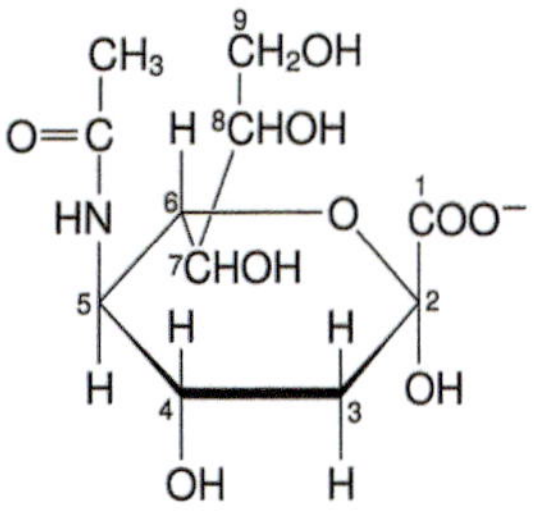

N-アセチル-α-D-ノイラミン酸

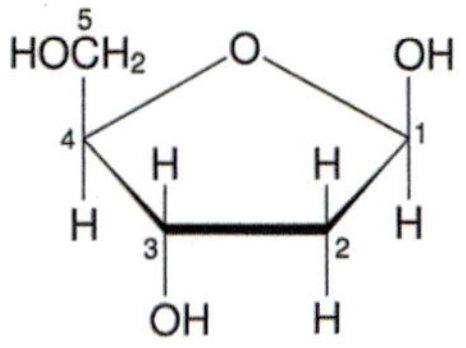

β-2-デオキシ-D-リボース

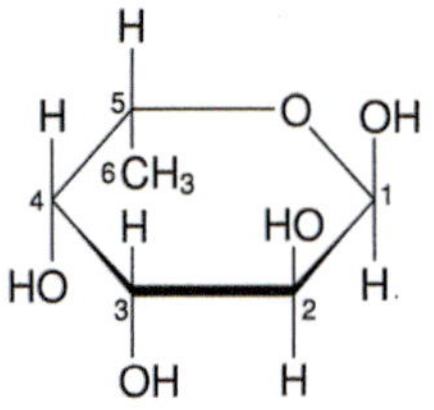

α-L-フコース
(6-デオキシ-L-ガラクトース)

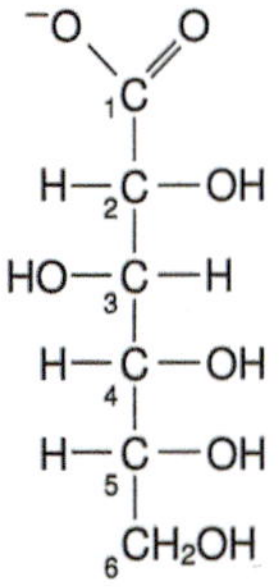

D-グルコン酸

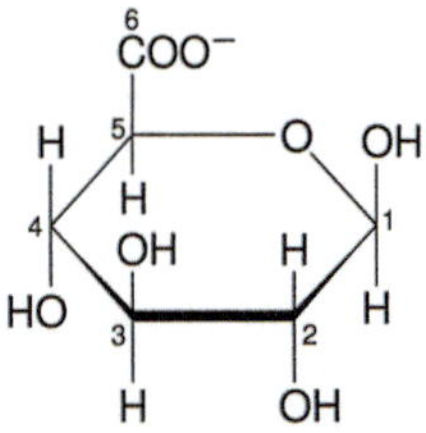

β-D-グルクロン酸

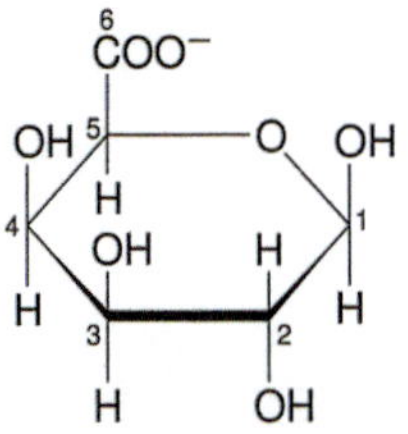

β-D-ガラクツロン酸

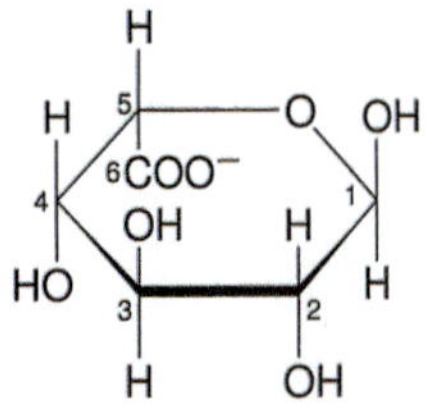

α-L-イズロン酸

図 2.16　おもな単糖の構造

ン酸およびその 4, 7, 8, 9 位のヒドロキシル基がアセチル化されてできる種々の誘導体は**シアル酸**(sialic acid)と総称される．

(2) デオキシ糖

ヒドロキシル基の一つが水素で置換された糖である．**2-デオキシリボース**(2 - deoxyribose)は DNA の構成成分である．また，**L-フコース**(L - fucose)は複合糖質の末端にあり，血液型抗原の形成などに関与している(51 頁参照)．

(3) アルドン酸

1 位の炭素が酸化されカルボキシル基となった糖で，**グルコン酸**(gluconic acid)などがある．

(4) ウロン酸

6 位の炭素が酸化されカルボキシル基となった糖で，**グルクロン酸**(glucuronic

acid），**ガラクツロン酸**（galacturonic acid），**イズロン酸**（iduronic acid）などがあり，いずれもプロテオグリカン糖鎖に見いだされる．

2.3.3 単糖の環状化

D-グルコースを例に単糖の分子構造を考えてみよう．グルコース分子は，実

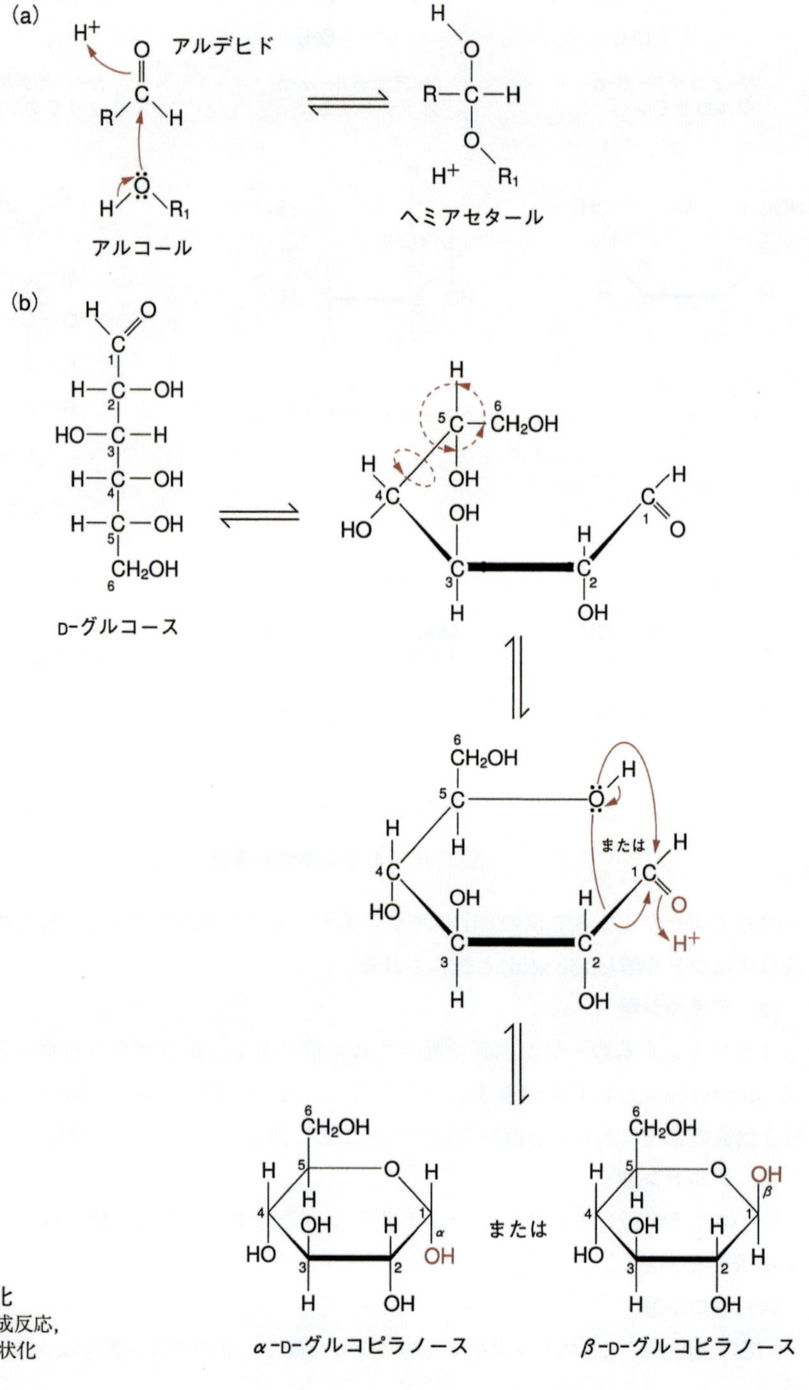

図 2.17 単糖の環状化
(a) ヘミアセタールの生成反応，
(b) グルコース分子の環状化

α-D(+)-グルコース　　　　開環鎖状構造　　　　β-D(+)-グルコース

図2.18　環状グルコースと鎖状グルコースとの間の平衡反応

際は丸まった構造をとるため，1位のアルデヒド基と5位のヒドロキシル基は空間的に近接しており，分子内でアルコールとアルデヒド間の反応が起こりヘミアセタール（hemiacetal）構造が生じて分子は環状化する（図2.17）．このとき，1位の炭素も不斉炭素となるため，2種の立体異性体が生じる．この1位の炭素をとくにアノマー炭素（anomeric carbon）と呼ぶ．分子の環状化の結果生じた二つの分子種を，α型，β型と呼び区別するが，α型，β型は，鎖式構造を介して平衡関係にあり互いに変換されうる（図2.18）．したがって，時計回りに光の偏向面を113°回転する（+113°）性質をもつα-D-グルコースを水に溶かし，その溶液の旋光度を観察すると，しだいに変化して+52.5°に到達して一定となる．これは，図2.18の平衡式に従い，溶液中のβ-D-グルコース（+19°）が生じるために旋光度が徐々に減少し，やがて反応が平衡に到達して旋光度が一定になったためである．このように，溶液の旋光度が変化する現象を**変旋光**（mutarotation）と呼ぶ．

　グルコースは上述のように，通常は六員環を形成するが，1位のアルデヒド基と4位のヒドロキシル基が反応したときには五員環となる．六員環，五員環の構造はそれぞれピラン，フランの誘導体とみなして，**ピラノース**（pyranose），**フラノース**（furanose）と呼ぶ（図2.19）．環状構造をとくに表す必要があるときは，グルコピラノース，グルコフラノースと書くこともある．

> **アセタールとヘミアセタール**
> アセタールとは一つの炭素原子に二つのエーテル結合をもつ化合物の総称である（下図参照）．図のR₁もしくはR₂のどちらかが水素原子であり，さらにR₃もしくはR₄のどちらかが水素原子に置換されているものをヘミアセタールと呼ぶ．ヘミアセタールはアルコールとアルデヒドが反応してできる．
>
> アセタール　　ヘミアセタール

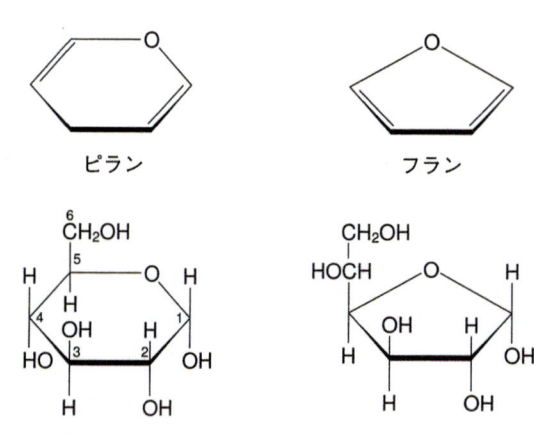

ピラン　　　　フラン

α-D-グルコピラノース　　α-D-グルコフラノース　　**図2.19　フラノースとピラノース**

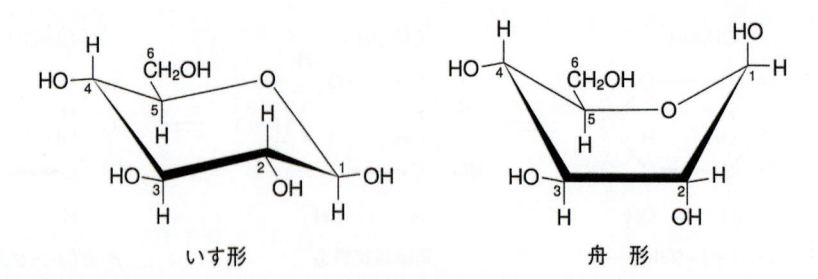

図 2.20　単糖の立体構造　　いす形　　舟形

環状化した糖の立体構造は，通常はいす形配座(chair conformation)か舟形配座(boat conformation)のいずれかとなる(図2.20)．一般には，いす形配座のほうが環に結合した置換基間の反発が最小となるので安定である．

2.3.4　グリコシド

単糖は，**グリコシド結合**(glycosidic linkage)を介して重合する．グリコシド結合とは，単糖のヘミアセタールのヒドロキシル基，すなわちアノマー炭素のヒドロキシル基がアルコールなどと縮合してできるアセタール結合のことをいう．グリコシド結合を含む物質を**グリコシド**(glycoside)と呼び，オリゴ糖，多糖，その他の糖誘導体が含まれる．一般に，グリコシドは結合に関与する糖の名称の語尾を変えて表す．たとえば，グルコース，ガラクトース，マンノースからなるグリコシドはそれぞれグルコシド，ガラクトシド，マンノシドと呼ばれる．

グリコシドの最も簡単な例として，単糖の D-グルコースが酸性溶液中でメタノールと反応して2種類のメチルグルコシドを生じる反応がある(図2.21)．2分子のグルコース間でも同様の縮合反応が起こるが，この場合には一方のアノマー炭素がもう一方の分子のいずれのヒドロキシル基とも反応しうるため，多くのグルコシドが生じる．したがって，糖の結合を表すときには結合位置，アノマー炭素の立体配座(α, β)を明示する必要がある．また，一般的にグリコシド結合はアルカリには比較的安定であるが酸には不安定であるので，オリゴ糖や多糖を酸を用いて加水分解すると構成単糖が得られる．

α-D-グルコピラノース　＋　メタノール　⇌(酸)　メチル α-D-グルコピラノシド　または　メチル β-D-グルコピラノシド

図 2.21　メチルグルコシドの生成

2.3.5 二　糖　類

天然のオリゴ糖の多くは，二糖類，すなわち一方のアノマー炭素のヒドロキシル基がもう一方の単糖のヒドロキシル基とグリコシド結合したものである．図2.22に重要な二糖類の構造を示す．

マルトース(麦芽糖，maltose)はデンプンにアミラーゼ(amylase)を作用させると得られる．これは2分子のグルコースが脱水縮合したもので，一方の分子のα型のアノマー炭素のヒドロキシル基がもう一方の分子の4位のヒドロキシル基と縮合したものである．この結合を$\alpha(1 \rightarrow 4)$結合といい，マルトースはα-D-グルコース-(1 → 4)-D-グルコースもしくは糖の略号を用いてGlcα1 → 4Glcなどと記される．左側のグルコースは，アノマー炭素が結合にかかわっているために鎖状構造とはなりえないのに対し，右側のグルコースは図2.18のように鎖状構造をとりうる．鎖状構造ではアルデヒド基が生じるので右側のグルコースは還元性を示す．したがって，糖鎖の両末端の糖の性質は異なり，還元性をもつ方を**還元末端**，もたない方を**非還元末端**と呼んで区別する．また，一般的に糖の構造は非還元末端の単糖を左側に，還元末端の単糖を右側に

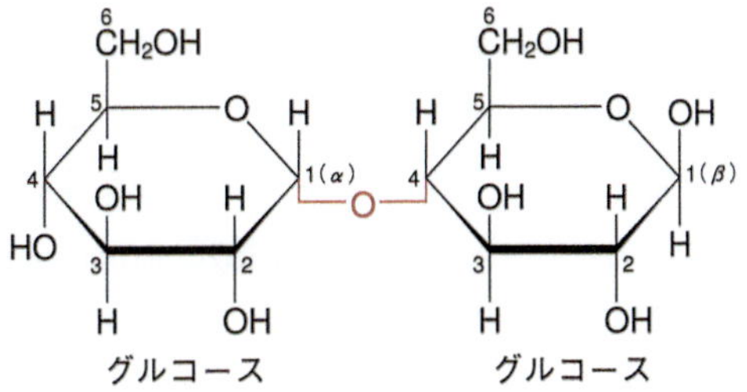

マルトース

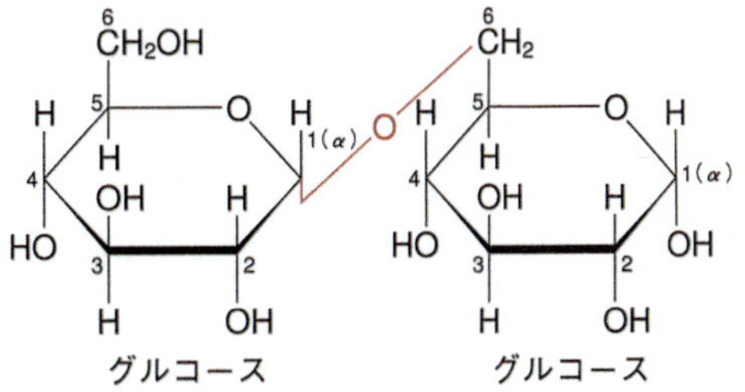

イソマルトース

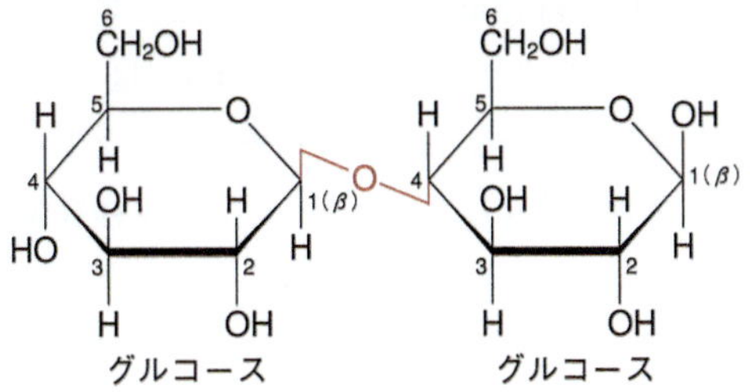

セロビオース

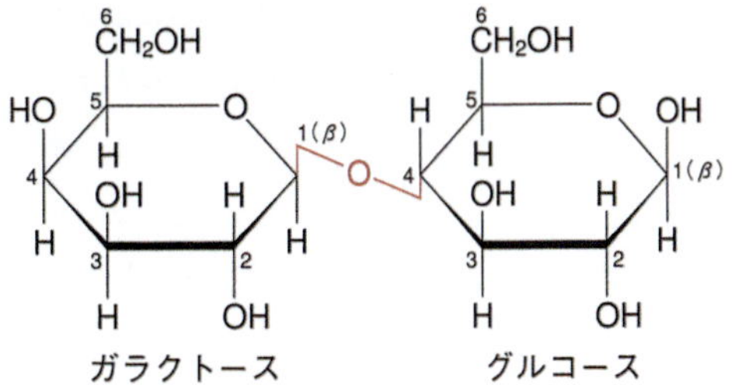

ラクトース

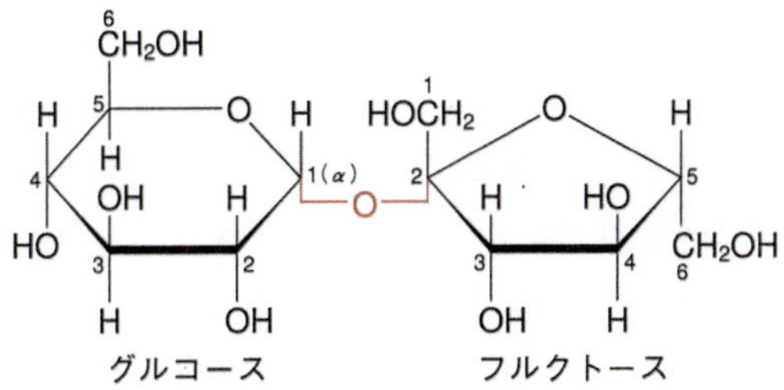

スクロース

図2.22　おもな二糖の構造

して表す.

　イソマルトース(isomaltose)はデンプンやグリコーゲンの分解産物の一つであり，その構造は Glcα1→6Glc である.

　セロビオース(cellobiose)(Glcβ1→4Glc)はセルロースの部分加水分解により生じる.

　ラクトース(乳糖, lactose)は Galβ1→4Glc の構造をもち，母乳中のおもな糖である．ラクトースは腸内でラクターゼによって単糖にまで分解されてから吸収される．この酵素は子供には多いが，成長するにつれて減少するため大人の多くは乳糖不耐症となる.

　スクロース(ショ糖, sucrose)は Glcα1→2Fru の構造をもち，二つの単糖の還元力をもつ炭素どうしが結合しているため，これまでの二糖類とは異なり，還元性をもたない．ショ糖は植物によって合成され，自然界で最も豊富な二糖である.

2.3.6　多　糖　類

　多糖類は，その構成単糖から**ホモ多糖類**(homopolysaccharide)と**ヘテロ多糖類**(heteropolysaccharide)に分類される．ホモ多糖類は1種類の単糖が重合してできたものであり，ヘテロ多糖類は2種類以上の単糖を含むものである．また多糖類は，その機能面より，エネルギーの貯蔵物質となりうる**貯蔵多糖類**(storage polysaccharide)と，生体の構造の保持にかかわる**構造多糖類**(structural polysaccharide)とに分類できる．本書では，後者の分類法に従って解説する.

(1) 貯蔵多糖類

　デンプン(starch)は高等植物の光合成の最終産物として合成されるホモ多糖で，**アミロース**(amylose)と**アミロペクチン**(amylopectin)とからなる．アミロースは，α(1→4)結合したグルコースからなる直鎖状の多糖である〔図2.23(a)〕．アミロースは，水溶液中ではらせん構造をとる．アミロースはヨウ素で青色を呈するが，このらせん構造にヨウ素が結合し，ヨウ素－デンプン複合体を形成するためである．また，アミロースのヒドロキシル基は，水分子と水素結合することで水和する．そのため，アミロースは熱水に溶ける．アミロペクチンは，アミロースと同じα(1→4)結合のグルコースの直鎖構造のところどころにα(1→6)結合のグルコースの枝分れ構造をもつ〔図2.23(b)〕．枝分れしたグルコースには，さらにα(1→4)結合でグルコースが重合するため，1分子が多くの非還元末端をもっている.

　グリコーゲン(glycogen)は動物の貯蔵多糖である．構造は，アミロペクチンと同様，α(1→4)結合グルコースの直鎖構造にα(1→6)結合グルコースの分枝構造をもつが，枝分れの数はグリコーゲンのほうが多い．グリコーゲンは肝臓や筋肉に多く含まれるが，肝臓のグリコーゲンがその合成・分解により血液中のグルコース(血糖)濃度の維持に用いられるのに対し，筋肉のグリコーゲン

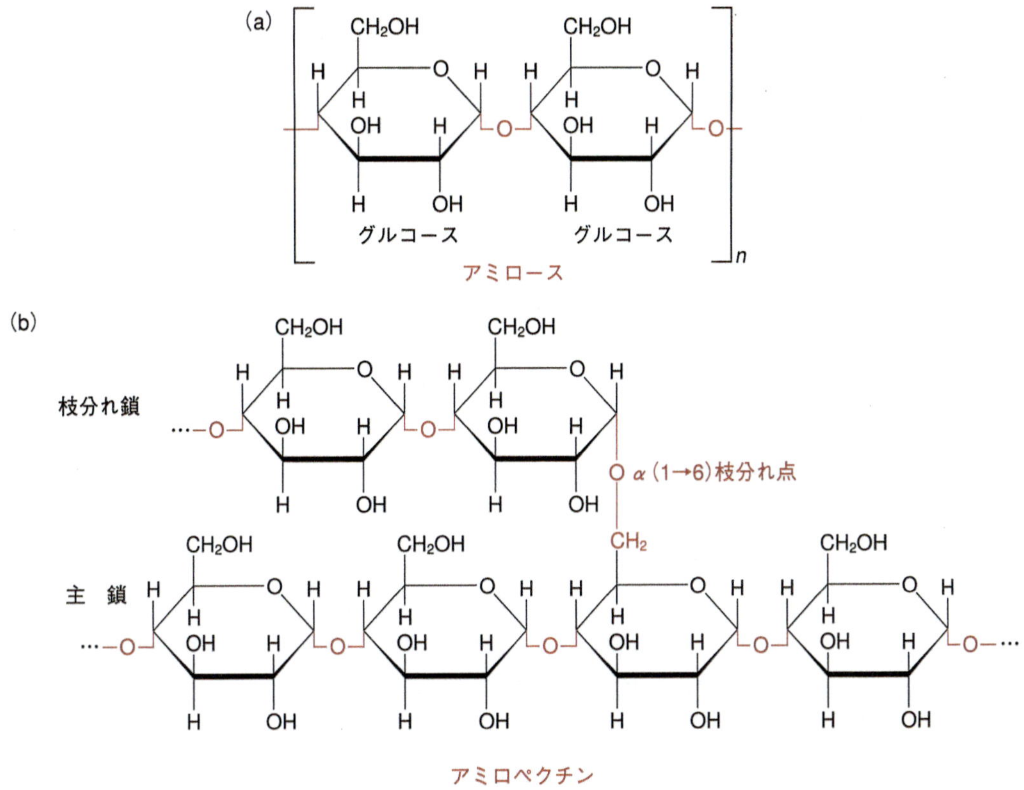

図 2.23 デンプンの構造
(a) アミロースの構造, (b) アミロペクチンの構造.

は筋収縮のためのエネルギー源として用いられる.

　一般に，糖鎖の分解反応や合成反応では，酵素が非還元末端側から糖鎖を除去したり付加したりする．グリコーゲンのように糖鎖が枝分れすることで酵素の作用部位が増加し，生体内で速やかに分解反応や合成反応が進行するという利点がある．

(2) 構造多糖類

　セルロース(cellulose)は天然に最も豊富に存在する有機化合物で，植物の細胞壁を構成している．セルロースは，グルコースが $\beta(1 \to 4)$ 結合した直鎖構造のホモ多糖である（図2.24）．アミロースとは，アノマー炭素の立体配座が異なるのみであるが，その立体構造はアミロースとは大きく異なり，セルロース分子は直線状になる．そのため，セルロースは分子間のヒドロキシル基が互いに水素結合することでセルロース分子が多数集合して強い繊維構造をつくる．したがって，セルロースのヒドロキシル基は水中で水分子と水素結合できず，セルロースは水に溶けない．

　キチン(chitin)は N-アセチルグルコサミンが $\beta(1 \to 4)$ 結合したホモ多糖であり，セルロースと同じく水に不溶性で，甲殻類や昆虫の殻を構成している．

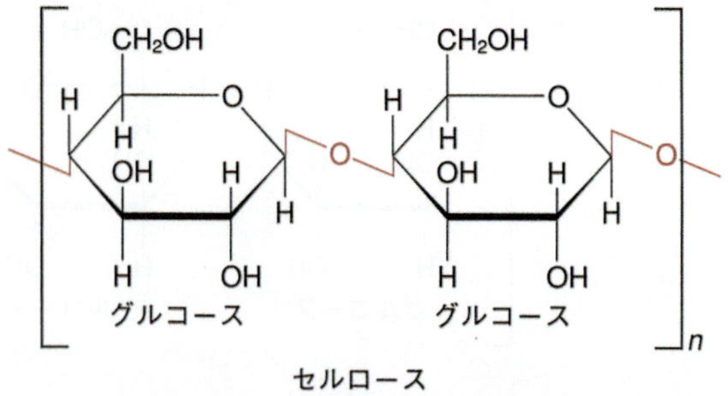

図2.24 セルロースの構造

2.3.7 複合糖質

複合糖質(complex carbohydrate, glycoconjugate)とは，動植物に広く見いだされる糖を含む分子の総称で，**糖タンパク質**(glycoprotein)，**糖脂質**(glycolipid)，**プロテオグリカン**(proteoglycan)に大別できる．いずれも糖鎖がペプチドや脂質に共有結合している．これらの分子は，通常，種々の単糖からなるヘテロオリゴ糖やヘテロ多糖からなる糖鎖をもち，細胞間および分子間相互作用などにかかわっている(**7.1.5 参照**)．

(1) 糖タンパク質

単糖もしくはオリゴ糖がグリコシド結合でタンパク質と結びついた分子を糖タンパク質と呼ぶ．糖タンパク質は自然界に広く分布しており，哺乳類においてはアルブミン以外のほとんどすべての血液中のタンパク質や，細胞表面，細胞からの分泌液，結合組織などのタンパク質は糖鎖を含んでいる．糖鎖はタンパク質の安定性を調節したり，細胞・分子間相互認識に関係している．

糖とタンパク質の結合にはいくつかの様式があるが，次の二つがよく知られている．すなわち，① N-アセチルグルコサミンとアスパラギン残基間の結合からなる **N-グリコシド結合**，② N-アセチルガラクトサミンとセリン/トレオニ

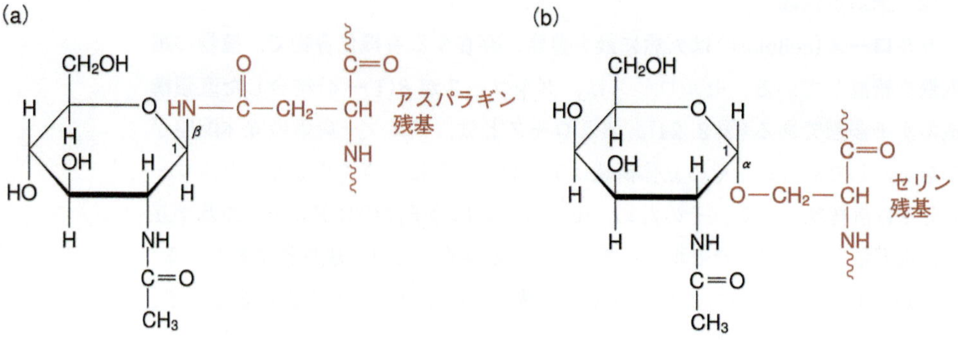

図2.25 糖とペプチドの結合様式
(a) N-アセチルグルコサミン−アスパラギン結合
(b) N-アセチルガラクトサミン−セリン(トレオニン)結合

ン間の結合からなる**O-グリコシド結合**である(図2.25). ①はペプチド鎖中のAsn－X－Ser/Thr(ただしXはプロリン以外のアミノ酸)のアスパラギン残基に糖鎖が結合できる．②は粘液中の糖タンパク質に多く見られる．またこれら以外にも，脊椎動物の結合組織の主要タンパク質のコラーゲンに見られるガラクトースとヒドロキシリシン間の O-グリコシド結合などもある．さらに，一つの分子が結合様式の異なるいくつかの糖鎖をもつこともある．

(2) 糖脂質

単糖やオリゴ糖が，脂質と共有結合した糖脂質と呼ばれる一群の物質がある．糖脂質については **2.4.2** のグリセロ糖脂質，スフィンゴ糖脂質を参照してほしい．

(3) プロテオグリカン

二糖単位の繰り返し構造をもつ**グリコサミノグリカン**(glycosaminoglycan)(ムコ多糖, mucopolysaccharide)が，タンパク質に共有結合した物質を**プロテオグリカン**(proteoglycan)と呼ぶ．プロテオグリカンは細胞外マトリックスの主要成分であり，とくに関節軟骨で衝撃吸収や潤滑剤として機能する．また，あるものは細胞膜表面にも存在し，種々の成長因子と結合するなどの生理機能ももっている．

グリコサミノグリカンには，**コンドロイチン硫酸**(chondroitin sulfate)，**ヘパラン硫酸**(haparan sulfate)，**ケラタン硫酸**(keratan sulfate)などがあり，アミノ糖とウロン酸あるいはガラクトースからなる二糖の長鎖繰り返し構造をもって

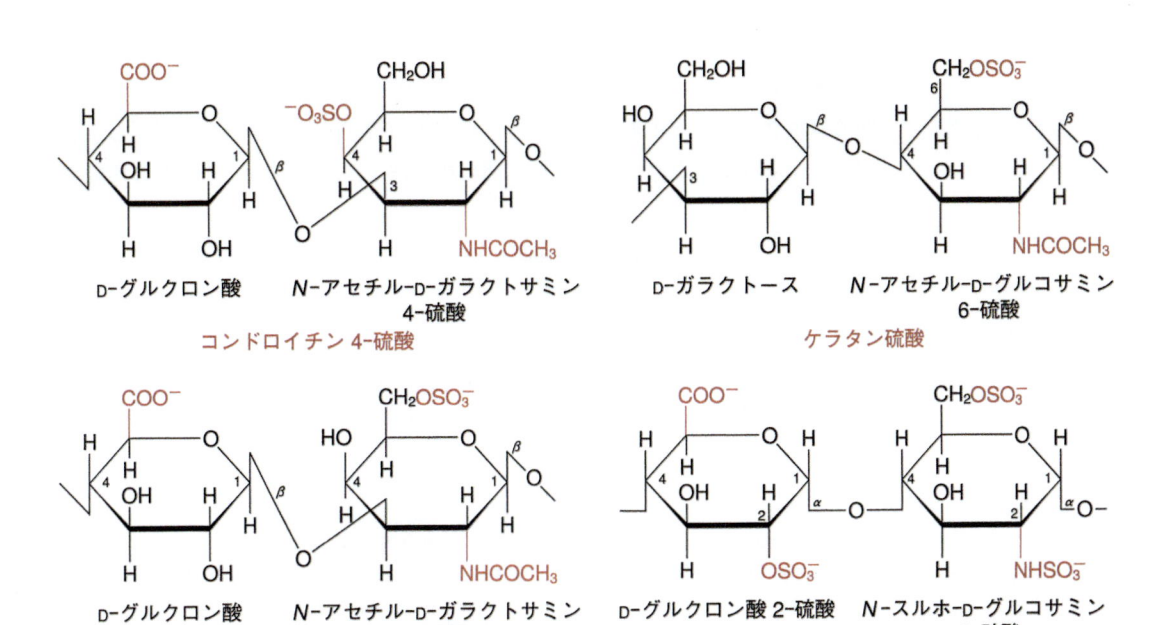

図2.26 おもなグリコサミノグリカンの構造

いる（図2.26）．これらの分子はウロン酸および硫酸基をもっているために負電荷を帯びている

2.4 脂　質

脂質(lipid)は，タンパク質，糖質，核酸と同じように，生体を構成する物質の総称であるが，これらの物質とは違い，構造的に異なる多様な分子種を含んでいる．一般に，脂質は水に溶けにくく，分子中に長鎖脂肪酸などの炭化水素鎖をもつことが多い．この節では，種々の脂質の構造と機能について解説し，また脂質と細胞膜との関係についても触れる．

2.4.1 脂　肪　酸

脂肪酸(fatty acid)は多くの脂質の構成成分である．脂肪酸は通常，炭化水素鎖とカルボキシル基とからなり，炭化水素鎖の二重結合数によって飽和脂肪酸と不飽和脂肪酸とに分類できる．表2.7におもな脂肪酸の構造を示す．

脂肪酸の性質の違いは，脂肪酸がカルボキシル基を共通にもつのでその炭素鎖の違いによる．一般に炭素鎖の短いものは室温で液体であるが，鎖が長くなるにつれて融点が高くなり，固体となる．この違いは，炭化水素鎖間の相互作用によって説明できる．鎖が長いと脂肪酸どうしのファンデルワールス力による相互作用が強くなり，それを断ち切るためにはより多くのエネルギーが必要となり融点が上昇する．また，二重結合が増えると融点は下がる．**パルミチン酸**(palmitic acid)や**ステアリン酸**(stearic acid)のような飽和脂肪酸のアルキル基は，図2.27のように直線状の構造をとるが，**オレイン酸**(oleic acid)や**リノレン酸**(linoleic acid)のように cis-二重結合が存在すると分子が折れ曲がり，空間的に大きな体積を占める．つまり，不飽和結合があると分子が規則正しく並ぶことができなくなり，炭化水素鎖間の相互作用が減少する．そのために融点

表2.7　おもな脂肪酸

炭素数	二重結合の数	慣用名	IUPAC名	融点(℃)	分子式
12	0	ラウリン酸	ドデカン酸	44	$CH_3(CH_2)_{10}COO^-$
14	0	ミリスチン酸	テトラデカン酸	52	$CH_3(CH_2)_{12}COO^-$
16	0	パルミチン酸	ヘキサデカン酸	63	$CH_3(CH_2)_{14}COO^-$
18	0	ステアリン酸	オクタデカン酸	70	$CH_3(CH_2)_{16}COO^-$
20	0	アラキジン酸	エイコサン酸	75	$CH_3(CH_2)_{18}COO^-$
18	1	オレイン酸	cis-Δ^9-オクタデセン酸	13	$CH_3(CH_2)_7CH=CH(CH_2)_7COO^-$
18	2	リノール酸	cis-cis-$\Delta^{9,12}$-オクタデカジエン酸	−9	$CH_3(CH_2)_4(CH=CHCH_2)_2(CH_2)_6COO^-$
18	3	リノレン酸	全 cis-$\Delta^{9,12,15}$-オクタデカトリエン酸	−17	$CH_3CH_2(CH=CHCH_2)_3(CH_2)_6COO^-$
20	4	アラキドン酸	全 cis-$\Delta^{5,8,11,14}$-エイコサテトラエン酸	−49	$CH_3(CH_2)_4(CH=CHCH_2)_4(CH_2)_2COO^-$

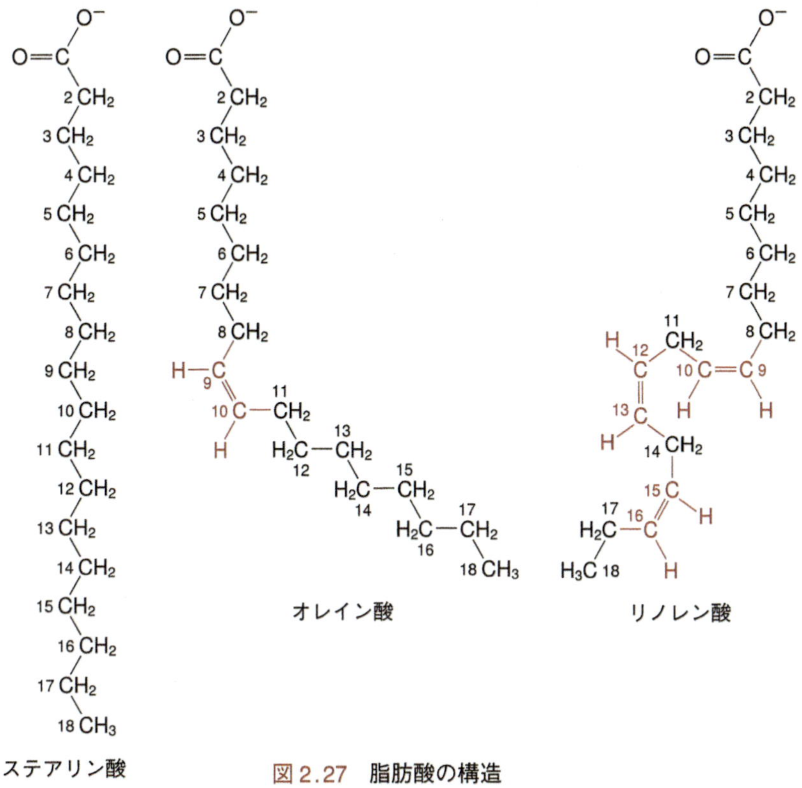

図 2.27　脂肪酸の構造

が下がるものと考えられる．脂肪酸は細胞膜を構成する脂質の成分でもあるため，脂肪酸側鎖のこのような性質は膜の流動性などの性質にも大きな影響を与える．

　遊離の脂肪酸は，細胞毒性をもつためほとんど存在せず，通常はアルコールと結合してエステルを形成し，脂質の構造の一部として存在する．エステル結合は酸やアルカリで加水分解される（図 2.28）．とくにアルカリを用いて加水分解（けん化）したときには，脂肪酸塩（セッケン）が遊離する．

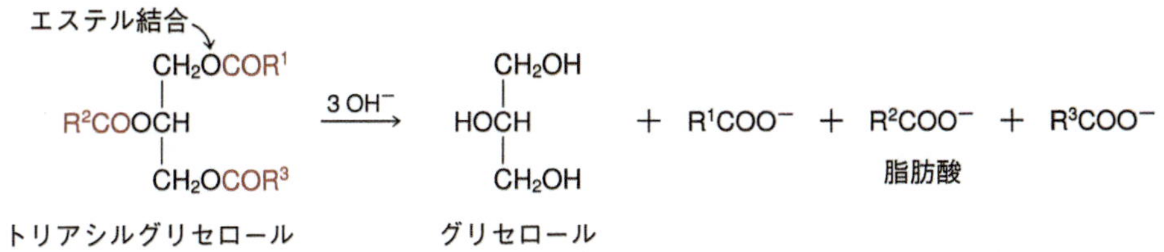

図 2.28　脂肪酸エステルの加水分解（けん化）

2.4.2　脂質の分類

（1）アシルグリセロール

グリセロールと脂肪酸がエステル結合したものであり，結合した脂肪酸の数

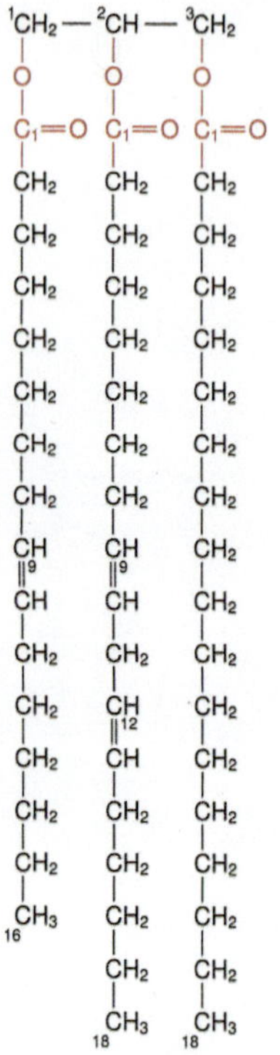

により，モノアシルグリセロール，ジアシルグリセロール，トリアシルグリセロール(triacylglycerol, 図2.29)に分類できる．これらのうちで最も豊富なトリアシルグリセロールは，**トリグリセリド**(triglyceride)または**中性脂肪**(neutral fat)と呼ばれる．アシルグリセロールは最も豊富に存在する脂質である．もっぱら皮下などの脂肪組織にエネルギーの貯蔵体として存在し，エネルギー代謝に利用されるが，生体膜には存在しない．この分子が酸化されたときに生じるエネルギーは，糖質やタンパク質を酸化したときのエネルギーよりもずっと大きいため，エネルギーの貯蔵物質として適している．

(2) ろう

ろう(wax)は長鎖脂肪酸と長鎖アルコールからなるエステルである(図2.30)．ろうは水に不溶性で，化学的に不活性な物質であり，植物の葉や果実，また動物の皮膚，羽毛などに存在し，表面を保護する役割を担っている．

図2.29 トリアシルグリセロールの構造の一例
赤い部分はエステル結合を示す．

図2.30 ろうの構造の一例　$H_3C-(CH_2)_{14}-\overset{O}{\overset{\|}{C}}-O-(CH_2)_{29}-CH_3$

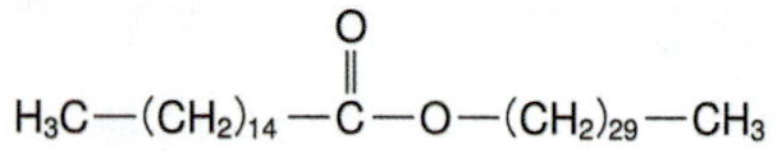

(3) グリセロ脂質

グリセロールを含む脂質の総称であり，**グリセロリン脂質**(glycerophospholipid)と**グリセロ糖脂質**(glyceroglycolipid)とに分類され，どちらも生体膜の成分である．

(i) グリセロリン脂質

生体膜に一番多く存在するグリセロリン脂質はグリセロール基本骨格をもっている．このグループに属する最も簡単な脂質は**ホスファチジン酸**(phosphatidic acid)であり，グリセロールの1位および2位の炭素に脂肪酸がエステル結合し，3位にリン酸基をもっている．その他のグリセロリン脂質は表2.8のように3位のリン酸基に窒素塩基などが結合したホスファチジン酸誘導体とみなすことができる．

グリセロリン脂質は，脂肪酸に由来する2本の長い疎水性の炭化水素鎖と，リン酸および窒素塩基などからなる極性のグループとを含む両親媒性の分子であり，生体膜の主要な構成成分である．

細胞内には**ホスホリパーゼ**(phospholipase)と呼ばれる一群の酵素があり，エステル結合を加水分解することによってグリセロリン脂質を分解する(図2.31)．分解産物のジアシルグリセロール，ホスファチジルイノシトールやアラキドン酸などの脂肪酸は，細胞内情報伝達物質や生理活性物質の前駆体として重要である．

(ii) グリセロ糖脂質

ジアシルグリセロールに炭水化物が結合した化合物の総称である．一つのガラクトースが結合した簡単なものから，30個以上の糖が結合した複雑な構造の

表2.8 おもなグリセロリン脂質

X＝極性置換基

HO－X	－O－X	グリセロリン脂質の名称
水	－O－H	ホスファチジン酸
コリン	－O－CH$_2$CH$_2$N$^+$(CH$_3$)$_3$	ホスファチジルコリン
エタノールアミン	－O－CH$_2$CH$_2$N$^+$H$_3$	ホスファチジルエタノールアミン
セリン	－O－CH$_2$－CH(N$^+$H$_3$)COO$^-$	ホスファチジルセリン
グリセロール	－O－CH$_2$CH(OH)－CH$_2$OH	ホスファチジルグリセロール
ホスファチジルグリセロール		ジホスファチジルグリセロール（カルジオリピン）
myo-イノシトール		ホスファチジルイノシトール

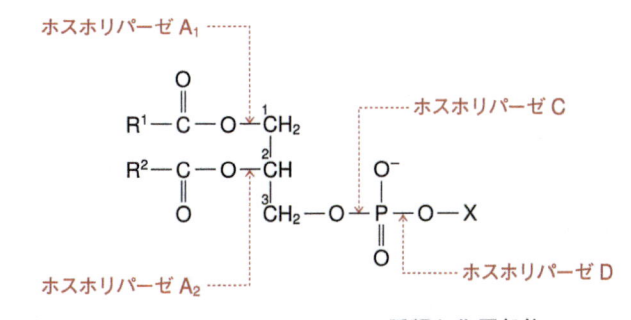

図2.31 ホスホリパーゼの種類と作用部位

48　2章　生体を構成する物質

ものまで存在する．主として植物の葉緑体やグラム陽性菌，また動物細胞の膜の成分として存在する．

（4）スフィンゴ脂質

植物，動物の膜の成分としてグリセロ脂質についで多いのがスフィンゴ脂質

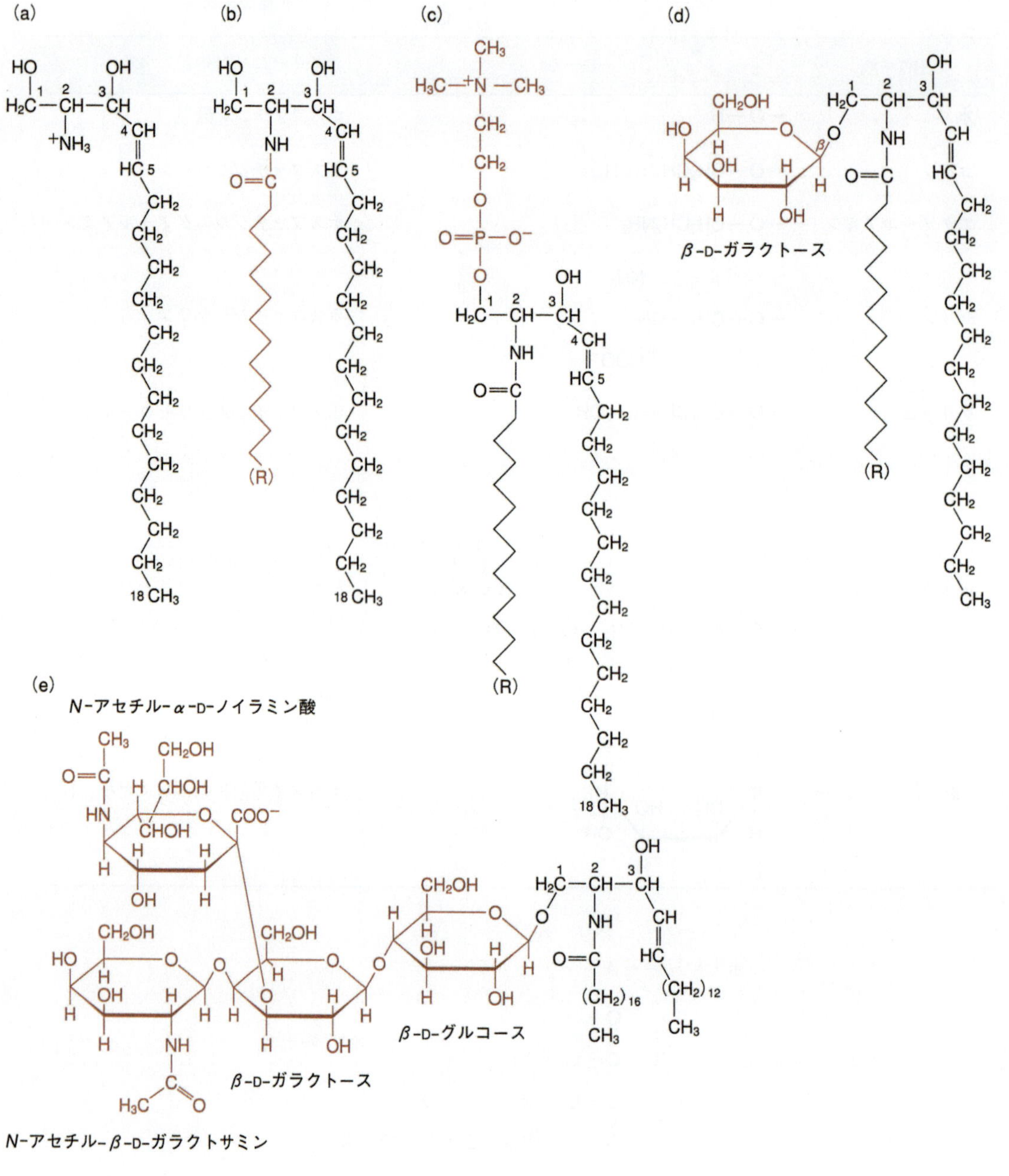

図2.32　スフィンゴ脂質
(a) スフィンゴシン，(b) セラミド，(c) スフィンゴミエリン，
(d) セレブロシド，(e) ガングリオシドの一種（G_{M2}）

であり，動物ではおもに神経細胞の膜に多く見られる（図2.32）．スフィンゴ脂質の基本構成成分は**セラミド**（ceramide）である．セラミドは，炭素数18の長鎖アミノアルコールである**スフィンゴシン**（sphingosine）の2位のアミノ基に脂肪酸がアミド結合したものである．セラミドの1位のヒドロキシル基に親水性の置換基が結合したものがスフィンゴ脂質であり，**スフィンゴリン脂質**（sphingophospholipid）と**スフィンゴ糖脂質**（sphingoglycolipid）とに大別できる．スフィンゴ脂質もグリセロ脂質と同様に，セラミドに含まれる2本の炭化水素の鎖と一つの親水基をもち，両親媒性の分子である．

(i) スフィンゴリン脂質

リン酸基をもつスフィンゴ脂質の総称である．とくにセラミドにコリンリン

コラム

血液型とオリゴ糖鎖

血液型とは，血液中の血球表面上にある抗原であり，識別可能な遺伝形質の一つである．とくに赤血球の細胞膜上には多くの血液型物質が存在し，それらは特異的な抗体を用いて，赤血球が凝集しうるかどうかで区別される．現在では，ヒト血液型として20種類以上の血液型系があり，100種類以上の血液型抗原が存在することが知られている．一般に，血液型物質は赤血球だけでなく，多くの組織や体液（唾液，乳汁，血清など）にも存在する．

血液型のなかで最もよく知られているのは，ABH（ABO）式血液型であろう．ABH式血液型は輸血の際の適合性に最も重要であり，A, B, Hの3種類の対立遺伝子により決定される．遺伝子AとBがともに優性であるのに対し，H遺伝子は劣性である．そのため，血液型はAB, A, B, H(O)型の4種類となる．それぞれの血液型は，糖タンパク質もしくは糖脂質のオリゴ糖鎖の非還元末端が抗原決定基を形成する（図参照）．

分子全体から見れば，わずかな末端の構造の違いが，輸血の際に大きな問題となる．A型のヒトは血清中に抗B抗体を，B型のヒトは抗A抗体を，H型のヒトは抗Aおよび抗B抗体をもつため，血液型の異なる血液を輸血すると血清中の抗体が赤血球と反応して溶血が起こる．A, B, H遺伝子はすべてクローニングされ，それらがコードするポリペプチド鎖の構造が解明されている．A遺伝子は，糖鎖の非還元末端にN-アセチルガラクトサミンを転移する酵素タンパク質をコードしている．B遺伝子はA遺伝子ときわめて相同性が高く，それがコードするタンパク質はA遺伝子と比べてわずか4アミノ酸残基異なるだけであった．しかしながら，B遺伝子がコードする酵素は性質が異なり，ガラクトースを末端に転移する．一方，H型遺伝子は塩基配列に欠失があり，A, B遺伝子の産物とは構造が異なる不活性なポリペプチド鎖をコードしているために糖の転移反応は起こらない．これらの血液型物質の機能ははっきりとわかっていない．興味深いことに，少数ながらABH型物質をもたないボンベイ型と呼ばれる表現型をもつヒトがいる．ボンベイ型のヒトはH型抗原の合成に必要な$\alpha(1\rightarrow 2)$結合したフコースを転移する酵素遺伝子を欠損しているため，赤血球表面にABH型物質をもたない．ボンベイ型のヒトはまったく正常であり，彼らの赤血球にもなんら異常はない．

$$
\begin{array}{ll}
\text{A型} & \text{GalNAc}\alpha 1\rightarrow 3\text{Gal}\beta 1\rightarrow \text{R} \\
& \qquad\qquad\qquad 2 \\
& \qquad\qquad\qquad \uparrow \\
& \qquad\qquad\quad \text{Fuc}\alpha 1 \\
\text{B型} & \text{Gal}\alpha 1\rightarrow 3\text{Gal}\beta 1\rightarrow \text{R} \\
& \qquad\qquad\qquad 2 \\
& \qquad\qquad\qquad \uparrow \\
& \qquad\qquad\quad \text{Fuc}\alpha 1 \\
\text{H型} & \qquad\qquad \text{Gal}\beta 1\rightarrow \text{R} \\
\text{(O型)} & \qquad\qquad\qquad 2 \\
& \qquad\qquad\qquad \uparrow \\
& \qquad\qquad\quad \text{Fuc}\alpha 1
\end{array}
$$

ABH 血液型物質を決定する糖鎖構造
Rはオリゴ糖の残りの部分を表す．

酸が結合した**スフィンゴミエリン**(sphingomyeline)は，哺乳動物において神経細胞のみならず広く細胞膜に分布していることが知られている．

(ii) スフィンゴ糖脂質

スフィンゴ糖脂質はセラミドに糖が結合したものである．このなかで最も単純なものは，1分子のガラクトースを含む**セレブロシド**(cerebroside)である．この分子は脳に多く，とくにミエリン鞘に豊富に存在する．

セラミドに中性糖，アミノ糖，フコース，シアル酸などが付加されて，種々の構造の糖鎖をもったスフィンゴ糖脂質が合成される．これらは細胞膜表面に存在し，**血液型物質**(blood group substance)や細胞間の認識物質として機能すると考えられている．とくにシアル酸を含むスフィンゴ糖脂質のことを**ガングリオシド**(ganglioside)と呼ぶ．また，グリセロ糖脂質とスフィンゴ糖脂質をあわせて単に**糖脂質**(glycolipid)と呼ぶ．

(5) テルペノイド

イソプレンを構成単位とする脂質の総称である．炭素数の違いや鎖状，環状構造の違いによって多くの化合物が存在する(図2.33)．

脂溶性ビタミン(A, D, E, K)はテルペノイドの一種であり，これらは動物の正常な成長に必要である．

三つの六員環(A, B, C)と一つの五員環(D)からなる基本骨格をもつ化合物を**ステロイド**(steroid)と呼び，ステロイドの3位にヒドロキシル基をもつものを**ステロール**(sterol)と呼ぶ．最も代表的なステロールである**コレステロール**

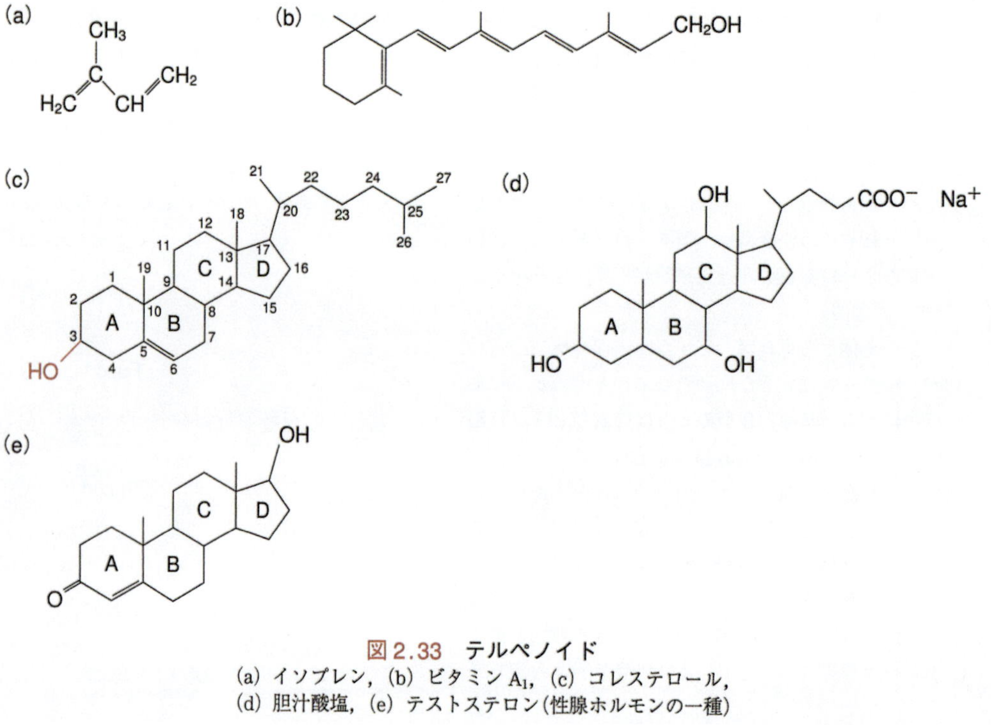

図2.33 テルペノイド
(a) イソプレン，(b) ビタミンA_1，(c) コレステロール，
(d) 胆汁酸塩，(e) テストステロン(性腺ホルモンの一種)

(cholesterol)は，動物細胞の細胞膜の成分の一つとして重要である．コレステロールは，リン脂質の脂肪酸炭化水素鎖間の相互作用を妨げることで細胞膜の融点を下げ，膜の流動性を調節する．またコレステロールは，胆汁酸，性腺ホルモン，ビタミンDの前駆体でもある．コレステロールのC3位のヒドロキシル基に脂肪酸がエステル結合したものがコレステロールエステルであり，コレステロールよりもさらに疎水性が高い．

(6) エイコサノイド

エイコサノイド(eicosanoid)はアラキドン酸を材料にして合成される特異的な生理活性をもつ一群の物質のことで，図2.34のようにプロスタグランジン類，トロンボキサン類，ロイコトリエン類の三つのグループからなる．これらの物質は，生産された組織中で，低濃度でも炎症，熱および痛みなどの病的な応答を引き起こしたり，血圧調整や平滑筋収縮などの強い生理活性をもっている．これらの物質を合成する一連の反応を**アラキドン酸カスケード**(arachidonate cascade)という．

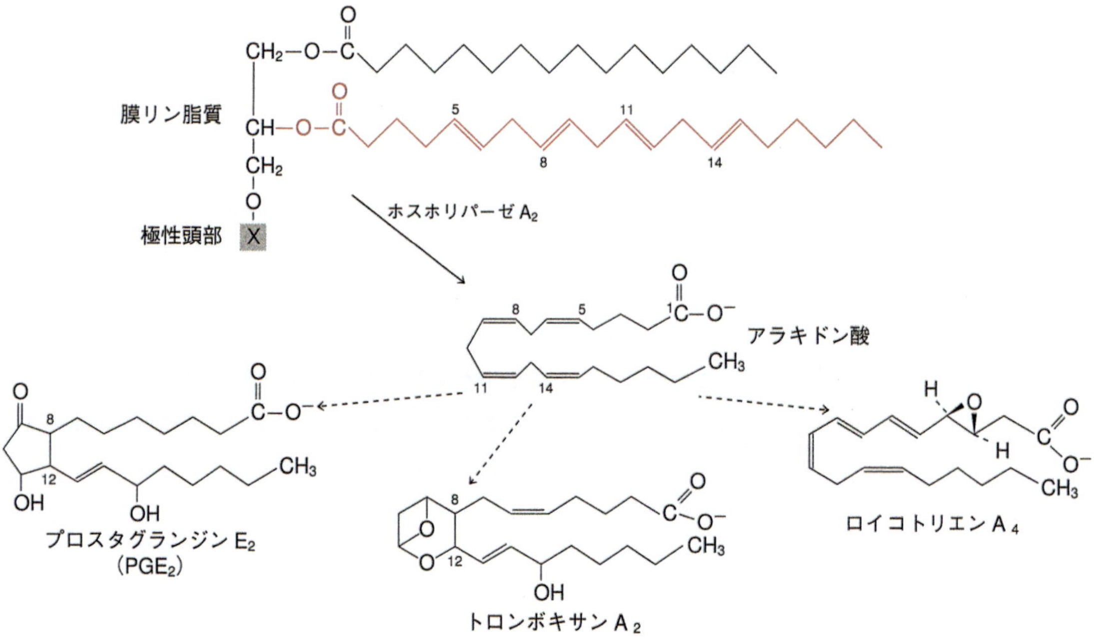

図2.34　アラキドン酸カスケード
ホスホリパーゼ A_2 の作用により，膜から遊離したアラキドン酸から，プロスタグランジン E_2，トロンボキサン A_2，ロイコトリエン A_4 が生じ，それぞれがさらに酵素の作用を受けて多くの類縁化合物ができる．

2.4.3 リポタンパク質

トリアシルグリセロールやコレステロールは水に不溶であるため，これらの分子はリン脂質やアポリポタンパク質と複合体を形成して**リポタンパク質**(lipoprotein)となり，脂質をその合成臓器から必要とする臓器へと血液によっ

表2.9 リポタンパク質の分子量と組成

リポタンパク質	分子量	組　成(%)			
		タンパク質	リン脂質	コレステロール（およびそのエステル）	トリアシルグリセロール
キロミクロン	$10^9 \sim 10^{10}$	2	3〜6	2〜5	80〜95
超低密度(VLDL)	$5 \sim 100 \times 10^6$	5〜10	15〜20	10〜25	40〜80
低密度(LDL)	2×10^6	25	20	45	10
高密度(HDL)	0.25×10^6	40〜50	30	20	1〜5

て運搬する．たとえば，食餌中の脂質は腸管の細胞でキロミクロン(chylomicron)となり，おもにトリアシルグリセロールを筋肉や脂肪細胞へと運搬する．他の型のリポタンパク質は体内脂質の運搬に関与し，それらは密度により分類される(表2.9)．タンパク質は脂質よりも密度が高いため，タンパク質含量の高いものほど高密度である．

2.4.4　ミセルとリポソーム

　脂肪酸やその塩は，分子中に疎水性の炭化水素鎖と親水性のカルボキシル基をもつ両親媒性の分子である．このような分子を水と混ぜると，疎水性の炭化水素鎖どうしが集合するのに対し，親水性のカルボキシル基は水分子と結合しようとする．その結果，図2.35のようなミセル(micelle)と呼ばれる球状構造をつくる．1本の炭化水素鎖をもつ分子は，極性頭部が相対的に大きいためにミセルを形成しやすい．一方，グリセロリン脂質やスフィンゴ脂質のような2本の疎水性炭化水素鎖をもつ分子は，ミセルよりも二分子膜(二重層)をつくりやすい．この脂質二分子膜は生体膜(細胞膜，オルガネラの膜)の基本構造である．生体膜は，リン脂質，スフィンゴ脂質，コレステロールが混じりあってできている．コレステロールはそれ自身では二分子膜を形成できないが，他の脂質と混じりあって膜の成分となる．脂質二分子膜は，細胞やオルガネラを外界から区分する重要な役割を担っている．この膜は，疎水性の物質に対しては透過性をもつが，極性物質に対する透過性はきわめて低い．実際の生体膜は，内

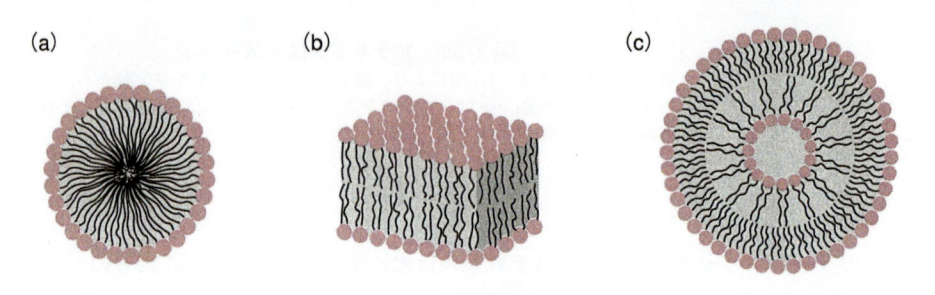

図2.35　脂質と膜
(a) ミセル，(b) 脂質二分子膜(二重層)，(c) リポソーム

外を区別するだけの役割ではなく，脂質二分子膜に外界とのやりとりを行うタンパク質が埋め込まれており，活発に外界との情報のやりとりや物質代謝を行っている．

また，リン脂質を水に懸濁し超音波で処理すると，1層の脂質二分子膜からなる小胞，すなわち**リポソーム**(liposome)が得られる．リポソームは生体膜の脂質二重層の性質の研究に使用される．また，一度できたリポソームは比較的安定なため，リポソーム内部に種々の薬剤を封入して，ある特定の臓器や組織への薬剤の運搬効率を上げる試みもなされている．

2.5 核　　酸

核酸は **DNA**(デオキシリボ核酸，deoxyribonucleic acid) と **RNA**(リボ核酸，ribonucleic acid)の2種類からなる．DNAは，遺伝子の本体として核，ミトコンドリア，葉緑体に存在し，自己複製が可能な分子であり，子孫へ遺伝情報を伝達する役割をもっている．また，RNAはDNAの情報を写しとり，DNAの遺伝情報を核から細胞質へもちだし，その遺伝情報をもとにタンパク質を合成する役割を担っている．核酸は直鎖高分子であり，核酸中に蓄えられる遺伝情報は四つの文字で暗号化されている．この四つの文字の配列は，タンパク質のアミノ酸の一次構造を規定するものであり，細胞は必要に応じて遺伝子の情報に従って必要なタンパク質を必要量合成することによって生命活動を営んでいるのである．

アミノ酸が直鎖状につながってタンパク質ができるのと同じように，核酸はその構成単位である**ヌクレオチド**(nucleotide)の鎖状化合物である．したがって，ヌクレオチドの配列中にタンパク質のアミノ酸配列を決める情報が書き込まれている．

また，ヌクレオチドは核酸合成の材料となるばかりでなく，ATPやADPに代表されるようにエネルギー代謝に直接かかわる分子でもある．またそれ以外にも，補酵素の成分となり種々の代謝反応の調節を行ったり，細胞内情報伝達に関係したりする．

2.5.1 核酸の構成成分

核酸の成分であるヌクレオチドは，糖(リボースとデオキシリボース)，リン酸エステル，およびプリン塩基またはピリミジン塩基からなる．

(1) リボースとデオキシリボース

ヌクレオチド中に含まれる糖は**リボース**(ribose)と**デオキシリボース**(deoxyribose)の2種類である(図2.36)．核酸は糖の違いによって2種類に大別できる．すなわち，リボースをヌクレオチドの成分とするものがRNA，また，デオキシリボースを成分とするものがDNAである．

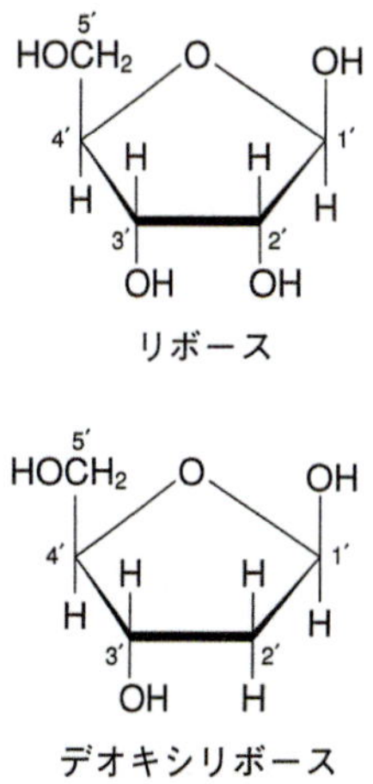

リボース

デオキシリボース

図2.36　核酸中の糖

(2) 塩基

塩基にはプリン塩基とピリミジン塩基とがある．プリン塩基としては**アデニン**(adenine)と**グアニン**(guanine)が，ピリミジン塩基としては**シトシン**(cytosine)，**ウラシル**(uracil)，**チミン**(thymine)がある(図2.37)．プリン塩基はDNA，RNAともに含まれるが，ピリミジン塩基に関しては，DNAではシトシンとチミンを，RNAではシトシンとウラシルのみを含む．図には，塩基の炭素原子および窒素原子の番号のつけ方も記してある．(デオキシ)リボースの炭素原子の番号と区別するため，糖の炭素原子の番号の後にはダッシュをつける(例，1′，2′など)．

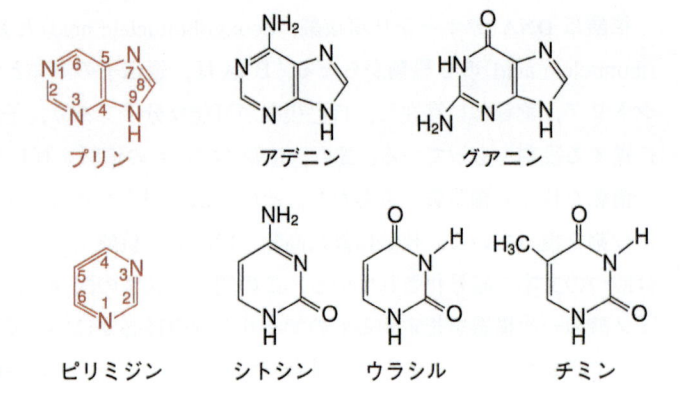

図2.37 プリン塩基とピリミジン塩基

2.5.2 ヌクレオシドとヌクレオチド

ヌクレオシド(nucleoside)とはリボースまたはデオキシリボースと塩基が結合したものである(図2.38)．どのヌクレオシドも，糖の1′位の炭素原子がピリミジン塩基の1位あるいはプリン塩基の9位の窒素原子と結合する．ヌクレオシドの名称は表2.10に示したように結合した塩基の名前の語尾を変化させたものであり，それぞれ1文字の記号で表される．DNAおよびRNA中のヌクレオチドにおいては，アデニン，グアニン，シトシンはリボースおよびデオキシリボースのどちらとも結合するが，通常，ウラシルはリボースとのみ，またチミンはデオキシリボースとのみ結合している．

ヌクレオシドにリン酸基がエステル結合したものが**ヌクレオチド**(nucleotide)

表2.10 ヌクレオシドの命名と記号

塩基	リボヌクレオシド	記号	デオキシリボヌクレオシド	記号
アデニン	アデノシン	A	デオキシアデノシン	dA
グアニン	グアノシン	G	デオキシグアノシン	dG
シトシン	シチジン	C	デオキシシチジン	dC
ウラシル	ウリジン	U	デオキシウリジン	dU
チミン	リボチミジン	rT	デオキシチミジン	dT

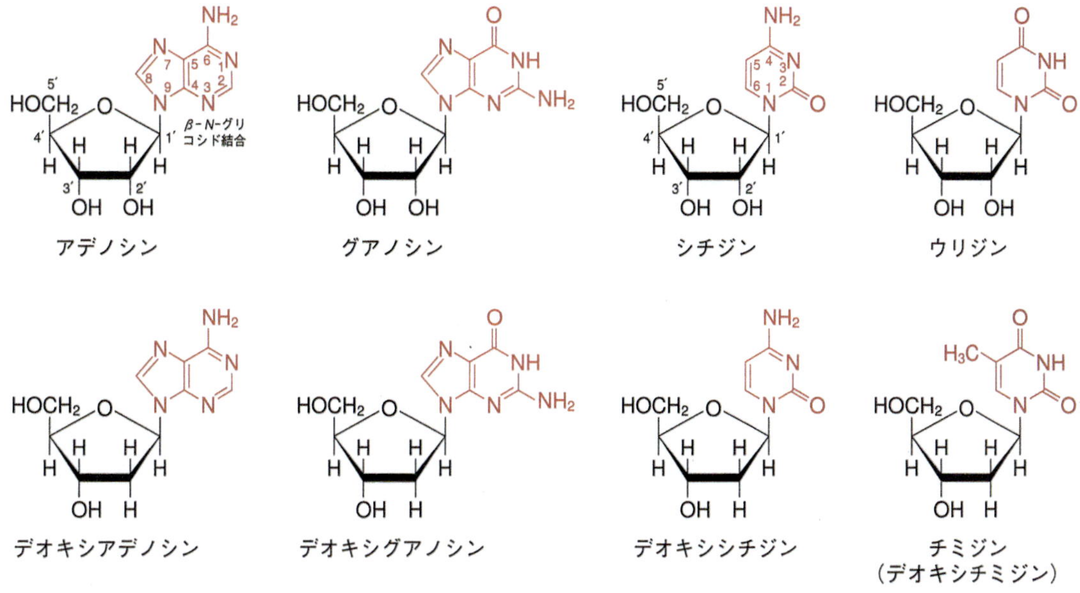

図 2.38 ヌクレオシド

である（図 2.39）．通常，糖の 5′ 位に 1〜3 個のリン酸基が結合する．たとえば，アデノシンにリン酸が結合したものは，そのリン酸基の数の違いによってアデノシン一リン酸（**AMP**），アデノシン二リン酸（**ADP**），アデノシン三リン酸（**ATP**）と呼び，とくに AMP のことを**アデニル酸**（adenylic acid）ともいう．デオキシリボースの場合は dAMP, dADP, dATP と表す．他のヌクレオチドについても同様に命名する．

ATP は DNA 合成や RNA 合成の材料であるばかりでなく，細胞のエネルギー代謝にとっても重要である．ATP の三つのリン酸基は，糖に近い側から α, β, γ と区別され，とくに γ と β の高エネルギーリン酸結合が加水分解されたときに大きなエネルギーが遊離する．ATP の加水分解は，生体高分子合成反応やその他のエネルギーを要求する反応と共役しており，熱力学的にほとんど進行しない生化学反応が ATP 加水分解のエネルギーを利用して進行する．

また，ヌクレオシドの環状ホスホジエステルであるサイクリックアデノシン 3′,5′—一リン酸（**cAMP**）は，細胞の情報伝達にとって重要である．細胞表面の受容体にホルモンや成長因子が結合したとき，細胞膜の内側でアデニル酸シクラーゼが活性化され，それによって ATP が加水分解され細胞内で cAMP ができる．cAMP がその後，細胞内でのリン酸化反応を引き起こし，一連の代謝反応の引き金となる．このように，細胞外のホルモンなどの物質がその受容体をもつ細胞と結合することによって，その情報は細胞内で cAMP のような物質の増加というかたちで伝達される．この cAMP のような細胞内の情報を伝える分子を**セカンドメッセンジャー**（second messenger）という．

また，補酵素の構造の一部にヌクレオチドが含まれることがある．フラビン

アデニル酸シクラーゼ
ATP $\rightleftarrows$ cAMP + PP$_i$（ピロリン酸）の反応を触媒する酵素．種々のホルモン，生理活性物質により活性化されて，細胞外からのシグナルを，細胞内の cAMP 濃度変化として細胞内に伝達する機能をもつ．真核生物のアデニル酸シクラーゼは膜貫通タンパク質で，細胞質側のドメインが触媒活性をもつ．

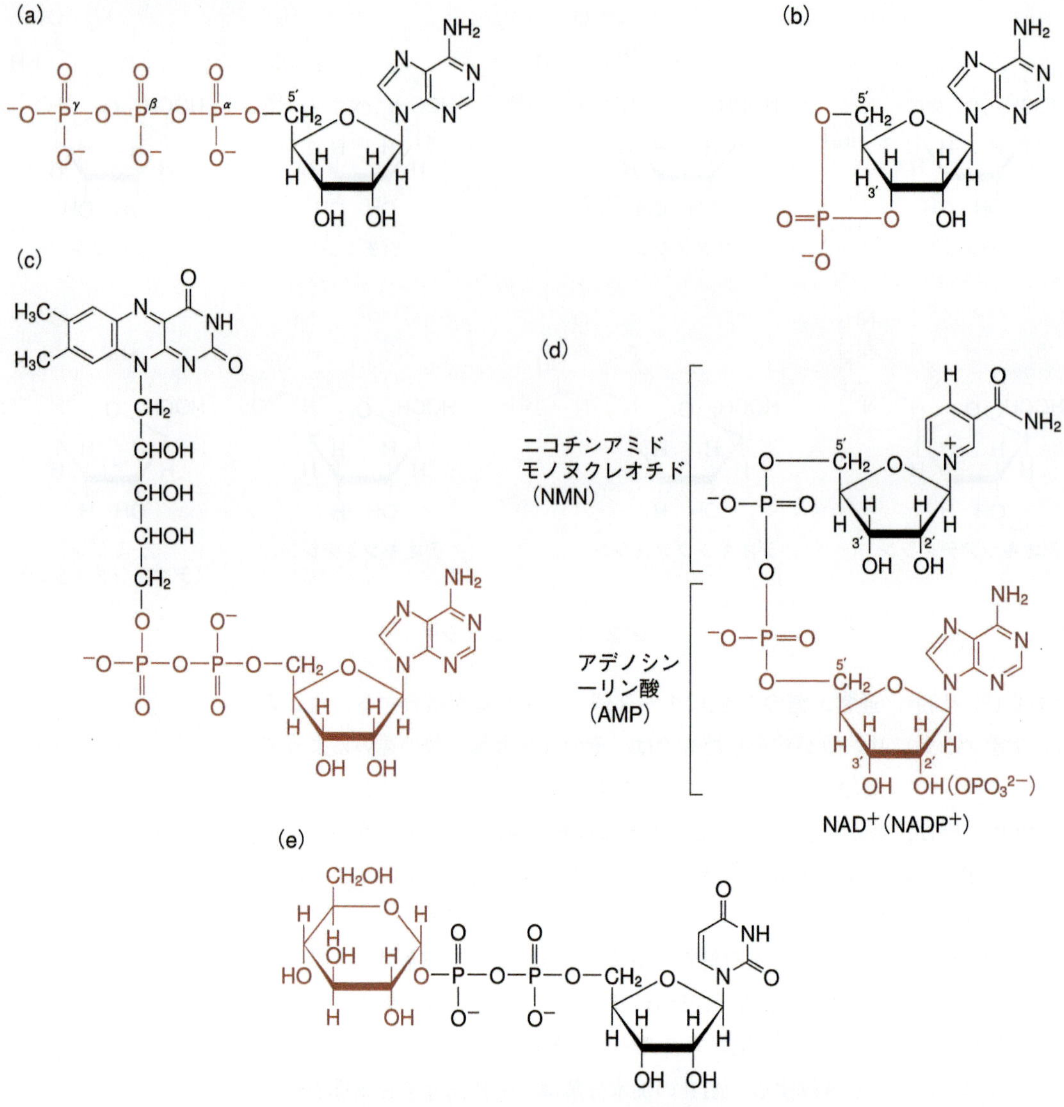

図2.39 ヌクレオチドとその誘導体
(a) ATP, (b) cAMP, (c) FAD, (d) NAD, (e) UDP-グルコース

　補酵素のフラビン-アデニンジヌクレオチド(FAD)や，ニコチンアミドのニコチンアミド-アデニンジヌクレオチド(NAD^+)とニコチンアミド-アデニンジヌクレオチドリン酸($NADP^+$)は，分子内にAMPまたはADPの構造をもち，いずれも酸化還元酵素の補酵素として機能する(**3.4**参照).
　糖質の生合成反応には**糖ヌクレオチド**(sugar nucleotide)が関与する．糖ヌクレオチドは通常はヌクレオシド二リン酸に糖が結合したもので，糖転移反応の糖供与体として機能する．たとえば，UDP-グルコースはグリコーゲンやセルロース合成の際にグルコース供与体となる.

2.5.3 DNA

デオキシリボヌクレオチドどうしが，隣接したヌクレオチドの 3′ と 5′ 位のヒドロキシル基との間のホスホジエステル結合でつながったものが DNA である（図 2.40）．ヌクレオチドがたくさんつながったものを**ポリヌクレオチド**（polynucleotide）と呼ぶ．ポリヌクレオチド鎖にはポリペプチド鎖と同じように方向性がある．図の一番上のリボースは 5′ 末端が空いており，一番下のリボースは 3′ 末端が空いており，それぞれを鎖の **5′ 末端**，**3′ 末端**と呼ぶ．一本鎖の

図 2.40 DNA の構造
(a) テトラヌクレオチドの構造，(b) DNA の表記法

(b) dAdGdTdC または dAGTC

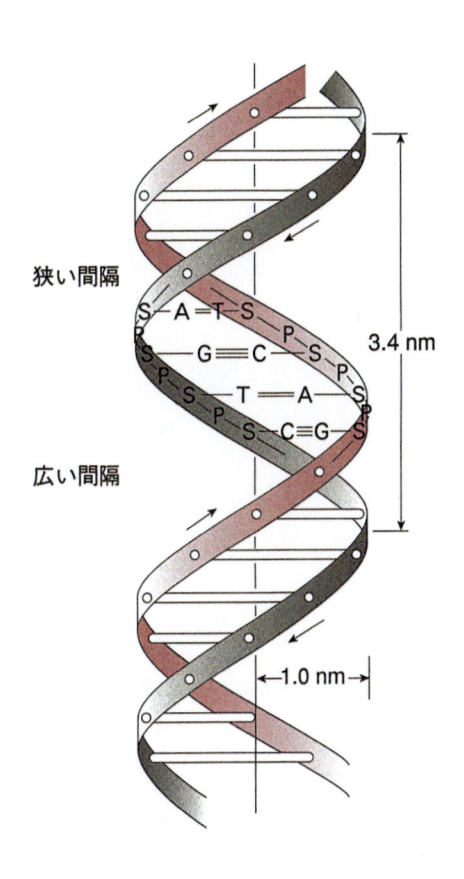

図 2.41 DNA の二重らせん
らせんの主鎖のデオキシリボースとリン酸基の繰り返し構造は −S−P−S−P− と表記．矢印は 5′ 末端から 3′ 末端方向へのらせんの向きを示す．

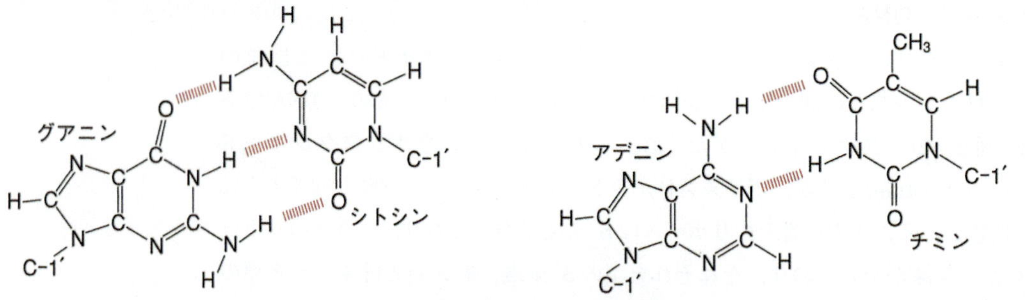

図 2.42　塩基間の水素結合
G–C 間には 3 本の，A–T 間には 2 本の水素結合が形成される．

ポリヌクレオチド鎖を書き表すときは，特別な場合を除き，5′末端を左側，3′末端を右側に書く．各ヌクレオチド残基はいずれも図 2.40(b)のように 1 文字の略号で書き表し，デオキシリボヌクレオチドを表す d は各ヌクレオチドの前，もしくは 5′末端にだけつけて表す．

DNA 塩基組成には規則性があり，dA と dT が等モル，また dC と dG が等モル含まれている．これは，DNA が互いに逆向きの 2 本のポリヌクレオチド鎖からなる二重らせん構造をもつためである（図 2.41）．らせんの外側には，親水性のデオキシリボースとリン酸基が位置し，らせんの内側には疎水性の塩基が対をつくり，dA が dT と，dC が dG と安定な水素結合をらせん軸に対して垂直に形成する（図 2.42）．DNA は右巻きらせんで，らせん外部の糖-リン酸骨格は周辺の水分子と結合できる．

DNA が二本鎖において**相補的**（complementary）な**塩基対**（base pair）を形成していることは，前述の DNA 塩基組成の規則性をよく説明できるとともに，片方の鎖を鋳型としてもとの DNA と相同な 2 本の DNA 鎖が合成できることを意味している．これは DNA がポリペプチド鎖や糖鎖とは異なり，正確な分子の複製という遺伝子として不可欠な性質を備えていることを示している．

2.5.4　RNA

RNA は DNA とは異なり，通常，一本鎖で存在する．RNA は DNA よりも小さい分子であるが，細胞内には DNA よりも豊富に存在する．RNA は，細胞内に最も多くあるリボソーム **RNA**（**rRNA**），トランスファー **RNA**（**tRNA**），メッセンジャー **RNA**（**mRNA**）などを含んでいる．これらはいずれも DNA のヌクレオチド配列をもとに写し取られた（転写された）ものである．これらの RNA 分子はすべて，DNA 中に含まれる遺伝情報をアミノ酸配列に翻訳する役割を担っている．DNA 中のアミノ酸配列を規定する部分が写し取られて mRNA となる．rRNA は，後述のようにタンパク質と複合体を形成してリボソームとなり，タンパク質合成の場を提供する．また，tRNA はアミノ酸と結合し，mRNA の情報に従い必要なアミノ酸をリボソームまで運ぶ．また，RNA にはこれら以外

にウイルス遺伝子としての RNA が存在し，二本鎖 RNA を形成している場合もある．

一本鎖の RNA はしばしば折れ曲がり，分子内で水素結合によって相補的な塩基対をつくり部分的に二本鎖となることで複雑な高次構造をとりうる．たとえば tRNA は，図 2.43 のようにクローバー葉型の構造をとることが知られている．rRNA はより複雑な構造をもっている（図 2.47 参照）．

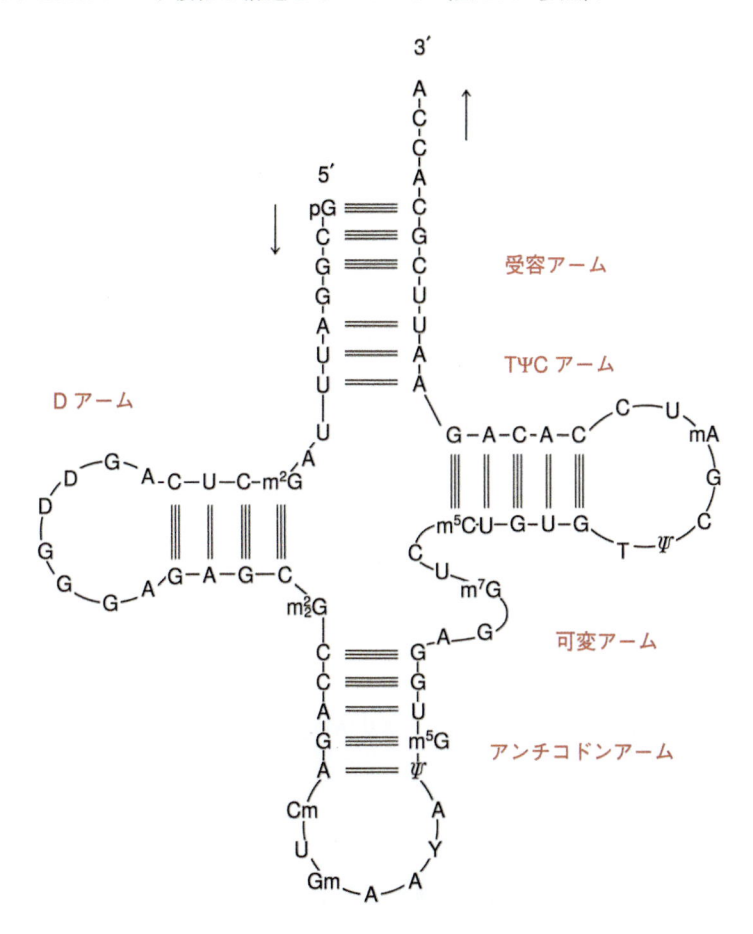

図 2.43　酵母フェニルアラニン tRNA の構造
tRNA は特殊なヌクレオチドを多く含む．D：ジヒドロウリジン，Ψ：プソイドウリジン，Y：プリンヌクレオチド，mA：1-メチルアデノシン，Cm：$2'$-O-メチルシチジン，m^5C：5-メチルシトシン，Gm：$2'$-O-メチルグアノシン，m^2G：N^2-メチルグアノシン，m_2^2G：N^2, N^2-ジメチルグアノシン，m^5G：5-メチルグアノシン，m^7G：7-メチルグアノシン．

RNA のホスホジエステル結合は，酸やアルカリで加水分解される．この反応にはリボースの $2'$-OH が関与している．$2'$ 位にヒドロキシル基をもたない DNA は RNA に比べて化学的に安定な分子であり，生物は DNA を主要な遺伝物質として用いるように進化してきたものと考えられる．この安定性の違いを利用して，DNA と RNA の混合物をアルカリで処理して DNA を単離できる．

2.5.5 核酸の変性と復元

二重らせん構造の安定性は，対をなす塩基間の水素結合数により変化する．dA：dT 間の水素結合が二つであるのに対し，dG：dC 塩基対は三つの水素結合を含むため，dG：dC 塩基対を多く含む DNA のほうが安定である．生理的な条件下では，一本鎖 DNA よりも二本鎖 DNA のほうが熱力学的に安定なため，通常，DNA は二重らせん構造をとる．しかしながら，DNA 分子はたえず塩基対の水素結合の部分的な解離と結合を繰り返す動的な平衡関係にあり，温度を上げたり，pH を変えたりして水素結合を切断すると，二本鎖は分離して一本鎖となる．これを DNA の**変性**(denaturation)または**融解**(メルティング，melting)といい，50％の DNA が変性するときの温度を DNA の**融点**(melting point, T_m と表す)という．DNA 分子は紫外部(260 nm)に吸収をもっているが，二重らせんを形成しているときは塩基の相互作用によって吸収が小さくなる(**淡色効果**)が，DNA が変性すると吸収が増大する(**濃色効果**)．したがって，紫外部吸収を測定することによって DNA の変性の程度を知ることができる(図 2.44)．DNA の変性は可逆的であり，温度を下げたり，pH を 7 付近に戻せば再び二本鎖を形成する．この性質を利用して，一本鎖核酸どうしを混ぜてそれらが二本鎖を形成するかどうかを調べることによって，核酸分子間の構造的な相補性を調べることができる．

DNA の融解

DNA 溶液の温度を上げていくと，ある温度付近で分子の急激な構造変化(二本鎖から一本鎖への変化)が起こる．この変化の起こる温度幅が小さく，また立体構造変化も固体から液体への相転移(融解)にも似て激しいため，DNA が融解したと見てこの現象を融解と呼び，この変化の温度幅の中間値を融解温度という．

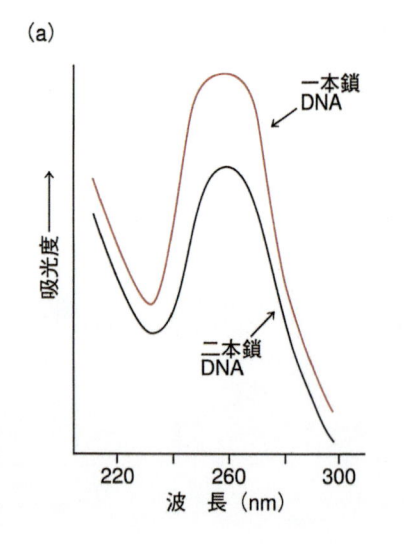

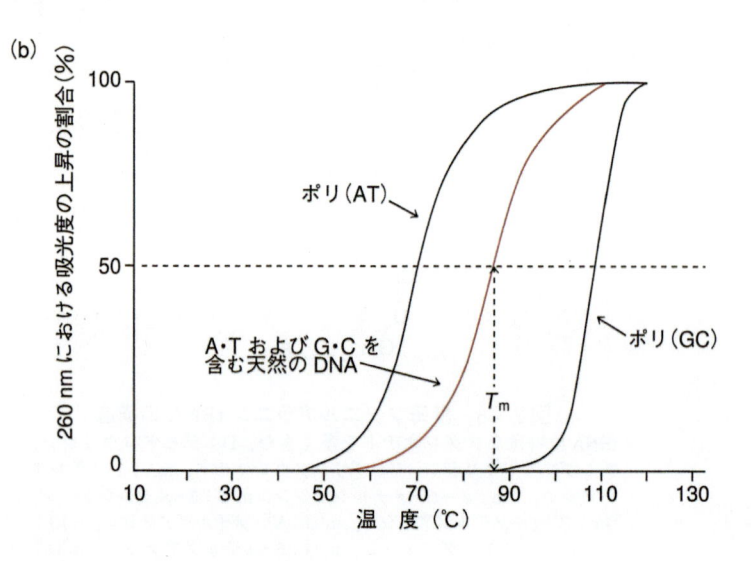

図 2.44　DNA の融解曲線
(a) DNA の吸収スペクトル，(b) GC 含量と T_m 値

2.5.6 核タンパク質

核酸はタンパク質と結合して**核タンパク質**(nucleoprotein)と呼ばれる複合体をつくる．核酸が DNA であるか RNA であるかにより，複合体はデオキシリボ核タンパク質，リボ核タンパク質と区別して呼ばれる．本書では，前者の例とし

てクロマチン(chromatin),後者の例としてリボソーム(ribosome)を取りあげる.

(1) クロマチン

真核細胞では,DNA はタンパク質と複合体をつくってクロマチンとして核内に存在する.クロマチンの主要な構成タンパク質は**ヒストン**(histone)である.ヒストンには,H1,H2A,H2B,H3,H4 の5種類があるが,いずれも塩基性のタンパク質であり,酸性の DNA と静電結合によって複合体を形成している.クロマチンの基本単位は**ヌクレオソーム**(nucleosome)と呼ばれ,H2A,H2B,H3,H4 各2分子からなるヒストン八量体に DNA が約2回まきつき,その外側に H1 が結合したものである(図2.45).このヌクレオソームが数珠のようにつながりらせん構造をとる.それがさらに折りたたまれて染色体となる.

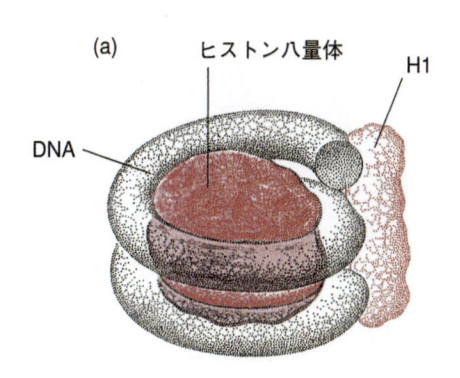

図2.45 クロマチンの構造
(a) ヌクレオソーム,(b) クロマチン繊維
H. R. Horton *et al.*, "Principles of Biochemistry," Prentice - Hall Inc(1966)より.

(2) リボソーム

リボソームはすべての細胞とミトコンドリア,葉緑体中に存在するリボ核タンパク質であり,タンパク質合成を行う装置である.リボソームは細胞質中に遊離した状態,もしくは小胞体表面に結合した状態で存在する.図2.46 は,原核細胞と真核細胞のリボソームを比較したものである.リボソームは二つの

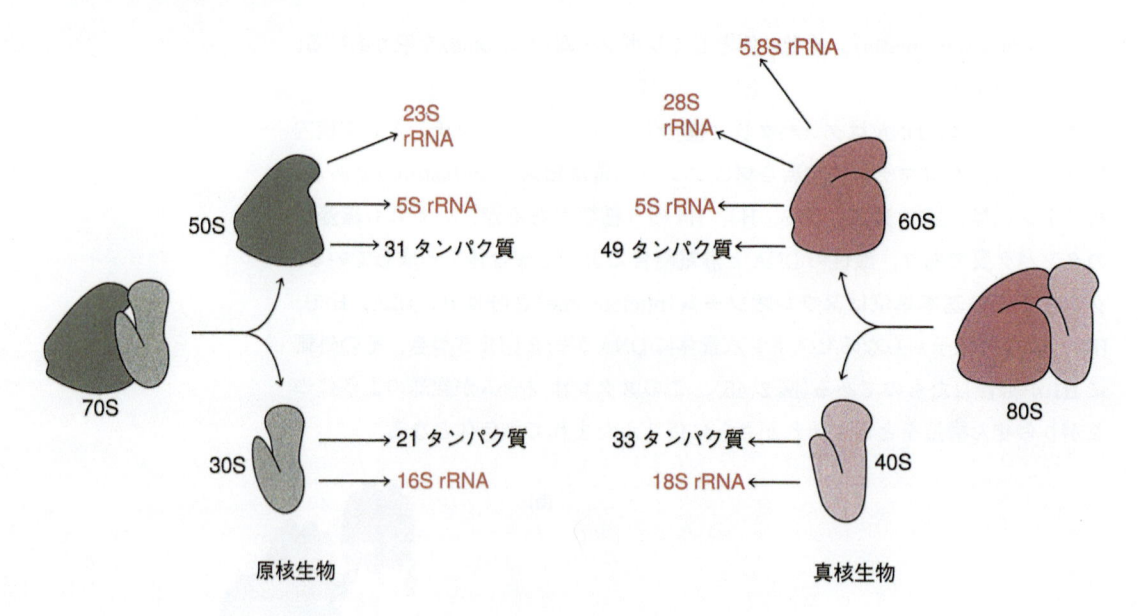

図2.46　原核細胞と真核細胞のリボソーム

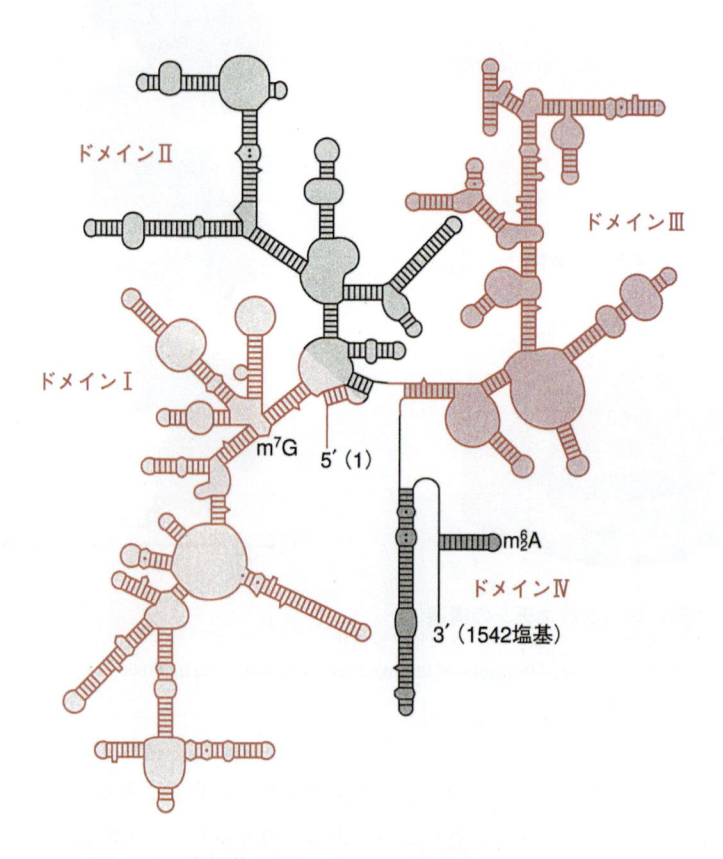

図2.47　大腸菌 **16S rRNA** の二次構造
R. R. Gutell, B. Weiser, C. R. Woese, H. F. Noller, *Prog. Nucleic Acid Res. Mol. Biol.*, **32**, 183(1985)より.

粒子からできている．粒子の大きさは原核細胞（沈降定数 70S）と真核細胞（80S）とでは異なる．また，それぞれの粒子はいくつかの rRNA と多くのタンパク質分子から構成されている．リボソームは，mRNA やアミノ酸と結合したアミノアシル tRNA や，さらに種々のタンパク質因子と結合し，mRNA に記された情報をもとにタンパク質合成を行う．

rRNA については，16S rRNA の二次構造に関して詳しい研究がなされている．16S rRNA は分子内部で相補的な塩基対をつくり，tRNA（図 2.43 参照）よりさらに複雑な二次構造をつくることが知られている．図 2.47 のように大腸菌の 16S rRNA は，多くのステム-ループ構造を含む四つのドメイン構造からなると推定される．いろいろな生物種の 16S 様 rRNA の構造を調べると，長さや塩基配列に違いがあってもよく似た二次構造をもつと予想されることから，rRNA の進化の過程では塩基配列よりも二次構造が保存されてきたものと考えられる．

2.6 ビタミンと微量元素

生体の成分としてはタンパク質，核酸，糖質および脂質が量的には圧倒的に多い．しかしそのほかに，微量しか存在しないがきわめて重要な役割を果たす物質が存在する．それらの代表はビタミンと微量元素である．

2.6.1 ビタミン

ビタミンは各生物（一般的には哺乳類，とくにヒト）にとって正常な生育に必須であって，自分自身では合成できない微量有機化合物をさす．

（1）ビタミンの分類

ビタミンは水溶性ビタミンと脂溶性ビタミンとに大別される．代表的なビタミンの名称，作用あるいは欠乏症，高濃度に含む食品例を表 2.11 に，構造式を図 2.48（66〜68 頁）に示す．

脂溶性ビタミンとしてビタミン A, D, E, K，水溶性ビタミンとしてビタミン B 群（ビタミン B_1, B_2, B_6, B_{12}, ニコチン酸, パントテン酸, ビオチン, リポ酸, 葉酸），ビタミン C があり，それぞれ多様な役割をもっている．

（2）補酵素としてのビタミン

とくに B 群ビタミンは生体内で誘導体に代謝され，さまざまな酵素の活性発現に必要な補酵素として機能する．B 群ビタミンの欠乏は補酵素の欠乏を引き起こして，これらを要求する各酵素の活性の低下，ひいては代謝能の減少をもたらす．表 2.12 に各ビタミンの補酵素型の名称と代表的な酵素反応を示す．

（3）プロビタミン

それ自体は栄養化学的に不活性であるが，生体内で代謝されてはじめて活性型のビタミンに転換される化合物（ビタミン前駆体）をさす．

プロビタミン A：α-カロテン，β-カロテン，γ-カロテンなど．緑黄色野菜

沈降定数

溶液中のタンパク質に，超遠心機を用いて重力の数十万倍ほどの遠心力をかけると，タンパク質は沈降する．溶液中でのタンパク質の沈降速度はスベドベリ単位 S を用いた沈降定数で表される．沈降定数が大きいほど沈降速度は大きい．タンパク質の沈降速度は，タンパク質分子の質量と密度と形などで決まるが，一般に溶液中のタンパク質の密度と形状は似ているため，沈降定数からタンパク質の分子量を類推することができる．

64   2章 生体を構成する物質

表2.11 ビタミンの名称，作用，および高濃度に含む食品例

水溶性ビタミン 総称名	化合物名	欠乏症あるいは過剰症	高濃度に含む食品例
ビタミンB_1	チアミン	欠乏症は脚気，消化障害，食欲減退	米糠，胚芽，豚肉，ゴマ，豆類，ニンニク
ビタミンB_2	リボフラビン	欠乏症は皮膚粘膜移行部の炎症(結膜炎，舌炎)	レバー，卵黄，乾しシイタケ，チーズ，肉類，牛乳，納豆，緑葉野菜
ビタミンB_6	ピリドキシン	欠乏症は皮膚炎，神経炎など	レバー，牛肉，魚類，牛乳，卵，大豆
ナイアシン	ニコチン酸 ニコチンアミド	欠乏症はペラグラ(主症状：皮膚炎，下痢，痴呆)	レバー，肉類，魚類，豆類，キノコ，海苔，穀類
パントテン酸	パントテン酸	欠乏症は皮膚炎，成長停止など	レバー，肉類，魚類，大豆，牛乳
ビオチン	ビオチン	欠乏症は脱毛，皮膚炎，過剰症は胎盤，卵巣の萎縮	レバー，胚芽，エンドウ
葉酸	葉酸	欠乏症は生育不良や貧血症	レバー，緑葉野菜
ビタミンB_{12}	コバラミン	欠乏症は悪性の貧血	レバー，肉類，魚介類，牛乳，チーズ
リポ酸(チオクト酸)	リポ酸		レバー
ビタミンC	アスコルビン酸	欠乏症は壊血病	ピーマン，トマト，緑黄色野菜，果物(キウイ，レモン，イチゴ)，緑茶

脂溶性ビタミン 総称名	化合物名	欠乏症あるいは過剰症	高濃度に含む食品例
ビタミンA プロビタミンA	レチノール α-, β-, γ-カロテン	欠乏症は夜盲症，皮膚や粘膜の角化，骨そしょう症，生殖機能障害，感染症抵抗力の低下，過剰症は脳圧亢進，四肢痛，肝機能障害	レバー，ウナギ，卵黄，バター，緑黄色野菜
ビタミンD	エルゴカルシフェロール(ビタミンD_2) コレカルシフェロール(ビタミンD_3)	欠乏症はくる病，骨軟化症，過剰症は異常石灰化	ウナギ，煮干し，イワシ，サケ，サバ，カツオ，シイタケ
ビタミンE	α-, β-, γ-, δ-トコフェロール	欠乏症は神経系異常，運動機能低下，不妊症	穀物，胚芽油，緑葉野菜，アーモンド
ビタミンK	フィロキノン(ビタミンK_1) メナキノン(ビタミンK_2)	欠乏症は血液凝固阻害，肝障害	レバー，納豆，チーズ，緑葉野菜

に多く含まれ，小腸，腎臓，肝臓などで酵素的にビタミンA(レチノール)に転換される．

プロビタミンD：酵母，シイタケなどに含まれるプロビタミンD_2，動物皮膚に含まれるプロビタミンD_3は紫外線によりプレ体に転換され，さらに熱によって異性化されてそれぞれビタミンD_2，ビタミンD_3を生成する．

(4) 各ビタミンの性質と作用

次に各ビタミンの性質，欠乏症，生体内での作用などについて述べる．

(i) 水溶性ビタミン

ビタミンB_1(チアミン)：高等動物では必須の抗脚気因子である．無色の結晶で，溶液は245 nmに吸収極大をもち，アルカリ性で不安定である．生体内でチアミンピロホスホキナーゼによりチアミン二リン酸(TPP)に転換され，補

表 2.12 ビタミンの補酵素型の名称と代表的な酵素反応

種　類	補酵素型，活性型	関与する代表的な反応
ビタミン B$_1$(チアミン)	チアミンピロリン酸(TPP)	アルデヒド基の転移反応
ビタミン B$_2$(リボフラビン)	フラビンモノヌクレオチド(FMN)	酸化還元反応
	フラビンアデニンジヌクレオチド(FAD)	酸化還元反応
ビタミン B$_6$(ピリドキシン)	ピリドキサールリン酸(PLP)	アミノ酸のアミノ基転移反応，脱炭
	〔ピリドキサミン(PMP)〕	酸反応，ラセミ化反応，脱水反応
ビタミン B$_{12}$	コエンザイム B$_{12}$	異性化反応，メチル基転移反応
ナイアシン(ニコチン酸)	ニコチンアミドアデニン	酸化還元反応
	ヌクレオチドリン酸(NAD)	
パントテン酸	コエンザイム A (CoA)	アシル基転移反応
ビオチン	結合型ビオシチン	カルボキシル化反応
リポ酸	―	α-ケト酸の酸化的脱炭酸反応
葉酸	テトラヒドロ葉酸	メチル基転移反応
ビタミン C(アスコルビン酸)	―	ヒドロキシル化の補助
ビタミン A	11-シスレチナール	視サイクル
ビタミン D	1,25-ジヒドロキシコレカル	カルシウムとリン酸の代謝
	シフェロール	
ビタミン E		抗酸化剤
ビタミン K		プロトロンビンの生合成
ピロロキノリンキノン(PQQ)		脱水素反応

酵素作用を示す．糖質代謝においてアルデヒド基の転移反応を促進するとともに抗神経炎作用を示す．

ビタミン B$_2$(リボフラビン)：ヒトに対する欠乏は口角炎，脂漏性皮膚炎，白内障などを引き起こす．橙黄色の結晶で，中性溶液は 266, 373, 445 nm に吸収極大をもち，強い蛍光を示す．フラビンアデニンジヌクレオチド(FAD)，フラビンモノヌクレオチド(FMN)に代謝され，それぞれ D-アミノ酸オキシダーゼ，コハク酸デヒドロゲナーゼなど，およびグルコール酸オキシダーゼ，ニコチンデヒドロゲナーゼなどの補酵素として作用し，ピルビン酸，脂肪酸，アミノ酸の酸化的分解，電子伝達において重要な機能を果たす．

ビタミン B$_6$(ピリドキシン)：腸内細菌によって生合成され，欠乏症は起こりにくい．生体内では補酵素ピリドキサール 5′-リン酸(PLP)あるいはピリドキサミン 5′-リン酸(PMP)に代謝され補酵素として作用する．ただし，PMP は PLP のアルデヒド基に基質アミノ酸のアミノ基が転移されて生成し，基質ケト酸と反応するのでアミノトランスフェラーゼに対してのみ補酵素作用を示す．ピリドキシンは無色の結晶．PLP の中性溶液は 320 nm と 388 nm に吸収極大をもち，PMP の溶液は 253 nm と 325 nm に吸収極大をもつ．PLP(B$_6$)酵素は基質アミノ酸を補酵素とのシッフ塩基の形成により活性化して，アミノ酸代謝において中心的な役割を果たす(**4.5** 参照)．アスパラギン酸アミノトランスフェラーゼ，グルタミン酸デカルボキシラーゼ，アラニンラセマーゼなど，触媒する反応も多種多様である．また，PLP はリソソームに局在するプロテアー

(69 頁につづく)

66   2章　生体を構成する物質

(a) ビタミンB₁（チアミン）

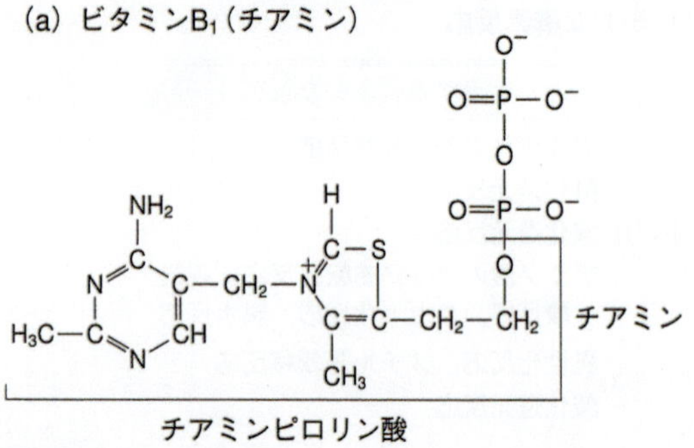

(b) ビタミンB₂（リボフラビン）

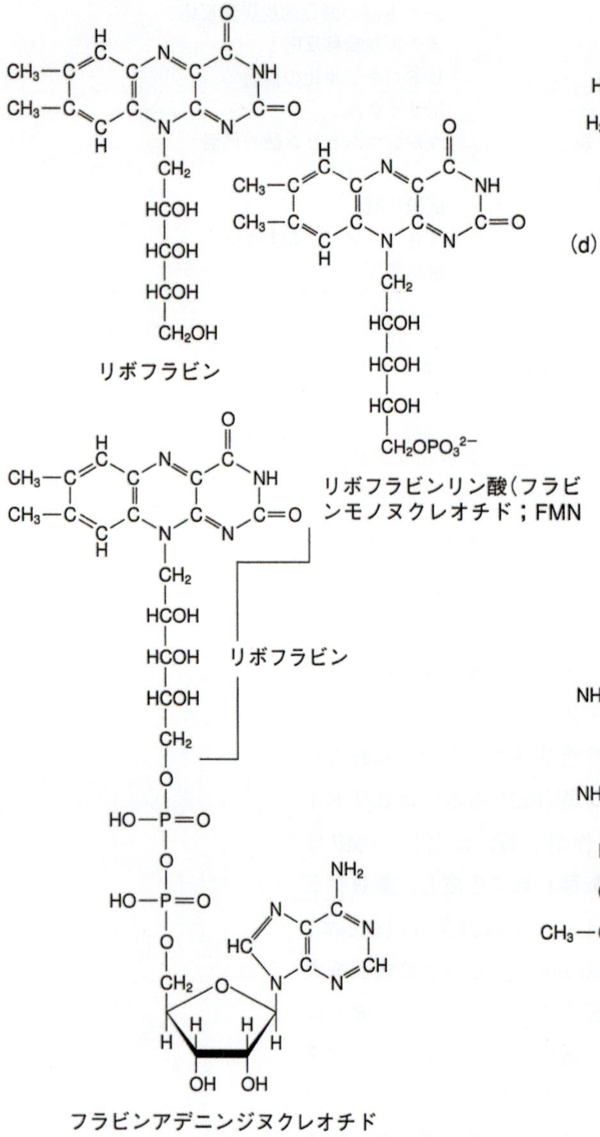

(c) ビタミンB₆

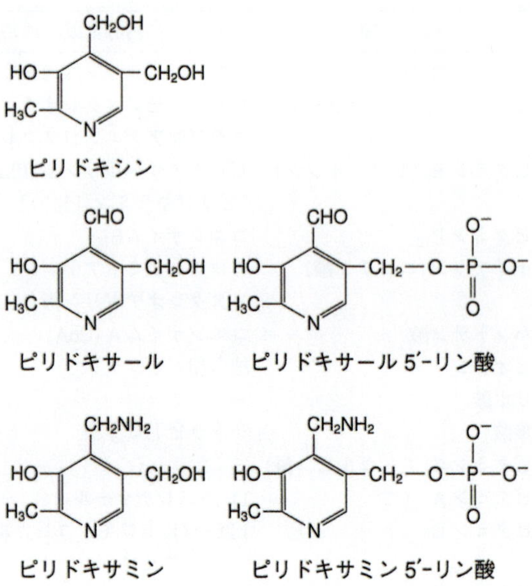

ピリドキシン

ピリドキサール　　　ピリドキサール 5′-リン酸

ピリドキサミン　　　ピリドキサミン 5′-リン酸

(d) ビタミンB₁₂（コバラミン）

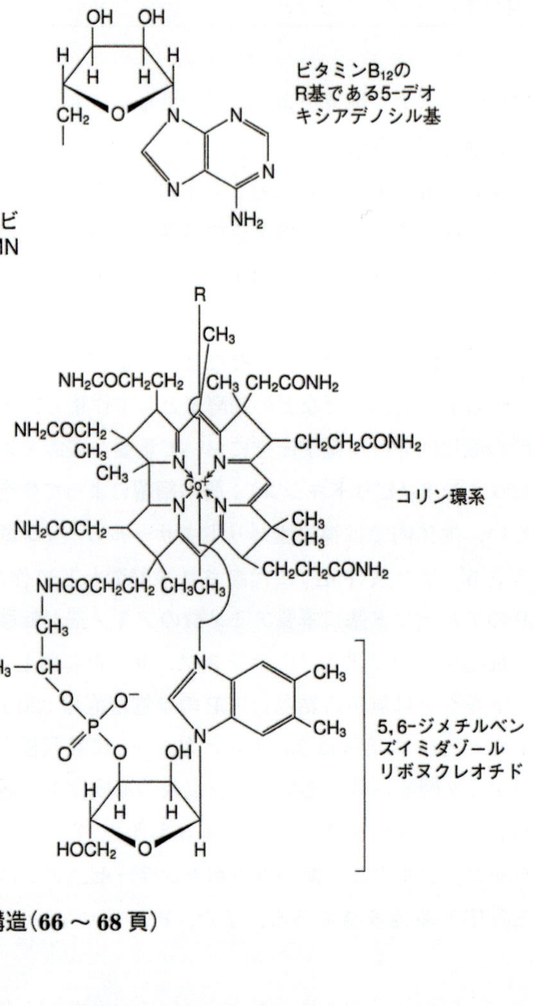

ビタミンB₁₂のR基である5-デオキシアデノシル基

コリン環系

5,6-ジメチルベンズイミダゾールリボヌクレオチド

リボフラビン

リボフラビンリン酸（フラビンモノヌクレオチド；FMN）

リボフラビン

フラビンアデニンジヌクレオチド

図2.48　ビタミンの構造（66〜68頁）

2.6 ビタミンと微量元素 67

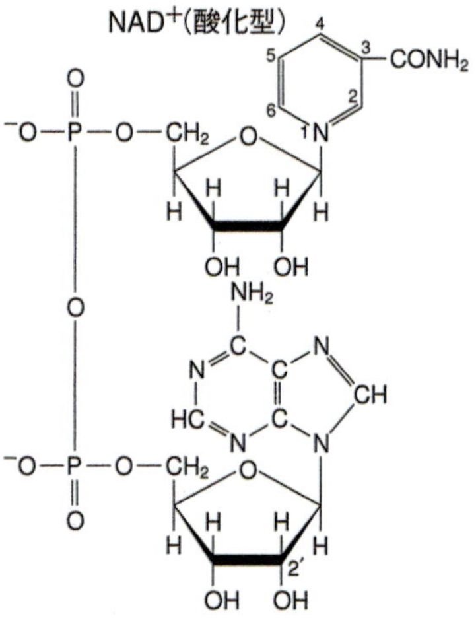

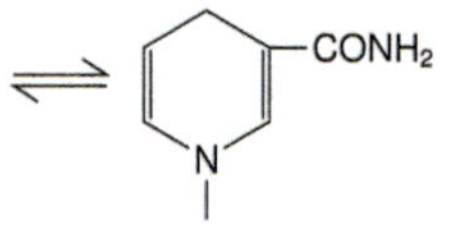

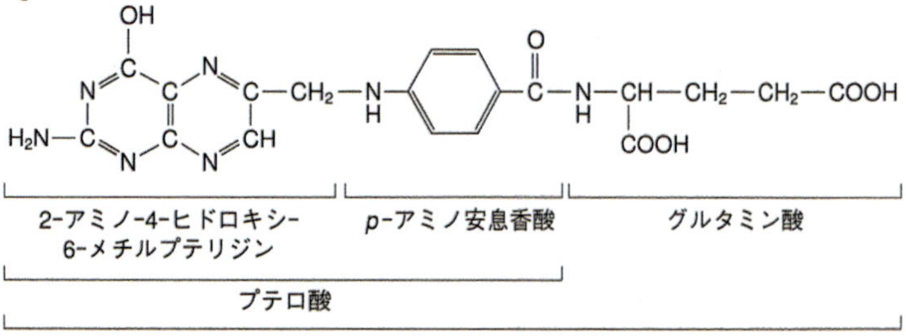

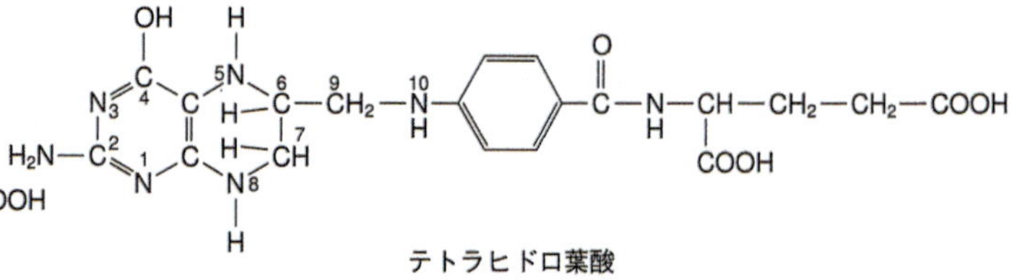

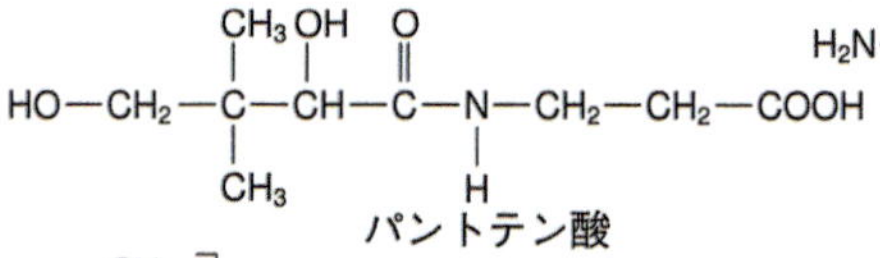

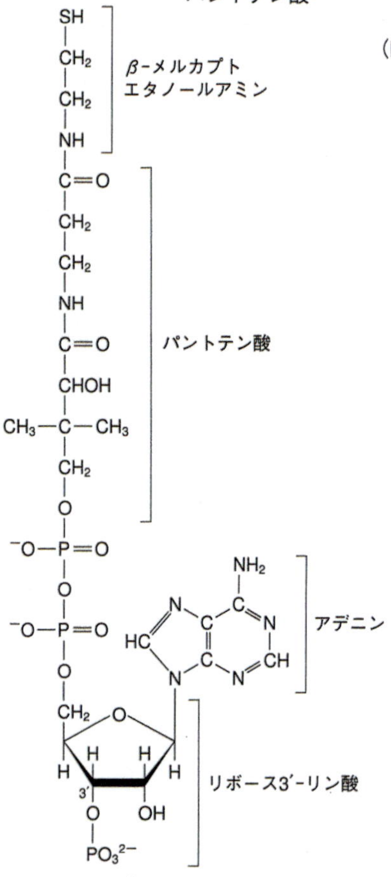

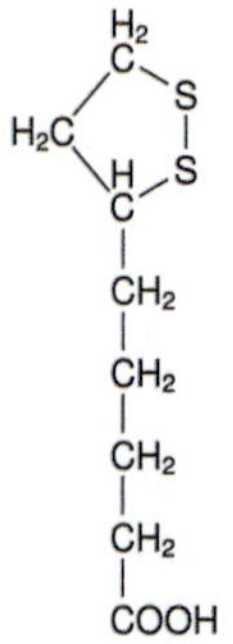

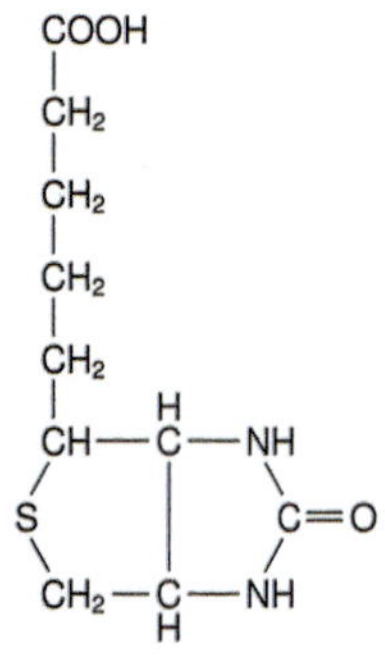

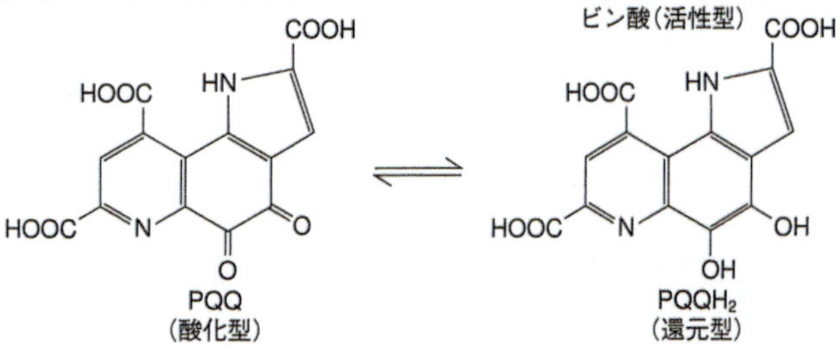

図 2.48（つづき）

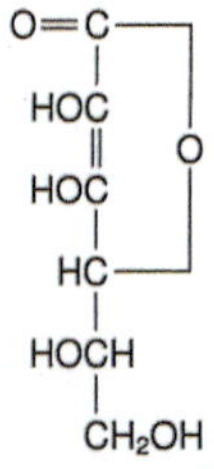

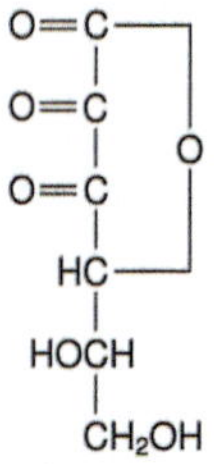

68　2章　生体を構成する物質

(l) ビタミンA

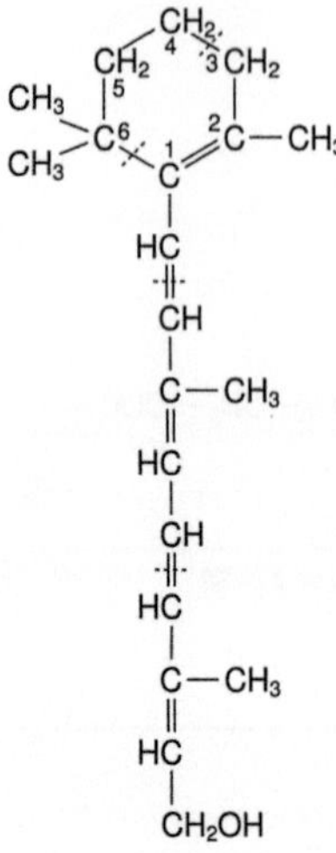

ビタミンA₁

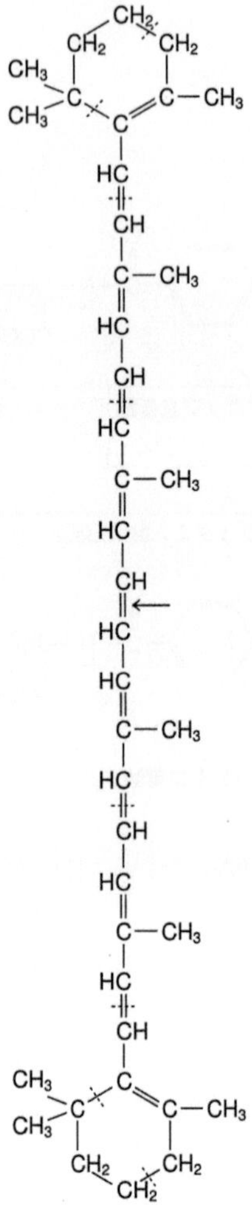

β-カロテン

(m) ビタミンD

動物におけるビタミンD₃の生成

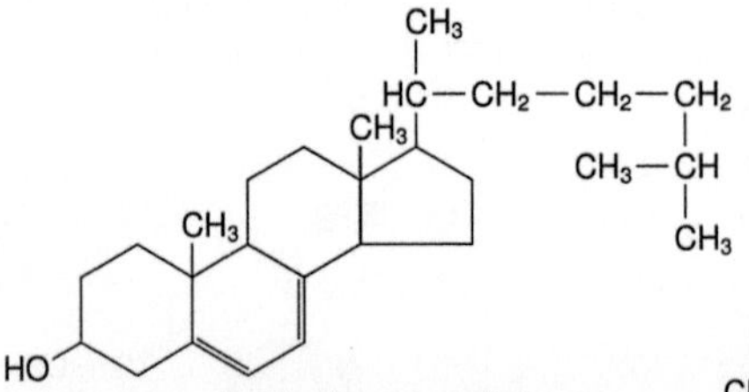

7-デヒドロコレステロール

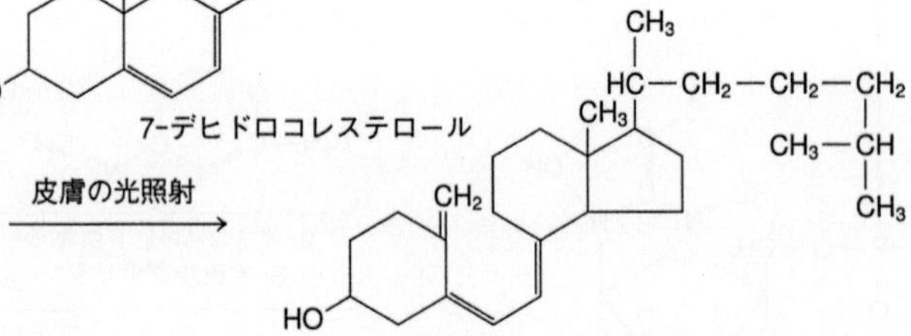

$\xrightarrow{\text{皮膚の光照射}}$

ビタミンD₃（コレカルシフェロール）

エルゴステロールからのビタミンD₂の生成

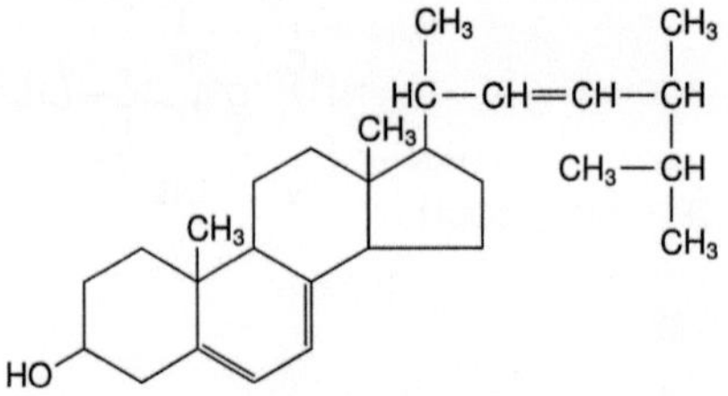

エルゴステロール

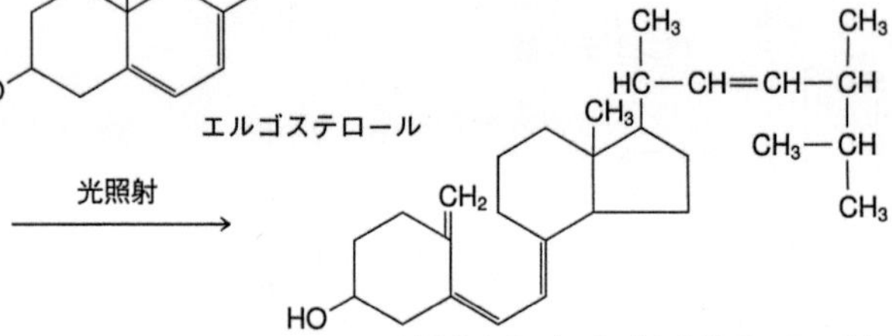

$\xrightarrow{\text{光照射}}$

ビタミンD₂（エルゴカルシフェロール）

(n) ビタミンE

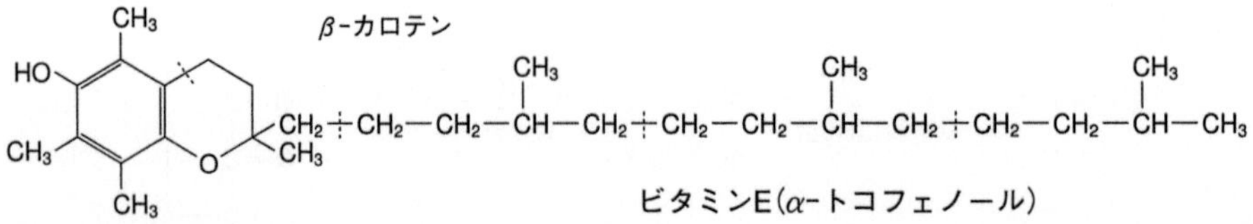

ビタミンE（α-トコフェノール）

(o) ビタミンK

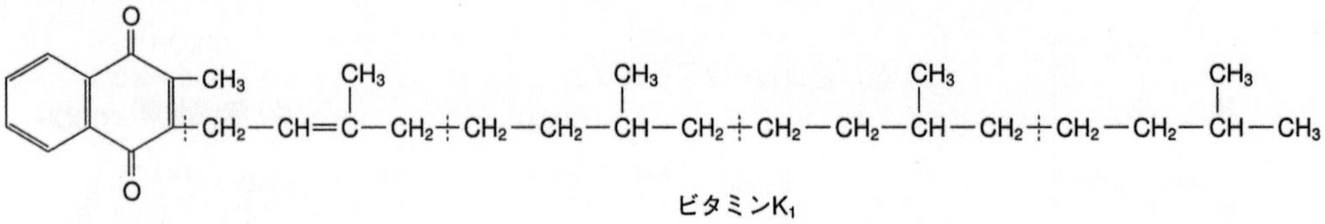

ビタミンK₁

ビタミンK₂（nは生物の種によって6，7，8，9，10のいずれかである）

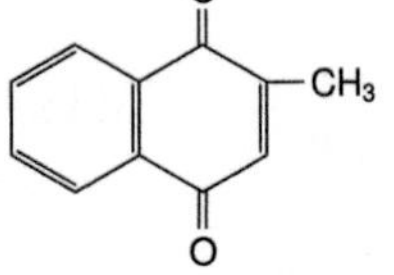

ビタミンK₃（メナジオン）

図2.48（つづき）

ゼ，カテプシンの特異的阻害や遺伝子の発現制御などにも関与している．

ナイアシン（ニコチン酸, ニコチンアミド）：高等植物や高等動物において，必須アミノ酸の一種であるトリプトファンからキヌレニン，キノリン酸を経て生合成される．ナイアシン欠乏により，ペラグラ（主症状：皮膚炎，下痢，痴呆）を引き起こす．生体内ではニコチンアミドを構成成分とするニコチンアミドアデニンジヌクレオチド（NAD），あるいはニコチンアミドアデニンジヌクレオチドリン酸（NADP）に変換され，グルタミン酸デヒドロゲナーゼやアルコールデヒドロゲナーゼなどの補酵素として作用する．NAD あるいは NADP は無色の結晶で，その還元型〔NAD(P)H〕の溶液は 340 nm に吸収極大をもつ．この吸収は NAD あるいは NADP を補酵素とする酵素の反応速度を測定するのに利用される．NAD(P)酵素は有機酸，アミノ酸，糖などの代謝や生合成に関与する多くの酸化還元酵素で，水素授受反応を触媒する．一般に NAD 酵素はおもに分解，NADP 酵素は生合成に働く．哺乳類のグルタミン酸デヒドロゲナーゼなどは NAD，NADP のいずれをも補酵素とし，ATP，GTP および ADP，GDP などのアロステリックエフェクターによって活性調節を受ける．NAD はタンパク質のポリ（ADP-リボシル）化や細菌における L-ペニシラミンの解毒分解などにも関与する．

パントテン酸（D 体, R 配位）：高等動物には必須であり，動物では欠乏症は皮膚炎，抗体産生障害，成長停止などを引き起こすが，ヒトには欠乏症状は起こりにくい．その塩は吸湿性の無色の結晶で，紫外部，可視部に吸収極大はない．脂肪酸の代謝，合成，ピルビン酸の合成において，アシル基のキャリヤーとして機能する．

ビオチン：腸内細菌により合成されるため欠乏症は起こりにくいが，卵白中のアビジン（糖タンパク質の一種）と強固に結合するため，動物が生の卵白を大量に摂取すると欠乏症状（脱毛，皮膚炎など）を起こすことがある．無色の結晶で紫外部，可視部に吸収スペクトルは示さない．ビオチンを補酵素とするビオチン酵素の代表であるカルボキシラーゼ（ピルビン酸カルボキシラーゼ，プロピオニル CoA カルボキシラーゼなど）はカルボキシル基の転移を触媒する．

葉酸：腸内細菌により合成される．欠乏症は生育不良や神経障害，貧血症を引き起こす．その欠乏により，新たな核酸合成を必要とする細胞増殖の旺盛な組織（造血組織，腸管粘膜など）に障害が起こりやすい．橙黄色の結晶で，中性の溶液は 282，346 nm に吸収極大をもつ．核酸の構成成分であるプリンやチミンの生合成に関与する．

リポ酸（チオクト酸）：腸内細菌により生合成されるビタミン様作用因子の一つである．淡黄色の結晶で，ベンゼンや酢酸エチルに可溶性である．ピルビン酸などの α-ケト酸の代謝に関与する．

ビタミン B$_{12}$（シアノコバラミン）：腸内細菌によって生合成されるため，食餌性の欠乏症は起こりにくい．ビタミン B$_{12}$ は経口的に摂取されると，胃粘膜

で生合成される糖タンパク質，内因子と結合し，回腸末端部粘膜の内因子受容体を介して吸収され，さらにコバラミン結合タンパク質によって全身の組織に輸送される．コリン核，コバルト原子を構成成分にもち，赤色の結晶で，溶液は278, 361, 551 nm に吸収極大をもつ．ビタミン B_{12} 補酵素のアデノシル B_{12} はグルタミン酸ムターゼ，ジオールヒドラターゼなど水素移動を伴う転移反応に関与する酵素（異性化，脱離，転移を触媒する）の補酵素として作用する．

ビタミンC（アスコルビン酸）：多くの高等動物では必須であり，欠乏すると壊血病を起こす．無色の結晶で，溶液は中性で 265 nm に吸収極大をもつ．ビタミンCは可逆的な酸化還元系を介した電子供与体あるいは受容体として電子の授受に関与している．抗酸化作用がおもな生理作用で，コラーゲンの生成と保持，副腎皮質ホルモンやカテコールアミンの生成，脂質代謝などに重要な役割を果たしている．また，変異原物質の生成抑制，薬物代謝の促進，免疫活性の促進などの生体防御反応にも関与している．

ピロロキノリンキノン（PQQ）：ビタミンではないが，最近発見された補酵素である．酸化型と還元型とがあり，メタンおよびメタノール資化性菌，酢酸菌などのグルコースデヒドロゲナーゼおよびメチルアミンデヒドロゲナーゼなどの補酵素として作用する．

(ii) 脂溶性ビタミン

4種類の脂溶性ビタミンA, D, E, Kはすべてイソプレノイド化合物である．

ビタミンA：動物に必須で，植物に含まれるβ-カロテンなどのプロビタミンAからの転換により生成される．天然にはレチナール（ビタミンA_1），3-デヒドロレチナール（ビタミンA_2）ならびにその誘導体が存在する．レチナールは黄色結晶で，そのエタノール溶液は 325 nm に吸収極大をもち，3-デヒドロレチナールは黄色の油状で，そのエタノール溶液は 350 nm に吸収極大をもつ．視覚作用，骨，粘膜，皮膚の正常維持，生殖機能の維持などの作用がある．肝臓に蓄積され，欠乏は起こりにくいが，欠乏すると夜盲症，皮膚や粘膜の角化，骨そしょう症などが起こる．過剰症としては脳圧亢進，四肢痛，肝機能障害などが知られている．

ビタミンD：天然型としてはエルゴカルシフェロール（ビタミンD_2），コレカルシフェロール（ビタミンD_3）が代表である．ともに無色の結晶で，そのエタノール溶液は 265 nm に吸収極大をもつ．不活性な前駆体として生合成され，活性型への転換には紫外線照射を要する．この理由から，太陽光線の乏しい高緯度地方に住む子供たちには，活性型ビタミンDの欠損による"くる病"が多発したが，ビタミンDを含む魚肝油を与えるとそれを予防できることが知られていた．カルシウムの輸送および沈着に関与し，また，細胞の成長・分化の調節などにも働いている．欠乏症としてはくる病，骨軟化症が，過剰症としては異常石灰化が知られている．

ビタミンE（トコフェロール）：天然には四つの異性体（α-, β-, γ-, および

δ-)が存在し，α-トコフェロールが最も作用が強く，栄養剤，医薬品として使われている．無色ないし淡黄色の油状物質で，そのエタノール溶液は 292 nm 付近に吸収極大をもつ．抗酸化作用をもち，不飽和脂肪酸の自動酸化を防ぐことで生体膜を安定化すると考えられている．また抗不妊作用を示す．

ビタミン K：腸内細菌によって供給され，欠乏症は起こりにくいが，血液凝固能の低下をもたらす．天然型としては植物の生産するフィロキノン(ビタミン K_1)，細菌の生産するメナキノン(ビタミン K_2)が知られているが，ビタミン K としての作用は合成品であるビタミン K_3 が最も強い．ビタミン K_1 は黄色の油状，ビタミン K_2，K_3 は黄色の結晶である．ビタミン K_1，K_2 は 243，248，261，270，325 nm に特徴的な吸収極大をもつ．ビタミン K はキノン型，キノール型に酸化還元が可能であり，一種の電子伝達体として作用しうる．

2.6.2　生体微量元素

生体微量元素とは，生体にとって微量であるが必須の元素をさす(図 2.49)．すべての生物に共通する微量元素は，鉄，モリブデン，亜鉛，マンガン，バナジウム，コバルトである．微量元素は一般的に遷移元素であり，窒素，酸素，硫黄などのタンパク質中の構成原子と安定な錯体を形成した状態で，酵素の活性中心に結合している．微量元素は多くの酵素の触媒反応に必須な構成成分である一方，高濃度ではある種の酵素を可逆的あるいは不可逆的に阻害するなどして多かれ少なかれ毒性を示す．図 2.50 に微量元素濃度と生物の生育，酵素活性との関係を示す．

(1) 微量元素を含む酵素およびタンパク質

鉄はタンパク質中でポルフィリンと錯体を形成し，ヘムとして存在することが多い．ヘムをもつタンパク質には，ヘモグロビン，シトクロム，カタラーゼ，ペルオキシダーゼなどがある．ヘム以外の状態で鉄を含むタンパク質には，フ

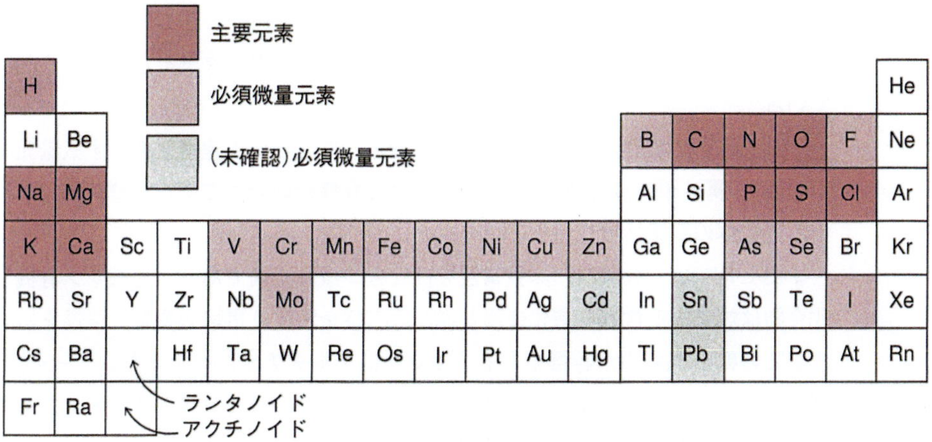

図 2.49　微量元素と周期表

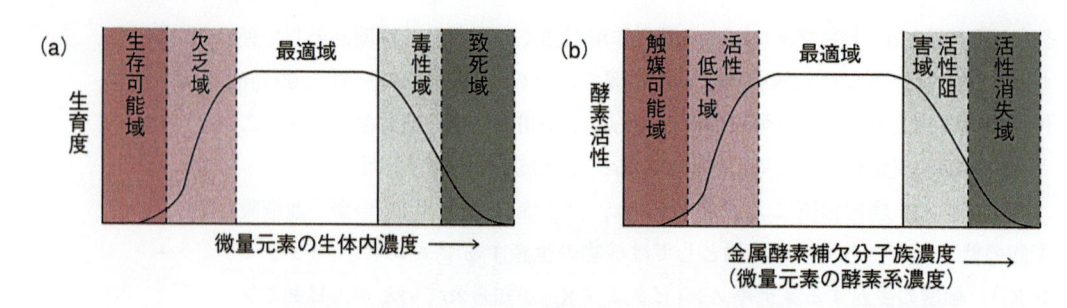

図2.50 生体微量元素の濃度と生物の生育度(a)および酵素の活性(b)との関係

ェレドキシン，フェリチン，コハク酸デヒドロゲナーゼ，アルデヒドオキシダーゼなどがあげられる．

モリブデンは窒素代謝に必要で，酸化還元反応に関与する．モリブデンに依存する酵素としては，キサンチンオキシダーゼ，硝酸レダクターゼ，ニトロゲナーゼなどがある．

亜鉛はその貯蔵タンパク質と考えられるメタロチオネインに見いだされるほか，アルコールデヒドロゲナーゼ，大腸菌アルカリ性ホスファターゼ，カルボキシペプチダーゼ，スーパーオキシドジスムターゼ，アルドラーゼ，などの構成成分になっている．

マンガンはムコ多糖合成に関与するガラクトシルトランスフェラーゼ，N-アセチルガラクトサミニルトランスフェラーゼやラクトースシンターゼなどの酵素活性に必須であり，ピルビン酸カルボキシラーゼや大腸菌スーパーオキシドジスムターゼにも結合する．

バナジウムはコレステロール合成を抑制し，Na^+, K^+-ATPaseの特異的調節因子である．バナジウム摂取量が低いと，ニワトリでは翼と尾の羽根の成長抑制が起こり，ラットでは生殖作用が影響を受ける．微生物や海藻類のハロペルオキシダーゼなどの必須元素である．

コバルトは前述のビタミンB_{12}（コバラミン）の構成成分として作用することが知られており，グルタミン酸ムターゼ，ジオールヒドラターゼなどに含まれている．

このようにアポ酵素と共同的に働いて触媒活性などの生理活性を示す微量元素（必須金属イオン）は，酵素活性に不可欠な有機態低分子である補酵素と対応する無機体の酵素活性化因子といえよう．

またセレンは，金属性，非金属性を併せもつ微量元素であり，含セレン有機化合物は対応する含硫有機化合物と似た反応性を示す．摂取必要量と毒性を示す量との幅が狭いのが特徴である．セレンはグルタチオンペルオキシダーゼ，グリシンレダクターゼなどのペプチド鎖中の活性中心にセレノシステイン残基の形で存在している．セレン欠乏によってヒトの克山病やカシンベック病が，また過剰摂取により家畜の白筋症やアルカリ病などが起こる．

3章 酵素とその働き

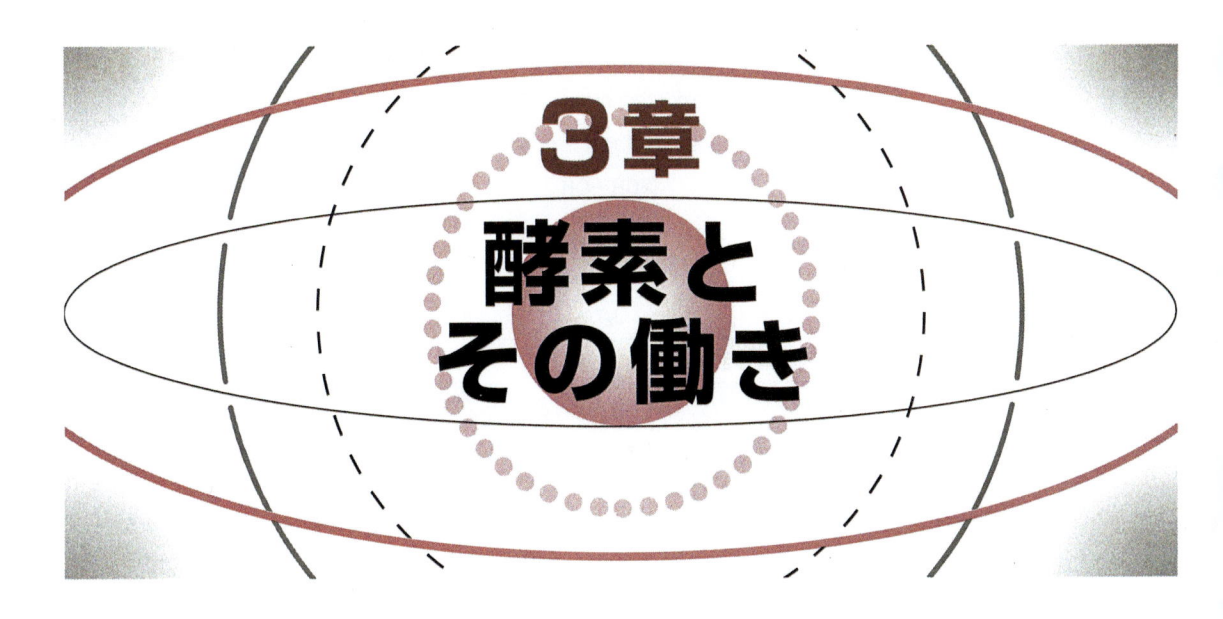

3.1 酵素の定義およびその分類と命名法

酵素は一般に「タンパク質を主成分とする生体触媒」と定義される．しかし，CechとAltmanが1980年代の初めに**リボザイム**(ribozyme，RNA酵素)を発見して以来，これも広義の酵素に入れることもある．しかし，一般には上記のように定義される酵素とリボザイムが生体触媒を構成するとして，両者を区別している．また1986年，米国のSchulzとLernerらが化学反応の遷移状態化合物を想定し，比較的安定なその構造類縁体を合成し，これを抗原としてモノクローナル抗体を生産させて触媒作用を示す**抗体触媒**〔catalytic antibody，アブザイム(abzyme)〕を得たので，これも人工的酵素として酵素のカテゴリーに入れることもできる．

3.1.1 酵素の分類

酵素は触媒する反応の種類によって6群に大別される(表3.1)．

1. 酸化還元酵素(oxidoreductase)：基質と生成物あるいは補酵素の間の電子の授受を主体とする酸化還元反応を触媒する．一重結合(たとえば−C−OH)と二重結合(たとえばC=O)の可逆的転換を触媒するNAD(P)依存性デヒドロゲナーゼ，O_2を酸化に利用するオキシダーゼ，H_2O_2を酸化に用いるペルオキシダーゼ，基質にOH基を酸化的に導入する反応などを触媒するモノオキシゲナーゼ(ヒドロラーゼ)，2-ニトロプロパンにO_2を取り込ませる反応などを触媒するジオキシゲナーゼをはじめ，酸化還元に関与する多数の酵素が含まれる．

2. 転移酵素(transferase)：一つの基質分子のアルキル基，カルボニル基，アミノ基，リン酸基などの官能基を，他の基質分子に移す反応を触媒する．

3. 加水分解酵素(hydrolase)：C−O，C−N，C−C，P−Oなどの一重結合に水分子が付加して起こる分解反応を触媒する．これらの加水分解は本質的に

リボザイム(RNA酵素)

真核細胞のrRNA合成過程でオリゴヌクレオチドが部分的に切り出されて残りが結合するスプライシングを触媒するのがrRNA自体であることが証明され，リボザイム(ribozyme)と命名された．リボ核酸(ribonucleic acid)と酵素(enzyme)の合成語である．その後，種々のリボザイムが微生物から脊椎動物に至る生物に見いだされ，化学進化においてタンパク質の出現以前にRNAが遺伝情報と触媒作用をあわせもっていたという「RNAワールド」仮説が提案された．

抗体触媒(アブザイム)

酵素-基質複合体形成後，基質部分は構造的にひずみの生じた遷移状態を経て生成物に変換される．この遷移状態アナログに構造や性質の似た化合物を設計，合成し，これを抗原としてモノクローナル抗体，まれにはポリクロナール抗体を多数生産させると，設計した酵素類似反応を触媒する抗体が得られ，これを抗体触媒と呼ぶ．酵素にない新規な触媒作用をもつ抗体が生産されるが，一般に触媒能はきわめて低い．

表3.1 酵素の分類と代表例

1. 酸化還元酵素（oxidoreductase）

ECクラス	反応に関与する構造	EC番号と代表的酵素
1.1	>CH−OH	1.1.1.1　アルコールデヒドロゲナーゼ
1.2	>C=O	1.2.1.3　アルデヒドデヒドロゲナーゼ
1.3	−CH−CH−	1.3.1.7　メソ酒石酸デヒドロゲナーゼ
1.4	−CH−NH$_2$	1.4.1.2　グルタミン酸デヒドロゲナーゼ
1.15	O$_2^-$	1.15.1.1　スーパーオキシドジスムターゼ

2. 転移酵素（transferase）

ECクラス	反応に関与する構造	EC番号と代表的酵素
2.2	>C=O	2.2.1.1　トランスケトラーゼ
2.3	RCO−	2.3.1.1　アミノ酸アセチルトランスフェラーゼ
2.6	H$_2$N−C−,O=C	2.6.1.1　アスパラギン酸アミノトランスフェラーゼ

3. 加水分解酵素（hydrolase）

ECクラス	反応に関与する構造	EC番号と代表的酵素
3.1	エステル結合	3.1.1.7　アセチルコリンエステラーゼ
3.2	グリコシド結合	3.2.1.1　α-アミラーゼ
3.4	ペプチド結合	3.4.21.1　キモトリプシン
3.8	C−ハロゲン結合	3.8.1.2　2-ハロ酸デハロゲナーゼ

4. 脱離・付加酵素（lyase）

ECクラス	反応に関与する構造	EC番号と代表的酵素
4.1	−C−C−	4.1.1.12　アスパラギン酸4-デカルボキシラーゼ
4.2	−C−O−	4.2.1.2　フマル酸ヒドラターゼ
4.3	−C−N<	4.3.1.1　アスパラギン酸アンモニアリアーゼ

5. 異性化酵素（isomerase）

ECクラス	反応に関与する構造	EC番号と代表的酵素
5.1	R−CH(NH$_2$)COOH	5.1.1.1　アラニンラセマーゼ
5.2	シス-トランス構造	5.2.1.1　マレイン酸イソメラーゼ

6. 合成酵素（ligase）（ATP依存性）

ECクラス	反応に関与する構造	EC番号と代表的酵素
6.1	−C−O−	6.1.1.6　リシルtRNAシンテターゼ
6.2	−C−N−	6.2.1.2　グルタミンシンテターゼ
6.4	−C−C−	6.4.1.1　ピルビン酸カルボキシラーゼ

は水分子のOH基の転移であり，転移酵素の一つともいえるし，反応のタイプからは次の脱離・付加酵素にも分類しうる．しかし，加水分解酵素は数や種類が多いので，独立した一つのグループとして取り扱う．

4. 脱離・付加酵素(lyase)：加水分解を経ずに基質分子中の C−C，C−O，C−N などの結合を開裂していろいろな基(原子団)を脱離させ，二重結合や環状化合物を生成する反応や，これらの逆反応として C=C，C=O，C=N などの結合に基などを付加する反応を触媒する．

5. 異性化酵素(isomerase)：基質分子のいろいろな基を分子内で転移して異性体などを生成する反応を触媒する．ラセミ化，エピマー化，分子内転移などの反応を触媒し，基質の原子組成は変化させずに基質の分子構造を変える．

6. 合成酵素(ligase)：ATP などのピロリン酸基の分解エネルギーによって複数の基質分子を結合させる反応を触媒する．一方，合成反応ではあっても ATP などの分解が伴わない合成反応を触媒する酵素，たとえばトリプトファンの合成を触媒する酵素はトリプトファンシンターゼ(synthase, EC 4.2.1.20)とよばれ，ATP などを要求する合成反応を触媒するグルタミンシンテターゼ(EC 6.3.1.2)などのシンテターゼ(synthetase)と区別して上述した脱離・付加酵素に分類される．

3.1.2 酵素の命名法

表 3.1 に例示した酵素名に見られるように，酵素はその基質あるいは触媒する反応あるいは両者に「アーゼ(ase)」をつけて命名される．たとえば，尿素(ウレア)を加水分解して NH_3 と CO_2 を生成させる酵素は**ウレアーゼ**(urease)と呼ばれる．また，アミノ酸とケト酸の間のアミノ基の転移を触媒する一群の酵素は**アミノトランスフェラーゼ**(aminotransferase)あるいは**トランスアミナーゼ**(transaminase)，そして日本語ではアミノ基転移酵素と呼ばれる．さらにアスパラギン酸のアミノ基転移を触媒する酵素は，上記のアミノトランスフェラーゼに基質の名称を付して**アスパラギン酸アミノトランスフェラーゼ**(aspartate aminotransferase)と呼ばれる．スーパーオキシド O_2^- の不均化反応($2\,O_2^- + 2\,H^+ \longrightarrow H_2O_2 + O_2$)を触媒する酵素も，基質 O_2^- と不均化反応(ジスミューテーション)を並記して「アーゼ」をつけ，**スーパーオキシドジスムターゼ**(superoxide dismutase)と命名されている．

このような命名法が一般化する前には，**キモトリプシン**(chymotrypsin, セリンプロテアーゼの一種，膵臓由来)や**カタラーゼ**(catalase, $2\,H_2O_2 \longrightarrow 2\,H_2O + O_2$, H_2O_2 の不均化を触媒)のように，それぞれの理由で適宜命名されていた．それらの名称のいくつかは現在も用いられている．一方，国際生化学分子生物学連合(IUBMB)の酵素命名委員会(Enzyme Nomenclature Committee)が酵素の系統的命名法を立案して酵素名の異同を整理し，表 3.1 に見られるように触媒する反応に基づいてまず 6 クラスに大別し，さらに反応の種類，作用を受ける基質によって細分化している．それに従って各酵素には四つの **EC 番号**(EC number)がつけられている．各酵素は基本的にはこの分類に従って呼ばれるが，同時に使いやすく便利な推奨名がつけられて，さらに正確に酵素反応を

表した系統名もつけられて，一部の酵素には別名が与えられている．たとえば推奨名アラニンアミノトランスフェラーゼはEC番号2.6.1.2であり，系統名はL-アラニン：2-オキソグルタル酸アミノトランスフェラーゼ，別名はグルタミン酸-ピルビン酸トランスアミナーゼ(GPT)である．

このように酵素名は基本的には触媒する反応(基質も含めて)に準拠しているので，同一酵素が複数の反応を触媒したり，複数の基質に作用する場合，各論文にその一面しか報告されないと，別々の酵素として分類される危険性もある．

3.2 酵素活性の単位と活性表示

酵素活性の単位(unit of enzyme activity)は，基本的には一定条件下，単位時間内に基質単位量を変化させる酵素量である．以前，IUBMB(当時のIUB)は「各酵素の最適条件(pH，基質および補酵素濃度など)下，30℃で1分間に1 μmolの基質を変化させる酵素量」を国際単位(I.U.)と定義していた．その後，同じIUBMBの新しい国際酵素委員会によって，「最適条件下，25℃(標準測定温度)で1秒間に1 molの基質を変化させる酵素量」を1カタール(katal, kat)と定義するとの勧告が提出された．1 molの基質が対象になっているから1 katは一般に大きな数値になって実用上不便であるので，μkat(10^{-6} kat)やnkat(10^{-9} kat)などの単位も用いられ，1 I.U.は16.67 nkatに相当する．現在でも実用上便利なI.U.のほうが広く使われている．

比活性(specific activity)は，酵素タンパク質1 mgあたりのI.U.数で，酵素の精製過程などにおいて活性の変化を表すのに便利である．**相対活性**(relative activity)は最高の酵素活性を100とした場合の各酵素標品あるいはいろいろな条件下での活性の相対値(パーセント)で，酵素の阻害剤の作用などの比較に利用される．

酵素の活性を表すのに**分子活性**(molecular activity)あるいは**ターンオーバー数**(turnover number)を用いることもある．これは一定条件下で酵素1 molが単位時間(通常1分間)に変化させる基質のモル数をさす．また，酵素分子の活性中心1個あたり単位時間(通常1分間)に変化させることができる基質のモル数を**触媒(または活性)中心活性**(catalytic center activity, active center activity)と呼ぶ．オリゴマー酵素分子の場合は一般に複数の活性中心をもつので，その数で分子活性を割った値が触媒中心活性になる．分子活性や触媒中心活性は酵素分子の触媒の能率を表す値であり，カタラーゼ(分子活性：10^8/分)や炭酸デヒドラターゼ(10^7/分)は大きな値を示し，一方，パパイン，リボヌクレアーゼはカタラーゼの値のそれぞれ$1/10^7$，$1/10^6$の分子活性の値を示し，酵素の種類によってかなりの幅がある．また，後述のK_m値で最大反応速度(V_{max})を割った値(V_{max}/K_m)を**触媒能率**(catalytic efficiency)と呼ぶ．

3.3 酵素の触媒としての特性

酵素の触媒としての特性を無機触媒と比較して述べる．これらの特性は，酵素を工業生産，環境浄化，臨床および食品分析などに利用する場合の基本的特徴を示している．

3.3.1 触媒能率と反応条件

酵素は無機触媒にくらべてきわめて高い触媒能率を示す．たとえばカタラーゼは，Fe^{2+} を触媒とした H_2O_2 の分解速度の 6.3×10^5 倍の高い速度で作用する．

酵素による触媒反応は，生体触媒としての当然の反映ながら，一般に温和な条件下で進行する．大部分の精製酵素は in vitro で短時間の反応においては 45～60 ℃の至適温度を示すが，この値は反応時間などの条件によって変化する．ただし，低温菌や好冷菌から単離した好冷性酵素は，in vitro では−2～20 ℃で効率よく触媒活性を示すし，有機溶媒耐性を併せもつ酵素や固定化して安定性を増大させた標品は，適当な有機溶媒中では−20～−30 ℃でも活性を示す．一方，Pyrococcus 属などの超好熱菌の酵素は，100 ℃以上に至適温度をもつものも珍しくない．

酵素は一般には pH 7～8 に至適値を示すが，アミノ酸デカルボキシラーゼの多くは pH 5～6 において最もよく作用するし，アミノ酸デヒドロゲナーゼの多くは至適 pH を 10 以上に示す．

3.3.2 特異性

すべての酵素は多かれ少なかれいろいろな特異性を示す．

（1）基質特異性(substrate specificity)

これには**構造特異性**(structural specificity)と**立体特異性**(stereospecificity)の両面がある．構造特異性には 1 酵素：1 基質の関係，つまり「鍵と錠前」の関係にあたる基質としての絶対的な構造と性質を要求するものから，ある程度の構造の類似性を示し，同じ官能基をもつ一群の化合物を基質にしうる低基質特異性のものまで存在する．

絶対的構造特異性を示す例としては，尿素を加水分解して NH_3 と CO_2 に変化させるウレアーゼ(EC 3.5.1.5)，あるいは大腸菌(*Escherichia coli*：*E. coli*)や哺乳類の脳，カボチャの果皮などに存在するグルタミン酸デカルボキシラーゼなどがあげられる．グルタミン酸デカルボキシラーゼは，基質グルタミン酸の類縁体でメチレン基の一つ少ないアスパラギン酸にはまったく作用しない．しかし，大部分の酵素は基質類縁体には多少なりとも作用する．アスパラギン酸 4-デカルボキシラーゼは，本来，アスパラギン酸の 4 位のカルボキシル基を脱離してアラニンと CO_2 を生成する反応を触媒するピリドキサール酵素であるが〔式(3.1)〕，3 位をスルフィン酸基で置換したシステインスルフィン酸の脱スルフィン酸基反応をアスパラギン酸に近い反応速度で触媒して，アラニ

---

in vitro と in vivo

in vitro は「ガラス容器(*vitrum*)の中で」という意味をもつラテン語で，多くの場合，生物体機能の一部を試験管内において行わせることをさす．これに対し *in vivo* は「生体(*vivum*)の中で」を意味し，生体の機能や反応が生体内で発現される状態を示す．たとえば，心臓細胞の収縮が動物体内で行われれば *in vivo* における発現であり，試験管内で行われれば *in vitro* における機能発現である．ちなみに *in situ* は「その位置(*situs*)」という意味のラテン語で，生体の部分が生体内の原位置におかれたままである状態をさす．

鍵と錠前

酵素は一般に基質特異性や反応特異性がきわめて高い．この触媒としての高い対応関係を「鍵と錠前」の関係にたとえてその特性を示した説である．しかし酵素によって特異性の幅は大きく異なる．

ンと SO_2 を生成する〔式(3.2)〕.

$$\underset{\text{アスパラギン酸}}{\overset{\text{COOH}}{\underset{\text{COOH}}{\overset{|}{\underset{|}{\text{CH}_2}}}}\overset{|}{\underset{|}{\text{H}_2\text{N}-\text{CH}}}} \longrightarrow \underset{\text{アラニン}}{\overset{\text{CH}_3}{\underset{\text{COOH}}{\overset{|}{\underset{|}{\text{H}_2\text{N}-\text{CH}}}}}} + CO_2 \quad (3.1)$$

$$\underset{\text{システインスルフィン酸}}{\overset{\text{SO}_2\text{H}}{\underset{\text{COOH}}{\overset{|}{\underset{|}{\text{CH}_2}}}}\overset{|}{\underset{|}{\text{H}_2\text{N}-\text{CH}}}} \longrightarrow \underset{\text{アラニン}}{\overset{\text{CH}_3}{\underset{\text{COOH}}{\overset{|}{\underset{|}{\text{H}_2\text{N}-\text{CH}}}}}} + SO_2 \quad (3.2)$$

しかし，3位にスルホン酸基の入ったシステインスルホン酸〔システイン酸，$HSO_3-CH_2-CH(NH_2)-COOH$〕は，おそらくその強酸性のために基質にならない．この酵素は3位に塩素の入った3-クロロアラニンの脱塩素反応もアスパラギン酸に比べて約83％の速度で触媒する．アラニンラセマーゼはD-およびL-アラニンのラセミ化をおもに触媒するが，メチレン基の1個多い2-アミノ酪酸（左式）にも低い反応速度ながら作用する．

$$\underset{\text{2-アミノ酪酸}}{H_3C-CH_2-\underset{\underset{NH_2}{|}}{CH}-COOH}$$

一方，共通の構造や官能基をもつ一群の化合物を基質とする**群特異的**(group specific)な性質を示す酵素も少なくない．たとえばアルコールデヒドロゲナーゼ(EC 1.1.1.1)は，式(3.3)のように，エタノールをはじめいろいろなアルキル基(R)をもつ第一級アルコールに作用して相当するアルデヒドを生成する反応を触媒する．しかし，RがHであるメタノールには作用しない．さらに第二級アルコールにも作用して式(3.4)のように対応するケトンを生成する．

$$R-CH_2OH + NAD^+ \rightleftharpoons RCHO + NADH + H^+ \quad (3.3)$$

$$\underset{R'}{\overset{R}{\underset{|}{\overset{|}{\text{CHOH}}}}} + NAD^+ \rightleftharpoons \underset{R'}{\overset{R}{\underset{|}{\overset{|}{\text{C=O}}}}} + NADH + H^+ \quad (3.4)$$

このように，この酵素は共通の構造 >CHOH をもついろいろなアルコールを酸化する反応を触媒し，官能基特異的ともいえる．

キモトリプシンは膵臓で生産され，小腸で活性化されるセリンプロテアーゼに属するエンドペプチダーゼの一つである．この酵素はポリペプチド鎖中の芳香族アミノ酸残基のカルボキシル基側のペプチド結合を加水分解する．数多くのタンパク質やペプチドが基質になるだけでなく，いろいろな有機酸エステルも加水分解を受ける．この酵素はきわめて構造特異性の低い群特異的酵素の典型である．

このように酵素の基質(構造)特異性は素朴な「鍵と錠前」説で表されるような絶対的なものから，「特異的」と表現するのがためらわれるほど基質特異性の低いものまで多種多様である．

立体特異性は，酵素の作用が**キラル**(chiral)化合物の一つの異性体に特異的であることをさす．ほとんどの酵素はキラルな化合物の一方だけに作用したり，**アキラルな**(achiral, 不斉性をもたない)基質から一方のキラル異性体を選択的に合成(不斉合成)する．立体特異性は次に述べる二つに大別される．

その一つは**幾何異性体**(geometrical isomer)に対する立体特異性である．フマル酸ヒドラターゼは細菌から哺乳類にわたって広く存在するクエン酸回路の構成酵素の一つであり，式(3.5)のようにL-リンゴ酸とフマル酸の間の相互変換

$$\begin{array}{c} \text{HOOC-C-H} \\ \parallel \\ \text{H-C-COOH} \end{array} \underset{-H_2O}{\overset{\text{フマル酸ヒドラターゼ}\ H_2O}{\rightleftarrows}} \begin{array}{c} \text{OH} \\ | \\ \text{HOOC-C-H} \\ | \\ \text{H-C-COOH} \\ | \\ \text{H} \end{array} \quad (3.5)$$

フマル酸　　　　　　　　　　　L-リンゴ酸

$$\begin{array}{c} \text{HOOC-C-H} \\ \parallel \\ \text{HOOC-C-H} \end{array}$$
マレイン酸

を触媒する．逆反応(脱水反応)においてD-リンゴ酸は基質にならないので，この酵素は次に述べるようにエナンチオマー特異性を示す．さらに生成するのはトランス構造のフマル酸であり，水添加反応の基質もフマル酸のみが活性で，シス構造の幾何異性体であるマレイン酸はこの酵素の基質にならず，典型的な幾何異性体特異性を示す．

フマル酸に NH$_3$ が付加して L-アスパラギン酸を生成する反応を可逆的に触媒するアスパラギン酸アンモニアリアーゼ(アスパルターゼ)は細菌に広く存在している[式(3.6)]．この酵素はフマル酸と L-アスパラギン酸に特異的に作用し，マレイン酸と D-アスパラギン酸はともに基質にならない．つまり，フマル酸ヒドラターゼと同じく幾何異性体およびエナンチオマーのそれぞれ一方にしか作用しない．この両酵素反応を共役させて安価な L-リンゴ酸からフマル酸を経由してアスパラギン酸を工業的に生産する方法が開発されている．

$$\begin{array}{c} \text{HOOC-C-H} \\ \parallel \\ \text{H-C-COOH} \end{array} + NH_3 \underset{}{\overset{\text{アスパルターゼ}}{\rightleftarrows}} \begin{array}{c} \text{COOH} \\ | \\ \text{CH}_2 \\ | \\ \text{H}_2\text{N-C-H} \\ | \\ \text{COOH} \end{array} \quad (3.6)$$

フマル酸　　　　　　　　　　　　　アスパラギン酸

次の立体特異性は**エナンチオマー**(enantiomer, 光学異性体の一つで鏡像異性体，対掌体ともいう)に対するものであり，キラル化合物を基質あるいは生成物とするほとんどすべての酵素は絶対的またはそれに近い立体特異性を示す．上記のフマル酸ヒドラターゼとアスパルターゼも絶対的なエナンチオマー特異

性を示し，D-リンゴ酸やD-アスパラギン酸はそれぞれの酵素の基質にならない．アスパラギン酸アミノトランスフェラーゼやグルタミン酸デカルボキシラーゼもD-アスパラギン酸やD-グルタミン酸には作用しない．分子内に二つのキラル中心をもち，非鏡像異性体であるジアステレオマー(diastereomer)に対しても同様に絶対的な立体特異性が示される．メソ α,ε-ジアミノピメリン酸デカルボキシラーゼはメソ形異性体に特異的であり，この基質分子内のD形配置の炭素原子に結合しているカルボキシル基を脱離してL-リシンを生成する．そのジアステレオマーであるL-およびD-α,ε-ジアミノピメリン酸は基質にならない．

L-乳酸デヒドロゲナーゼ，D-乳酸デヒドロゲナーゼは式(3.7)の反応を触媒するが，それぞれL-乳酸およびD-乳酸に特異的であるので，L-乳酸およびD-

$$\underset{\text{L-乳酸}}{\underset{|}{\overset{|}{\underset{COOH}{\overset{CH_3}{HO-C-H}}}}} \left(\underset{\text{D-乳酸}}{\underset{|}{\overset{|}{\underset{COOH}{\overset{CH_3}{H-C-OH}}}}}\right) + NAD^+ \rightleftharpoons \underset{\text{ピルビン酸}}{\underset{|}{\overset{|}{\underset{COOH}{\overset{CH_3}{C=O}}}}} + NADH + H^+ \tag{3.7}$$

乳酸の特異的定量に利用される．またピルビン酸からL-またはD-乳酸を選択的に合成することも可能である．アラニンデヒドロゲナーゼ，ロイシンデヒドロゲナーゼなどのアミノ酸デヒドロゲナーゼもL-異性体に特異的であるので，化学的に合成しやすい 2-オキソ酸(α-ケト酸)と NH_3 から相当するL-アミノ酸を生産できる．NADH は高価であるので，工業的には安価なギ酸を基質とするギ酸デヒドロゲナーゼの不可逆反応と共役して，NADH を再生する反応系が利用されている〔式(3.8)〕．ロイシンデヒドロゲナーゼとギ酸デヒドロゲナーゼの

$$\underset{\text{L-}t\text{-ロイシン}}{\underset{|}{\overset{|}{\underset{CH_3\ NH_2}{\overset{CH_3\ H}{H_3C-C-C-COOH}}}}} \qquad \underset{\text{ギ酸デヒドロゲナーゼ}}{HOOCH} \underset{CO_2}{\overset{NAD^+}{\rightleftarrows}} \underset{NADH}{\overset{}{\rightleftarrows}} \underset{\text{アミノ酸デヒドロゲナーゼ}}{\overset{NH_3\ NH_2}{\underset{RCOCOOH}{R-\overset{H}{\underset{|}{C}}-COOH}}} \tag{3.8}$$

反応の共役系によりL-t-ロイシン(左式)が工業的に生産されている．

しかし，エナンチオマー特異性は酵素によっては必ずしも絶対的でない．グルタミナーゼやアスパラギナーゼはL-グルタミンやL-アスパラギンのアミド結合の加水分解を触媒するが，これらのD体にも多かれ少なかれ作用する．これらの酵素は基質分子のキラル炭素から離れた結合を加水分解する．

さらにほとんど立体特異性を示さない例外的な酵素も存在する．アラニンラセマーゼやマンデル酸ラセマーゼなどのラセマーゼは，D-およびL-エナンチオマーにほぼ同様な触媒活性を示す．上述した α,ε-ジアミノピメリン酸は二つのキラル中心をもつアミノ酸で，メソ体，L体，D体の3種類の立体異性体が存在する．α,ε-ジアミノピメリン酸エピメラーゼは，メソ体とL体の間のエ

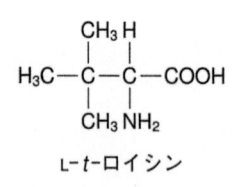

ピマー化を触媒する．この酵素も両異性体にほぼ同様の速度で作用する．このようなラセマーゼやエピメラーゼは立体特異性を示さない例外的な存在であるとともに，基質は生成物であり，生成物は基質である点でも他に類例がない．

また，*Pseudomas* sp.13 が生成する DL-ハロ酸デハロゲナーゼは，α-クロロプロピオン酸などの α-ハロ酸(α-ハロアルカン酸)の脱ハロゲンを触媒し，立体反転を伴って対応する α-ヒドロキシ酸を生成する〔式(3.9)〕．

$$\begin{array}{c}
\text{COOH} \\
\text{H}-\text{C}-\text{X} \\
\text{R}
\end{array} + \text{H}_2\text{O} \longrightarrow \begin{array}{c}
\text{COOH} \\
\text{HO}-\text{C}-\text{H} \\
\text{R}
\end{array} + \text{HX}$$

D-α-ハロ酸　　　　　　L-α-ヒドロキシ酸

$$\begin{array}{c}
\text{COOH} \\
\text{X}-\text{C}-\text{H} \\
\text{R}
\end{array} + \text{H}_2\text{O} \longrightarrow \begin{array}{c}
\text{COOH} \\
\text{H}-\text{C}-\text{OH} \\
\text{R}
\end{array} + \text{HX}$$

L-α-ハロ酸　　　　　　D-α-ヒドロキシ酸

(3.9)

この酵素は，他の細菌のハロ酸デハロゲナーゼが立体特異性を示すのとは対照的に，D- および L-ハロ酸に同様に作用する．この酵素は立体特異性を示さないだけでなく，見かけ上，S_N2 型反応を触媒して立体反転によって反応が進む点でもユニークである．

これらの興味深い例外はあるものの，ほとんどの酵素は基質および生成物に立体特異性を示すだけでなく，後述するように(**3.4** 参照)，NAD(P)依存性デ

> **コラム**
>
> ## ラセマーゼの発見
>
> ラセマーゼ(racemase)はキラル化合物のラセミ化を触媒する酵素である．複数のキラル中心をもつ基質(たとえばヒドロキシプロリン，α, ε-ジアミノピメリン酸や酒石酸)に作用し，一つのキラル中心の立体構造を反転してエピマー化を触媒する酵素はエピメラーゼ(epimerase)と呼ばれる．両者は本質的には同類の反応を触媒し，ともに EC 5.1 に分類される．ラセマーゼの代表ともいえるアラニンラセマーゼ(EC 5.1.1.1)は細菌細胞壁のペプチドグリカンの必須成分である D-アラニンの合成を触媒するので，すべての細菌に存在する重要なピリドキサール酵素である．
>
> 1937 年(昭和 12 年)，片桐英郎，北原覚雄(京都大学農芸化学科)はラセミ型乳酸を生産する *Lactobacillus sake* や *Staphylococcus ureae* などの乳酸菌に乳酸をラセミ化する酵素(乳酸ラセマーゼ，当初は乳酸ラセミアーゼと命名)の存在することを証明した．これは世界最初のラセマーゼの発見であり，第 2 番目に *Streptococcus faecalis* の細胞にアラニンラセマーゼが発見された 1951 年に先立つこと，14 年前のことである．
>
> 1937 年当時，ラセミ化の測定は 1m もあるセルに高濃度の試料を入れ，偏光子を手で回転させ回転角を計ることによって行われていた．偏光面の回転といった物理的現象が酵素によって引き起こされることを見いだしたのは画期的であった．その洞察力と勇気には感銘を受けざるをえない．

ヒドロゲナーゼやアミノトランスフェラーゼなどは，反応過程において補酵素との間の水素転移反応でも立体特異性を示す．

(2) 反応特異性(reaction specificity)

酵素の活性中心に結合した基質は**酵素-基質複合体**(enzyme-substrate complex：ES complex)を形成し，いくつかの素過程を経て，その分子構造にひずみが生じ，遷移状態を経て一定の方向に反応が進行する．ただし，基本的な反応機構が同一ならば，見かけ上，違った反応も起こりうる．たとえば，加水分解を触媒するグルタミナーゼなどの反応においてやや高濃度のヒドロキシルアミンが存在すると，加水分解が抑制されてヒドロキサム酸塩(hydroxamate)が生成する**加ヒドロキシルアミン分解反応**(hydroxylaminolysis)が起こる[式(3.10)]．

$$\text{グルタミン} + H_2O(NH_2OH) \longrightarrow \text{グルタミン酸} \quad (\gamma\text{-グルタミルヒドロキサメート}) + NH_3 \tag{3.10}$$

また，グルタミナーゼの反応系に高濃度のアミノ酸やアミンなどのアミノ化合物が存在すると，γ-グルタミルアミノ化合物が生成し，その生成量はアミノ化合物の濃度に左右される．たとえばアラニンが存在すれば，γ-グルタミルアラニンが生じる[式(3.11)]し，アルコールが存在して条件がよければ，相当す

$$\text{グルタミン} + \text{アラニン} \quad (\text{アルコール}) \rightleftharpoons$$

$$\gamma\text{-グルタミルアラニン} \quad (\gamma\text{-グルタミルアルキルエステル}) + NH_3 \tag{3.11}$$

るγ-グルタミルアルキルエステルが生成するなど，転移反応も起こりうる．

上述したように，加水分解は転移反応の一つであることが理解されるであろ

う．またγ-グルタミルトランスペプチダーゼは，本来，オリゴペプチドやアミノ酸などのγ-グルタミル受容体の存在下で，グルタミンから種々のγ-グルタミルペプチドやγ-グルタミルアミノ酸と NH_3 を生成する転移反応を触媒するが，反応系にアミノ化合物が存在しない場合には，水またはヒドロキシルアミンの存在下で，グルタミナーゼ反応，つまり加水分解や加ヒドロキシルアミン分解が起こる．しかし反応機構から見れば，両酵素ともグルタミンと反応して，まずアシル酵素中間体〔たとえば酵素(E)の活性中心のセリン残基とのエステル結合生成による R–CO–O–E〕が形成され，これに水分子，アミノ基，ヒドロキシル基などが求核攻撃をすれば，それぞれ加水分解，加アミン分解，加アルコール分解によるグルタミン酸，γ-グルタミルアミノ酸(γ-ペプチド)，γ-グルタミルエステルが生じるので，反応機構的には同一の反応であり，反応特異性は基本的には高いが，いろいろな求核剤が作用するので見かけ上，多様であるにすぎない．

3.3.3 不安定性

酵素は，物質的にはその立体構造，とくに触媒中心付近の構造がゆらぎやすい水溶性タンパク質を主体に構成され，触媒として高度の機能を発揮している．したがって，各酵素独自の立体構造を壊しやすい熱，酸，塩基，界面活性剤などとの物理的あるいは化学的処理によって，一般には容易に変性し，触媒活性を消失(失活)する．これらの処理による失活は，酵素分子のペプチド結合が切断されなくても立体構造の変化によって起こり，温和な界面活性剤での処理などを例外として不可逆なことが多い．また，プロテアーゼによるペプチド結合の加水分解によっても酵素は失活する．活性中心のシステイン残基のチオール基などの酸化による失活も多い．このように酵素は一般に不安定な存在である．

しかし，55℃以上で生育する *Bacillus stearothermophilus* などの好熱菌や，90℃以上に至適生育温度をもっている**超好熱菌**(hyperthermophile：*Pyrococcus* 属，*Thermotoga* 属，*Thermoproteus* 属細菌など)は，高温で作用し安定である**耐熱性酵素**(thermostable enzyme)を生産する．たとえば 95～105℃でよく生育する *Pyrococcus furiosus* は，至適温度が 105℃付近にあり，この温度でも安定なアラニンアミノトランスフェラーゼを細胞中に生産する．これらの耐熱性酵素は，立体構造がある程度はゆらぐものの，タンパク質が変性するほどのゆらぎが起こりにくい特性をもっている．

一方，至適生育温度が 20℃以下にある好冷菌や，適温は 20℃以上であってもそれ以下の低温でも良好な生育をする低温菌は，一般に至適温度が 20℃以下にあり，40℃以上で容易に失活する好冷性酵素を生産する．好冷性酵素は 0～−2℃でも活性を示すとともに熱不安定性であり，これらは低温での酵素処理を必要とし，30～40℃の処理で容易に酵素活性を消失させる必要のある食

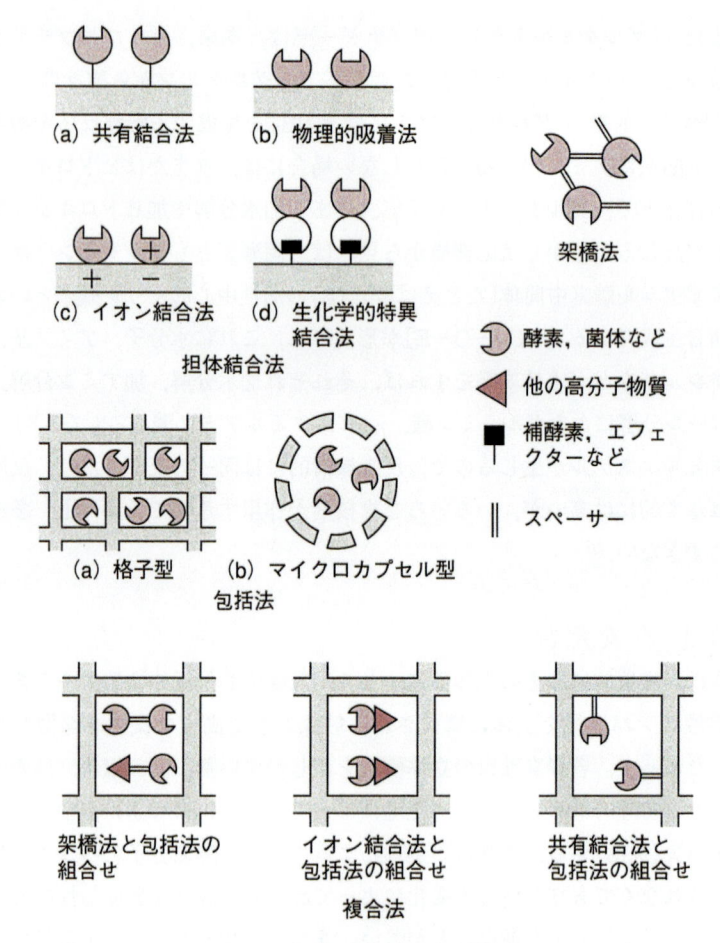

図3.1 酵素の固定化法の模式図
福井三郎編著, 「生体触媒としての微生物」, 共立出版(1979)より.

品工業, 化粧品工業などにおいて有用である.

一般に酵素の不安定性は, 応用面においては酵素のコストを高くするので, 安定性を向上させ, 繰り返し利用を可能にする酵素の固定化が研究されてきた. 図3.1に酵素の固定化法の模式図を示す. また表3.2には, 無機触媒と比較した酵素の触媒としての特徴(長所と短所)がまとめてある.

3.4 補酵素

酵素にはタンパク質だけから構成されているものもあるが, 多くの酵素は低分子有機化合物(補酵素, 助酵素)や金属イオンを含み, それらのほとんどすべては触媒作用に必須である. このように酵素活性発現に不可欠な非タンパク質部分をまとめて**補因子**(cofactor)あるいは**補欠分子族**(補欠分子団, prosthetic group)と呼ぶ. ただし研究者によっては, 酵素のタンパク質部分(**アポ酵素**, apoenzyme)と共有結合している補因子だけを補欠分子族と呼んでいる. しかし本来, 酵素に限らずタンパク質固有の機能を発現するのに必須の非タンパク

表3.2 酵素の触媒としての特色(無機触媒との比較)

	比較要件	触媒 酵素	無機触媒
1	触媒能	高(たとえば$10^6 \sim 10^{12}$倍)	低(反応速度：1)
2	基質特異性	高	低
3	(構造特異性)	(高)	(低)
4	(立体特異性)	(高)	(無)
5	反応特異性	高	低
6	基質濃度	低〜高	高
7	温度	低(たとえば室温)	高
8	pH	6〜8(中性付近)	酸性, (中性), 塩基性
9	圧力	常圧	常圧, 高圧
10	溶媒	水	有機溶媒, (水)
11	阻害剤	影響大	影響小
12	安定性	低	高
13	価格	高	低

酵素の短所：12, 13, 場合によっては短所・制約になりうる：2, 8, 10, 11.
その他は酵素の長所. これらはだいたいの比較であり, 例外も多く存在する.

質部分を補因子(補欠分子族, 補欠分子団)と総称するのが妥当といえよう. 酵素科学においては補酵素は補因子と同じ意味に使われることが多い. 代表的補酵素を表3.3に示す.

補酵素(coenzyme)は「アポ酵素に結合して酵素の触媒機能発現に不可欠な有機態低分子性の非タンパク質部分」と定義されている. また,「アポ酵素との結合は弱く, 可逆的である」と説明されていることもあるが, 必ずしも可逆的であることは要件でない. たとえばS-アデノシル-L-ホモシステインヒドロラーゼ(EC 3.3.1.1)において, NAD$^+$はアポ酵素と不可逆的に共有結合しているが, 酵素分子内で酸化還元共役反応に関与している. 本来, coenzyme の co- (b, m, p の前では com -)は with, together を意味する接頭辞であり,「アポ酵素と一緒に」酵素作用を起こすものを意味する.

したがって, 補酵素はアポ酵素の補助的な存在ではなく, 実際に両者は結合して**ホロ酵素**(holoenzyme, アポ酵素と補酵素の結合した活性型複合体)を形成し, それぞれ独自の役割を果たして酵素反応を進行させる. アポ酵素はタンパク質としての三次元構造に基づいて, 活性中心に結合しうる基質分子を規制し, 酵素－基質複合体を形成する. つまり, 基質特異性はおもにアポ酵素によって決定される. この酵素－基質複合体において基質部分の反応の方向, つまり反応特異性を規制するのは補酵素である. このように, アポ酵素と補酵素は対等にそれぞれの機能を果たしている. 両者の作用の複合によって, 補酵素依存性酵素は単純タンパク質の酵素より複雑・高度な反応を触媒しうる.

補酵素の一般的役割は, 上述したように反応特異性の決定であるが, 例外も存在する. **ピリドキサールリン酸**(pyridoxal 5′-phosphate, PLP)を補酵素とする**ピリドキサール酵素**(pyridoxal enzyme, PLP酵素, ビタミンB_6酵素)は, 主

表3.3 代表的な補酵素

名称と構造	関連ビタミン	代表的関連酵素反応
ニコチンアミドアデニンジヌクレオチド (NAD⁺) ニコチンアミドアデニンジヌクレオチドリン酸(NADP⁺)	ナイアシン	可逆的脱水素
フラビンモノヌクレオチド(FMN) フラビンアデニンジヌクレオチド(FAD)	B_2 (リボフラビン)	酸化還元
チアミンピロリン酸(TPP)	B_1 (チアミン)	酸化的脱炭酸, 非酸化的脱炭酸, ケトール転移, カルボリガーゼ反応
ピリドキサールリン酸(PLP)	B_6 (ピリドキシン)	アミノ酸のアミノ基転移, ラセミ化, 脱炭酸, α,β-脱離, α,γ-脱離, β-置換, 加水分解, γ-置換
ビオチンカルボキシルキャリヤータンパク質	ビオチン	カルボキシル基転移, 炭酸固定

表3.3 代表的な補酵素(つづき)

名称と構造	関連ビタミン	代表的関連酵素反応
テトラヒドロ葉酸（H₄F）	葉酸	セリン-グリシン変換，プリン塩基の代謝，ヒスチジン代謝，メチオニン合成
ピロロキノリンキノン（PQQ）	なし	アルコール，グルコースの脱水素
補酵素A（CoA－SH）	パントテン酸	アシル基転移
補酵素B₁₂ L=CH₃：メチルコバラミン L=OH：ヒドロキソコバラミン 　　（H₂O：アクアコバラミン） L=CN：シアノコバラミン（ビタミンB₁₂）	B₁₂	アデノシルコバラミン：異性化（炭素骨格の組換え，アミノ基転移），脱離反応，還元反応 メチルコバラミン：メチル基転移

としてアミノ酸を基質としていろいろな反応を触媒して，アミノ酸代謝において中心的役割を果たしている．このピリドキサール酵素において，補酵素のピリドキサールリン酸は例外なく活性中心に存在するリシン残基のε-アミノ基と反応して**アルジミン型シッフ塩基**(aldimine Schiff base，アゾメチン)を形成している．これがホロ酵素の実態であり，このシッフ塩基はとくに**酵素内シッフ塩基**(internal Schiff base，内部シッフ塩基)と呼ばれる．

生理的条件下でこのイミン-Nはプロトン化されている，つまりそのアルデヒド炭素は活性化されている．これに基質アミノ酸のアミノ基が反応すると，**アルジミン転移**(transaldimination，シッフ塩基転移)が起こって**酵素外シッフ塩基**(external Schiff base，外部シッフ塩基)と呼ばれる補酵素-基質間シッフ塩基が生成する．本来，化学的反応性の低いアミノ酸が活性化される，つまりピリジン-Nとイミン-Nの両者がプロトン化されている影響で，基質部分のα炭素の電子密度が低下して反応性が大幅に増加するのである(図3.2)．

アルジミンとケチミン

カルボニル化合物と第一級アミンは脱水縮合してシッフ塩基を形成する(下式)．このカルボニル化合物がアルデヒド(R_1がH)である場合はアルデヒドのイミンの意でアルジミンシッフ塩基，ケトンの場合にはケトイミンの意でケチミンシッフ塩基と呼ぶ．

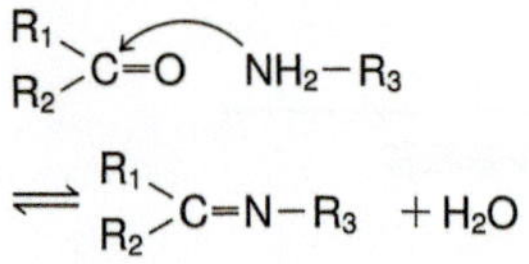

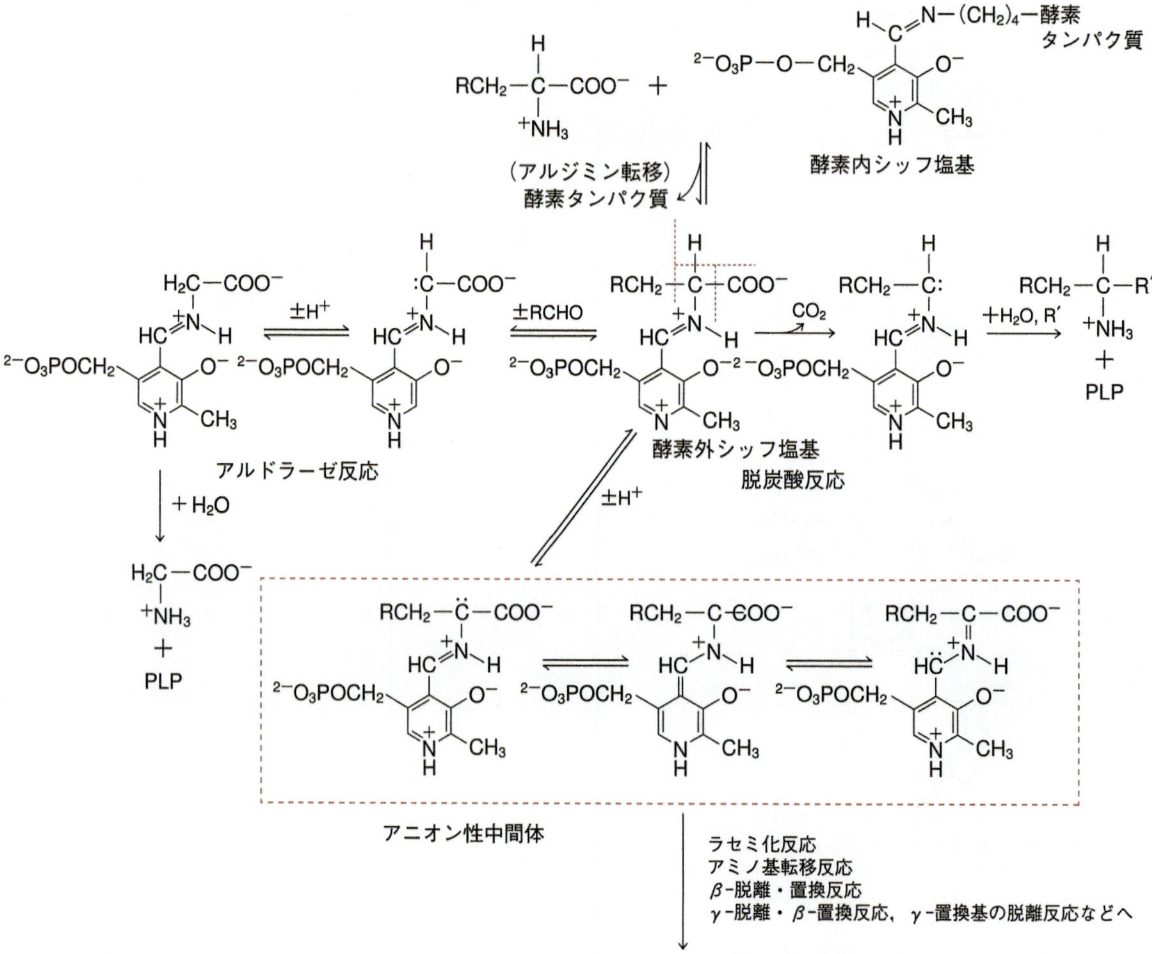

$$\begin{array}{c} R_1 \\ R_2 \end{array}\!\!C\!=\!O \quad NH_2\!-\!R_3$$

$$\rightleftharpoons \begin{array}{c} R_1 \\ R_2 \end{array}\!\!C\!=\!N\!-\!R_3 \;+\; H_2O$$

図3.2 ピリドキサールリン酸酵素の基本的な反応機構

反応性の増した基質アミノ酸の反応の方向を決定するのは酵素タンパク質の活性中心のアミノ酸残基である．ピリドキサール酵素にあっては，このように例外的に基質特異性と反応特異性の両者をアポ酵素が規制し，補酵素は基質の活性化のみに役立っている．したがって，一般的には1種類の補酵素は1種類の反応（たとえばNAD$^+$は脱水素）にだけ関与するのに，PLPはアミノ酸のアミノ基転移，ラセミ化，脱炭酸，脱離，置換など多種多様な酵素反応に関与しうるのである．

　さて，アポ酵素はそれ自体は反応性に富んではいない．一方，補酵素は一般に高い化学的反応性を示す．高い反応性をもつ化合物だからこそ，化学進化の過程で補酵素になったともいえよう．上に述べたPLPはピリジン環をもった共役二重結合の構造からわかるように，きわめて反応性の高いアルデヒド化合物である．また，NAD(P)Hはそれ自体が効率のよい還元剤であり，それらのいろいろな誘導体が化学的還元の目的で合成されている．

　1979年にDuineやSalisburyらによって発見された新しい補酵素ピロロキノリンキノン(pyrrolo-quinoline quinone：PQQ)は，酢酸菌など各種細菌のおもに膜結合性のメタノールデヒドロゲナーゼやポリビニルアルコールデヒドロゲナーゼなどの補酵素であるとともに，化学的にはアスコルビン酸，NAD(P)H，グルタチオンなどと反応して二電子還元を受けてPQQH$_2$になる．このPQQH$_2$はCoQを還元したり，O$_2$と反応してH$_2$O$_2$やO$_2^-$を生成する．このような高い化学的反応性は補酵素に共通した性質であり，補酵素は生体内で補酵素として働く以外にもいろいろな生理作用を起こす強力なバイオファクターである．

　そのような補酵素のバイオファクターとしての新しい局面を分子レベルで示した最初の例が，NADを基質の一つとして真核細胞の核，とくにクロマチンに存在する**ポリADP-リボースシンテターゼ**(poly ADP-ribose synthetase)によって触媒されるタンパク質のポリADP-リボシル化反応である〔図3.3(A)〕．

　ポリADP-リボシル化される基質タンパク質(ヒストン，RNAポリメラーゼ，ポリADP-リボースシンテターゼ自身など)の種類や反応条件によって生成する鎖長はさまざまである．ポリADP-リボースシンテターゼ活性はDNAが損傷を受けると10～100倍に増加し，この活性化による自己のポリADPリボシル化がDNAの除去・修復や合成などに関与している．また同じくNADがADP-リボース供与体となってジフテリア毒素の示すADP-リボシルトランスフェラーゼ作用により，ヒトのタンパク質合成系のペプチド延長因子EF-2がモノADP-リボシル化されてタンパク質合成が阻害される〔図3.3(B)〕．

　一方，ジフテリア毒素を生産するジフテリア菌(*Corynebacterium diphtheriae*)のペプチド延長因子はこのADP-リボシルトランスフェラーゼの基質にならないので，ヒトのタンパク質合成だけが特異的に阻害されて，毒性が発揮される．

　最近，金属イオンと強いキレート作用を示し，またPLPと反応してチアゾリ

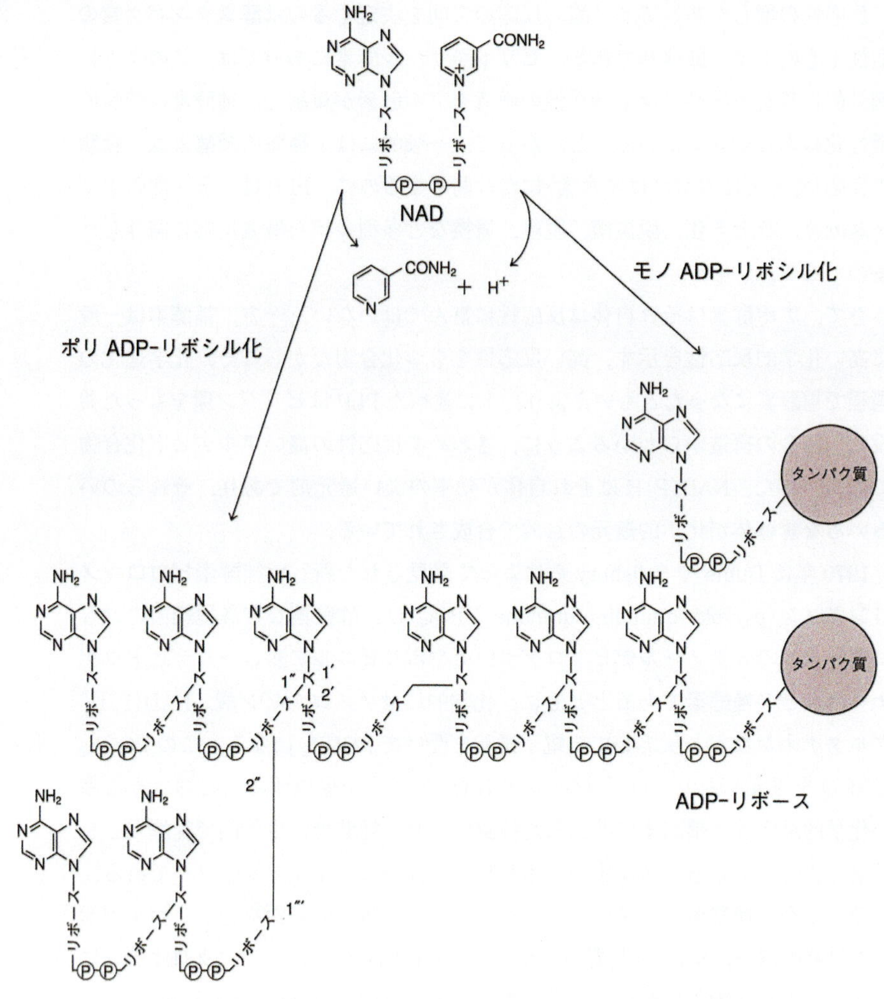

図 3.3(A) NAD によるタンパク質の ADP-リボシル化反応
Ⓟ：リン酸
日本ビタミン学会編，「ビタミン学[Ⅱ]」，東京化学同人(1980)を一部改変．

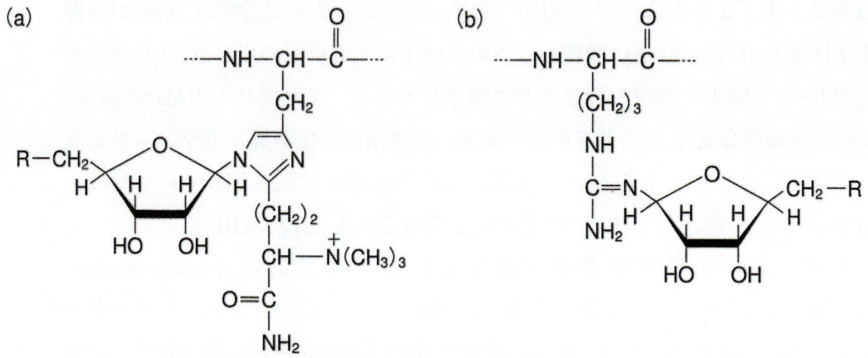

図 3.3(B) 細菌性毒素によるタンパク質の ADP-リボシル化
(a) ジフテリア毒素，*Pseudomonas*(緑膿菌)外毒素，
(b) コレラ毒素，*E. coli* 易熱性エンテロトキシン．

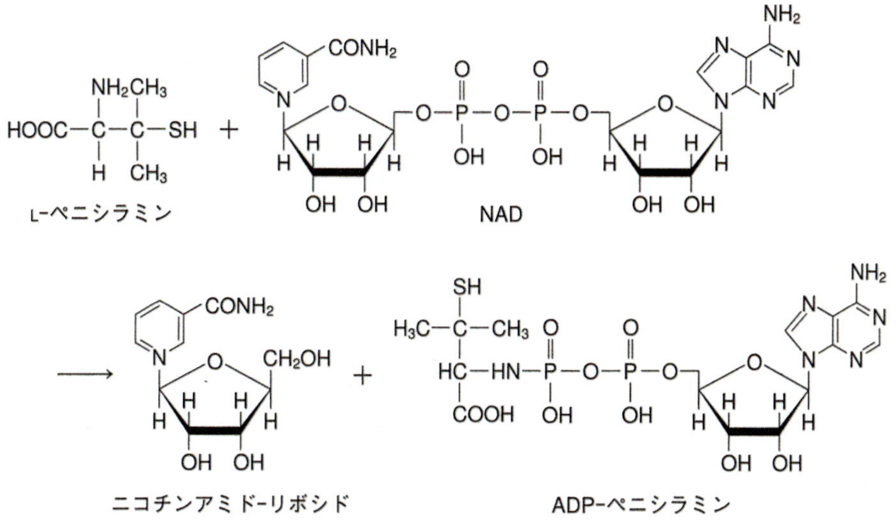

図 3.4 L-ペニシラミン：NAD ADP-トランスフェラーゼ反応

シンを形成することによって種々のピリドキサール酵素を阻害する L-ペニシラミンの微生物による解毒作用に，NAD が関与することが見いだされた．さらにこの解毒反応を触媒する新しい酵素，L-ペニシラミン：NAD ADP-トランスフェラーゼが発見され，その性質も明らかにされている（図3.4）．また，NAD から ADP-リシルシクラーゼの作用で生成したサイクリック ADP-リボースの二次メッセンジャーとしての役割などが明らかにされている．PLP もピリドキサール酵素の補酵素としての役割以外にも重要な機能（たとえば遺伝子発現制御やカテプシン阻害）をもつことが報告されている．

3.5 ペプチド・ビルトイン型補酵素

上述したように 1979 年，補酵素としてまったく新しいキノン化合物である PQQ（表3.3）が発見された．これは NAD(P) や FAD，FMN につぐ第三の生体酸化還元に関与する補酵素であり，総合的な研究が展開された．その流れのなかで，長い間，構造が同定されず，PLP，フラビン，プテリン，そして PQQ と諸説が出ていた哺乳類血清中の銅イオン依存性アミンオキシダーゼの補酵素として，トパキノン(2,4,5-トリヒドロキシフェニルアラニンキノン，図3.5)が同定された．さらに，メタノール資化性細菌のメチルアミンデヒドロゲナーゼの補酵素がトリプトファン・トリプトフィルキノン(TTQ)，そして哺乳類のプロテインリシンオキシダーゼの補酵素がリシルチロシルキノン(LTQ)と同定された．

これらはいずれも新規補酵素としてだけでなく，酵素タンパク質そのもののアミノ酸残基に由来しており，タンパク質合成後に修飾を受けて生成したペプチド内在性（あるいはペプチド・ビルトイン型）の補酵素である点からも，従来の補酵素とは大きく異なっている．従来の補酵素は，アポ酵素と共有結合をし

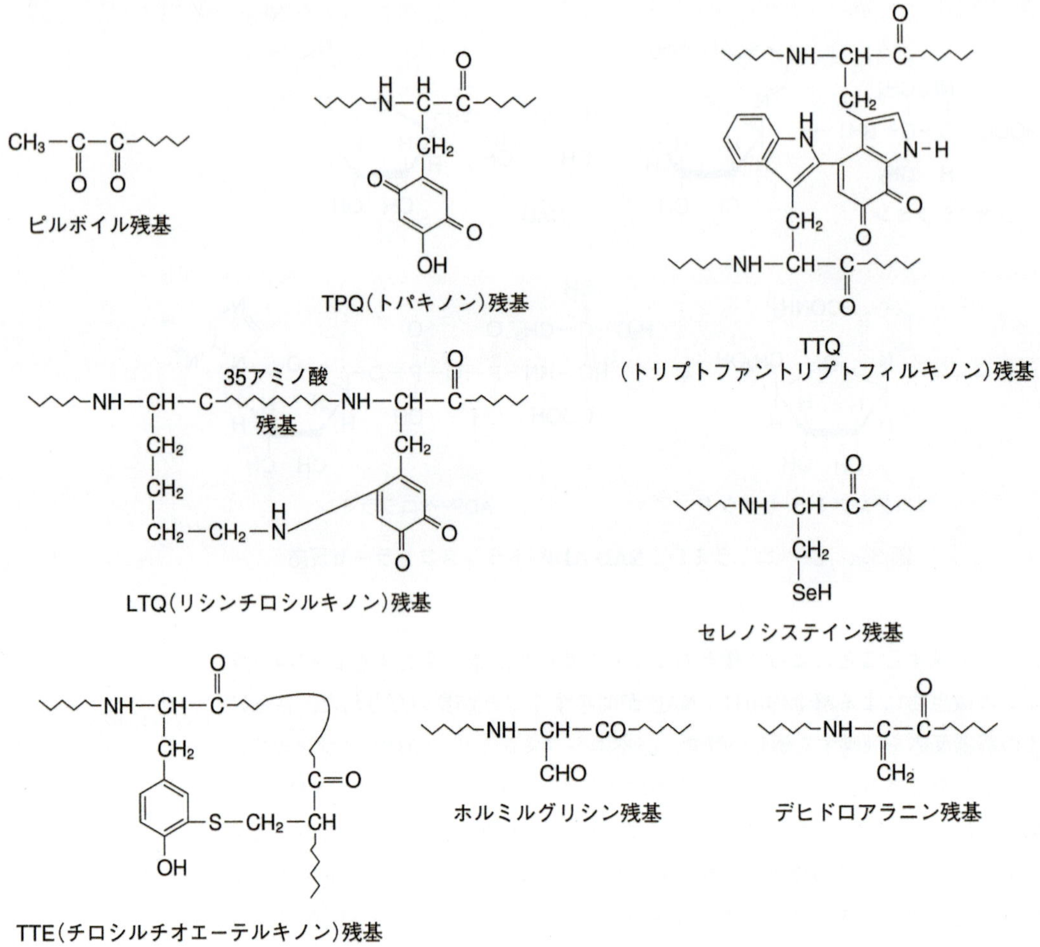

図3.5 ペプチド・ビルトイン型補酵素

ているものを含めてタンパク質以外の異質の化合物(多くはB群ビタミン)から由来している．ビルトイン型の補酵素は，酵素のペプチド鎖の特定のアミノ酸残基が自己触媒作用でキノン性の活性部位に変換されたと思われる．*Arthrobacter globiformis* の銅イオン依存性フェニルエチルアミンオキシダーゼ遺伝子をクローン化した大腸菌が，大量の不活性型のこの酵素タンパク質を生産することが見いだされ，精製した不活性型酵素標品に銅イオンと酸素を加えると，自己触媒的に活性中心のチロシン残基がトパキノン残基に変わって活性が生じることも証明されている．

このようなペプチド・ビルトイン型補酵素は歴史的に見ると，1970年代初頭に Snell らによって報告された *Lactobacillus* 30a のヒスチジンデカルボキシラーゼの活性中心ピルボイル(ピルビン酸)残基が最初である．現在，図3.5に示すように，いろいろなペプチド・ビルトイン型補酵素の存在が知られている．これらは3.4節の冒頭に述べた補酵素の定義には十分には合致しない点もあるが，

広義に「酵素の触媒機能発現に不可欠な有機態非タンパク質部分」と定義すれば補酵素のカテゴリーに入る．

3.6 補欠金属

補酵素と同様に，酵素タンパク質に補欠分子族として結合するいろいろな金属イオンが知られている．酵素の約 30 % が触媒能発現に金属イオンを必要とする．生体の有機化合物の骨格を構成している元素は，C，O，H，N の主要 4 元素であり，生体内にはこれについで Ca，P，S などの生理的に重要な元素が多く存在する．そのほかに，いわゆる生体微量元素が，各種の生物においてそれぞれ不可欠な作用を示している．それらの生体元素は全部で 26 ～ 29 種といわれている（**2.6.2** 参照）．

生体元素のうち，とくに微量元素のほとんどは金属元素であり，これらは酵素の補欠金属として触媒作用において必須の役割を果たしている．微量元素よりは高い濃度で存在している Ca^{2+} や Mg^{2+} を含め，これらの補欠金属は酵素タンパク質と結合して，単純タンパク質だけの酵素よりは複雑な反応を触媒するだけでなく，生体膜や情報伝達などにも重要な役割を果たしている．一般に，これらの補欠金属の酵素に対する作用には適当な濃度域が存在し，その濃度域以上の濃度になると阻害作用を示す（**2.6.2** 参照）．このような補欠金属の濃度依存的な酵素活性への影響は，生物に対する微量元素の濃度の影響と似ている．これらの酵素や生物全体への影響はそれらを含む化合物の化学構造によって異なるので，単に元素や金属イオンとしてとらえるよりは個々の化学種の影響として理解すべきであろう．

酵素の補欠金属の多くは一般に遷移金属であり，酵素タンパク質の N，O，S などを含む重要な官能基と安定な錯体をつくりやすく，酵素の触媒としての反応性を増すとともに，触媒作用においてそれぞれ独自の機能を発揮する．代表的な補欠金属とそれらを含む酵素（金属酵素）を表 3.4 に示す．近年，研究の進展著しい**スーパーオキシドジスムターゼ**（**3.1.2** 参照）はその活性中心に結合する金属イオンの種類によって，Cu, Zn−SOD，Mn−SOD，Fe−SOD の 3 群に分類されている．浅田の説によれば，大気の酸素濃度が現在の 1/10,000 程度の時代，すなわち生命誕生から間もないころに出現した嫌気性細菌などは Fe-SOD を生産し，光合成菌による酸素濃度の増加に伴う進化の過程で現れた好気性細菌や *Cyanobacter*（ラン藻）などは Fe−SOD から派生した Mn−SOD を生産するようになった．さらに酸素濃度の上昇した時代に出現した動物や高等植物では Cu, Zn−SOD が生産され，それぞれの時代の O_2 濃度に対応して活性酸素毒性から生体を保護している．

補酵素と補欠金属の双方を要求する酵素も少なくない．たとえばビタミン B_{12} 補酵素のアデノシルコバラミン（アデノシル B_{12}）やメチルコバラミン（メチル B_{12}）はその分子自体が Co を含んでいる．アルコールデヒドロゲナーゼ（EC

表3.4 金属酵素

含有金属	代表的酵素(EC番号)	備考
鉄 (Fe)	シトクロム c オキシダーゼ(1.9.3.1) カタラーゼ(1.11.1.6) キサンチンオキシダーゼ(1.2.3.2) ニトロゲナーゼ(1.19.2.1) アコニット酸ヒドラターゼ(4.2.1.3)	いずれも酸化還元に関与．ヘム鉄含有(O_2, H_2O_2と作用，および電子伝達)と非ヘム鉄含有の2グループがある．
銅 (Cu)	ラッカーゼ(1.10.3.2) アスコルビン酸オキシダーゼ(1.10.3.3) モノフェノールモノオキシゲナーゼ(1.14.18.1) スーパーオキシドジスムターゼ(Cu, Zn)(1.15.1.1)	すべて酸化還元に関与．Cuとともに Fe やフラビンを含有するものもある．緑色または青色を呈するものが多い．
亜鉛 (Zn)	アルコールデヒドロゲナーゼ(1.1.1.1) スーパーオキシドジスムターゼ(Cu, Zn)(1.15.1.1) カルボニックアンヒドラーゼ(4.2.1.1)	酵素結合型 Zn は Mn^{2+}, Co^{2+}と置換可能．Cu^{2+}, Ca^{2+}は Zn と競合阻害する．
カルシウム (Ca)	ホスホリパーゼ A_2 (3.1.1.4) α-アミラーゼ(3.2.1.1) カルパイン(3.4.22.17) Ca^{2+}-アデノシントリホスファターゼ(3.6.1.3)	酵素以外の種々のタンパク質にも結合して機能制御などにも関与．
マンガン (Mn)	スーパーオキシドジスムターゼ(Mn)(1.15.1.1) N-アセチルラクトサミンシンターゼ(2.4.1.90)	一般に Mn^{2+} と Mg^{2+}は互換性がある．
マグネシウム (Mg)	ヘキソキナーゼ(2.7.1.1) グルタミンシンターゼ(6.3.1.2)	Mn^{2+}と互換性があり，活性調節にも関与．
モリブデン (Mo)	キサンチンオキシダーゼ(1.1.3.22) アルデヒドオキシダーゼ(1.2.3.1) ニトロゲナーゼ(1.18.6.1)	非ヘム鉄，硫黄，FAD などと共存する．
ニッケル (Ni)	ウレアーゼ(3.5.1.5)	Ag^{2+}, Cu^{2+}, Na^+などで阻害される．
コバルト (Co)	プロパンジオールデヒドラターゼ(4.2.1.28) メチルアスパラギン酸ムターゼ(5.4.99.1)	B_{12}補酵素を含むいろいろな酵素にすべて存在する．

1.1.1.1)は，補酵素 NAD のほかに，サブユニットあたり1原子の必須の Zn と活性に直接に関与しない1原子の Zn を含んでいる．たとえば酵母のアルコールデヒドロゲナーゼの4個のサブユニットは，各1個の NAD^+ と Zn^{2+}を結合している．Zn^{2+}は図3.6に示すように，逆反応において基質であるアセトアルデヒドのカルボニル基を分極し，遷移状態において生成する負電荷を安定化する役割をもっている．また，この水素転移は re 面立体特異的(プロ R 立体特異

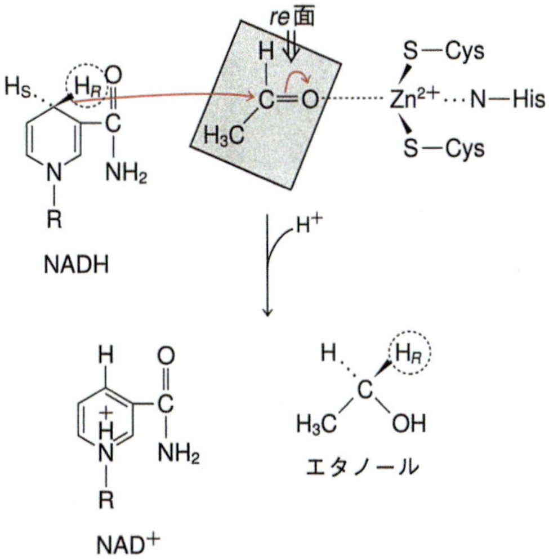

図3.6 アルコールデヒドロゲナーゼ反応
Zn^{2+}の関与とNADHのpro-RH(H_R)の基質アセトアルデヒドのre面への立体特異的ヒドリド転移

的,A型特異的)である.一方,グルタミン酸デヒドロゲナーゼ(EC 1.4.1.2)やロイシンデヒドロゲナーゼ(EC 1.4.1.9)などはse面立体特異的な水素転移を示す.

ペプチドのC末端から各残基を一つずつ加水分解するカルボキシペプチダーゼ群のなかで,膵臓由来のカルボキシペプチダーゼAは芳香族アミノ酸を中心とする中性アミノ酸残基のC末端側で,またカルボキシペプチダーゼBはリシン残基とアルギニン残基のC末端側で加水分解を起こしてペプチドを切断する.カルボキシペプチダーゼAとBはともにモルあたり1原子のZn^{2+}を必須金属として含み,基質特異性決定部位以外の活性中心構造は類似している.酵素-基質複合体においてZn^{2+}は,酵素タンパク質部分の活性中心の三つのアミノ酸残基,基質ペプチドの加水分解を受けるペプチド結合のカルボニル酸素,お

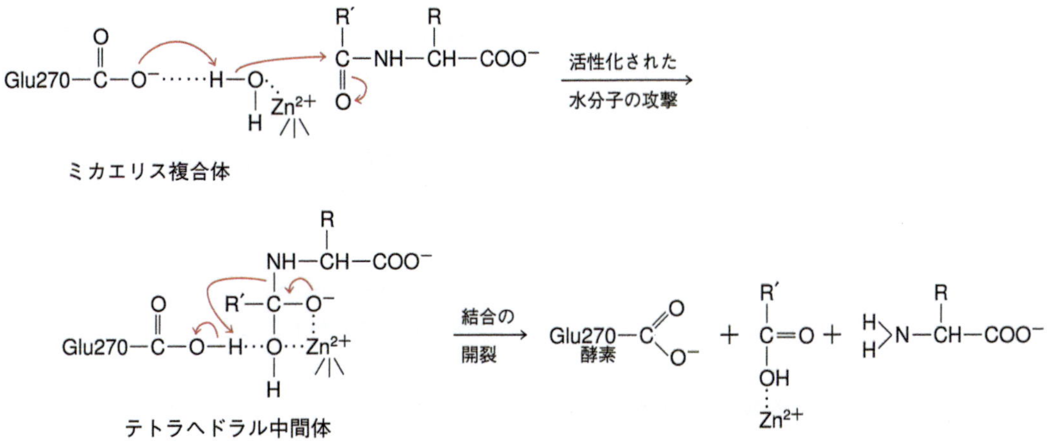

図3.7 カルボキシペプチダーゼAの触媒機構

よび水分子と配位している(図3.7). Glu270は塩基触媒として水分子と基質のカルボニル炭素との反応, つまりカルボニルの分極を加速し, 直接加水分解が起こる.

プロテアーゼには, セリンプロテアーゼ, システインプロテアーゼ, およびアスパラギン酸プロテアーゼの3グループのほかに, 活性中心に金属イオンを含む金属(メタロ)プロテアーゼの一群がある. 上述のカルボキシペプチダーゼAやサーモリシンなど大部分の金属プロテアーゼはZn^{2+}を含むが, Co^{2+}やMn^{2+}を含む酵素も存在する.

3.7 酵素阻害剤

特定の酵素または酵素群の触媒速度を特異的に低下させる物質を**阻害剤**(inhibitor)と呼ぶ. 非特異的なタンパク質変性によって酵素活性を減少させる酸, 塩基や有機溶媒などは, 阻害剤とは区別する. 不可逆的な阻害を引き起こす阻害剤を**不活性化剤**(inactivator)と呼ぶことがあるが, 明確な区別はない. 比較的特異性の低い阻害剤としては, 活性中心に触媒作用上必須なシステイン残基をもつSH酵素を阻害する重金属イオン(Hg^{2+}, Ag^+など), SH試薬[5,5′-ジチオビス(2-ニトロ安息香酸)(DTNB), とくにN-エチルマレイミド(NEM), ヨードアセトアミドなどのアルキル化剤]や酸化剤(テトラニトロメタンなど)がある. また, 全酵素の30％近くを占める金属酵素の阻害剤であるシアン塩(KCNなど), 一酸化炭素や各種の金属キレート剤(EDTAなど)も同様に特異性の低い阻害剤である.

一方, 酵素作用を受けないが, 構造的に基質に似ている化合物は酵素の活性中心に結合でき, 基質の結合を妨げて触媒反応速度を低下させる. たとえばコハク酸デヒドロゲナーゼ反応において, 基質のコハク酸($HOOC-CH_2-CH_2-COOH$)に分子の構造やイオン的性質の似ているマロン酸($HOOC-CH_2-COOH$)は特異的で可逆的な阻害作用を示す. このような阻害剤を**競合阻害剤**(競争阻害剤, 拮抗阻害剤, competitive inhibitor)と呼ぶ. 競合阻害は基質と阻害剤との活性中心への結合の競合によって起こるので, 基質濃度を高くすれば阻害度は低くなるが, 特異性は高い. **非競合阻害剤**(noncompetitive inhibitor)は基質分子と構造的に類似しておらず, 酵素の活性中心とは別の部位に結合することによって阻害を起こす. この阻害は基質濃度とは関係がなく, 重金属イオンなどによる阻害は一般に非競合的である.

最も特異性が高く不可逆的な不活性化が起こる阻害剤は**酵素自殺基質**(enzyme suicide substrate)であり, 反応機構の研究にも利用される.

3.8 酵素反応速度論

酵素反応の速度はいろいろな条件によって影響を受けるので, 逆にこれらの条件と反応速度の相関関係を調べることによって酵素の触媒としての特性や反

応機構を研究するのが**酵素反応速度論**(酵素反応動力学, enzyme kinetics)である．酵素反応速度に影響を与える代表的条件としては，基質濃度[S]，酵素濃度[E]，阻害剤濃度[I]，活性化剤濃度[A]，pH，温度，圧力，溶媒などがある．

3.8.1 ミカエリス・メンテンの式

酵素反応速度論の基礎を築いた Michaelis と Menten は，酵素反応は酵素(E)と基質(S)の複合体を経由して生成物(P)を生成すると考えた．

$$\mathrm{E + S} \underset{k_2}{\overset{k_1}{\rightleftharpoons}} \mathrm{ES} \xrightarrow{k_{\mathrm{cat}}} \mathrm{E + P} \tag{3.12}$$

ここで k は速度定数である．第二段階(ES → E+P)は不可逆で，[S]≫[E](マルチターンオーバー条件ともいう)と仮定する．ES の生成速度 v_1 はそのときの遊離の酵素と遊離の基質の積で表されるから，

$$v_1 = k_1([\mathrm{E}] - [\mathrm{ES}])([\mathrm{S}] - [\mathrm{ES}]) \tag{3.13}$$

[S]≫[ES]であるから[S]−[ES]≒[S]とみなしうるので，式(3.13)は

$$v_1 = k_1([\mathrm{E}] - [\mathrm{ES}])[\mathrm{S}] \tag{3.14}$$

式(3.12)の第二段階の速度，すなわち ES の減少する速度 v_2 は，左の E + S に戻る速度と右の E + P に変化する速度によって決まるので，

$$v_2 = k_2[\mathrm{ES}] + k_{\mathrm{cat}}[\mathrm{ES}] \tag{3.15}$$

コラム

日本で教鞭をとったミカエリス

ミカエリス・メンテンの式で名高いミカエリス(Leonor Michaelis)の名を知らない人はいないであろう．ミカエリスは1875年(明治8年)，ベルリンに生まれ，ベルリン大学に学んで動物学を修め，解剖学者 O. Hertwig のもとで両生類の受精，卵割などを研究し，さらに P. Eherlich(1854～1915, R. Koch 門下の細菌学者，1908年ノーベル生理学医学賞受賞)の助手として免疫学，細菌学の研究に従事した．しだいに酵素化学，タンパク質の物理化学などの分野に転じ，酵素と基質の反応，とくに速度論を研究して1913年，M. L. Menten とともにミカエリス・メンテンの式を提唱して酵素反応速度論の基礎を築いた．1922年(大正11年)，ファッショ化しはじめたドイツを去って来日し，新設の愛知医学専門学校(愛知医科大学を経て現・名古屋大学医学部)の生化学教授を勤めた．1926年，渡米しジョンズ・ホプキンス大学講師となり，1929～1940年，ロックフェラー研究所にてビタミン E などの研究に従事した．

愛知医学専門学校が世界的に高名であったミカエリスを教授として迎えた英断は明治初期のお抱え外国人学者の時代はいざ知らず，その進歩性は特筆されるべきであろう．しかし一面，当時の他大学の研究者たちとの交流や日本の生化学への直接的な影響はあまり大きくなかったように思われる．いずれの側に原因があったのか知らないが残念であり，考えさせられる問題である．

反応の定常状態は ES の生成速度 v_1 と減少速度 v_2 が等しいことを意味するので，

$$k_1([E]-[ES])[S] = k_2[ES] + k_{cat}[ES] \tag{3.16}$$

これを変形すると式(3.17)および(3.18)となる．

$$\frac{([E]-[ES])[S]}{[ES]} = \frac{k_2 + k_{cat}}{k_1} = K_m \tag{3.17}$$

$$[ES] = \frac{[E][S]}{K_m + [S]} \tag{3.18}$$

式(3.17)の K_m をミカエリス定数(Michaelis constant)と呼ぶ．

基質濃度の増加によって酵素反応速度 V，すなわち P の生成速度は増加する．$[S] \gg [E]$であるので実際上は$[E] = [ES]$．つまり，酵素が基質で飽和されていれば反応速度は最大値(V_{max})となる．すなわち，

$$V_{max} = k_{cat}[E] \tag{3.19}$$

一般の反応速度 V は

$$V = k_{cat}[ES] \tag{3.20}$$

であるから，式(3.19)と式(3.20)から

$$\frac{V}{V_{max}} = \frac{[ES]}{[E]} \tag{3.21}$$

式(3.18)と(3.21)から式(3.22)と(3.23)が導かれる．

$$V = \frac{V_{max}[S]}{K_m + [S]} \tag{3.22}$$

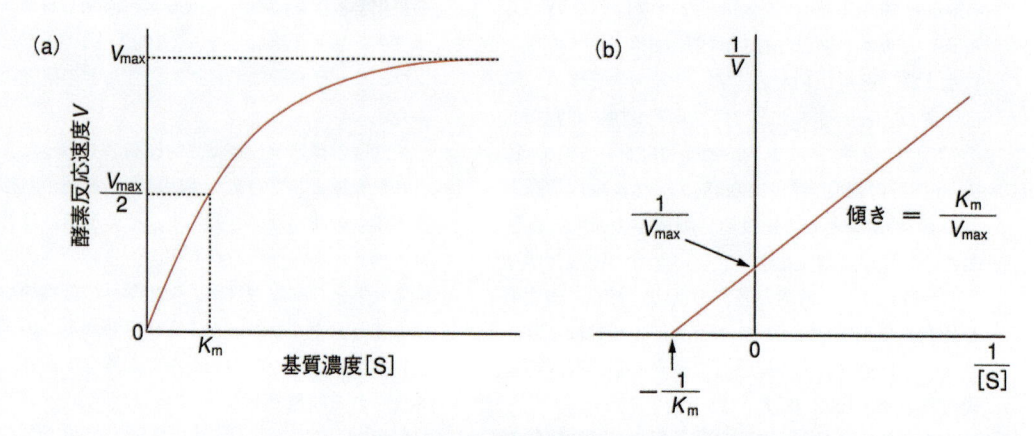

図 3.8 基質濃度と酵素反応速度および K_m の関係(a)とラインウィーバー・バークプロット(b)

$$K_{\mathrm{m}} = [\mathrm{S}]\left(\frac{V_{\max}}{V} - 1\right) \tag{3.23}$$

式(3.22)をミカエリス・メンテンの式(Michaelis-Menten equation)と呼ぶ．式(3.23)において$V=V_{\max}/2$のとき$K_{\mathrm{m}}=[\mathrm{S}]$となる．最大反応速度値の1/2を与える基質濃度が$K_{\mathrm{m}}$値を示す．図3.8(a)は一般的な酵素反応の速度$V$と基質濃度[S]および$K_{\mathrm{m}}$値の関係を示している．

3.8.2　ラインウィーバー・バークの式

図3.8(a)でK_{m}値および$V_{\max}$値を算定すると，必然的に誤差が大きくなる．ミカエリス・メンテンの式〔式(3.22)〕の逆数をとると，

$$\frac{1}{V} = \frac{1}{V_{\max}} + \frac{K_{\mathrm{m}}}{V_{\max}} \cdot \frac{1}{[\mathrm{S}]} \tag{3.24}$$

となり，これをラインウィーバー・バークの式(Lineweaver-Burk equation)と呼ぶ．図3.8(b)に示すように，$1/V$と$1/[\mathrm{S}]$は直線関係となり，縦軸との交点は$1/V_{\max}$，横軸との交点は$-1/K_{\mathrm{m}}$，傾きは$K_{\mathrm{m}}/V_{\max}$となる．これからK_{m}，$V_{\max}$を求めることができ，この両逆数プロットをラインウィーバー・バークプロットと呼ぶ．

$$\frac{1}{V} = \frac{K_{\mathrm{m}}}{V_{\max}} \cdot \frac{1}{[\mathrm{S}]} + \frac{1}{V_{\max}} \tag{3.25}$$

式(3.25)に基づく$[\mathrm{S}]/V$と$[\mathrm{S}]$のプロットをヘーンズ・ウルフプロットと呼ぶ〔図3.9(a)〕．

$$\frac{[\mathrm{S}]}{V} = \frac{1}{V} \cdot [\mathrm{S}] + \frac{K_{\mathrm{m}}}{V} \tag{3.26}$$

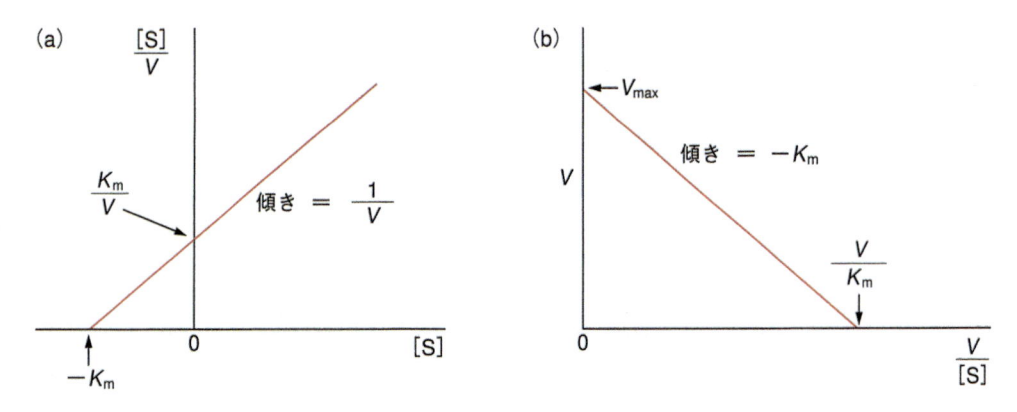

図3.9　基質濃度[S]と初速度(V)に関する他の様式のプロット
(a)ヘーンズ・ウルフプロット，(b)イーディー・ホフステープロット

式(3.26)に基づくVと$V/[S]$のプロットはイーディー・ホフステープロットと呼ばれる〔図3.9(b)〕.

直線の最小二乗法を用いる場合，値の大きいものに荷重がかかるのでヘーンズ・ウルフプロットが最も正確に値を算定でき，ラインウィーバー・バークプロットは最も多く利用されているが，誤差を生じやすい．イーディー・ホフステープロットは作図をするのに便利で，誤差も比較的少ない．しかし，酵素活性測定上の誤差などを考慮に入れると，実際上，これらの方法のいずれを用いても大きな差にはならない．また，K_m値，V_{max}値は測定条件(反応温度，pH，緩衝液の種類と濃度など)によって当然影響を受けるので，各酵素に絶対的な値ではない．

3.8.3 酵素阻害

3.7節に述べたいろいろな阻害剤は，さまざまな様式で酵素反応速度を低下させる．阻害の代表的様式の反応速度論的な面について述べる．

(1) 競合阻害(competitive inhibition)

基質(S)と阻害剤(I)が活性中心への結合にあたって競合関係にある場合は，図3.10(a)に示すようにV_{max}は影響されないが，K_m値が大きくなる．競合阻害反応は，

$$E + S \xrightleftharpoons[k_2]{k_1} ES \xrightarrow{k_{cat}} E + P \tag{3.12}$$

と同様に，

$$E + I \xrightleftharpoons[k_2]{k_1} EI \tag{3.27}$$

となり，ESに相当するEI複合体が生じるが，これはdead end(袋小路)複合体で不活性である．その解離定数は**阻害定数**(inhibition constant, inhibitor constant)と呼ばれ，K_iで表す．IはSと結合する酵素濃度を低下させる．

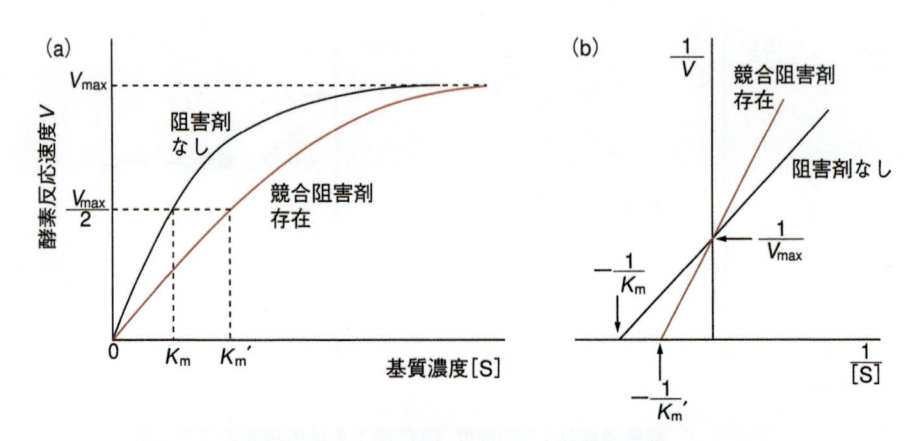

図3.10 競合阻害における基質濃度[S]と酵素反応速度(V)の関係

$$K_i = \frac{k_2}{k_1} = \frac{[\text{E}][\text{I}]}{[\text{EI}]} \tag{3.28}$$

競合阻害剤の存在下での酵素反応速度 V' は次式で求められる．

$$V = k_{\text{cat}}[\text{ES}] = \frac{V'[\text{S}]}{K_m' + [\text{S}]} \tag{3.29}$$

K_m' と $V_{\max}'$ は競合阻害剤の存在下での見かけのミカエリス定数と最大速度である．

$$K_m' = K_m(1 + \frac{[\text{I}]}{K_i}) \qquad V_{\max}' = V_{\max} \tag{3.30}$$

式(3.29)を変形すると式(3.31)のように競合阻害剤存在下でのラインウィーバー・バークの式が得られる〔式(3.31)〕．

$$\frac{1}{V} = \frac{1}{V_{\max}} + \frac{K_m'}{V_{\max}}(1 + \frac{[\text{I}]}{K_i}) \cdot \frac{1}{[\text{S}]} \tag{3.31}$$

$1/V$ と $1/[\text{S}]$ をプロットをすると，図3.10(b)のように直線の傾きは大きくなるが，縦軸の切片は阻害剤のない系での切片と同一であり，$V_{\max}$ は(a)にも示されているように変化はなく，ミカエリス定数だけが増大する．競合阻害における K_i は，2種類の基質濃度$[\text{S}_1]$と$[\text{S}_2]$において阻害実験を行い，それぞれの反応の初速度 V_i を測定し，$1/V_i$ と阻害剤濃度$[\text{I}]$をプロットしたディクソンプロット(図3.11)によって求められる．競合阻害では縦軸の左側で交差する直線群が得られる．

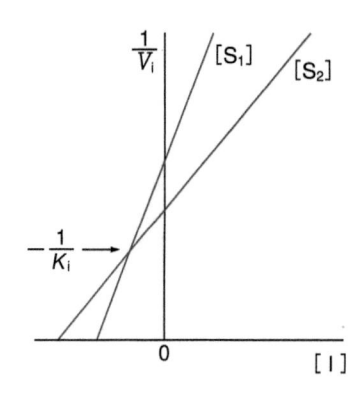

図3.11 競合阻害のディクソンプロット

(2) 非競合阻害

競争阻害とは異なって，基質と活性中心との結合とは関係なしに，基質結合部位とは別の部位に阻害剤が結合して阻害を起こす様式を**非競合阻害**(noncompetitive inhibition)と呼ぶ．式(3.32)のように阻害剤 I は E, ES のい

$$
\begin{array}{ccc}
\text{E} & \underset{(K_{\text{m}})}{\overset{\text{S}}{\rightleftarrows}} & [\text{ES}] \xrightarrow{(k_{\text{cat}})} \text{E} + \text{P} \\
\text{I} \updownarrow (K_{\text{m}}) & & \text{I} \updownarrow (K_{\text{i}}) \\
[\text{EI}] & \underset{(K_{\text{m}})}{\overset{\text{S}}{\rightleftarrows}} & [\text{ESI}]
\end{array} \tag{3.32}
$$

ずれとも結合できるが，三重複合体[ESI]からPは生じない．Iが基質結合部位とは異なる部位に結合すると酵素の活性中心付近の立体構造が変化して，基質が基質結合部位に結合してもそれ以上の反応は起こらない．非競合阻害においては，図3.12に示すように，阻害によってV_{max}は減少するが，K_{m}値は影響を受けない．非競合阻害では，

$$K_{\text{i}} = \frac{[\text{ES}][\text{I}]}{[\text{ESI}]} \tag{3.33}$$

とおくと，酵素反応速度Vは式(3.34)のようになる．

$$V = \frac{k_{\text{cat}}[\text{E}][\text{S}]}{(1 + \frac{[\text{I}]}{K_{\text{i}}})([\text{S}] + K_{\text{m}})} = \frac{V_{\text{max}}[\text{S}]}{(1 + \frac{[\text{I}]}{K_{\text{i}}})([\text{S}] + K_{\text{m}})} \tag{3.34}$$

両辺の逆数をとると

$$\frac{1}{V} = \frac{K_{\text{m}}}{V_{\text{max}}}(1 + \frac{[\text{I}]}{K_{\text{i}}}) \cdot \frac{1}{[\text{S}]} + \frac{1}{V_{\text{max}}}(1 + \frac{[\text{I}]}{K_{\text{i}}}) \tag{3.35}$$

$1/V = 0$とおくと，

$$\frac{1}{[\text{S}]} = \frac{1}{K_{\text{m}}} \tag{3.36}$$

図3.12 非競合阻害における基質濃度[S]と酵素反応速度(V')の関係
$K_{\text{m}} = K_{\text{m}}'$（阻害剤存在下でのミカエリス定数）
$V_{\text{max}}/2 = V_{\text{max}}'$（阻害剤存在下での最大反応速度）

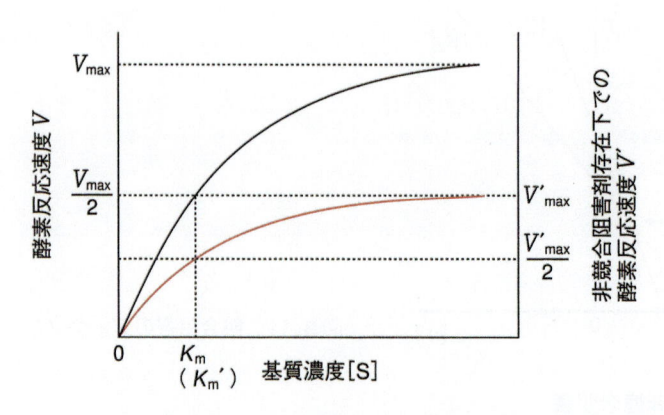

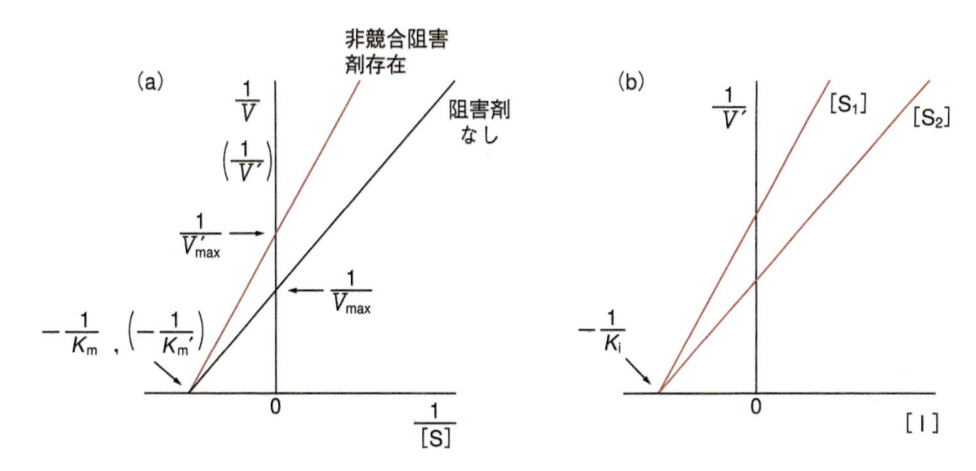

図3.13 非競争阻害剤存在下のラインウィーバー・バークプロット(a)とディクソンプロット(b)

となり，ラインウィーバー・バークプロットの横軸の切片と同じであり，図3.12のようにK_m値は変わらない．つまり，式(3.32)に示されるように，阻害剤の結合していない酵素Eにも，結合している酵素EIにも，同じようにSは結合する．図3.13(a)に非競合阻害における1/[S]と1/Vのプロットが示してある．この場合のK_iは，図3.11におけると同様のディクソンプロットをすることによって横軸の切片として得られる〔図3.13(b)〕．非競合阻害では縦軸の左側で交点を横軸と共有する交差直線群が得られ，x座標の絶対値がK_iに等しい．

(3) 混合型阻害と不競合型阻害

混合型阻害(mixed-type inhibition)では，阻害剤Iが基質結合部位とは異なる部位に結合しても基質の基質結合部位への結合が影響を受ける．図3.14(a)

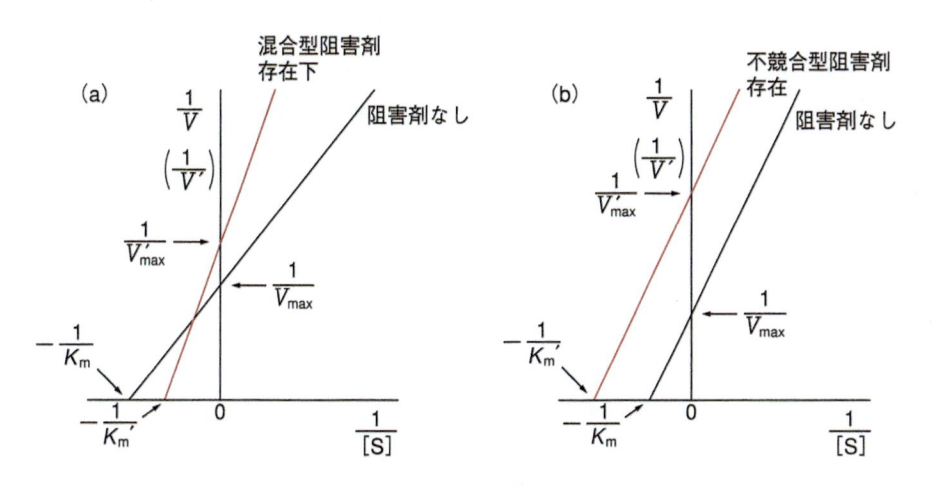

図3.14 混合型阻害(a)と不競合型阻害(b)のラインウィーバー・バークプロット

に示すように，阻害剤によって酵素反応速度もミカエリス定数もともに影響を受ける．

不競合型阻害(uncompetitive inhibition)では，阻害剤Iが酵素－基質複合体とだけ結合し，遊離の酵素とは結合できない．図3.14(b)に示すように，反応速度とミカエリス定数はともに減少する．

3.8.4 酵素活性のアロステリック調節

生命活動を効率よく維持するために重要な代謝産物は，一定の幅の濃度で存在するように調節されている．出発物質Aからいくつかの酵素反応を経てEが生産される単純な合成系においては，式(3.37)の(i)のようにこの系での最終代謝産物Eの濃度がある一定値以上になると，一般には初発反応を触媒する酵

$$
\begin{align}
&(\text{i}) \quad A \xrightarrow{a} B \xrightarrow{b} C \xrightarrow{c} D \xrightarrow{d} E \\
&(\text{ii}) \quad A \xrightarrow{a} B \xrightarrow{b} C \xrightarrow{c} D \begin{matrix} \xrightarrow{d} E \\ \xrightarrow{d'} F \end{matrix}
\end{align}
\tag{3.37}
$$

a〜dは各反応を触媒とする酵素

素aの活性を低下させてEの過剰生産を避けるしくみが存在し，これを**フィードバック阻害**(feedback inhibition)と呼ぶ．また，(ii)のように初発反応酵素aが枝分かれした代謝経路の複数(ここでは2個)の最終産物EとFの両者が高濃度に存在すると阻害される，つまり2個の最終産物EとFがともにaのアロステリック部位に結合して触媒活性が低下する場合を，**協奏的フィードバック阻害**(concerted feedback inhibition)と呼ぶ．*Corynebacterium* 属細菌のリシン生産において，リシンとトレオニンによるアスパルトキナーゼの阻害はこの一例であり，この脱感作によりリシンの細菌生産が可能となった．これらは生物に普遍的に見られる**恒常性**(homeostasis)保持機構の一つである．この阻害機構を酵素分子の立場から見たのが**アロステリック調節**(allosteric regulation)である．alloはギリシャ語の〝異なった〟，〝別の〟を，stericは〝空間〟，〝立体〟を意味する言葉に由来する．基質結合部位とは異なる部位(アロステリック部位)に基質と構造の異なる化合物(リガンド)が結合すると，基質が結合して触媒作用が引き起こされる活性部位に構造上ひいては機能上のなんらかの影響が生じる，つまり協同性が存在するのがヘテロトロピックなアロステリック調節(効果)であり，基質そのものが両部位に結合して触媒作用に影響が起こる場合はホモトロピックなアロステリック調節と呼ぶ．

このようなアロステリック調節機構をもつ酵素がアロステリック酵素であり，一般に複数のサブユニットから構成されるオリゴマー構造をもっている．典型的なアロステリック酵素である6-ホスホフルクトキナーゼは式(3.38)の反応

$$\begin{array}{c}\text{フルクトース 6-リン酸} + \text{ATP} \xrightarrow{\text{Mg}^{2+}}\\ \text{フルクトース 1,6-ビスリン酸} + \text{ADP}\end{array} \quad (3.38)$$

を触媒する解糖系の酵素で，同一のサブユニット4個から構成されている．これをホモテトラマー(α_4と略記)と呼ぶ．各サブユニットは活性中心とアロステリック部位を一つずつもち，ATPは基質の一つであるとともに高濃度では阻害的に働くアロステリックエフェクターであり，基質としてフルクトース6-リン酸と活性中心に結合するとともにアロステリック部位にも結合できる．この酵素のサブユニットは互いに変換できるR型(relaxed, "疎"を意味する)とT型(taut, "緊張した"を意味する)の二つの立体構造をとり，ATPはR型の活性中心にのみ結合できるが，T型では活性中心とアロステリック部位の両方に結合できる．AMPはR型のアロステリック部位にだけ結合する．

フルクトース6-リン酸はR型の活性中心にだけ結合できるが，T型の活性部位には結合しにくくなるのでT型では触媒活性は激減する．高濃度のATP存在下で，T型のアロステリック部位にATPが結合すると，フルクトース6-リン酸は結合できないので活性は低下する．一方，AMP濃度が高くなるとR型アロステリック部位に結合して安定化するので活性化が起こる(図3.15)．このようにATP，AMPがそれぞれ負と正のエフェクターとしてアロステリック

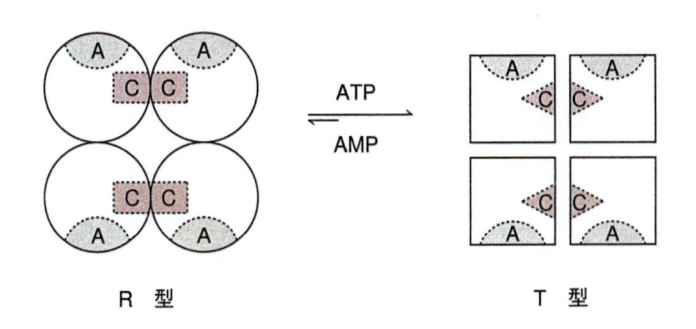

図 3.15　**6-ホスホフルクトキナーゼのアロステリック調節の模式図**
C：活性中心(基質結合部位)
A：アロステリック部位(ATP 結合部位)
R型　C：フルクトース 6-リン酸と ATP の両方が結合可能
　　　A：AMP, ATP 結合可能
T型　C：フルクトース 6-リン酸の結合不可能
　　　A：AMP, ATP 結合可能

部位に結合すると，酵素の立体構造が変化して，フルクトース 6-リン酸の結合力を低下させたり高めたりしてこの酵素の活性を制御する．

アロステリック酵素の速度式は(3.39)の**ヒルの式**(Hill equation)によって近似的に記述される．

$$V = \frac{V_{\max}[S]^n}{K_m+[S]^n} \qquad n：ヒル係数 \tag{3.39}$$

横軸に $\log[S]$，縦軸に $\log\{(V_{\max}-V)/V\}$ をプロット(ヒルプロット)すると直線が得られ，その傾きがヒル係数 n となる．サブユニットの基質結合部位が相互に無関係に働く場合は $n=1$ (ミカエリス-メンテンの式と同一)で，協同的に働く場合は $n>1$ となって基質飽和曲線はS字型(b)を呈する(図3.16)．正のアロステリックエフェクター(活性化剤)あるいは負のアロステリックエフェクター(阻害剤)の添加によって(a)および(c)のように変化する．

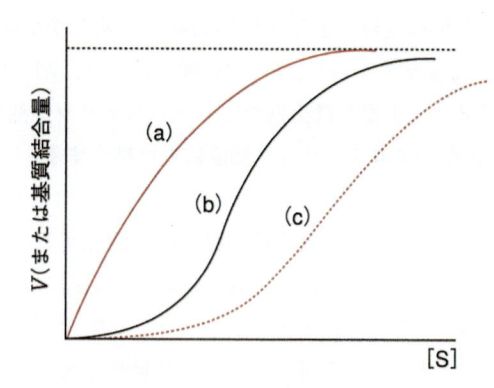

図 3.16 アロステリック酵素における基質濃度[S]と反応速度(V)の関係(b)および正(a)と負(c)のアロステリックエフェクターの影響
b：ホモトロピックアロステリック効果
a，c：ヘテロトロピックアロステリック効果

3.9　触媒機構

酵素反応速度論的研究は酵素の触媒(反応)機構について有効な知見を与えてくれるが，これのみで触媒の道筋を解明することは不可能である．酵素の**触媒機構**(catalytic mechanism)は，究極的には化学の言葉で，それも定量的に酵素作用の素過程から全体像までを説明することに尽きる．このためにはいろいろな面から多角的に酵素と酵素反応を研究する必要があり，この分野の研究は周辺の有機化学，結晶学，遺伝子工学などの研究成果を取り入れて大きく進展してきたとはいえ，その全容を解明するのは容易ではない．ここでは基本的な事項の解説と，解明の進んでいる二，三の研究例を紹介する．

3.9.1 酵素の基本的触媒機構

$$A + B \longrightarrow C + D$$

の反応において，生成物(C, D)の自由エネルギーは反応物(A, B)のそれより低い．この反応の進行程度(反応座標)と自由エネルギーの関係〔図3.17(a)〕を見ると"エネルギーの山"があり，反応が進行するにはその山を越えるエネルギー〔**活性化エネルギー**(activation energy)〕が必要である．触媒はこの活性化エネルギーを減少させる働きをもっている．また，酵素は一般の無機触媒にくらべて活性化エネルギーを少なくする能力が大きいので，3.2節に述べたように大きな分子活性を示す．

酵素は反応物(基質)とES複合体を形成し，基質の構造にひずみを生じさせることによって，山の頂上に相当する高いエネルギーの**遷移状態**(transition state)にもっていく．遷移状態は不安定で観測することは不可能であるが，複数の山の存在する系では，山間にあたる自由エネルギー状態では不安定ではあるが観測可能な反応中間体が存在する〔図3.17(b)〕．酵素はES複合体形成を通して反応性の乏しい反応物をいくつかの素過程を経て活性化し，すなわち活性化エネルギーを低くして遷移状態にもっていって反応を遂行する．酵素反応の素過程に含まれる触媒作用はいろいろあるが，ここではその代表的なものを列挙する．これらの詳細については有機化学の成書を参照されたい．

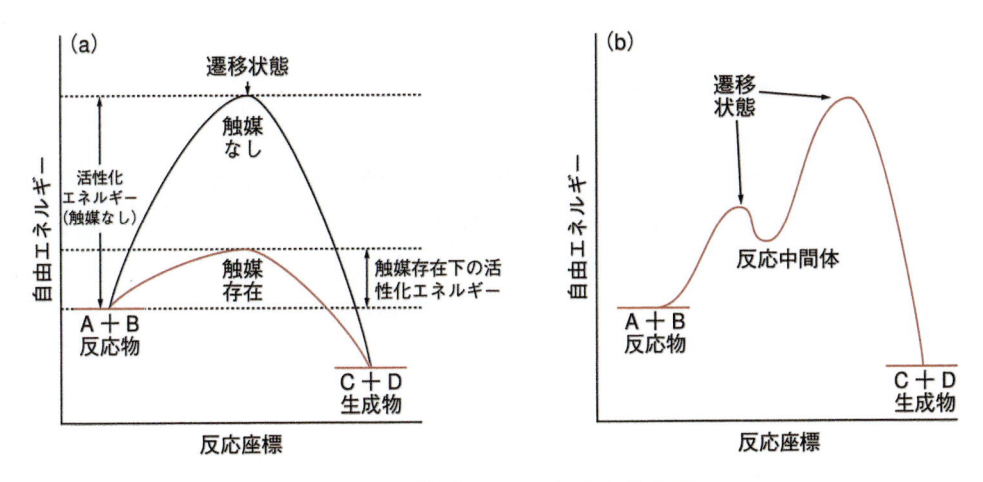

図3.17 活性化エネルギーと触媒作用

(a) 酸塩基触媒

酸あるいは塩基，またはその双方の触媒作用によって反応速度は増大する．水素原子はH^+の形で基質や反応中間体から脱離したり，これらに付加したりすることによって化学結合を変化させる．酸触媒はプロトン供与体〔ブレンステッド(Brønsted)酸〕からH^+が移ることによって反応の遷移状態の自由エネルギーを低下させ，塩基触媒はプロトン受容体(ブレンステッド塩基)によってH^+を引き抜いて遷移状態の自由エネルギーを下げる．

(b) 共有結合触媒

触媒(酵素ではアポ酵素または補酵素のいずれでも)と基質の間に共有結合による中間体が形成されて遷移状態の自由エネルギーを下げ，反応速度を増大させる．

(c) 金属イオン触媒

Cu^{2+}，Zn^{2+}，Mn^{2+}，Fe^{2+}などの遷移金属イオンやNa^+，K^+，Mg^{2+}などが酵素タンパク質と結合し，触媒作用中にH^+と同様に負電荷を中和するように働く．

(d) 近接効果と配向効果

ES複合体の形成によって，基質の反応部位と酵素の活性中心の官能基が近接して触媒反応が促進される．複数の基質分子が酵素の活性中心と結合する場合，近接効果に加えて基質どうしが反応しやすいように配向することによってさらに大きく反応が促進される．

(e) 溶媒効果と静電効果

溶質分子と溶媒分子との親和性によって，溶質分子の周囲に自由な溶媒分子とは異なる数分子の溶媒の結合が生じる．酵素活性中心に基質が結合すると，水分子が排除されて静電相互作用は水のなかより強くなって反応が促進される．タンパク質のアミノ酸残基側鎖のpK値は近くの電荷の影響で数pH単位も変わりうる．

3.9.2 酵素の触媒機構の実例

実際の酵素の触媒機構を，加水分解酵素の代表としてセリンプロテアーゼのキモトリプシンについて，また補酵素依存性酵素の代表としてピリドキサール酵素のアラニンラセマーゼについて解説する．

(1) キモトリプシンの触媒機構

キモトリプシン(chymotrypsin)は，膵臓において前駆体のキモトリプシノーゲンとして分泌され，トリプシン自体によって限定分解を受けてキモトリプシンとなる．芳香族アミノ酸残基のC末端側のペプチド結合をおもに加水分解するが，分枝鎖アミノ酸のC末端側も切断するし，これらのアミノ酸のエステルも加水分解する．

この酵素の一次構造，立体構造，および化学修飾などの研究によって，Ser195が活性基であり，その付近に，加水分解されるアミノ酸残基にフィットする疎水性のポケットが存在することが明らかにされている．ES複合体(I)が形成されると，Ser195は加水分解されるペプチド結合のカルボニル基を求核攻撃し，共有結合触媒作用によって遷移状態のテトラヘドラル中間体が生じる〔図3.18 (II)〕．Ser195近傍のHis57は脱離するH^+を受けとる．この過程はHis57と水素結合しているAsp102のカルボキシ基の静電効果によって促進される．テトラヘドラル中間体はHis57の一般酸触媒作用によってアシル酵素中間体(III)に

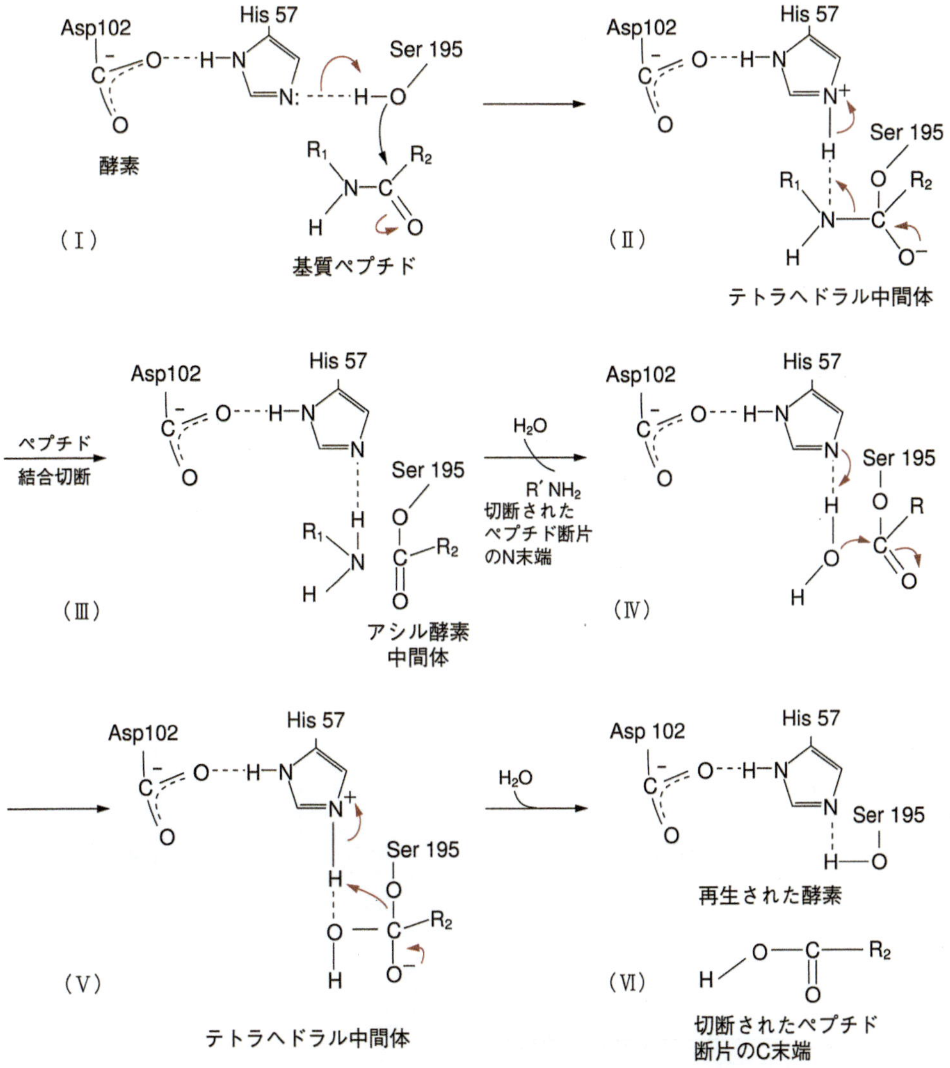

図3.18 キモトリプシンの触媒機構

変わる．Asp102のカルボキシ基はイオン化したカルボキシルイオンの状態のままである．不安定なアシル酵素中間体は水分子の求核攻撃を受けてSer195が脱離し，活性型酵素が再生する(Ⅳ)．セリンプロテアーゼは本質的にこのような機構でペプチド結合の加水分解を触媒する．

(2) アラニンラセマーゼの触媒機構

アラニンラセマーゼ(alanine racemase)は酵素としては例外的にD, L両エナンチオマーに同様に作用し，また，反応物(基質)は生成物であり，同時に生成物は反応物(基質)である点でもユニークな酵素である．また，細胞壁ペプチドグリカンのD-アラニン残基を生成するので，全細菌に必須のPLP酵素である．*B. stearothermophilus*由来のアラニンラセマーゼの三次元構造が解明されてお

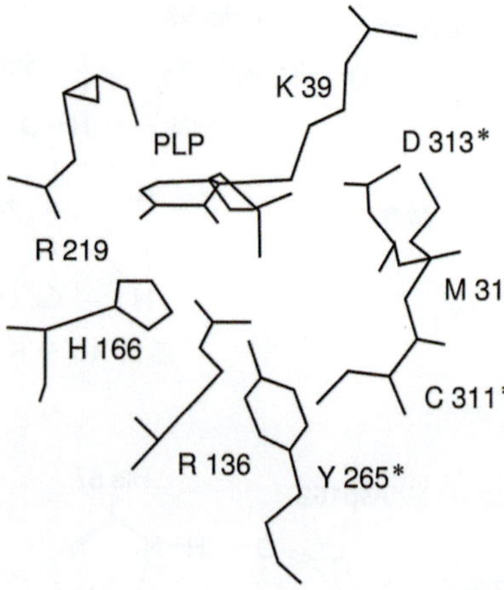

図 3.19 B. stearothermophilus 由来のアラニンラセマーゼ活性部位の構造
*は別のサブユニット由来であることを示す.

り，図 3.19 には補酵素 PLP とシッフ塩基で結合している Lys 39 を中心とした活性中心のアミノ酸残基の構造を示す．

図 3.20 に示すように，この酵素内シッフ塩基(A)に D-アラニンが近づくとアルジミン転移(3.4 節参照)を起こし，D-アラニンと PLP の間の酵素外シッフ

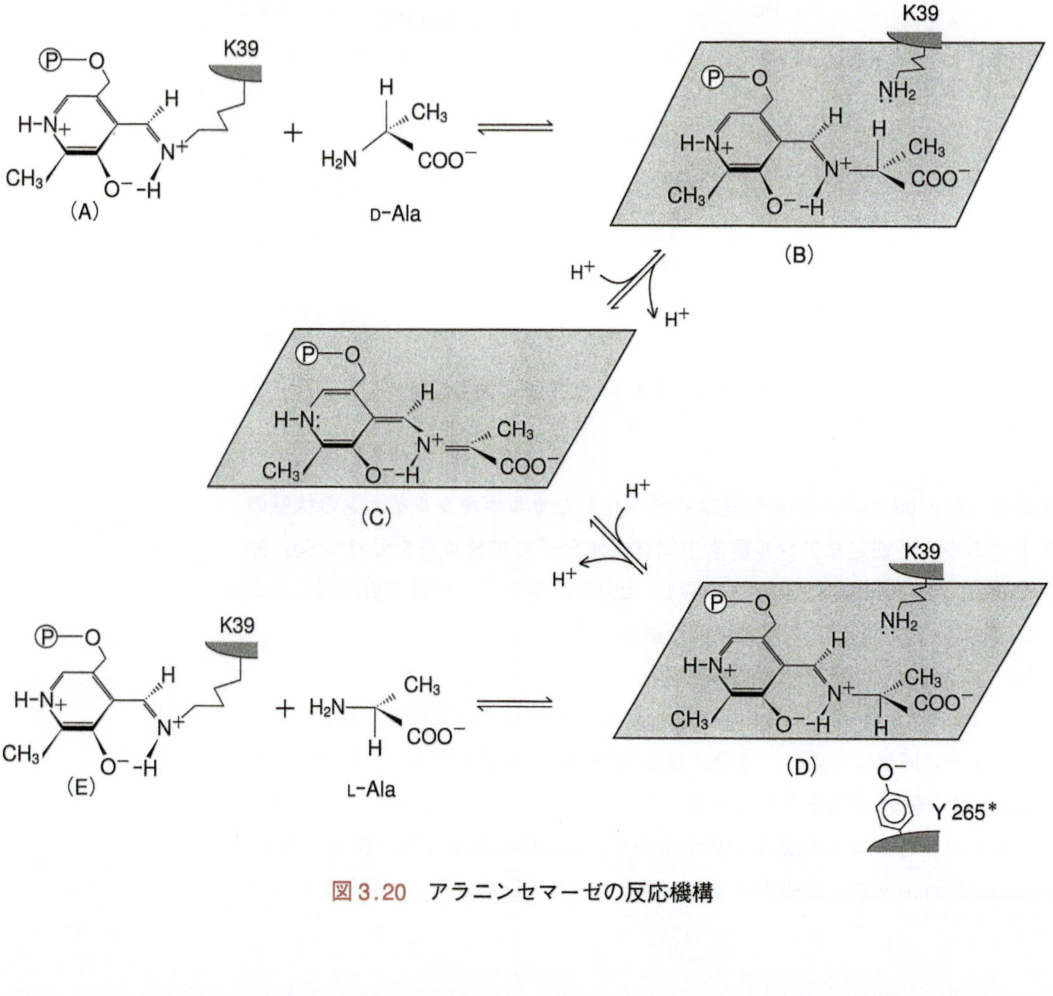

図 3.20 アラニンラセマーゼの反応機構

塩基が生成する(B). この際, 基質のカルボキシ基は Arg 136 と別のサブユニットの Met 312*のアミド N と水素結合を形成して結合する. ついで Lys 39 の ε-アミノ基が塩基として働いて D-アラニンの α-H が引き抜かれ, 平面構造をとるキノノイド中間体(C)が生成する. さらに PLP のピリジン環平面を挟んで Lys 39 とは反対の面に位置する Y 265*(別のサブユニットの)のフェノール性ヒドロキシル基により, α-H が引き抜かれた面とは反対の面上で $C_α$ へ水素が付加される(D). この結果, PLP と L-アラニンとの酵素外シッフ塩基が形成され, ついで起こる Lys 39 とのアルジミン転移によって L-アラニンが生成して酵素内シッフ塩基が再生される(E). L-アラニンが基質の場合には, これとは逆の過程(E→D→C→B→A)で反応が進んで D-アラニンが生成し, D,L 体が等モルで反応が終了する. この L-アラニン→D-アラニンの反応では別のサブユニット上の Y 265*が塩基として働き, L-アラニンの α-H を引き抜く.

3.10 酵素の応用

酵素は比類なく高い触媒能と特異性を示す生体触媒であるが, 酵素を応用の立場で見た場合, これらの長所とともに不安定性, 高価などの短所も指摘される. 基質特異性の高い点も長所であるとともに反応物(基質)に応じて別の酵素を探さなければならないという短所にもなる. これらの短所を補う種々の手法も開発されて, 酵素はいろいろな産業に不可欠な触媒として利用されている.

3.10.1 酵素的合成

酵素の特色を活用した有用物質生産は多種多様である. アミラーゼによるデンプンから糖などの甘味化合物の生産は歴史的にも古く, この技術はおもに日本で開発された. 工業的に特筆すべきは, *Streptomyces* のグルコースイソメラーゼを用いてグルコースからフルクトース(42 %)とグルコース(58 %)からなる甘味の増加した異性化糖を生産する技術である. この工程では放線菌の固定化菌体を触媒として使っている. 異性化糖と同様に食品工業で広く利用されている転化糖(グルコースとフルクトースの等量混合物)は, スクロースをスクラーゼ(α-グルコシダーゼ, インベルダーゼ)で分解して生産する. デンプンに β-アミラーゼとイソアミラーゼを作用させて生産するマルトース主体の水あめも製菓工業などに大量使われている.

デンプンに *Bacillus* 属細菌などのシクロデキストリングルカノトランスフェラーゼを作用させると, 加水分解によってデキストリンが生成するとともに, これが環状化してシクロデキストリン〔cyclodextrin, グルコースが α(1→4)結合した非還元性の環状オリゴ糖〕が生じる(図 3.21). 一般的には, グルコース 6, 7 または 8 分子から構成される α-, β-, γ-シクロデキストリンが生成する. これらは外側が親水性, 内側の空洞が疎水性のドーナツ構造をとり, 内側の大きさに応じていろいろなゲスト化合物を立体特異的に包接して, 長時間安

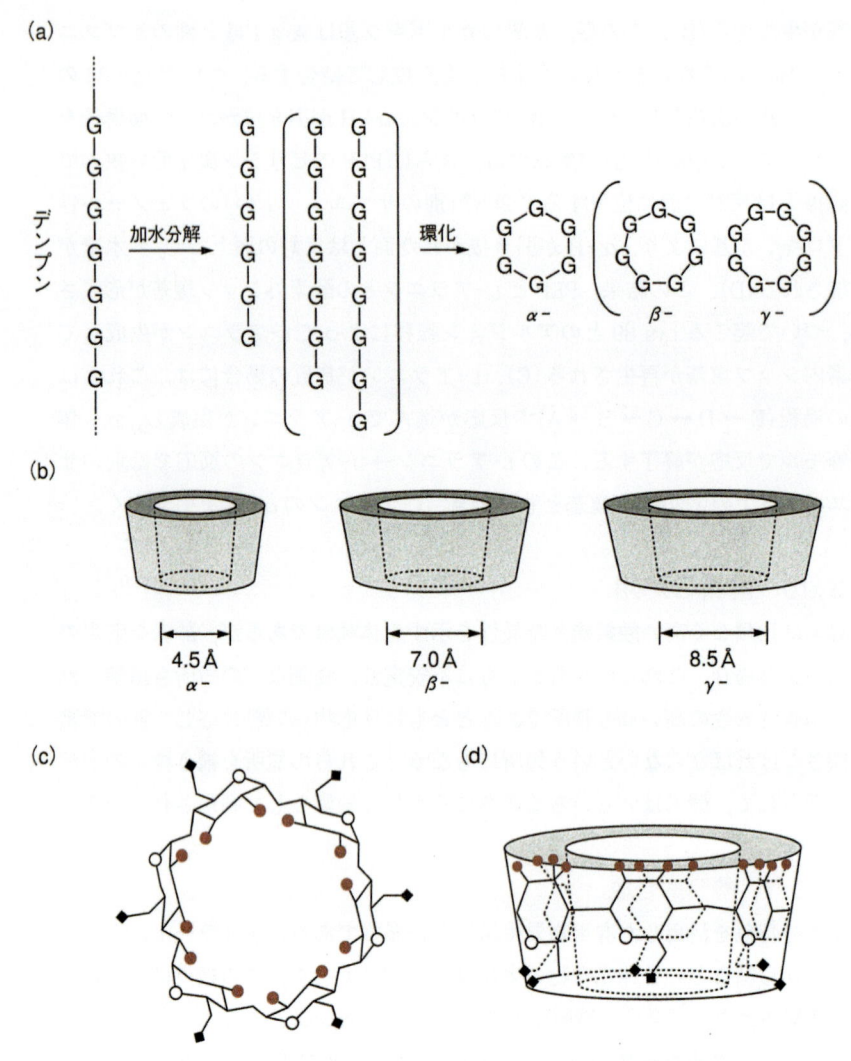

図 3.21 シクロデキストリンの酵素的合成と構造模式図
(a) シクロデキストリングルカノトランスフェラーゼによる α-, β-, および γ-シクロデキストリン合成，(b) α-, β-, および γ-シクロデキストリンの構造模式(側面)，(c) α-シクロデキストリン分子の立体構造(上部)，(d) 同(側面部)，◆：親水性基，●：疎水性基

定に保持する．この包接効果によってシクロデキストリンは乳化作用，化学的安定化，液状物質の粉末化，酸化防止，消臭などの作用を示し，食品工業，医薬品工業，化粧品工業などの分野で広く利用されている．

農産物に対する加水分解酵素の応用としては，チーズ生産に必須なプロテアーゼの一種キモシン(レンニン，子ウシの第四胃で生産され，そのクローン化により細菌でも生産されている)やカビ(*Mucor miehae, M. pusillus* など)キモシン，油脂の改変や脂肪酸生産などに利用されているリパーゼ，洗剤用酵素としてプロテアーゼやリパーゼとともに使われているセルラーゼなどがある．

酵素の大きな特色の一つである立体特異性を活用した酵素応用の例としては，

アミノ酸のエナンチオマー合成がある．アミノアシラーゼは N-アシルアミノ酸の一方のエナンチオマーだけを加水分解するので，ラセミ体からの L-または D-アミノ酸の生産に利用される〔式(3.40)〕．

$$\text{R'CO—NH—CH(R)—COOH} \xrightarrow[\text{H}_2\text{O}]{\text{L-(D-)アミノアシラーゼ}} \text{R'COOH} + \text{H}_2\text{N—CH(R)—COOH}$$

N-アシル-L-(D-)アミノ酸 　　　　　　　　　　　　　　　　　　　　L-(D-)アミノ酸

$$\uparrow \xleftarrow{\text{化学的ラセミ化}} + \text{R'—CONH—CH(R)—COOH}$$

　　　　　　　　　　　　　　　　　　　　　　　　　　　N-アシル-D-(L-)アミノ酸

(3.40)

ナイロン6の合成の副産物であるシクロヘキセンから容易に化学合成される DL-α-アミノ ε-カプロラクタムを *Cryptococcus laurenti* (酵母)の L-α-アミノ ε-カプロラクタムヒドロラーゼと反応させると，L体が特異的に加水分解して L-リシンが生成する．未反応の D-α-アミノ ε-カプロラクタムと細菌 *Achromobacter obae* の α-アミノ ε-カプロラクタムラセマーゼ(ピリドキサール酵素)を反応させるとラセミ体が再生して，式(3.41)のように両反応の共役によって出発物質はすべて L-リシンに変換される．

シクロヘキセン

L-α-アミノ ε-カプロラクタム $\xrightarrow{\text{L-α-アミノ ε-カプロラクタムヒドラーゼ}}$ L-リシン

$\updownarrow$ α-アミノ ε-カプロラクタムラセマーゼ

D-α-アミノ ε-カプロラクタム

(3.41)

HOCH$_2$—CH$_2$—CH(NH$_2$)COOH + インドール
L-セリン

$\updownarrow$ アミノ酸ラセマーゼ

D-セリン

(3.42)

$\xrightarrow{\text{トリプトファンシンターゼ}}$ CH$_2$—(NH$_2$)CH$_2$COOH
L-トリプトファン

これと同様な原理でDL-セリンとインドールからセリンをラセミ化するが，生成したトリプトファンなど芳香族アミノ酸には作用しない *Pseudomonas* 属細菌のアミノ酸ラセマーゼと *E. coli* や *B. stearothermophilus* のトリプトファンシンターゼの両ピリドキサール酵素反応の共役によるL-トリプトファンの合成法も開発されている〔式(3.42)〕．

3.10.2 その他の酵素の応用

酵素はその生体触媒としての特性に基づいて特定の物質を特異的に迅速に定量分析する臨床分析，環境分析への応用，それと関連する酵素センサーとしての応用，さらに抗血栓剤としてウロキナーゼ，組織性プラスミノーゲン活性化酵素(PTA)，アスパラギナーゼやメチオニンγ-リアーゼなどの抗がん性酵素などの医療への応用や，各種の制限酵素やポリメラーゼ連鎖反応(PCR)での耐熱性DNAポリメラーゼなど，生化学，分子生物学などの研究用試薬，細菌ニトリルヒドラターゼによるアクリロニトリルの加水分解産物アクリルアミド生産に代表される化学工業への応用など，多岐多様な分野での利用が進展している．

$H_2C=C-C≡N$
アクリロニトリル

4章 物質代謝とエネルギー代謝

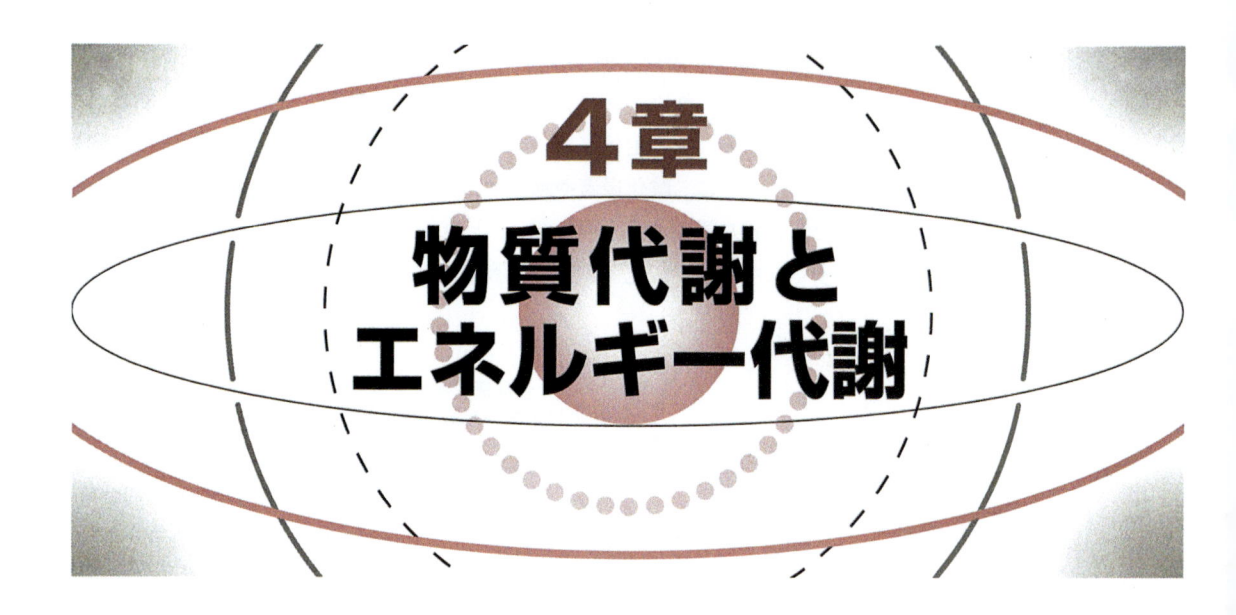

4.1 代謝の基礎
4.1.1 代謝の概念

　生体は外界から取り込んだ化合物（栄養物）の化学エネルギーを生体エネルギーに変換し，それを利用して生物自身に必要な生体構成物質をつくりあげ，生命活動を維持している．このように生きている細胞で行われる膨大な，複雑に絡み合った，しかし整然と合目的的に制御された化学反応のネットワーク全体を**代謝**(metabolism)という．

　それらのエネルギーの源は究極的には太陽であり，植物やある種の微生物（光合成菌）は太陽光線のエネルギーを用いて光合成反応によって二酸化炭素を単糖類を経由してデンプンに変え，化学エネルギーに変換したり，動物にとっての必須栄養物であるアミノ酸やビタミンなどを合成している．

　代謝反応のほとんどすべては生体に存在する酵素によって触媒されているが，それらの酵素反応は一般に単独で機能するばかりではなく，相互に関連しており，高度に制御されて機能している．たとえば，製造工場においてコンピュータで出荷調整を行い，製品が生産過多になると原料供給の最初のステップをコントロールしているのに類似している．この制御システムは**代謝調節**(metabolic regulation)と呼ばれており，フィードバック抑制や阻害など種々の方法によって行われている（**3章**参照）．

　生物は生きるために無駄なことはせず，利用できるものは自分自身では合成せず積極的に利用してエネルギーの節約をはかるとともに，生産の過剰も不足も起こらないように必要なものを必要最小限だけ生産するなどの高度な調節が行われており，高効率，省エネルギーのシステムを構築している．

4.1.2 異化代謝と同化代謝

外界から取り入れたタンパク質，糖質および脂質などの出発物質，または生体自身がもつそれらの生体高分子を段階的に中間代謝産物やそれらの構成素材にしたり，さらに二酸化炭素や水などの最終産物にまで分解してエネルギーをうみだす過程を**異化作用**(catabolism)という．これは酸素を利用しての酸化反応が多く，主として酸化型の補酵素 $NAD(P)^+$ を利用する．

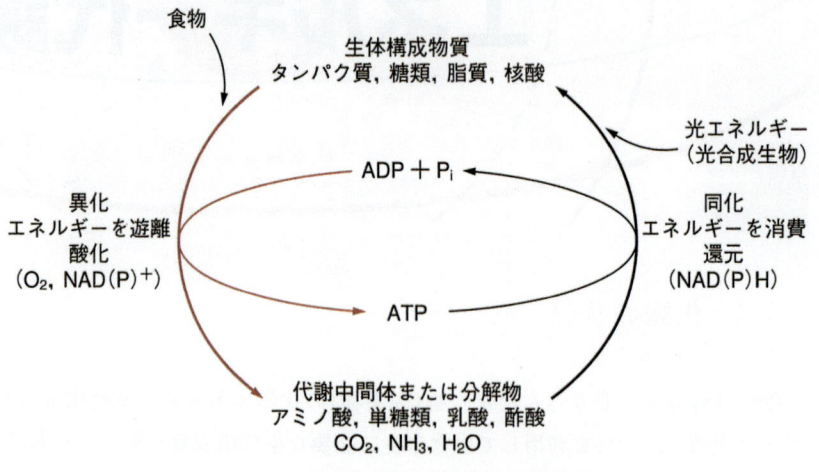

図 4.1 異化作用と同化作用の概念図

一方，この異化作用の途中に生じるアミノ酸やアセチル CoA などの中間代謝物（代謝中継物質）や二酸化炭素などの最終産物から生物自身に必要な高分子を合成する反応を**同化作用**(anabolism)という．こちらの反応は ATP を消費し，補酵素 NAD(P)H などを利用する還元反応である．

4.1.3 動的平衡

このように生体の内部では多くの化学反応が行われているが，個体全体として見たときには平衡状態であるかのごとく見られ，**動的平衡**(dynamic equilibrium)といわれる．巨視的なこの平衡状態は，個々の反応，すなわちここでいう分解反応と合成反応とを含めた多くの代謝回転の総合的な平衡の結果として現れる現象である．

代謝回転の速度は関与する個々の物質によって大きく異なり，目の水晶体の構造タンパク質であるクリスタリンなどは一生ほとんど置き換わらないが，代謝調節のうえで重要な位置に存在する酵素の半減期は数十分から数時間という短寿命のものもあり，生命活動の維持にあたりそれぞれ合目的的な意味のある反応も多い．

4.1.4 代謝とエネルギー

ヒトにとって1日の生活に必要なエネルギーは普通 2300 kcal〔約 10 kJ, エネルギーの単位はジュール(J)になっているが, 栄養学の立場ではカロリー(cal)のほうがいまだに生活と密着しているので, あえてカロリーにした〕である. これは石油に換算してわずかにコップ 2 杯ほどのカロリーであり, 人体は非常に省エネルギーな装置と考えられる. このような高効率の運転を可能にしているのは, 摂取した栄養物を多数の酵素を用いて巧みに分解し, 段階的に生体のエネルギー通貨である ATP に変換しているからである.

このように代謝経路が多数の酵素反応の組合せによって構成されている理由として, エネルギーの出入りを制御しやすくしていることがあげられる. エネルギーの流れはある少量のエネルギーの供与体や受容体としての多くの素反応から構成されている. たとえば, グルコースが酸素と反応して燃焼すると次式のように二酸化炭素と水になり, 1 モルあたり 686 kcal という多量の熱量が発生する.

$$C_6H_{12}O_6 + 6\,O_2 \longrightarrow 6\,CO_2 + 6\,H_2O$$

このときの自由エネルギーの変化(ΔG)は -686 kcal/mol(2823 kJ/mol)であるが, グルコースの 1 回の燃焼によって生じるこの爆発的な大きなエネルギーを生体は一度に熱として放散しているわけではない. 酵素によって1段階ずつ多段階に分け, 制御しやすいエネルギーの大きさや形として小分けにして保存し, 効率よく利用している.

(1) 代謝と熱力学

代謝反応においては, 物質の変化とエネルギーの変化が必ず同時に起こる. 物質の変化は化学反応式で表されるが, 通常, エネルギーの変化の情報は化学反応式には表示されないことが多い.

熱力学の法則は生命過程にも適用され,

$$A + B \longrightarrow P + Q \tag{1}$$

式(1)での実際の自由エネルギー変化(ΔG)は, 生成物の自由エネルギーの和から反応物の自由エネルギーの和を差し引いたものになる.

$$\Delta G_{反応} = (G_P + G_Q) - (G_A + G_B) \tag{2}$$

これは反応物が生成物に変わるときに取り出せる最大のエネルギー量である.

ある反応において ΔG が負の反応のときを**発エルゴン反応**(exergonic reaction)といい, 逆に正となる反応を**吸エルゴン反応**(endergonic reaction)という. 自由エネルギーが減少する反応, つまり ΔG が負である反応は自発的に進むが, ΔG が正で吸エルゴン反応の場合は正反応としては進行せず, 言い換えれば反応は逆方向に進みやすいことを意味する.

反応が平衡状態にあると自由エネルギーの変化は起こらない．

(2) 発エルゴン反応との共役

吸エルゴン反応を進行させるにはなんらかの方法でエネルギーを供給しなければならない．生化学反応においてはこのような反応を進行させるために，この反応と同時に進行する発エルゴン反応を共役させ，そちらの反応で得られる自由エネルギーを用いて必要なエネルギーをまかなう方法が一般的に行われている．

(3) 自由エネルギー変化と化学平衡

反応の自由エネルギー変化は反応条件によって変化するが，化学反応においては比較しやすいように標準温度を 25 ℃ (298 K)，標準圧力を 1 気圧，標準溶液濃度を 1.0 M ととり決め，この条件下での自由エネルギー変化を $\Delta G °$ (標準自由エネルギー変化) で表すことにしてある．また，物質 X の溶液の自由エネルギーと，その標準自由エネルギーとの間には次の関係がある．

$$G_X = G_X° + RT \ln [X] \tag{3}$$

ここで R は気体定数，T は絶対温度，[X] は物質 X のモル濃度である．

式(1)の自由エネルギー変化[式(2)]を標準自由エネルギー[式(3)]で置き換えると式(4)となる．

$$\Delta G_{反応} = (G_P° + G_Q° - G_A° - G_B°) + RT \ln([P][Q]/[A][B]) \tag{4}$$

もしも反応が平衡に達していたら式(4)の最後の項に含まれる濃度比は，定義により平衡定数 K_{eq} に等しくなる．実際の自由エネルギー変化(ΔG)，標準自由エネルギー変化($\Delta G°$)，平衡定数(K_{eq})の間には式(5)の関係がある．

$$\Delta G = (G_P° + G_Q° - G_A° - G_B°) + RT \ln K_{eq} = \Delta G° + RT \ln K_{eq} \tag{5}$$

平衡状態を考えると，見かけのうえで反応物から生成物への変化はないから自由エネルギー変化 ΔG は 0 である．よって式(5)は $0 = \Delta G° + RT \ln K_{eq}$，つまり

$$\Delta G° = -RT \ln K_{eq} \tag{6}$$

となる．これに定数($R = 1.987$ cal mol^{-1} K^{-1}, 25 ℃ $= 298$ K, $\ln x = 2.303 \log_{10} x$)を代入し

$$\begin{aligned}\Delta G° &= -1.987 \times 298 \times 2.303 \log_{10} K_{eq} \\ &= -1363 \log_{10} K_{eq} (\text{cal/mol}) \\ &= -1.363 \log_{10} K_{eq} (\text{kcal/mol}) \\ &= -5.70 \log_{10} K_{eq} (\text{kJ/mol})\end{aligned} \tag{7}$$

となる．この $\Delta G°$ と K_{eq} の関係は，ある特定の反応の $\Delta G°$ を計算するのに便利

であり，K_{eq} が 1 より大きい反応では自由エネルギーが減少し，反応は生成物の方向に進行することが理解できる．

(4) 生化学的標準状態

しかしながら，この化学反応における標準条件は生化学関係においては一般的でない場合が多い．たとえば，ほとんどの生化学反応は pH 7 付近で行われることが多いので，生化学的標準状態において，水素イオン濃度は 1.0 M (pH = 0.0) ではなく，10^{-7} M (pH = 7.0) のほうが便利であり，実際的であるのでそれが用いられている．これを区別するために，この標準状態での自由エネルギー変化を $\Delta G°'$ で表している．ただし，プロトンが関与しない反応では，pH が変わっても $\Delta G°$ は変わらないから $\Delta G°$ と $\Delta G°'$ とは等しいことになる．

これらの値を測定するとき，標準状態の 1 M という濃度も細胞中や試験管内においてそれを保つのは現実的に無理であり，生化学においては，熱力学本来の平衡条件ではなく定常状態においてこの式を適用するように読み替えている．さらにまた，これまでの議論は均一系にのみ適用できる式であるが，多くの代謝系は多相の不均一系で起こることが多いのでさらに問題が複雑であり，文献値と比較するときには注意を要する．しかし，いずれにしても標準エネルギー変化の概念は中間代謝を考えるうえで非常に重要である．

(5) 反応速度

ここで，ΔG が負であるからといって，その反応が観察できるほどの速度で進行するとは限らない．ΔG は反応の前後における自由エネルギーの差のみを示し，反応の速度に関してはなんらの知識も与えてくれない．上記のグルコースは酸素のある空気中に何年おいても反応が進行するわけではない．ある反応の速度を決めるのはその反応の活性化エネルギーであり，反応が進行するためにはこの反応の活性化エネルギー障壁を越えるのに必要なエネルギーを供給する必要がある．活性化エネルギーが大きいと反応は進みにくいが，酵素はこの活性化エネルギーを下げ，反応の進行を助ける触媒である．

4.2 糖 代 謝
4.2.1 解 糖

(1) 解糖とは

グルコースは生物によって利用される最も基本的なエネルギー源であり炭素源である．動植物はエネルギーや炭素をグルコースの重合体(貯蔵多糖，デンプンやグリコーゲン)として蓄え，必要に応じてこれをグルコースに分解して利用する．このグルコース 1 分子を嫌気的に 2 分子の乳酸に変換する代謝過程を**解糖**(glycolysis)と呼ぶ．解糖系(glycolytic pathway)は 11 段階の酵素反応から構成されている(図 4.2，①→⑪)．このうち，最初の 10 段階(グルコースからピルビン酸まで)を **Embden-Meyerhof-Parnas**(EMP)経路と呼ぶ．エネルギー源・炭素源としてのグルコースの普遍性を裏づけるかのように，解糖系は

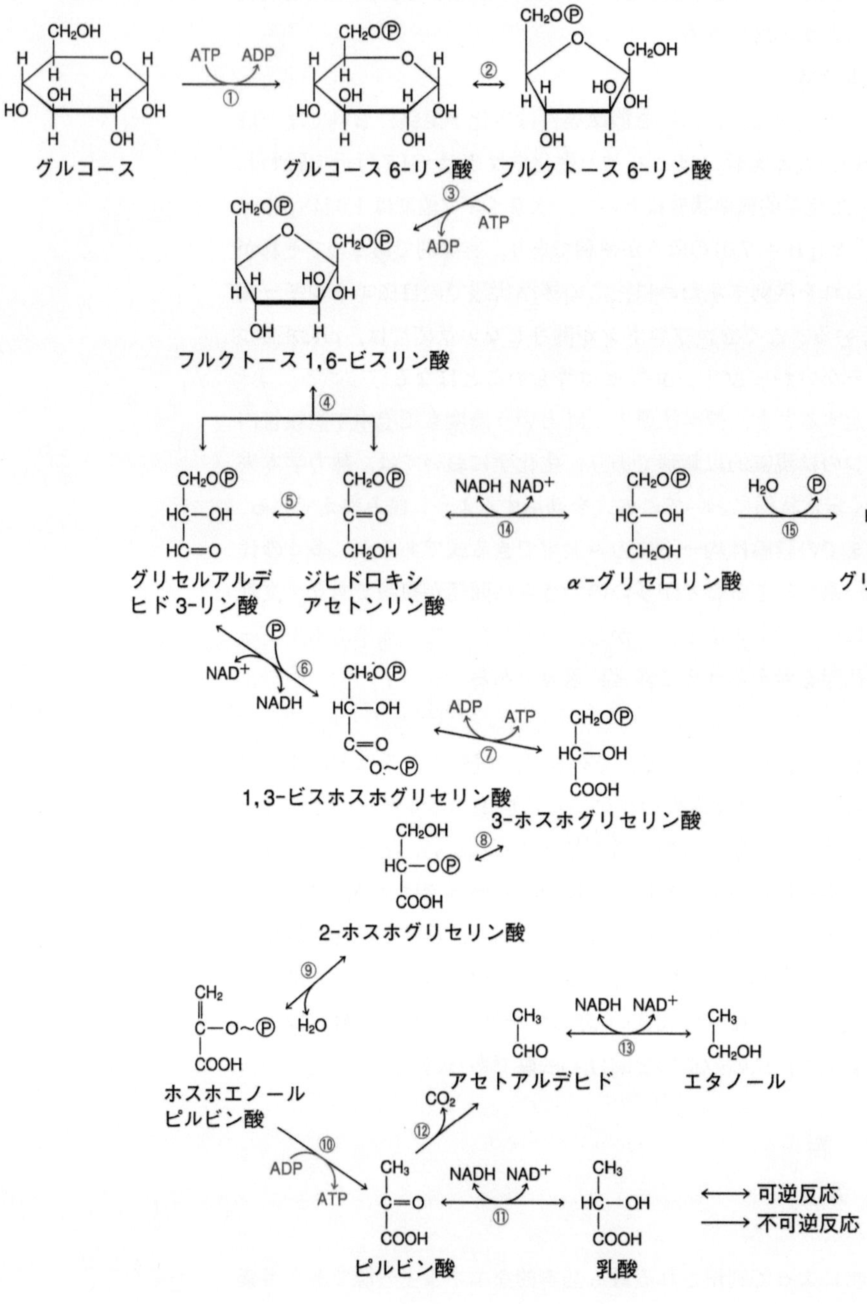

図 4.2 解糖系

① ヘキソキナーゼ，② グルコース-6-リン酸イソメラーゼ，③ ホスホフルクトキナーゼ1，④ フルクトース-1,6-ビスリン酸アルドラーゼ，⑤ トリオースリン酸イソメラーゼ，⑥ グリセルアルデヒド-3-リン酸デヒドロゲナーゼ，⑦ ホスホグリセリン酸キナーゼ，⑧ ホスホグリセリン酸ムターゼ，⑨ エノラーゼ，⑩ ピルビン酸キナーゼ，⑪ 乳酸デヒドロゲナーゼ，⑫ ピルビン酸デカルボキシラーゼ，⑬ アルコールデヒドロゲナーゼ，⑭ グリセロ-3-リン酸デヒドロゲナーゼ，⑮ ホスファターゼ

⟷ 可逆反応
⟶ 不可逆反応

ほとんどすべての生物に共通する代謝経路であり，いずれの生物でも解糖系を構成する酵素群は細胞質ゾルに存在している．グルコース以外の糖も，各種の酵素によって解糖系の中間体に変換され，解糖系に流れ込むので，解糖系は糖の異化において中心的な役割を果たしているといえる．この解糖系を通じてグルコース1分子あたり2分子のATPが生成する．

(2) 解糖系の反応

① 解糖の第一段階であるヘキソキナーゼ（グルコキナーゼ）の反応は不可逆反応である．グルコースのリン酸化の意義は，電荷を与えることによりこれを細胞内に保持することである．細胞膜は荷電性物質を通さないため，一度細胞内に取り込んだグルコースは，グルコース6-リン酸の形に変えれば細胞外に漏れだすことはない．

② グルコース-6-リン酸イソメラーゼはグルコース6-リン酸（アルドース）のフルクトース6-リン酸（ケトース）への異性化を触媒する．

③ ホスホフルクトキナーゼ1の反応も不可逆反応である．この酵素はピルビン酸キナーゼとならんで，解糖系の代謝速度を調節する役割を担う非常に重要な酵素である（後述）．

④ アルドラーゼ（フルクトース-1,6-ビスリン酸アルドラーゼ）はフルクトース1,6-ビスリン酸を開裂し，グリセルアルデヒド3-リン酸とジヒドロキシアセトンリン酸を生成する．

⑤ アルドラーゼ反応の生成物は互いに異性体の関係にあり，両者の異性化反応がトリオースリン酸イソメラーゼによって触媒される．

⑥ グリセルアルデヒド3-リン酸はグリセルアルデヒド-3-リン酸デヒドロゲナーゼによって次の二つの化学変化を受ける．一つはアルデヒド基の酸化反応であり，もう一つはその結果として生じたカルボン酸のリン酸化である．ここで重要なことは，このリン酸化反応が上述の二つのキナーゼ反応で見られたようなATPからのリン酸基転移反応でなく，カルボン酸と無機リン酸イオンとの間の酸無水物（アシルリン酸）生成反応であるという点である．そのためのエネルギーはアルデヒド基がカルボン酸に酸化される過程で生じる自由エネルギーによって供給される．言い換えれば，酸化によって得られる自由エネルギーは，そのままこのアシルリン酸化合物中に**高エネルギーリン酸結合**(high energy phosphate bond)のかたちで保存されていることになる．

⑦ ホスホグリセリン酸キナーゼは1,3-ビスホスホグリセリン酸からADPへのリン酸基転移反応を触媒する．この酵素の名称は，その逆反応によっている．この酵素反応により，解糖系ではじめてATPが1分子生じることになる．前の反応においてアルデヒド基の酸化により生じた自由エネルギーは，この酵素の基質である1,3-ビスホスホグリセリン酸の高エネルギーリン酸結合中に保存されており，それはさらにこの反応においてATP分子中の高エネルギーリン酸結合中に移されたことになる．なお，この反応のように，高エネルギーリン酸

高エネルギーリン酸結合
通常の有機リン酸エステルは加水分解に際しての自由エネルギーの減少が約3000cal/molであるのに対し，ATPのようなある種のリン酸化合物は，加水分解に際してそれが7000cal/mol以上に及ぶ．このような化合物を高エネルギーリン酸化合物といい，これらの物質は高エネルギーリン酸結合をもつという．

化合物からADPにリン酸基を転移させることによってATPをつくることを**基質レベルのリン酸化**(substrate-level phosphorylation)と呼び，ATP生産のためのもう一つ別の方法(酸化的リン酸化)と区別する．

⑧ ホスホグリセリン酸ムターゼは，前の反応生成物のリン酸基を3位から2位に転移させ，2-ホスホグリセリン酸を生成させる．

⑨ エノラーゼは2-ホスホグリセリン酸の脱水反応を触媒し，高エネルギーリン酸化合物であるホスホエノールピルビン酸を生成させる．

⑩ ピルビン酸キナーゼはホスホエノールピルビン酸からADPへのリン酸基転移反応を触媒し，**ピルビン酸**(pyruvic acid)を生成させる．この反応は不可逆的である．ホスホグリセリン酸キナーゼと同様，この酵素もその逆反応に基づいて命名されている．この酵素はさまざまな細胞内成分によりその活性が調節を受けるアロステリック酵素であり，また共有結合(リン酸化・脱リン酸)による修飾によってもその活性の調節を受ける．ホスホフルクトキナーゼ1と並んで解糖系を調節する重要な酵素である．

(3) ピルビン酸の運命

EMP経路の最終生成物であるピルビン酸がそれ以降どのように代謝されるかは，生物種・組織・生育条件の違いによって異なる．筋肉では嫌気的条件下ではピルビン酸は乳酸デヒドロゲナーゼ(⑪)によって乳酸に還元される．グリセルアルデヒド-3-リン酸デヒドロゲナーゼ反応で生成した還元力(NADH)がこの過程で消費される．また酵母においては，ピルビン酸は脱炭酸と還元を受けてエタノールとなる(アルコール発酵，⑫, ⑬の反応)．また好気的条件下においてピルビン酸はクエン酸回路の基質となる．

(4) 解糖系の代謝調節

解糖系には不可逆反応が3箇所(上流から ① ヘキソキナーゼ，③ ホスホフルクトキナーゼ1，⑩ ピルビン酸キナーゼ)あり，これらは解糖系の代謝速度の調節点となっている．ホスホフルクトキナーゼ1は，基質であるATPやクエン酸により阻害され，またAMP, ADP, フルクトース2,6-ビスリン酸によって活性化されるアロステリック酵素である．ATPやその分解産物により活性が調節を受けるということは，この酵素の活性が細胞のエネルギー充足率[([ATP] + 0.5[ADP])/([AMP] + [ADP] + [ATP])で表現される]により影響を受けることを意味している．この酵素の場合，エネルギー充足率が高ければ酵素活性は阻害され，低ければ活性化される．また哺乳動物においては，酵素活性はフルクトース2,6-ビスリン酸という調節因子を介してホルモンの調節を受けている(図4.3)．

この調節因子は，別のホスホフルクトキナーゼであるホスホフルクトキナーゼ2によりフルクトース6-リン酸から生じる．興味深いことに，このホスホフルクトキナーゼ2は，同じタンパク質分子内にフルクトース-2,6-ビスホスファターゼの活性部位をもち，フルクトース2,6-ビスリン酸を加水分解すること

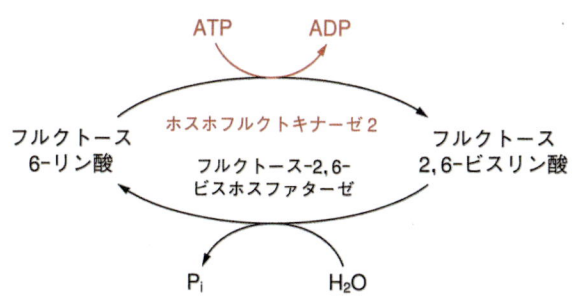

図4.3 調節因子フルクトース 2,6-ビスリン酸の合成と分解

もできる．すなわち，フルクトース 2,6-ビスリン酸の細胞内濃度はこの酵素のキナーゼ活性とホスファターゼ活性により調節されている．この酵素がキナーゼとして作用するかホスファターゼとして作用するかの切り替えは，グルカゴンやアドレナリン(血糖上昇ホルモン)によって調節されている．これらのホルモンの刺激に応答してホスホフルクトキナーゼ 2 はリン酸化を受けてホスファターゼに変換され，したがってフルクトース 2,6-ビスリン酸の細胞内濃度が減少し，ホスホフルクトキナーゼ 1 の活性が抑制され，解糖系の代謝速度が抑制される．その結果，血糖濃度の上昇がもたらされる．

ピルビン酸キナーゼもアロステリック酵素であり，フルクトース 1,6-ビスリン酸や AMP はこの酵素に対する活性化剤(正のエフェクター)として，またアセチル CoA や ATP は阻害剤(負のエフェクター)として作用する．したがって，この酵素もホスホフルクトキナーゼ 1 と同様に，細胞のエネルギー充足率により調節を受けると考えられる．また，フルクトース 1,6-ビスリン酸は，解糖系の調節点の一つであるホスホフルクトキナーゼ 1 の反応生成物である．したがって，ホスホフルクトキナーゼ 1 の活性化によりフルクトース 1,6-ビスリン酸の濃度が上昇すれば，それに応答して下流のピルビン酸キナーゼも活性化されることになる．また，哺乳動物のアイソザイムのなかには，グルカゴンの刺激に応じて，リン酸化という共有結合的な修飾による活性調節を受けるものもある．

ヘキソキナーゼは，生成物(グルコース 6-リン酸)によりアロステリック阻害を受ける．前述のように，解糖系ではこれより下流のホスホフルクトキナーゼとピルビン酸キナーゼがおもな調節点となるが，これらの酵素反応が遅くなると，その上流の反応の生成物であるグルコース 6-リン酸が蓄積し，ヘキソキナーゼの速度をアロステリック的に減少させるので，結果的にヘキソキナーゼの活性は，その下流の代謝速度に応答して調節されていると考えられる．

4.2.2 発　酵
(1) 発酵とは
　広義には，微生物の働きにより有機化合物が変化する現象を**発酵** (fermentation)と呼ぶ．さらに，紅茶製造における茶の発酵，つまり茶葉のポ

リフェノールオキシダーゼによる酸化を主体とした工程などのように，植物を対象にした変化を含めることもある．一般には，炭水化物が微生物によって嫌気的に分解されることを発酵という．しかし，酢酸発酵やアミノ酸発酵などのように，好気的な微生物の生育において起こる変化も含まれる．一般にはアルコール発酵やアミノ酸発酵のように，発酵によって生成する主生成物を主体にして○○発酵と呼ぶが，おもに米国においては，分解される化合物を主体にして○○発酵と呼んだ時代があった．酵母によるアルコール発酵やグリセロール発酵，乳酸菌による乳酸発酵などが代表的であり，それらのメカニズムは以下に述べるようにEMP経路により理解することができる．なお産業界では，微生物による有用物質の生産を発酵と呼ぶことがあり，上に述べたように，細菌によるアミノ酸発酵や核酸発酵，糸状菌による有機酸発酵などが知られている．

(2) 酵母によるアルコール発酵とグリセロール発酵

グルコースからEMP経路を経て生成したピルビン酸は，ピルビン酸デカルボキシラーゼによって脱炭酸を受けてアセトアルデヒドになる．ついでアセトアルデヒドは，アルコールデヒドロゲナーゼの作用を受けてエタノールに還元される．このときEMP経路において生成した2分子のNADHが利用される．これがアルコール発酵である．清酒，ビール，ワインなどの醸造酒は，いずれも酵母 *Saccharomyces cerevisiae* のアルコール発酵によってつくられる．

グリセロール発酵では，酵母の培養液中に亜硫酸ナトリウムを添加する．亜硫酸イオンは酵母菌体内でアセトアルデヒドに付加するが，この付加物はNADHの水素受容体とはなりえない．菌体内では代わりにジヒドロキシアセトンリン酸がNADHにより還元を受け，グリセロールが生成する（図4.2, 反応⑭, ⑮）．

(3) 乳酸発酵

ある種の乳酸菌はグルコースから乳酸を50％以上の転換率で生成させる．これを乳酸発酵という．グルコースから乳酸2分子のみが生成する乳酸発酵の形式をホモ乳酸発酵と呼ぶ．ホモ乳酸発酵は解糖系と同じ過程（図4.2, 反応①→⑪）である．

$$C_6H_{12}O_6 \longrightarrow 2\ CH_3CH(OH)COOH$$

乳酸発酵にはこのほかに，酢酸，アルコール，糖アルコールなど乳酸以外の生産物を含む場合があり，この発酵形式をヘテロ乳酸発酵と呼んでいる．乳酸菌の種類により生産される乳酸はL型，D型，ならびにDL型とエナンチオマー的に特異性がある．DL型は乳酸ラセマーゼの作用で生成する．乳酸発酵は，チーズや発酵乳（ヨーグルト）などの製造ばかりでなく，清酒，ワインなどの醸造酒やみそ，醤油，漬物などの発酵食品の香味形成にも重要な役割を果たしている．

4.2.3 クエン酸回路

(1) ピルビン酸デヒドロゲナーゼ複合体

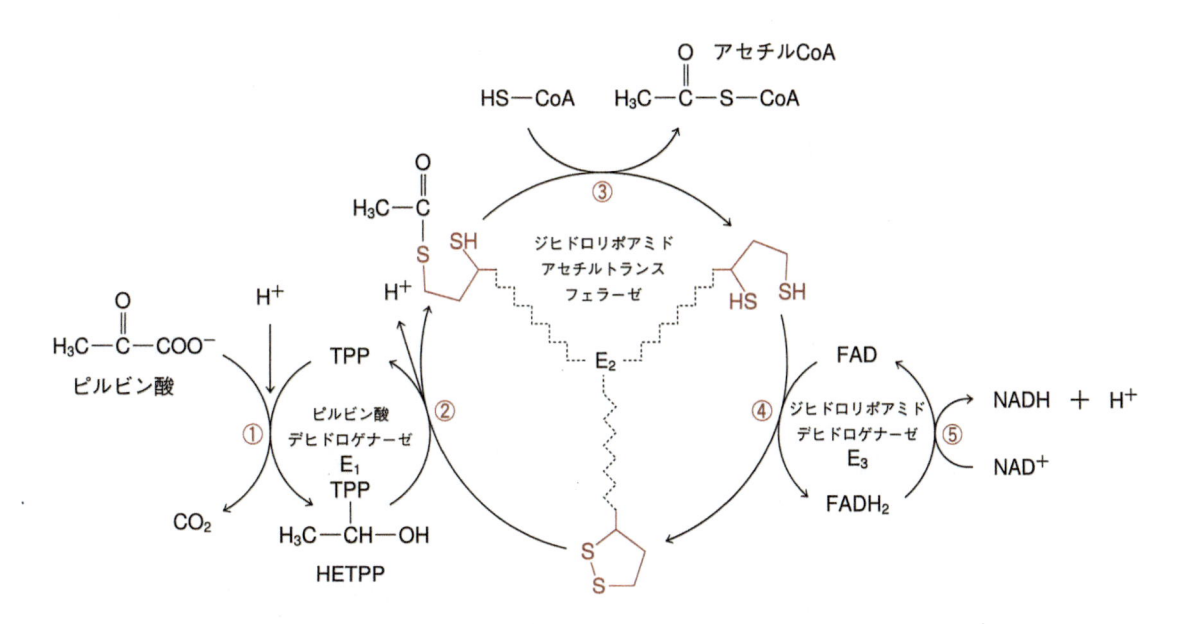

EMP経路で生成したピルビン酸は，ピルビン酸デヒドロゲナーゼ複合体によって酸化的脱炭酸を受けて**アセチルCoA**(acetyl CoA)に変換されたあとクエン酸回路に入り，好気的条件下で二酸化炭素と水に完全酸化される．真核生物ではピルビン酸はミトコンドリアに入ったのち，ミトコンドリアマトリックスに存在するピルビン酸デヒドロゲナーゼ複合体によって酸化的脱炭酸を受ける．原核生物においては，この複合体は細胞質ゾルに存在する．この複合体は，少なくとも3種類の酵素(E_1：ピルビン酸デヒドロゲナーゼ，E_2：ジヒドロリポアミドアセチルトランスフェラーゼ，E_3：ジヒドロリポアミドデヒドロゲナーゼ)がそれぞれ複数分子ずつ会合した超分子複合体である．複合体の構成成分となる各酵素はそれぞれホモポリマーまたはヘテロオリゴマー構造のサブユニット構造をとるので，複合体全体の分子量は，大腸菌では500万，哺乳動物では700万以上にも及ぶ．その反応は2種類の補酵素(CoAとNADH)と3種類の補欠分子族(TPP，リポ酸，FAD)を必要とし，全部で5段階の反応からなる(図4.4)．

図4.4 ピルビン酸デヒドロゲナーゼ複合体の反応
赤で描いたリポアミド補欠分子族は，E_2のリシン残基の側鎖にリポ酸がアミド結合している．この補欠分子族は振り子のように動いて，ピルビン酸デヒドロゲナーゼの活性部位からジヒドロリポアミドアセチルトランスフェラーゼの活性部位に2炭素原子単位を運ぶ．次に振り子は水素原子をジヒドロリポアミドデヒドロゲナーゼの活性部位に運ぶ．

(2) クエン酸回路

以上のようにして生成したアセチルCoAは，**オキサロ酢酸**(oxaloacetic acid)と縮合することによって**クエン酸回路**(citric acid cycle，図4.5)に流れ込む．クエン酸回路は，**トリカルボン酸回路**(tricarboxylic acid cycle；略称，TCA回路)とも，また発見者の名にちなんで**Krebs回路**とも呼ばれている．クエン酸回路の酵素群は，一つの酵素を除き，真核生物ではミトコンドリアのマトリックスに，また原核生物では細胞質ゾルに存在する．

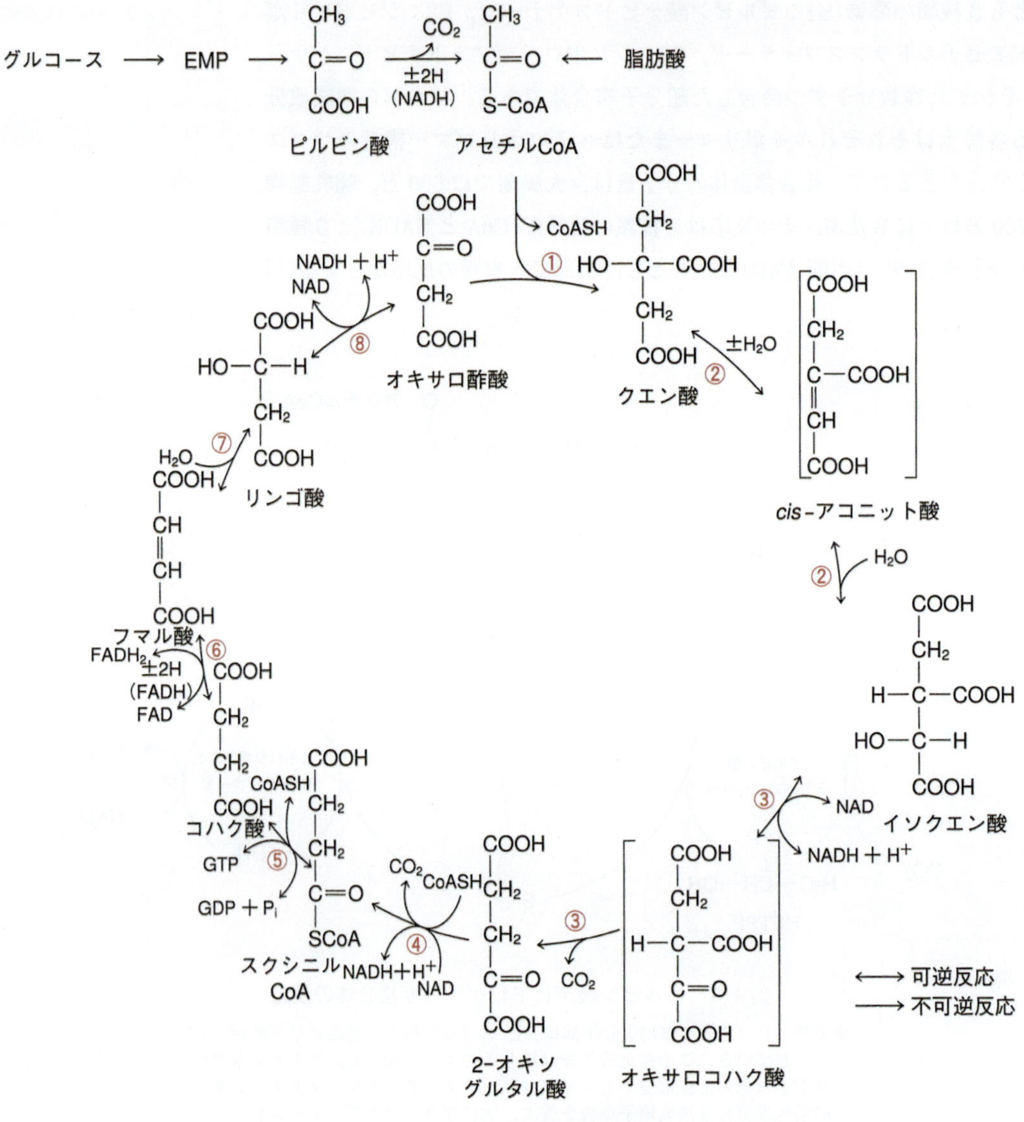

図4.5 クエン酸回路

① クエン酸シンターゼ，② アコニット酸ヒドラターゼ，③ イソクエン酸デヒドロゲナーゼ，④ 2-オキソグルタル酸デヒドロゲナーゼ複合体，⑤ スクシニルCoAシンテターゼ，⑥ コハク酸デヒドロゲナーゼ複合体，⑦ フマル酸ヒドラターゼ，⑧ リンゴ酸デヒドロゲナーゼ

① クエン酸シンターゼ(citrate synthase)によりアセチル CoA がオキサロ酢酸と縮合し，クエン酸(citric acid)が生成する．

② ついでアコニット酸ヒドラターゼ(aconitate hydratase)がクエン酸とイソクエン酸との間の異性化反応を触媒する．アコニット酸ヒドラターゼの名称は，中間体として生成する cis-アコニット酸にちなんでいる．イソクエン酸には四つの光学異性体が可能であるが，この酵素の生成物はそのうちの一つ(2R, 3S-イソクエン酸)のみである．

③ イソクエン酸デヒドロゲナーゼ(isocitrate dehydrogenase)は，NAD^+を補酵素としてイソクエン酸の酸化的脱炭酸を触媒し，2-オキソグルタル酸(2-oxoglutaric acid)を生成する．

④ 2-オキソグルタル酸はこの段階で 2-オキソグルタル酸デヒドロゲナーゼ複合体(2-oxoglutarate dehydrogenase complex)によって酸化的脱炭酸を受けてスクシニル CoA を生成する．2-オキソグルタル酸はピルビン酸と同様に 2-オキソ酸であり，その酸化的脱炭酸反応は，ピルビン酸デヒドロゲナーゼ複合体の反応とたいへんよく似た反応である．すなわち 2-オキソグルタル酸デヒドロゲナーゼ複合体も 3 種類の酵素による超分子複合体〔E1：2-オキソグルタル酸デヒドロゲナーゼ(TPP 依存性)，E2：ジヒドロリポアミドスクシニルトランスフェラーゼ(リポアミド依存性)，E3：ジヒドロリポアミドデヒドロゲナーゼ(FAD 依存性)〕であり，反応に関与する補酵素や補欠分子族の種類，ならびにそれらの反応機構上の役割も同様である．この反応の結果，生成したスクシニル CoA は高エネルギーチオエステル化合物である．

⑤ スクシニル CoA 分子中に蓄えられている自由エネルギーは，スクシニル CoA シンテターゼ反応により GTP 分子に移される．この過程は基質レベルのリン酸化である．ヌクレオシド二リン酸キナーゼ反応

$$GTP + ADP \longrightarrow ATP + GDP$$

によって，GTP から ATP が生成しうるので，GTP の生成は ATP の生成と等価である．

⑥ コハク酸デヒドロゲナーゼ複合体の作用によって，コハク酸は水素原子 2 個を失いフマル酸になる．クエン酸回路の他のすべての酵素が可溶性酵素であるのとは対照的に，この酵素は膜結合型であり，真核生物の場合はミトコンドリア内膜に，また原核生物の場合は細胞膜に存在している．この酵素は補欠分子族として FAD と鉄－硫黄クラスターを含んでおり，水素原子はコハク酸から FAD に移される($FADH_2$ の生成)．

⑦ フマル酸ヒドラターゼ(fumarate hydratase)の作用でフマル酸に水が付加し，リンゴ酸が生成する．二重結合への水の付加は立体特異的で，生成物のリンゴ酸は L 体のみである．

⑧ リンゴ酸がリンゴ酸デヒドロゲナーゼ(malate dehydrogenase)の作用により

脱水素を受けてオキサロ酢酸が再生する．このとき1分子のNADHを生成する．

(3) クエン酸回路から何分子のATPが生じるか

アセチルCoA 1分子がクエン酸回路を1回転する間に，次のような反応が完結する．

$$\text{アセチル CoA} + 3\,\text{NAD}^+ + \text{FAD} + \text{GDP} + \text{P}_i + 2\,\text{H}_2\text{O}$$
$$\longrightarrow \text{CoA-SH} + 3\,\text{NADH} + \text{FADH}_2 + \text{GTP} + \text{CO}_2 + 2\,\text{H}^+$$

NADHやFADH$_2$はミトコンドリア内膜の電子伝達系において酸化され，ATP生産のためのエネルギー源となる．この過程は**酸化的リン酸化**(oxidative phosphorylation)と呼ばれる(**4.3**参照)．この酸化的リン酸化により，NADHとFADH$_2$は1分子あたりにそれぞれ3分子および2分子のATPをうみだすと仮定し，基質レベルのリン酸化により生成する1分子のGTP(= ATP)も考慮に入れると，アセチルCoA 1分子が回路を1回転するごとに，12分子のATPが生成することになる．グルコース1分子がEMP経路，ピルビン酸デヒドロゲナーゼ複合体の反応(2回)およびクエン酸回路(2回転)を経て好気的に完全分解された場合について同様の計算を行うと表4.1のようになり，理論上はグルコース1分子から38分子のATPが生成することがわかる．

表4.1 **EMP経路とクエン酸回路を通じてグルコース1分子から生成するATPや還元剤の分子数**

経路	基質レベルのリン酸化で生じるATP分子数	生成する還元剤の分子数 NADH	FADH$_2$
EMP経路	2	2	0
ピルビン酸デヒドロゲナーゼ複合体(2回)	0	2	0
クエン酸回路(2回転)	2	6	2
小計	4	10	2

NADHから酸化的リン酸化により生成するATP：
(3 ATP/NADH) ×10 NADH = 30 ATP
FADH$_2$から酸化的リン酸化により生成するATP：
(2 ATP/FADH$_2$) × 2 NADH = 4 ATP
基質レベルのリン酸化により生成するATP： 4 ATP
合計 38 ATP

(4) クエン酸回路の代謝的意義

クエン酸回路の中間体の多くは他の生体物質の前駆体となり，また逆に他の生体物質の異化過程でクエン酸回路の中間体が生成して回路に流れ込む．したがって，クエン酸回路が単に糖の異化経路としてのみ機能していると考えるのは誤りである．クエン酸回路はいくつかの代謝経路の交差点であり，異化と生

表 4.2 クエン酸回路の中間体の代謝的意義

クエン酸回路の中間体	関連するおもな代謝
アセチル CoA	脂肪酸の分解産物
クエン酸	脂肪酸とステロイド化合物の前駆体
2-オキソグルタル酸	アミノ酸（グルタミン酸）の前駆体であり分解産物
スクシニル CoA	ポルフィリン化合物の前駆体
	奇数鎖脂肪酸やアミノ酸の分解産物
オキサロ酢酸	糖新生やアミノ酸（アスパラギン酸など）の前駆体
	窒素（核酸など）代謝関連化合物の前駆体

合成（同化）の両方において枢要な位置を占めているといえる．クエン酸回路に関連のあるおもな代謝を表 4.2 にまとめた．

(5) クエン酸回路の調節

クエン酸回路の回転速度は，主としてアセチル CoA の流入量により調節されている．糖由来のアセチル CoA の量は，ピルビン酸デヒドロゲナーゼ複合体の活性の調節により直接制御することができる．ピルビン酸デヒドロゲナーゼ複合体は，前述のように E1, E2, E3 の三つの酵素成分から構成されているが，このうち E2 と E3 はそれぞれの基質により活性化され，生成物により阻害を受ける．すなわち E2 の反応は CoA により促進され，アセチル CoA により阻害され，E3 の反応は NAD^+ により促進され，NADH により阻害される．NAD^+ や CoA の蓄積は，クエン酸回路によるエネルギー生産を促すシグナルと考えられる．また，哺乳類ではさらに E1 が，酵素タンパク質のリン酸化・脱リン酸による共有結合的な活性調節を受けることが知られている．

4.2.4 糖新生

糖以外の物質（乳酸・アラニンなど）からグルコースを生合成する過程を**糖新生**（gluconeogenesis）と呼ぶ．生物にとってグルコースはつねに十分に供給されるとは限らないので，ほとんどの生物は糖新生経路をもっている．哺乳動物では糖新生はおもに肝臓において行われる．たとえば，酸素の供給が不十分な骨格筋では ATP の生産はもっぱら解糖系によって行われ，その結果，大量の乳酸が蓄積する．この乳酸は血液により肝臓に運ばれ，そこで糖新生によりグルコースに変換されてエネルギーの獲得に使われ，また一部はグリコーゲンに変換されエネルギー源として貯蔵される．乳酸やアラニンはともにピルビン酸に変換されてから糖新生に流入していくので，ここではピルビン酸を出発物質とする糖新生の過程について述べる．

ピルビン酸からグルコースへの糖新生過程の多くは EMP 経路の反応の逆行である．糖新生の経路を EMP 経路と対応させて図 4.6 に示す．EMP 経路を構成する反応のうちの七つは可逆平衡反応であり，糖新生においてもそれらが利用される．EMP 経路には不可逆な反応が 3 箇所（ヘキソキナーゼ，ホスホフル

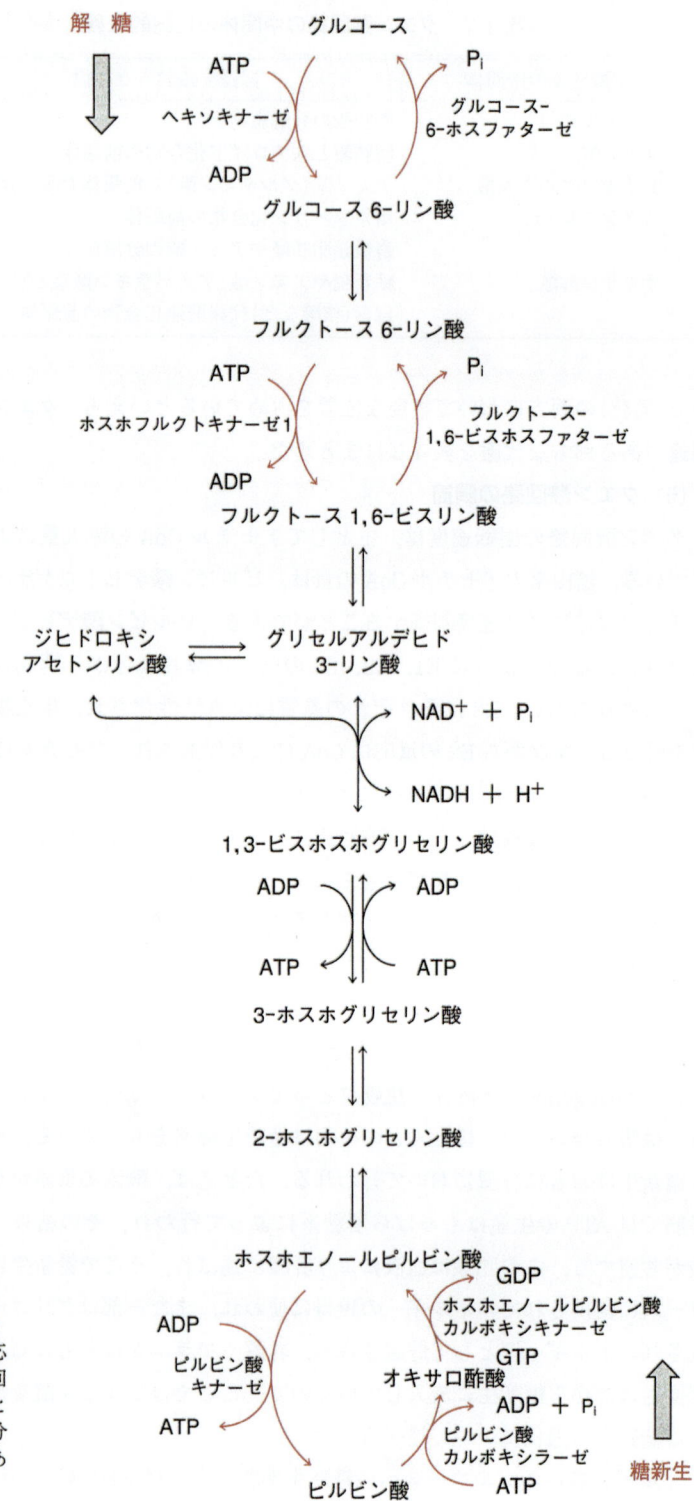

図 4.6　糖新生と EMP 経路の比較
解糖における代謝的に不可逆な三つの反応（赤）は，糖新生に特有の四つの反応で迂回される．どちらの経路もトリオース段階とヘキソース段階からなる．グルコース 1 分子の生成にはピルビン酸 2 分子が必要である．

クトキナーゼ，ピルビン酸キナーゼ）あり，これらの部分は糖新生に特有な反応を用いて迂回し，さかのぼらなければならない．糖新生においてピルビン酸はまずピルビン酸カルボキシラーゼによりカルボキシル化されオキサロ酢酸となる．この反応は ATP の加水分解と共役する．ついで，オキサロ酢酸はホスホエノールピルビン酸カルボキシキナーゼによりホスホエノールピルビン酸に変換される．この反応では脱炭酸反応にともなって GTP からリン酸基が転移される．ホスホエノールピルビン酸からフルクトース 1,6-ビスリン酸までの反応は，EMP 経路における可逆平衡反応を利用してこれを逆行することによって行われる．このうち 3-ホスホグリセリン酸から 1,3-ビスホスホグリセリン酸への変換過程では，ATP がリン酸化反応のために利用され，またそれに続く 1,3-ビスホスホグリセリン酸の還元のために NADH と H^+ が消費される．ついで，フルクトース 1,6-ビスリン酸はフルクトース-1,6-ビスホスファターゼによりフルクトース 6-リン酸に変換される．解糖系においては，この逆の過程はホスホフルクトキナーゼ 1 により触媒される不可逆過程である．次に EMP 経路の反応を利用してフルクトース 6-リン酸をグルコース 6-リン酸に異性化し，続いて糖新生に特有な酵素であるグルコース-6-ホスファターゼによりグルコース 6-リン酸が脱リン酸を受けてグルコースとなる．グルコース 1 分子の新生のためにピルビン酸 2 分子が必要であり，その正味の反応は次のようになる．

$$2 \text{ピルビン酸} + 4\,\text{ATP} + 2\,\text{GTP} + 6\,H_2O + 2\,\text{NADH} + H^+$$
$$\longrightarrow \text{グルコース} + 2\,\text{NAD}^+ + 4\,\text{ADP} + 2\,\text{GDP} + 6\,P_i$$

すなわち，EMP 経路では正味 2 分子の ATP が生成したのに対し，糖新生ではピルビン酸からグルコースを生成するために 6 分子の ATP が必要である（GTP は ATP と等価と考える）．

ピルビン酸や糖新生の他の中間体に変換されうる化合物はすべてグルコースを生成しうる．たとえば，クエン酸回路の中間体はすべてオキサロ酢酸を経由して糖新生経路に流入しうる．また乳酸は乳酸デヒドロゲナーゼにより酸化されてピルビン酸となり，糖新生の基質となる．いくつかのアミノ酸（アラニン，システイン，セリン，アスパラギン酸，グルタミン酸）はピルビン酸かオキサロ酢酸に代謝されるので，糖新生経路に流入しうる．

4.2.5 ペントースリン酸経路

グルコースがヘキソキナーゼによりリン酸化を受けて生成したグルコース 6-リン酸は，解糖系によって代謝されるだけでなく，あとで述べるようにグリコーゲン合成の前駆体ともなりうるし，また**ペントースリン酸経路**（pentose phosphate pathway）と呼ばれる代謝経路でも代謝されうる．このペントースリン酸経路は，解糖系とは異なる次の二つの生理的意義をもつ重要な代謝経路である．

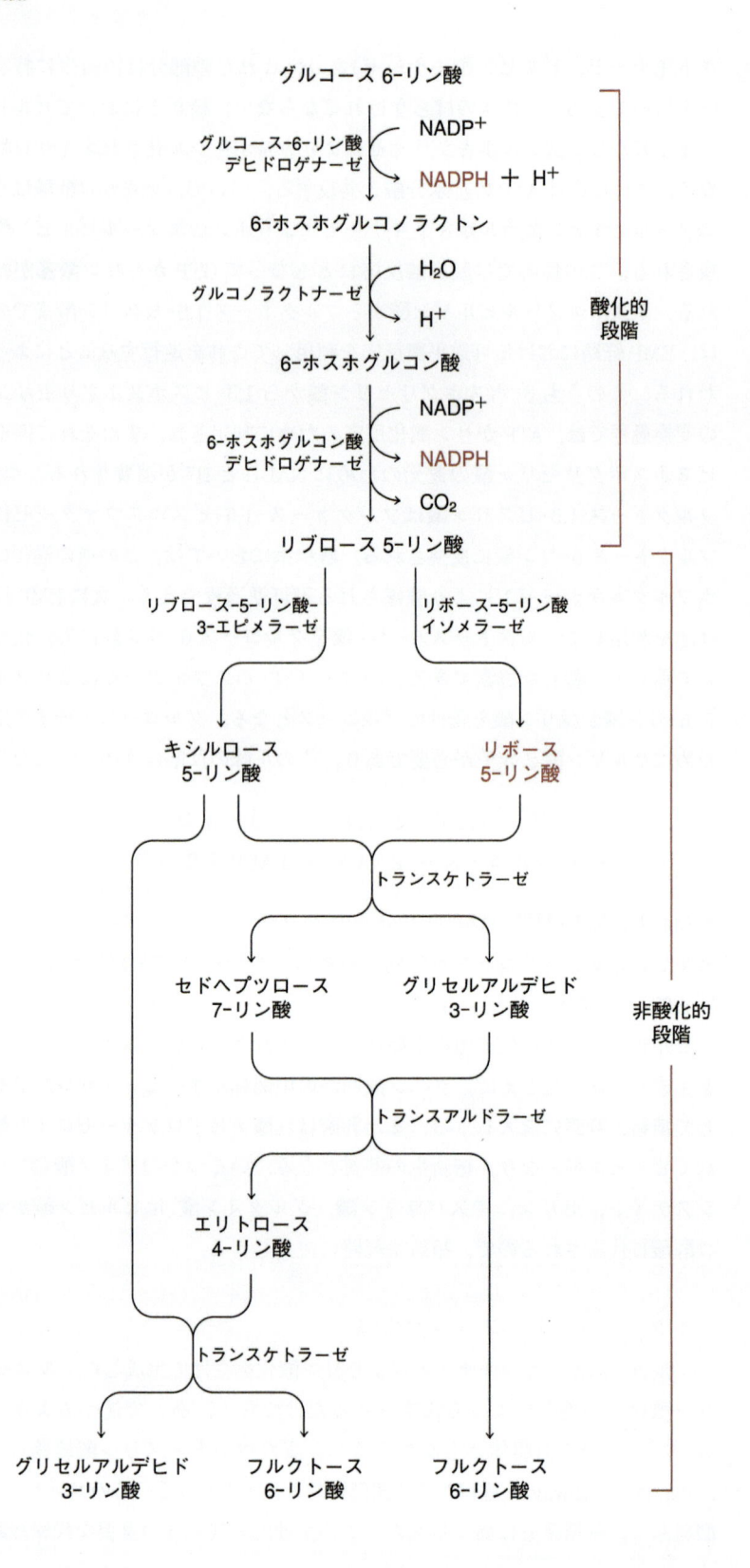

図 4.7　ペントースリン酸経路
経路の酸化的段階では，5 個の炭素をもつ糖リン酸のリブロース 5-リン酸とともに NADPH を生じる．非酸化的段階では，解糖の中間体グリセルアルデヒド 3-リン酸とフルクトース 6-リン酸を生じる．

① 生体物質の生合成に必要な還元力(NADPH)の供給
② 核酸や補酵素の構成成分となるリボース 5-リン酸の供給

　ペントースリン酸経路は酸化的段階と非酸化的段階の二つの部分に大きく分けることができる(図 4.7). まず,酸化的過程においてグルコース 6-リン酸は 3 種類の酵素の作用によりリブロース 5-リン酸(ribulose 5-phosphate)に酸化され,二酸化炭素と合計 2 分子の NADPH を生成する. 後に続く非酸化的過程においてリブロース 5-リン酸が受ける反応には 2 種類ある. 一つはリボース-5-リン酸イソメラーゼによるリボース 5-リン酸(ribose 5-phosphate)への異性化であり,もう一つはリブロース-5-リン酸-3-エピメラーゼによるキシルロース 5-リン酸へのエピマー化である. リボース 5-リン酸の一部は核酸や補酵素の前駆体として利用される. 非酸化的過程の残りの部分は,リボース 5-リン酸とキシルロース 5-リン酸から解糖系の代謝中間体であるグリセルアルデヒド 3-リン酸とフルクトース 6-リン酸を生じる経路である. グリセルアルデヒド 3-リン酸とフルクトース 6-リン酸は糖新生によりグルコース 6-リン酸に変換されうるので,ペントースリン酸経路は糖新生経路の一部とともに一つの回路を形成していることになる. グルコースがペントースリン酸経路を 1 回通過するごとに,その炭素の一つが 1 分子の二酸化炭素に変換され,残りは再利用される. 糖新生経路の一部を経てペントースリン酸経路が 6 回まわると,グルコース 1 分子が 6 分子の二酸化炭素に変換されることになる.

4.2.6　グリコーゲンの分解および合成とその調節
(1) グリコーゲンの分解

　グリコーゲン(glycogen)は動物の貯蔵多糖であり,哺乳動物においては筋細胞と肝細胞に顆粒として存在する. グルコースが豊富に存在するときには,動物はこれをグリコーゲンに変換して蓄え,グルコースが不足すると,このグリコーゲンを分解してエネルギー源として利用する. グリコーゲンからグルコース残基を遊離させるのは,ピリドキサールリン酸(ビタミン B_6)依存性のグリコーゲンホスホリラーゼ(glycogen phosphorylase)という酵素である. この酵素はグリコーゲンの**加リン酸分解**(phosphorolysis)を触媒するので,反応生成物はグルコースではなくグルコース 1-リン酸(glucose 1-phosphate)である. この酵素はグリコーゲンの非還元末端から $\alpha(1\rightarrow 4)$ 結合に作用して,グルコース 1-リン酸を一つずつ遊離する. グルコース 1-リン酸はホスホグルコムターゼの作用によりグルコース 6-リン酸に変換され,解糖系,ペントースリン酸経路,グリコーゲン合成に利用される. またグルコース 6-リン酸はグルコース 6-ホスファターゼの作用によりグルコースを生成しうる.

　グリコーゲンには $\alpha(1\rightarrow 6)$ 結合を介した分枝鎖が多数存在するが,グリコーゲンホスホリラーゼは $\alpha(1\rightarrow 6)$ 結合には作用できず,分枝鎖の非還元末端側の 4 グルコース残基手前で酵素の作用が止まる. その結果,この酵素がグリコー

加リン酸分解
　分子にオルトリン酸(H_3PO_4)が加わって分解する下記の反応をいう. この反応を触媒する酵素を総称してホスホリラーゼという.

$R^1-R^2 + H_3PO_4 \rightleftharpoons$
$R^1-OPO_3H_2 + R^2-H$

ゲンに作用したあとには，分枝鎖の非還元末端側に四つのグルコース残基を残した**限界デキストリン**(limited dextrin)と呼ばれるものが残る．生体内では，この限界デキストリンに4-α-グルカノトランスフェラーゼやアミロ-1,6-グルコシダーゼが作用することにより，非還元末端側に長いアミロース(α-1,4-グルカン)部分が生成するので，再びグリコーゲンホスホリラーゼの作用を受けるようになる(図4.8)．

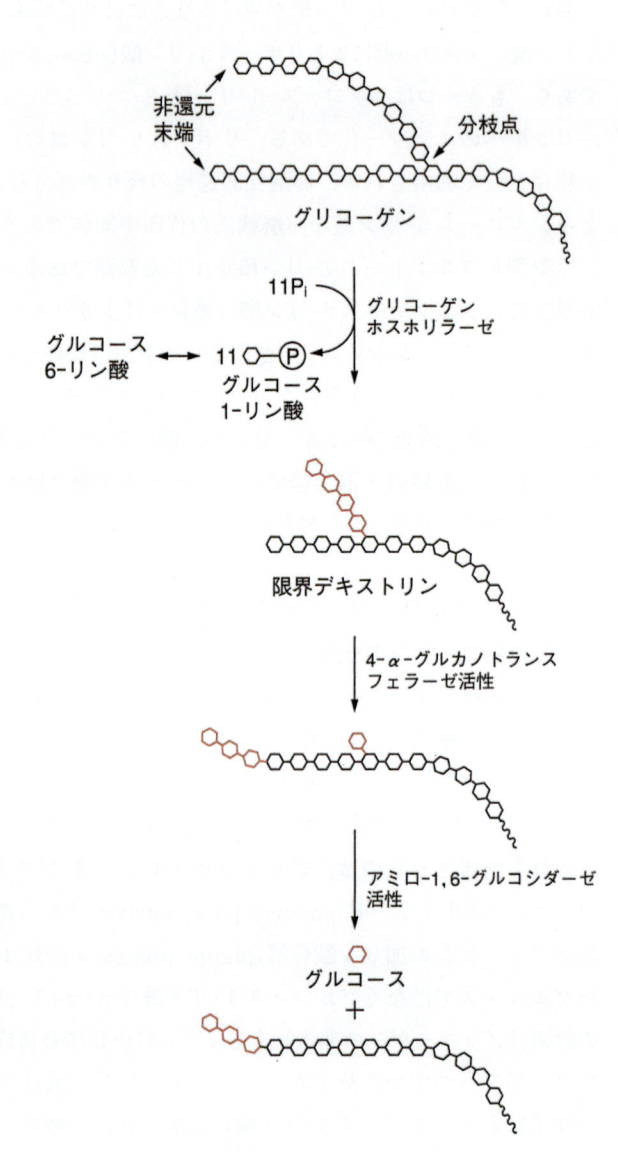

図4.8 グリコーゲンの分解
グリコーゲンホスホリラーゼはグリコーゲン鎖の加リン酸分解を触媒するが，その際に遊離されたグルコースはすべてグルコース1-リン酸になり，α(1→6)分枝点から4残基目で反応が止まる．さらに分解を進めるためにはグリコーゲン枝切り酵素の二つの活性が必要である．4-α-グルカノトランスフェラーゼ活性は，限界デキストリンの枝側についたグルコースの三量体を主鎖の遊離末端へ転移させる．アミロ-1,6-グルコシダーゼ活性は，分枝点に残ったα(1→6)結合のグルコース残基を加水分解して遊離させる．

(2) 生合成

一方，グルコースからのグリコーゲンの生合成は，上述の分解とは別の経路で進行する(図4.9)．グルコースはヘキソキナーゼによってグルコース6-リン酸に変換され，ついでホスホグルコムターゼによってグルコース1-リン酸とな

```
              グルコース6-リン酸
                   ↑↓  ホスホグルコムターゼ
              グルコース1-リン酸
                   │ ╲  UTP
   UDPグルコース    │
   ピロホスホリラーゼ│ ╱→ PPi
                   ↓
              UDPグルコース
                   │   マルトオリゴ糖または
   グリコーゲン    │ ╲ グリコーゲン
   シンターゼ      │      (n残基)
                   │ ╱→ UDP
                   ↓
              グリコーゲン
               (n+1残基)
```

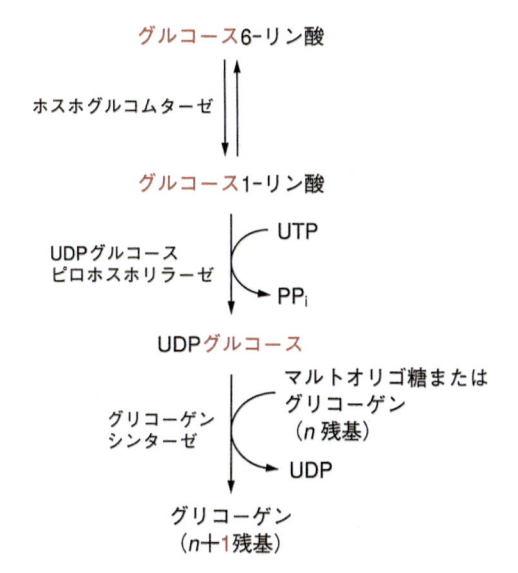

図 4.9　グリコーゲンの生合成

る．グルコース1-リン酸はUDPグルコースピロホスホリラーゼによって糖ヌクレオチドの一つであるUDPグルコースに変換される．このUDPグルコースがグリコーゲンの直接の前駆体である．

　グリコーゲンの生合成には，4〜8残基のグルコースが$\alpha(1\to4)$結合で連結したマルトオリゴ糖鎖がプライマーとしてまず必要である．このオリゴ糖プライマーは還元末端のヒドロキシル基を介してグリコゲニンというタンパク質(分子量37,000)に結合している．グリコーゲンシンターゼは，このグリコゲニンに結合したマルトオリゴ糖鎖の非還元末端に存在するグルコースの4位のヒドロキシル基に，UDPグルコースのグルコース残基を転移させ，$\alpha(1\to4)$結合で連結したグルコースの鎖を伸長していく．

　グリコーゲン分子中の枝分れは，アミロ$(1,4\to1,6)$トランスグリコシラーゼによってつくられる．枝分れの存在は，グリコーゲン1分子あたりの還元末端の数を増加させる．上で述べたように，グリコーゲンの分解は非還元末端側から始まるので，グルコース動員速度は枝分れの数が多いほど大きい．完成したグリコーゲン分子には，グリコゲニンが1分子結合している．

(3) 調節

　グリコーゲンホスホリラーゼとグリコーゲンシンターゼは，そのリン酸化と脱リン酸によって活性の調節を受ける．動物組織では，グリコーゲンの分解と合成の調節は，ホルモンの作用を介したこれらの酵素のリン酸化と脱リン酸によって行われる．グリコーゲンホスホリラーゼはリン酸化型が活性が高く，脱リン酸型は活性が低い．逆に，グリコーゲンシンターゼはリン酸化型が活性が低く，脱リン酸型は活性が高い．いずれの酵素でも，活性が高いほうをa型，低いほうをb型と呼ぶ．

　グリコーゲンホスホリラーゼもグリコーゲンシンターゼも，そのリン酸化型

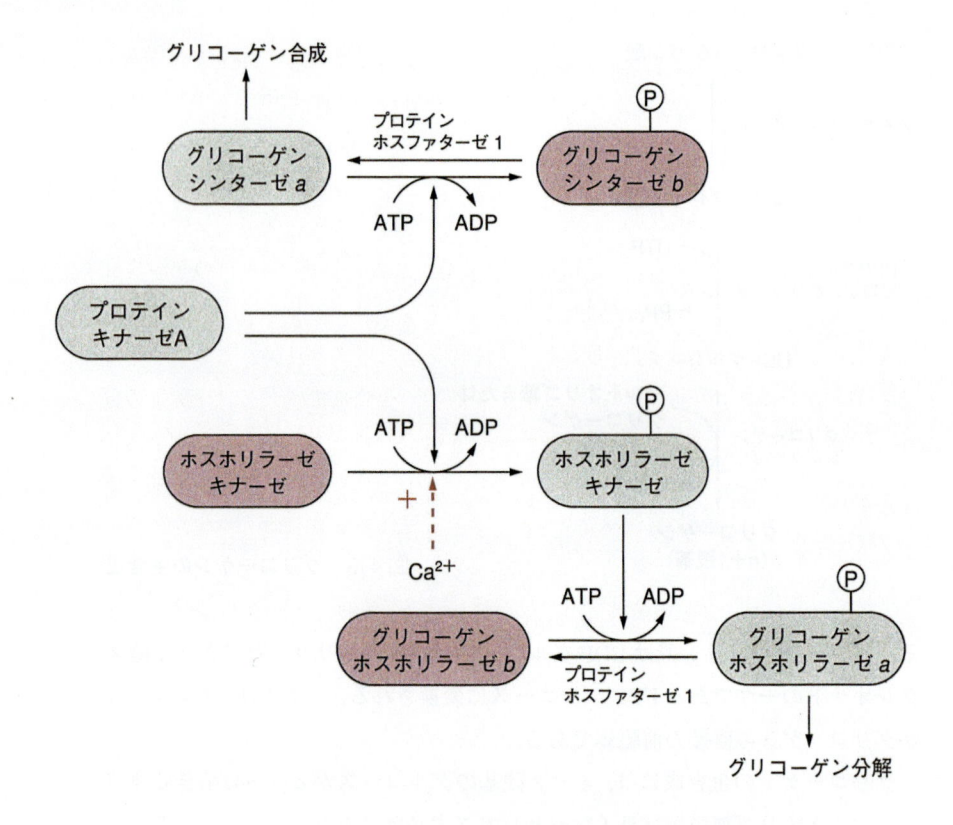

図 4.10　グリコーゲンホスホリラーゼの活性化とグリコーゲンシンターゼの不活性化
プロテインキナーゼAによるリン酸化反応でグリコーゲン分解が高まる．

から脱リン酸型への変換はプロテインホスファターゼ1によって行われる(図4.10)．すなわち，プロテインホスファターゼ1はグリコーゲンホスホリラーゼの不活性化と，グリコーゲンシンターゼの活性化を行う．肝臓ではプロテインホスファターゼ1にはグリコーゲンホスホリラーゼ *a* が強く結合しており，プロテインホスファターゼ活性が阻害されている．細胞内分子数はグリコーゲンホスホリラーゼ *a* のほうがプロテインホスファターゼ1よりも多いので，プロテインホスファターゼ1はほぼ完全に阻害されており，グリコーゲンシンターゼは不活性な *b* 型(リン酸化型)に保たれている．

　ホルモン(インスリン)の作用によって細胞内グルコース濃度が上昇すると，グルコースはグリコーゲンホスホリラーゼ *a* に結合する．グルコースはグリコーゲンホスホリラーゼ *a* のアロステリックエフェクターであり，結合によってグリコーゲンホスホリラーゼ *a* のコンホメーションが変化して，プロテインホスファターゼ1が解離する．解離したプロテインホスファターゼ1はグリコーゲンホスホリラーゼ *a* を脱リン酸して *b* 型に変換するとともに，グリコーゲンシンターゼを *b* 型から *a* 型に変換する．すなわち，グルコース濃度の上昇によってグリコーゲンの分解が抑制され，グリコーゲン合成が促進されること

になる．

　一方，グリコーゲンホスホリラーゼ b のリン酸化はホスホリラーゼキナーゼによって行われる．このホスホリラーゼキナーゼそのものも，リン酸化・脱リン酸による活性の調節を受け，プロテインキナーゼAによってリン酸化され活性型となる．プロテインキナーゼAはホスホリラーゼキナーゼのリン酸化も行う．グルコース濃度が低いとホルモン（アドレナリンやグルカゴン）の作用を介してプロテインキナーゼAが活性化され，ホスホリラーゼキナーゼをリン酸化することによってこれを活性化する．活性化されたホスホリラーゼキナーゼはグリコーゲンホスホリラーゼ b を a 型に変換し，その結果，グリコーゲンの分解が促進される．またプロテインキナーゼAはグリコーゲンシンターゼ a を b 型に変換し，グリコーゲンの合成を抑制する．すなわち，グルコース濃度の減少によってグリコーゲンの分解が促進され，グリコーゲン合成が抑制されることになる．

　さて，以上に見てきたように，グリコーゲンの合成と分解は血液中のグルコース濃度によって制御されているが，これは3種類のホルモン（グルカゴン，アドレナリン，インスリン）の作用と密接な関係がある．グルカゴンは血中グルコース濃度の減少に応答して膵臓から分泌される．グルカゴンが細胞表面上にあるその受容体に結合すると，いくつかの過程を経て細胞内にcAMPが合成される．cAMPはプロテインキナーゼAの活性化剤である．また，グルコースの必要性が急激に高まった生理的条件下では，副腎からアドレナリンが分泌される．アドレナリンもグルカゴンと同様な作用をもち，細胞内cAMP濃度の上昇をもたらし，プロテインキナーゼAを活性化する．このようにしてグルカゴンもアドレナリンもグリコーゲンの分解を促進する．一方，血中のグルコース濃度が高くなると，膵臓の β 細胞からインスリンが分泌される．インスリンは細胞表面上にあるグルコース輸送担体によるグルコースの細胞内への取り込み速度を増大させて細胞内グルコース濃度を上昇させ，プロテインホスファターゼ1を活性化し，グリコーゲンの分解抑制・合成促進をもたらす．

4.2.7　光合成

(1) 光合成とは

　光合成は，光のエネルギーを利用して，二酸化炭素（CO_2）と還元剤（たとえば水）から炭水化物（一般式 $[CH_2O]$）を合成する過程である．

$$CO_2 + H_2O \longrightarrow [CH_2O] + O_2$$

　光合成を行う生物を光合成生物と呼び，すべての植物，藻類，ラン藻（シアノバクテリア），一部の細菌（光合成細菌）がこれに含まれる．上の式の場合，CO_2 の還元剤は水であり，植物，藻類，ラン藻（シアノバクテリア）はすべてそのようなタイプの光合成を行う．一方，光合成細菌のなかには，還元剤として

水以外の化合物を利用するものがある．たとえば，紅色硫黄細菌は H_2O の代わりに H_2S を還元剤として用い，酸素の代わりに硫黄を生成する．

$$CO_2 + H_2S \longrightarrow [CH_2O] + 2S$$

地球上で光合成によって固定される炭素の量は1年あたり1000 t にも達する．光合成は，光エネルギーを生物一般に利用できる自由エネルギーに変換する過程と考えられるので，地球上のほとんどすべて生物はそのエネルギー源を光合成に依存しているといってよい．

(2) 光合成器官

植物や藻類など真核生物の光合成は**葉緑体**（クロロプラスト，chloroplast）で行われる（図4.11）．葉緑体は真核生物の細胞小器官の一つで，その内部にチラ

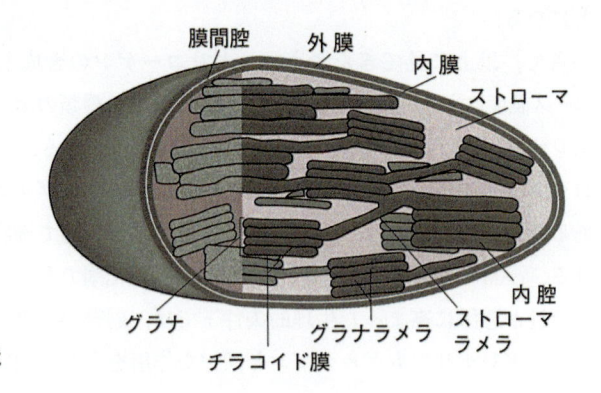

図4.11 葉緑体の構造

コイド膜(thylakoid membrane)と呼ばれる膜構造がある．チラコイド膜は積み重なって**グラナ**(grana)と呼ばれる構造を形成する．チラコイド膜やグラナ以外の領域を**ストロマ**(stroma)と呼ぶ．ラン藻や光合成細菌などの原核生物に

図4.12 クロロフィル *a* および *b*
クロロフィル *a* では R＝－CH_3，クロロフィル *b* では－CHO である．

は葉緑体のような細胞小器官は存在せず，これらの微生物では，光合成は**クロマトホア**(chromatophore)と呼ばれる発達した膜系において行われる．クロロプラストやクロマトホアは光合成色素を含んでおり，その種類は光合成生物の種類によって異なっている．高等植物の重要な光合成色素である**クロロフィル**(chlorophyll)の構造を図 4.12 に示す．

(3) 明反応と暗反応

光合成は，光が関与する**明反応**(light reaction)と光が関与しない**暗反応**(dark reaction)という二つの過程に大きく分けることができる．明反応は，光の吸収による励起分子の生成に始まり，電子移動を経て NADP と ATP を合成する光化学反応であり，チラコイド膜とグラナで起こる．一方，暗反応は明反応で合成された NADP と ATP を利用して炭酸固定反応によって炭水化物を合成する過程であり，ストロマで起こる．

(4) 明反応を構成する光化学系の構造と反応

明反応を構成するおもなものは，光化学系ⅠとⅡ，酸素発生複合体，シトクロム bf 複合体，および ATP シンターゼである(図 4.13)．二つの光化学系(ⅠとⅡ)はいずれもチラコイド膜に埋め込まれた多数の色素タンパク質の複合体である．ⅠとⅡは発見の順序に基づく命名であり，電子伝達の順序とは無関係である．光化学系を構成する色素タンパク質のうち，光によって励起されてエネルギー変換のための電子伝達系を始動させるのは，どちらの光化学系でも，クロロフィル a (図 4.12)を含む，special pair と呼ばれる二量体タンパク質のみである．光化学系Ⅰの special pair は 700 nm に極大吸収をもつため P700 と呼ばれ，光化学系Ⅱの special pair は同様にして P680 と呼ばれる．光化学系の他の色素タンパク質の多くは，光エネルギーを集めて special pair に伝達する役割のみを担っており，これらはアンテナ色素と呼ばれている．また，光化学系ⅠやⅡの構成員とはならない集光性の色素タンパク質複合体もチラコイド膜中に存在し，光化学系間の電子伝達に寄与している．

さて，明反応の過程は Z 図と呼ばれる図によってしばしば説明される(図 4.13)．これは光化学系の構成成分をその酸化還元電位でプロットしたものであり，図の上方に位置するほどエネルギー状態が高い．また光化学反応はこの図の左から右の方向に進行する．光エネルギーによって伝達される電子は，もともとは酸素発生複合体による水の分解で供給されるものである．

$$2\,H_2O \longrightarrow O_2 + 4\,H^+ + 4\,e^-$$

このようにして生成した電子は電子伝達体(Z)を介して P680 に受け渡される．熱力学的には不利な水の分解反応が起こりうるのは，電子で還元される前の P680 が強い酸化剤であり，その還元と共役しているからである．アンテナ分子によって捕捉された光エネルギーは P680 に集められ，これを励起する(P680*の生成)．水に由来する電子は，P680*からいくつかの電子伝達色素(プ

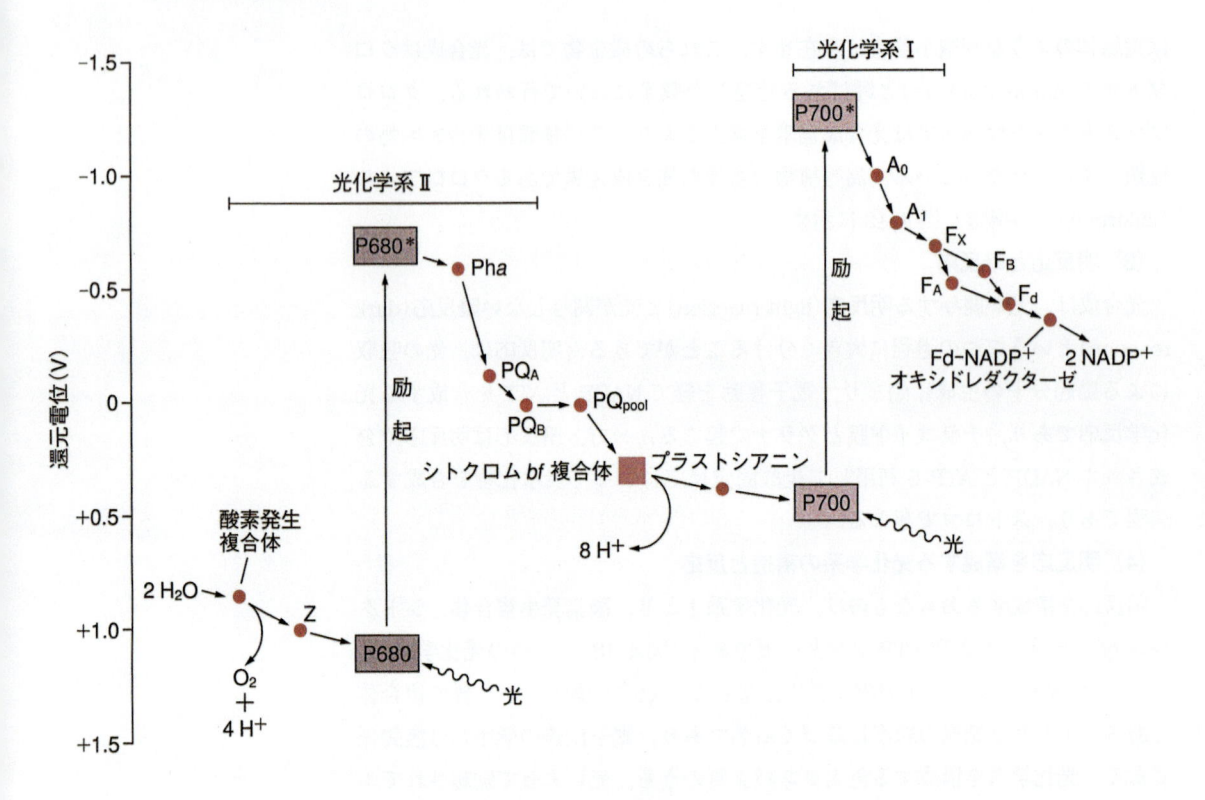

図 4.13　Z 図

還元電位と光合成における電子の流れの関係を示す．特異的二量体色素の P680 と P700 により吸収された光エネルギーは，上向きの電子の流れを駆動する．電子伝達体の還元電位は実験条件によって変化するため，おおよその値を示した．

略号　Z：P680 への電子供与体，Pha：フェオフィチン a，光化学系 II の電子受容体，PQ$_A$：光化学系 II に固く結合したプラストキノン，PQ$_B$：可逆的に結合したプラストキノンで光化学系 II により還元される，PQ$_{pool}$：PQ と PQH$_2$ からなるプラストキノンのプール，A$_0$：クロロフィル a，光化学系 I の最初の電子受容体，A$_1$：フィロキノン，F$_X$，F$_B$，F$_A$：鉄－硫黄クラスター，Fd：フェレドキシン．

ラストキノン)を介してシトクロム bf 複合体に伝達される．酸素発生複合体による電子の発生からここまでの過程が光化学系 II である．この過程で，チラコイド膜内腔にプロトンが放出され，チラコイド膜を介したプロトンの濃度勾配が生じる．このようなプロトンの濃度勾配を利用して，ATP シンターゼが ATP を合成する．この反応は光に依存した反応なので光リン酸化と呼ばれている．

一方，シトクロム bf 複合体に渡された電子は，プラストシアニンと呼ばれる膜内可動性の電子伝達体を介して光化学系 I 中の P700 に運ばれる．この P700 も光エネルギーにより励起されて励起状態(P700*)となり，電子は，各種の電子伝達体(フィロキノン，鉄－硫黄クラスター，フェレドキシン)を経由して NADP に渡され(NADPH の生成)，電子伝達が完結する．

以上の正味の結果として，次のような反応式が成立する．

$$2\,H_2O + 2\,ADP + 2\,P_i + 2\,NADP^+$$
$$\longrightarrow O_2 + 2\,ATP + 2\,NADPH + 2\,H^+ + 2\,H_2O$$

(5) 暗反応

暗反応では，空気中の二酸化炭素（CO_2）が固定されて炭水化物（一般式[CH_2O]）が生成する．明反応で生成した NADPH と ATP はこの過程で利用される．炭酸固定による炭水化物の合成反応は一つの回路を構成しており，**還元的ペントースリン酸回路**（reductive pentose phosphate cycle），**C_3 回路**（C_3 cycle）あるいは**カルビン-ベンソン回路**（Calvin-Benson cycle），**カルビン回路**（Calvin cycle）などの名称で呼ばれている．この回路は大きく分けて三つの過程（カルボキシル化，還元過程，再生過程）から構成されている．還元的ペントースリン酸回路の全過程を図 4.14 に示す．

カルボキシル化 陸生の維管束植物では，大気中の CO_2 ガスは葉の気孔と呼ばれる孔から取り込まれる．光合成細胞に取り込まれた CO_2 はリブロース 1,5-ビスリン酸と反応して，2 分子の 3-ホスホグリセリン酸を生成する．この反応はリブロース-1,5-ビスリン酸カルボキシラーゼ-オキシゲナーゼ（しばしば Rubisco と略称される）という酵素によって触媒される．生成物の 3-ホスホグリセリン酸は，以下に述べる還元過程でグリセルアルデヒド 3-リン酸に変換される．

還元過程 この過程で，CO_2 は[CH_2O]の形に還元される．3-ホスホグリセリン酸はホスホグリセリン酸キナーゼの作用によってリン酸化を受け，1,3-ビスホスホグリセリン酸に変換される．この反応で ATP が 1 分子消費される．次にグリセルアルデヒド-3-リン酸デヒドロゲナーゼの作用で NADPH によって還元され，グリセルアルデヒド 3-リン酸を生成する．この化合物は脱リン酸型で[CH_2O]の組成をもつ．この還元過程は解糖系の対応する部分の逆行とみなすことができる．ただし，解糖系とは異なり，グリセルアルデヒド-3-リン酸デヒドロゲナーゼは NADPH を利用する．グリセルアルデヒド 3-リン酸の一部は回路を抜けだして，ヘキソースの合成に利用されグルコースやデンプンとなる．

再生過程 この過程は，炭酸固定に必要なリブロース 1,5-ビスリン酸をグリセルアルデヒド 3-リン酸から再生する過程である．グリセルアルデヒド 3-リン酸は三つに分枝して代謝され，三糖，四糖，五糖，六糖，および七糖の各リン酸化合物に相互変換される．その過程は一見複雑であるが，これらの反応はすでに学んだ解糖系の一部やペントースリン酸経路の非酸化的過程の一部の逆行として理解できるものばかりである．

以上の結果として，還元的ペントースリン酸回路の正味の反応は次のように書くことができる．

$$3\,CO_2 + 9\,ATP + 6\,NADPH + 5\,H_2O$$
$$\longrightarrow 9\,ADP + 8\,P_i + 6\,NADP^+ + トリオースリン酸$$

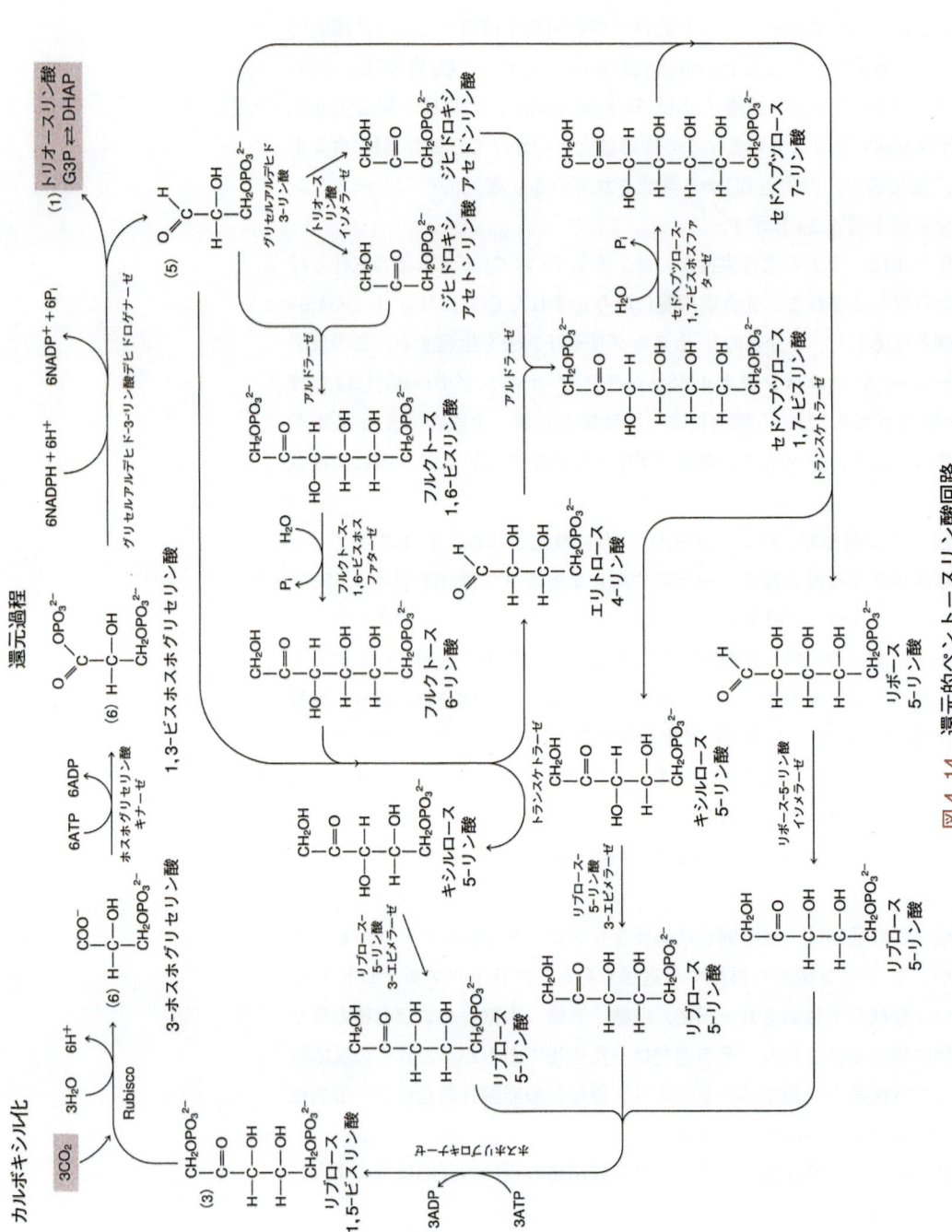

142　4章　物質代謝とエネルギー代謝

図4.14　還元的ペントースリン酸回路

3分子のCO_2が固定されると、1分子のトリオースリン酸(グリセルアルデヒド3-リン酸(G3P)あるいはジヒドロキシアセトンリン酸(DHAP))が回路から出ていくが、このとき還元的ペントースリン酸回路中間体の濃度は維持されている。

4.3 電子伝達系と酸化的リン酸化

　生物は進化の過程で，大気中に存在する酸素を利用して有機化合物から効率的にエネルギーを得る方法を確立してきた．高等生物はもはや解糖系によるATP生産のみでは生命活動を維持することができず，われわれが行う呼吸も突き詰めれば効率的なATP生産を目的としている．この好気的なエネルギー生産系において，酸素は最終的な電子受容体として働く．クエン酸回路においてNADHやFADH$_2$の形で得られた高エネルギー電子が，膜に存在する複数の酵素複合体を経て酸素分子に伝達される．連鎖的な酸化還元状態の変化によって電子の移動を仲介する一連の酵素群が**電子伝達系**(electron transport system)である．電子伝達の際に放出される自由エネルギーは膜における電気化学ポテンシャル差の形成に利用され，これを駆動力としてATPが合成されるが，この過程を**酸化的リン酸化**(oxidative phosphorylation)という．これらのエネルギー生産機構についての詳細は以下のようである．

4.3.1 ミトコンドリア

　ミトコンドリア(mitochondria)は真核細胞中に存在し，上述した電子伝達系や酸化的リン酸化にかかわる酵素複合体のほかに，クエン酸回路の各反応を触媒する酵素群やピルビン酸デヒドロゲナーゼ，脂肪酸の β 酸化に必要とされる酵素など，多くの酸化還元酵素を含む小器官である．典型的なミトコンドリアは直径 1 μm 程度と細菌程度の大きさの桿体であり，外膜と内膜の二層構造をもっている（図 4.15）．外膜は滑らかで，ポーリンという膜タンパク質の存在により 5 kDa 以下の小分子を自由に通過させるのに対し，内膜はクリステと呼ばれる多数の陥入部をもち，膜間の物質移動に選択性を示す．外膜と内膜の間の領域を膜間スペース，内膜に包まれたミトコンドリア内部をマトリックスというが，ミトコンドリアの主要な機能に必要とされるタンパク質の大部分は内膜とマトリックスに存在する．マトリックスの可溶性タンパク質は 10^{-6} M 程度と非常に高濃度に存在し，マトリックス内はゲル状であると推測されている．

　ミトコンドリアのマトリックス内には，酵素とその基質や補酵素のほかにも，DNAとRNAおよびリボソームのような遺伝物質やタンパク質合成酵素系が存在している．ミトコンドリアDNAはヒストンに結合していない環状二本鎖で

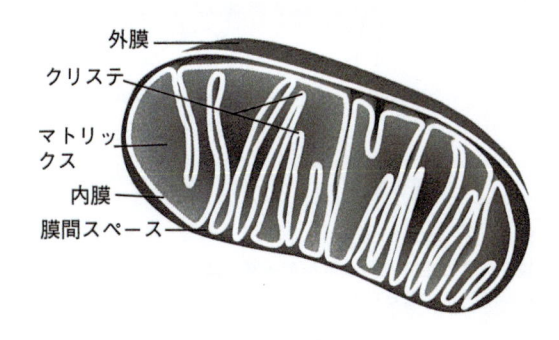

図 4.15　ミトコンドリアの断面図

あり，ミトコンドリア1個あたり数コピー存在している．生物によって大きさや含有遺伝子にかなりの差があり，たとえばヒトのミトコンドリアDNAの全長が16,569塩基対であるのに対して，高等植物のミトコンドリアDNAはその数十倍の大きさである．

マトリックス内では，このミトコンドリアDNAに基づいて全ミトコンドリアタンパク質の10%が合成されている．残りの90%は核のDNAに基づいて細胞質中で合成された後にミトコンドリアへと輸送される．

ミトコンドリアのタンパク質合成系は，抗生物質に対する感受性や，N-ホルミルメチオニンからタンパク質の翻訳が開始されるといった点で細胞質のものとは大きく異なり，細菌の系に似た性質をもっている．現在，このようなミトコンドリアと細菌との類似性を説明する仮説として**内部共生説**(endosymbiont hypothesis)が提唱されている．この説の骨子は，元来，嫌気的生物であった真核細胞がその内部に好気性原核細胞を取り込んで共生関係を構築することにより，現在のように好気的エネルギー生産系を活用できるようになったというものである．共生を続けるうちにミトコンドリアから核へのDNAの移行が起こり，ミトコンドリアはそのタンパク質合成の大部分を細胞質に依存するようになったと考えられている．同様に，葉緑体も光合成細菌の内部共生に由来すると考えられている．

4.3.2 電子伝達系

電子伝達系はミトコンドリア内膜のクリステに存在し，複数の膜酵素複合体および電子伝達体により構成されている（図4.16）．以下に，電子伝達系の各複合体中における電子移動の様子を，電子伝達体の電子に対する親和性を示す値である**標準酸化還元電位**(standard oxidation-reduction potential, $E^{\circ\prime}$)の低いほうから順に眺めてみる．

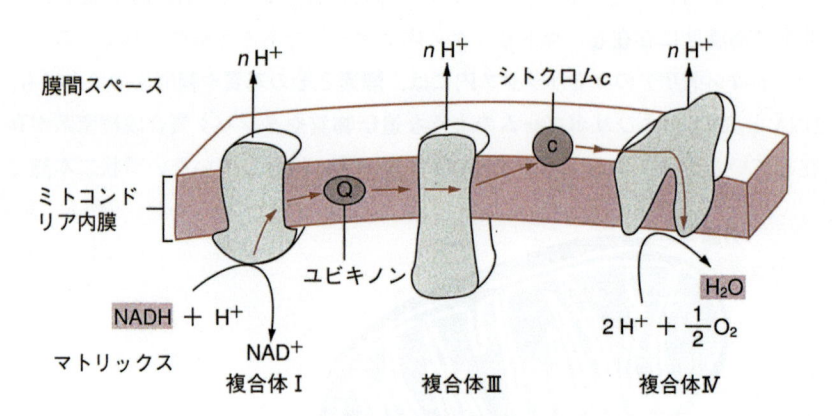

図4.16 電子伝達系
複合体IIは省略した．複合体IIで生じた高エネルギー電子はユビキノンに移動し，複合体III以降へと伝達される．

電子は電子供与体から分離され，$E^{\circ\prime}$ がより高く，つまり電子に対する親和性のより強い電子受容体へと移動し，その際に自由エネルギーを放出する．電子の移動に伴って電子供与体は還元状態から酸化状態へ移行し，電子受容体は逆に電子によって還元される．強い電子供与体は優れた還元剤であり，同様に強力な電子受容体は強い酸化剤として機能する．

(i) **NADH-ユビキノンレダクターゼ複合体**(NADH-ubiquinone reductase complex，複合体Iとも呼ばれる)によって，マトリックス内で生成された1分子の NADH および1個のプロトンから2個の高エネルギー電子が分離される．NADH の標準酸化還元電位は－0.315 V で最も低く，強力な電子供与体である．この電子は複合体の構成成分である NADH デヒドロゲナーゼの活性中心に存在するフラビンモノヌクレオチド(FMN)を経て，同じく複合体構成成分である非ヘム結合タンパク質中の鉄－硫黄クラスターに移動し，最終的に膜内に存在するユビキノン($E^{\circ\prime}$ = 0.045 V)に伝達される．

FMN は酸化還元酵素であるフラビンタンパク質の補欠分子族である．フラビンタンパク質には FAD を補酵素とするものもあり，フラビン誘導体(FMN および FAD)を結合する形式も共有結合や非共有結合，そして両者の混合型などさまざまである．鉄－硫黄クラスターは4個のシステイン残基に鉄と硫化物イオンが結合したもので，電子伝達系においては[2Fe－2S]型と[4Fe－4S]型の関与が知られている(図4.17)．そのどちらにおいても，クラスター内に複数個

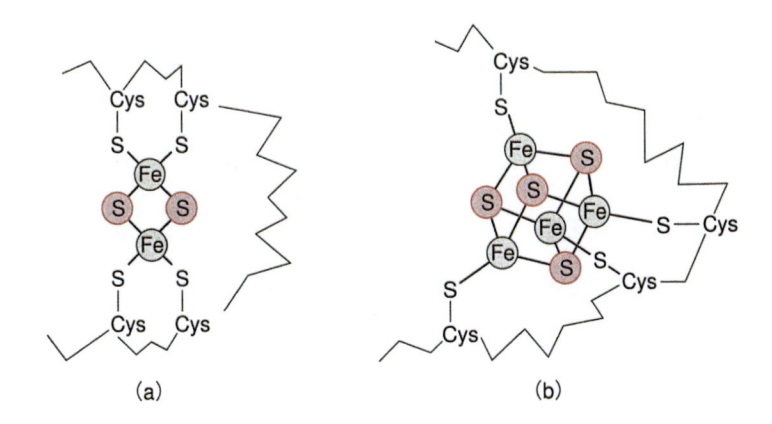

図4.17 鉄－硫黄クラスター
(a) [2Fe－2S]型，(b) [4Fe－4S]型

存在する鉄原子の1個のみが3価と2価の状態を往復することによって電子の授受が行われている．ユビキノンは疎水性側鎖をもつ脂溶性の電子伝達体であり，脂質二重膜中で容易に拡散する．ユビキノンやフラビン類は酸化型と還元型以外にセミキノン型をとることができるため，二電子供与体である NADH から受け取った電子を一電子受容体であるシトクロムに渡すことが可能である(図4.18)．

(ii) クエン酸回路におけるコハク酸($E^{\circ\prime}$ = 0.030 V)からフマル酸への酸化はコハク酸デヒドロゲナーゼによって触媒されるが，この酵素は**コハク酸-ユビ**

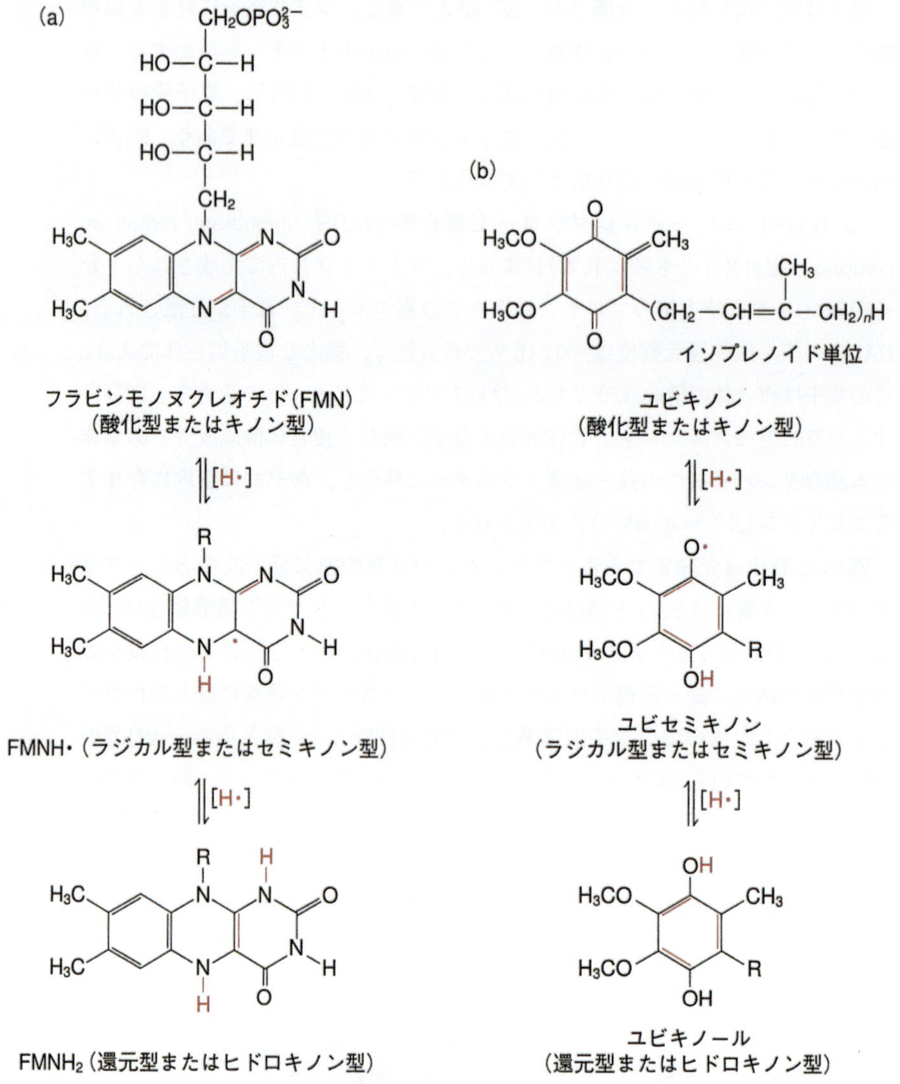

図 4.18　電子伝達体である **FMN** およびユビキノン

　　キノンレダクターゼ複合体(succinate-ubiquinone reductase complex，複合体Ⅱ)の構成成分である．コハク酸の酸化に共役してFADの還元が行われるが，このフラビン誘導体はタンパク質と共有結合している．生成したFADH$_2$は電子を同酵素内の鉄－硫黄クラスターへと供与し，この電子は複合体Ⅱの構成成分であるシトクロム b を経てユビキノンへと伝えられる．
　　シトクロムはヘムタンパク質であり，電子を受け取ることでヘムの3価鉄が2価鉄へと還元される．シトクロムは吸収スペクトルの違いからシトクロム a，b，c などに分類されているが，この名称は必ずしも機能と相関しておらず，最近ではヘムとタンパク質との結合様式やポルフィリン環構造の違いに基づいて分類されることも多い．たとえばシトクロム a はA型シトクロムに分類され，

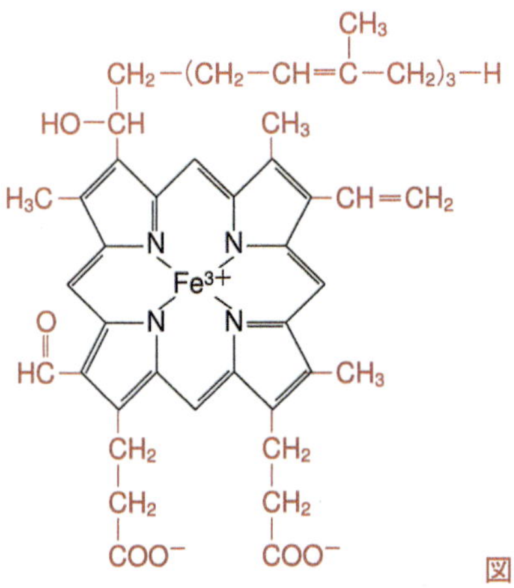

図4.19 シトクロム *a* の補欠分子族であるヘム *a* の構造

その補欠分子族はポルフィリン *a* の鉄錯体であるヘム *a* である（図4.19）．

(iii) 還元型のユビキノンは膜内を拡散し，**ユビキノン-シトクロム *c* レダクターゼ**（ubiquinone-cytochrome-*c* reductase，複合体Ⅲ）によって酸化される．複合体内において電子は2種類のシトクロム *b*，鉄-硫黄クラスター，シトクロム *c*1 の順に移動し，最終的に外部のシトクロム *c*（$E^{\circ\prime} = 0.235$ V）へ伝達される．シトクロム *c* はミトコンドリア内膜の膜間領域側に緩く結合しており，膜面を拡散して電子を次の複合体に伝達する．

(iv) **シトクロム *c* オキシダーゼ**（cytochrome-*c* oxidase，複合体Ⅳ）は還元型シトクロム *c* から電子を受け取る．この電子は複合体中のシトクロム *a* および銅イオンを経た後に，もう一つの銅イオンとシトクロム a_3 の間に結合した酸素分子（$E^{\circ\prime} = 0.815$ V）に伝達されると推定されている．酸素は強い酸化剤であり，電子伝達系における最終電子受容体となる．1分子の酸素を水に還元するのに4電子が必要とされる．

各複合体中を電子が移動する際に放出される自由エネルギーは，pH値の高いマトリックスからpH値の低い膜間スペースへプロトンをくみだす仕事へと変換される．電子伝達時の自由エネルギー変化 ΔG は電子伝達体間の酸化還元電位差 $\Delta E^\prime$ と比例関係にある．そこで電子伝達系におけるエネルギー変換の目安として，各複合体における電子受容体と電子供与体の標準酸化還元電位の差 $\Delta E^{\circ\prime}$ から**標準自由エネルギー変化**（standard free energy change）$\Delta G^{\circ\prime}$ が算出されている（図4.20）．複合体ⅠではNADHからユビキノンへの電子移動が起こるため $\Delta G^{\circ\prime} = -69.5$ kJ/mol（$\Delta E^{\circ\prime} = 0.360$ V に相当），複合体Ⅱではコハク酸からユビキノンへと電子が伝達されるので $\Delta G^{\circ\prime} = -2.9$ kJ/mol（$\Delta E^{\circ\prime} = 0.015$ V），複合体Ⅲではユビキノンからシトクロム *c* までの電子移動が起こるため $\Delta G^{\circ\prime} = -36.7$ kJ/mol（$\Delta E^{\circ\prime} = 0.190$ V），複合体Ⅳではシトクロム *c* から最終電子受容体である酸素に電子が伝達されるため $\Delta G^{\circ\prime} = -112$ kJ/mol（$\Delta E^{\circ\prime} = 0.580$ V）の標準自由エネルギー変化が起こる．このうち複合体Ⅰ，Ⅲ，Ⅳにお

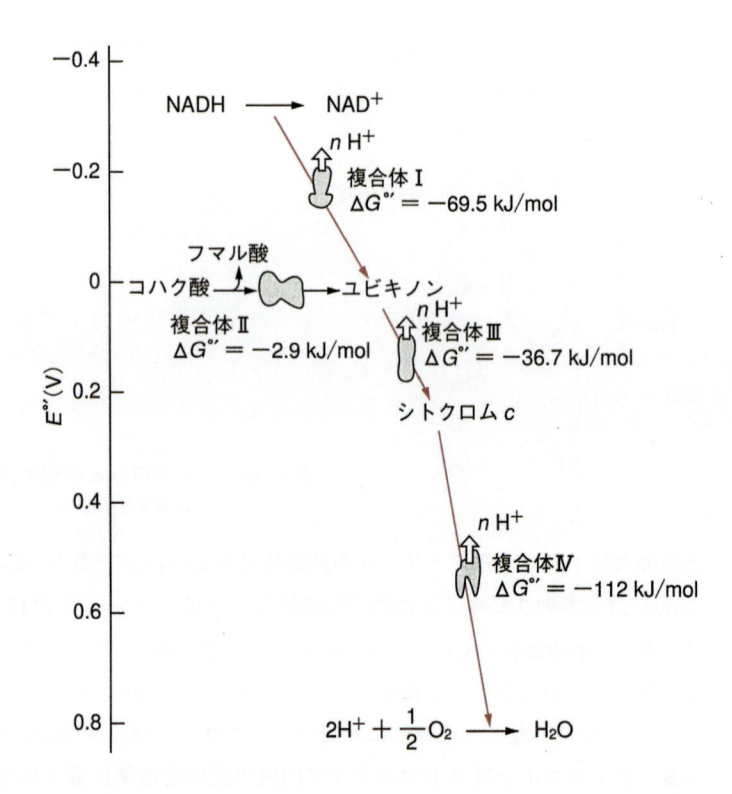

図 4.20 電子伝達系における自由エネルギー変化

ける自由エネルギー変化がプロトンのくみだしに使用される．

　各複合体におけるプロトンくみだしの機構にはまだ不明な点が多いが，1電子の移動に伴って複合体ⅠとⅢでは2個，複合体Ⅳでは1個のプロトンがくみだされるといわれている．これに対し，複合体Ⅱにおける電子伝達の過程で放出される自由エネルギーは小さく，プロトンのくみだしには寄与しない．複合体Ⅱの機能はクエン酸回路におけるコハク酸の酸化と，その際に生じた$FADH_2$の高エネルギー電子を複合体Ⅲ以降の電子伝達系に渡すことであるらしい．

4.3.3　酸化的リン酸化と ATP の合成

　電子伝達系におけるプロトンのくみだしにより，マトリックスのpHは8程度に上昇する．膜間スペースのpHは細胞質に等しく7前後であるため，ミトコンドリア内膜にはpHで約1のpH勾配が形成されることになる．同時に，陽イオンであるプロトンの移動に伴って，膜間スペース側を正，マトリックス側を負とする膜電位が内膜に生じる．通常，この膜電位の大きさは140 mV前後である．これら二つの現象はともにプロトンがマトリックス方向に移動するようなポテンシャルをうみだすため，合わせて**電気化学的プロトン勾配**（electrochemical proton gradient）と呼ばれている．電気化学的プロトン勾配によって生じるポテンシャルを**プロトン駆動力**（proton motive force）といい，mV単位で表す．1 pHのpH勾配は約60 mVの膜電位に相当するので，ミトコンドリアにおけるプロトン駆動力は約200 mVである．

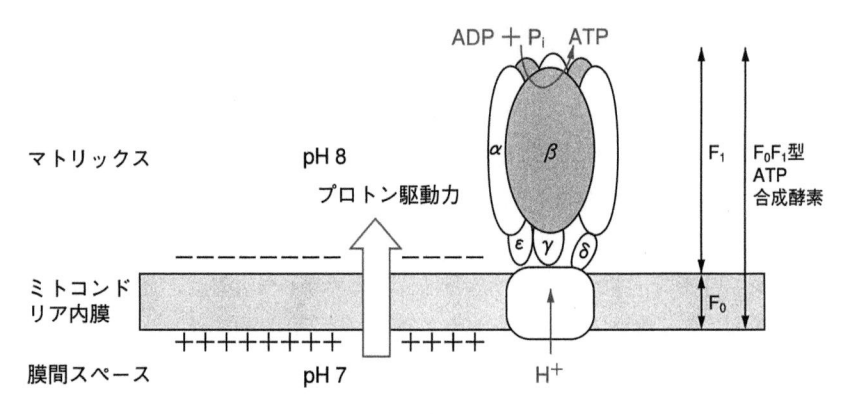

図4.21 ミトコンドリア内膜におけるプロトン駆動力を利用したATP合成機構

　ミトコンドリア内膜に存在する**F₀F₁型ATP合成酵素複合体**(F₀F₁-type ATP synthase complex)は，この電気化学的プロトン勾配を利用してADPとP$_i$からATPを合成する(図4.21)．この過程が酸化的リン酸化である．電子伝達系によるプロトンのくみだしと酸化的リン酸化からなるATP合成機構は1960年代に**化学浸透圧説**(chemiosmotic theory)として提唱されたものである．この仮説は膜輸送と化学反応の間のエネルギー変換，つまり**化学浸透共役**(chemiosmotic coupling)の概念を中心としたものであり，その後，実験事実を最もよく説明するものとして受け入れられてきた．F₀F₁型ATP合成酵素はいわばエネルギー変換装置であり，逆にATPの加水分解時のエネルギーを利用してプロトンをマトリックスからくみだすこともできる．正逆両反応のバランスは，内膜における電気化学的プロトン勾配の大きさとATP，ADP，P$_i$の濃度によって決まる．プロトン駆動力に従ったプロトン移動という負の自由エネルギー変化を伴う反応に共役して，ATPの合成という正の自由エネルギー変化を伴う反応が行われるには，反応全体の自由エネルギー変化が負の値をとらなくてはならない．

　F₀F₁型ATP合成酵素はプロトンの通過経路であるF₀とATPアーゼ活性をもつF₁の二つの機能部位により構成されている．F₀は4～5種類のサブユニットからなる膜貫通タンパク質で，F₁は$\alpha_3\beta_3\gamma\delta\varepsilon$のサブユニット組成をもつ膜面タンパク質である．F₁は電子顕微鏡観察においてミトコンドリア内膜に結合した球状の粒子として観察されるが，αおよびβサブユニットが交互に並ぶ六量体の中心をγサブユニットが貫いており，この中心軸でF₀のマトリックス側に結合している．

　この酵素におけるATP合成は以下のような機構で行われる．まず，プロトンが電気化学的プロトン勾配を解消する方向でF₀を通過し，マトリックスに流入する．この際に放出される自由エネルギーはF₁に伝えられ，γサブユニットを物理的に回転させることがわかっている．γサブユニットの回転がATP合成反応にどのようにかかわっているのかはまだはっきりしていないが，F₁内に3

個存在するβサブユニットに活性点が存在することから，三つの活性点がそれぞれ ADP と P_i の結合，ATP の合成，ATP の解離に適したコンホメーションをとっており，γサブユニットの回転によって各活性点のコンホメーションが順を追って変化し，ATP 合成の三つのプロセスが繰り返されるという機構が提案されている．生理学的条件下においては，ATP 1 分子を合成するのに 2～3 分子のプロトンの移動が必要であるといわれている．

2,4-ジニトロフェノールのような脱共役剤を細胞に与えると，それがプロトンの運搬体として働いてミトコンドリア内膜の電気化学的プロトン勾配を解消するため，酸化的リン酸化に十分なプロトン駆動力が得られず，ATP 合成は停止してしまう．つまり，化学浸透共役が成り立つにはプロトンをはじめとする陽イオンおよび陰イオンが通過できないような膜構造が必要なのである．実際にミトコンドリア内膜のイオン透過性は非常に低い．ただし，マトリックスで行われる反応の前駆体であるピルビン酸や脂肪酸，反応の結果合成された ATP といった代謝物質は，ミトコンドリア内膜を選択的に透過でき，ミトコンドリア内膜にはそれらの化合物に特異的な輸送タンパク質が多数存在している．

4.4 脂質代謝

近代生化学の代謝研究においては，トレーサーを用いた研究によってはなばなしい成果をあげてきた．そのうち脂質代謝，とくに脂肪酸酸化の研究においては，まだ酵素も精製されておらず，ましてや同位体トレーサー技術などもなかった 1904 年に，Knoop によって代謝経路が調べられた．彼は脂肪酸の ω 炭素にベンゼン環を導入した誘導体を合成してイヌに与え，尿に排出される分解生成物を単離して調べたところ，奇数炭素の脂肪酸誘導体からは安息香酸の誘

同位体トレーサー技術
物質の移動や変化の経過を追跡するために，目印として用いられる，特異性をもった物質をトレーサー（追跡子）といい，多くの場合，トレーサーとして，放射性または安定同位体自体，もしくは化合物の特定元素をその同位体で置換したものが用いられる．この技術は，生化学の分野では，代謝経路や生体内物質の分布などの研究によく利用される．

コラム

脂質は水の貯蔵体 ── 脂質の役割

脂質は三大栄養素のうちでも高エネルギー化合物であり，タンパク質や糖質がそれぞれ 4.1 kcal/g であるのに対して 9.3 kcal/g のエネルギーをもっている．また，脂質は非極性であり無水状態（高濃度の凝集体）で貯蔵されるのに対し，糖のグリコーゲンなどは極性であるため重量の 2 倍もの水を含む水和型で貯蔵される．そのために，同じ重量あたりで比較すれば脂肪は水和グリコーゲンの 6 倍ものエネルギーを貯蔵していることになる．

冬眠する熊は秋に多量の木の実などの高カロリー物質を摂取し，皮下脂肪として蓄えて穴蔵にもぐり，春になるまでの間ほとんど食事もせずに，しかも雌熊はその間に出産までも行ってしまう．これらの生活に必要なエネルギーは秋に蓄えた皮下脂肪でまかなわれる．

脂質はエネルギーの貯蔵物質であることはよく理解されているが，同時に水分の貯蔵体としても重要である．ラクダの背中にあるコブ一つには約 30 kg の脂質が蓄えられているが，これが消化されると 40 kg の水になり，砂漠で生活できる理由の一つになっていることからも理解されるように，脂質は水の貯蔵物質でもある．

導体が，また，偶数炭素の脂肪酸からはフェニル酢酸の誘導体が得られることを見いだした．Knoopはこの結果から，脂肪酸の分解ではカルボキシル基から2番目の炭素が酸化される，つまりカルボキシル基側から炭素2個ずつが代謝されて分解される機構を提唱した．これはまさしくβ酸化（β oxidation）機構そのものであるが，Knoopの仮説が実証され脂肪酸酸化の諸酵素が発見され，反応機構が証明されたのは1950年代になってからである．

4.4.1　トリアシルグリセロールの消化

ここでいう脂質とはトリアシルグリセロール（triacyl glycerol）であり，水に溶けず，消化液に含まれる酵素の作用をそのままの状態で受けることはできない．しかし，胆嚢から分泌される胆汁酸と混ざることによって乳化され，膵リパーゼによって加水分解されるようになり，C1とC3の位置から加水分解されて2分子の脂肪酸と2-モノアシルグリセロールとになる．この脂肪酸とモノアシルグリセロールはミセルとして小腸上皮細胞に取り込まれる．小腸に吸収された脂質ミセルはそこで再度トリアシルグリセロールに変換され，キロミクロン（chylomicron）というリポタンパク質粒子に組み込まれ，リンパ液系を介して血液によって運ばれる（図4.22）．また肝臓で別途に合成されたトリアシルグリセロールも同様な運搬経路に組み込まれる．

脂肪組織や骨格筋に運ばれた脂質はホルモン感受性リパーゼの作用で遊離脂肪酸とグリセロールにまで加水分解される．このうちグリセロールは糖分解経路によって代謝されるが，一方，遊離脂肪酸は血清アルブミンと結合して安定

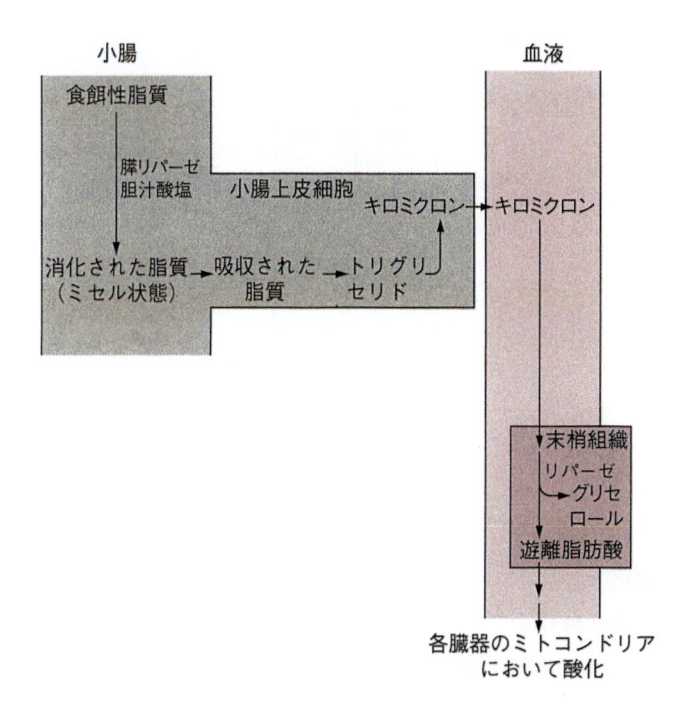

図4.22　動物における脂質の取り込みと輸送の概念図

な複合体をつくり，血中を移動し，心臓，骨格筋，肝臓などの種々の組織に運ばれる．運ばれた先での臓器のミトコンドリアにおいて脂肪酸は主として β 酸化により酸化されて多量のエネルギーをうみだす．したがって，脂質の酸化は脂肪酸の酸化と考えることができる．

4.4.2 脂肪酸の酸化

脂肪酸の酸化には α 酸化や ω 酸化も存在するが，最も一般的な方法は β 酸化であり，動物においてはすべてミトコンドリア内膜とマトリックスで行われ，段階的に長鎖脂肪酸のもつ化学エネルギーはアセチル CoA に変換され，最終的にはクエン酸回路の酵素系によって二酸化炭素と水に分解されて多量の ATP が生産される．

(1) 脂肪酸の活性化

脂肪の加水分解で生じる長鎖脂肪酸はミトコンドリアの外膜上において ATP のエネルギーを用いてアシル CoA シンテターゼによって CoA のチオエステルに変換され，活性化される．

(2) カルニチン輸送系によるミトコンドリアの膜通過

このようにして形成された長鎖脂肪酸アシル CoA はそのままではミトコンドリア内膜を通過することはできず，したがって β 酸化反応が行われるマトリックス内に入ることはできない．そこでアシル基はカルニチンに結合してミトコンドリア内膜を通過して内部に入り，そこでアシル CoA に再生される．アシル基を放したカルニチンのほうはミトコンドリア内膜を通って再利用され，一連の反応が繰り返される（図 4.23）．

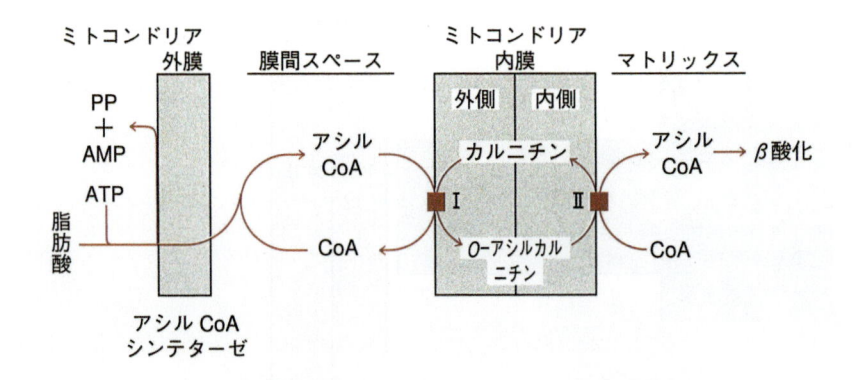

図 4.23 細胞質からミトコンドリアへの脂肪酸の輸送機構
■：カルニチンアシルトランスフェラーゼ．カルニチンアシルトランスフェラーゼⅠ（内膜外側）とカルニチンアシルトランスフェラーゼⅡ（内膜内側）と別個の酵素が同じ反応の正方向と逆方向を別々に触媒する．

(3) 脂肪酸の β 酸化

β 酸化の諸反応を図 4.24 に示す．つまり，

① アシル CoA シンテターゼによるアシル CoA の生成．

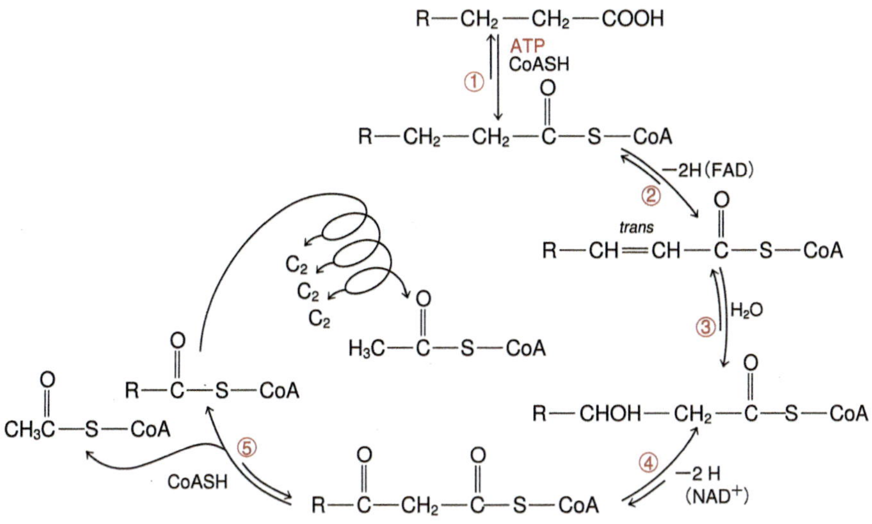

図 4.24 脂肪酸の β 酸化機構
① アシル CoA シンテターゼ,② アシル CoA デヒドロゲナーゼ,③ エノイル CoA ヒドラターゼ,④ L-3-ヒドロキシアシル CoA デヒドロゲナーゼ,⑤ アセチル CoA アシルトランスフェラーゼ.

② アシル CoA デヒドロゲナーゼによるアシル CoA の脱水素反応で α, β 不飽和化によるトランス二重結合が生成.

③ エノイル CoA ヒドラターゼによる α, β 不飽和アシル CoA の水和反応で L-3-ヒドロキシアシル CoA が生成.

④ L-3-ヒドロキシアシル CoA デヒドロゲナーゼによる脱水素反応で 3-オキソアシル CoA が生成.

⑤ アセチル CoA アシルトランスフェラーゼ(3-オキソアシル CoA チオラーゼ)による加チオール分解により C_α-C_β 間で開裂し,アセチル CoA と C_2 単位短いアシル CoA が生成.

このような一連の反応によって,出発原料より C_2 単位短くなったアシル CoA が生じ,この新たに生じたアシル CoA が再び上記の②からの反応に従って次の酸化のサイクルに供され,さらに炭素が 2 個少ないアシル CoA となる.このサイクルが繰り返されてアルキル鎖すべてがアセチル CoA にまで分解される.

(4) β 酸化のエネルギー収支

パルミチン酸が完全酸化されたときの反応式は,

$$C_{16}H_{32}O_2 + 23\,O_2 \longrightarrow 16\,CO_2 + 16\,H_2O \qquad \Delta G = -2340 \text{ kcal/mol}$$

である.これを生体内での実際の反応がわかるように記述すると,

$$C_{15}H_{31}COOH + 8\,CoASH + ATP + 7\,FAD + 7\,NAD^+ + 7\,H_2O$$
$$\longrightarrow 8\,CH_3CO-SCoA + AMP + PP_i + 7\,FADH_2 + 7\,NADH + 7\,H^+$$

のようになる．アセチル CoA はクエン酸回路でさらに酸化されて NADH と FADH$_2$ を生じ，それらの酸化的リン酸化で ATP ができる．結局，パルミチン酸の酸化では β 酸化のサイクルが 7 回繰り返され，7 FADH$_2$ + 7 NADH + 8 アセチル CoA を生じ，8 アセチル CoA のクエン酸回路による酸化で 8 GTP + 24 NADH + 8 FADH$_2$ が生じる．

ついで酸化的リン酸化を通して 31 NADH から 93 ATP が生じ，さらに 15 FADH$_2$ から 30 ATP が生じる．GTP は ATP と同格であるので全部で 131 ATP が生じることになるが，最初にアシル CoA をつくるのに必要な ATP を差し引かなければならない．反応式のうえからは，ATP は 1 分子使用されたことになっているが，反応後の生成物が AMP であるため，ATP のもつ高エネルギーリン酸結合を二つ失ったことになり，エネルギー収支から考えて 2 分子の ATP が使用されたことになるので，この 2 分子の ATP を差し引くとパルミチン酸 1 分子の酸化で生産される ATP は 129 分子にもなる．

(5) ケトン体の生成とその意義

脂肪酸はグルコースよりもアセチル CoA を大量に生産し，したがって ATP 生産効率は高い．このアセチル CoA はクエン酸回路によって酸化されるが，もしもなんらかの異常でミトコンドリア内部のオキサロ酢酸が不足するとクエン酸ができず，この回路が効率よく進行しなくなる．オキサロ酢酸は解糖系によって得られるピルビン酸から合成されるので，飢餓状態のようにグルコースの異化作用が低下したときには結果としてオキサロ酢酸の補給が困難となり，アセチル CoA がたまってきてしまう．このような状態になると肝ミトコンドリアにおいては過剰になったアセチル CoA 3 分子からアセトアセチル CoA を経て 3-ヒドロキシ-3-メチルグルタリル CoA が生じ，これからアセト酢酸，3-ヒドロキシ酪酸およびアセトンが蓄積する（図 4.25）．この三者をあわせてケトン体 (ketone body) と総称し，このような症状になると血液の酸性化を招くアシドーシスの原因の一つともなり，結果として生命維持が危険な状態になる．

しかし，これらのケトン体は燃料分子でもあり，種々の組織の細胞に運ばれて取り込まれた後，再びアセチル CoA に変換されて利用されるという機能ももっている．したがってケトン体は，他の臓器へアセチル CoA を分配するという機能と，分配された臓器において有効利用されるという見方も一方に存在する．飢餓状態という異常な状態において，水溶性であるがゆえに代替エネルギー物質として血流によって運ばれて，脳細胞や心臓，腎臓などの重要な臓器で利用される．

(6) α 酸化

この酸化系は，はじめ植物において発見されたが，その後，動物の肝臓などにも見いだされている．遊離脂肪酸が基質になり，酸素は間接的に関与し，D-2-ヒドロキシ脂肪酸が C$_1$ 短くなった脂肪酸が得られる．天然に存在する 2-ヒドロキシ酸や奇数炭素の脂肪酸はこの経路によって生じたものが多い．また，

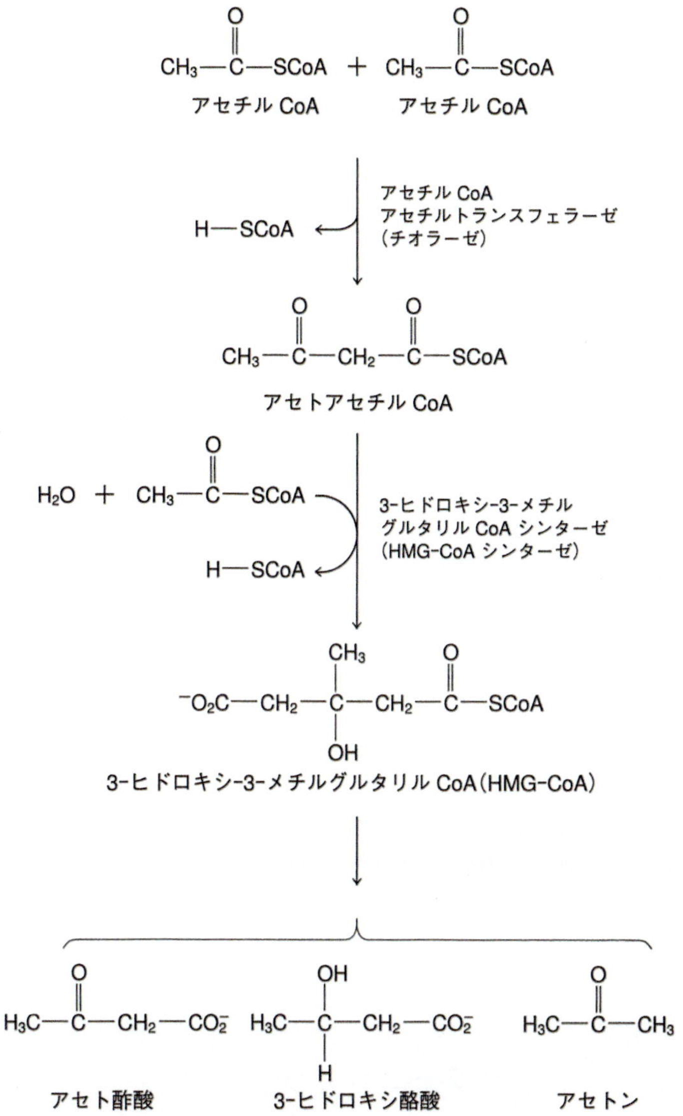

図4.25 ケトン体の生成

クロロフィル分子中のフィトールから酸化されて得られるフィタン酸が酸化されて二酸化炭素と水に酸化されるのは，この α 酸化の機構によってである．

(7) ヒドロキシル化による酸化（ω 酸化）

中鎖および長鎖の脂肪酸は，肝臓ミクロソームのシトクロム P-450 酸化系で酸化される．この酸化系は分子状酸素と NADPH などの還元剤を使って ω 末端メチル基がヒドロキシル化される反応であり，これをモノオキシゲナーゼ，ヒドロキシラーゼまたは混合オキシダーゼともいう．ヒドロキシル化された部分はカルボキシル基に酸化され，ジカルボン酸になった後，β 酸化の経路に入って分解される．

また，この反応は脂肪酸だけではなく，薬剤の解毒，ステロール類やビタミ

ン D_3 のヒドロキシル化や，そのほか多くの炭化水素や有機酸の代謝にも関与している．

(8) 不飽和脂肪酸の酸化

不飽和脂肪酸もまずは β 酸化によって酸化されるが，二重結合の存在するアシル CoA になった段階でミトコンドリアに存在する $\Delta^3\text{-}cis\text{-}\Delta^2\text{-}trans$-エノイル CoA イソメラーゼや 2,4-ジエノイル CoA レダクターゼなどの酵素反応によって二重結合の位置や幾何異性体の転換を行う．このような酵素活性が加わることによって通常の β 酸化経路に適合するように基質が変換され，β 酸化反応に組み込まれることによって最終的に酸化される．

4.4.3 脂肪酸の生合成

脂質の必要量は食餌から吸収される脂質でまかなわれるが，摂取する総体的なカロリーが多くなる（生化学的には ATP が十分または過剰に存在できる状態と説明することもできる）と，糖質からもその代謝産物であるアセチル CoA を用いて脂質が生産され，脂肪組織として貯蔵されるようになる．

脂肪酸の生合成は分解経路の完全な逆反応ではないかと考えられた時期もあったが，1950 年までに，同位体ラベルを用いた研究によって，アセチル CoA とマロニル CoA が中間体であることがわかり，その合成反応経路が明らかになった．

生合成経路と分解経路を分けることで，生体内において必要に応じて両経路とも同時に機能させ，別々に調節することが可能となっている．

脂肪酸合成は細胞質ゾルで行われる．脂肪酸酸化の場合の活性チオエステル

脂肪組織

細胞内に脂肪を貯蔵する結合組織の一つで，糖からの脂質の生合成と，必要に応じて脂肪酸とグリセロールを放出する脂肪分解の機能をもっている．脂肪組織は生体内における最も大きいエネルギー貯蔵所であり，平均的なヒトでは体重の約 10% が脂肪であり，約 40 日分のエネルギーが貯蔵されている．そのほかに，体温の保持と外力から生体を保護する役割などを果たしている．

コラム

注目あびるバイオレメディエーション

近年，バイオレメディエーション（生物的汚染修復技術）が注目され，有害物質や石油などで汚染された土壌を浄化する方法として環境修復の目的のために行われている．この目的に利用される微生物には炭化水素や有機酸などの汚染物質を高効率で分解するものが多いが，それらの微生物には強力なヒドロキシラーゼ活性をもつものが多く，すでに述べたごとく末端に存在するメチル基をヒドロキシル化してアルコールにし，ついでカルボン酸にまで酸化するものが多い．このようにして直鎖状炭化水素は脂肪酸に変換され，ついで β 酸化経路でアセチル CoA に転換され，結局，水溶性物質に変えられて有害物質が無毒化されたり，汚染環境が修復されることになる．

家庭から排出された脂肪酸由来の洗剤や海面に分散された流出油がいつの間にか分解されて自然環境が浄化され，正常な状態で維持されている裏には，このような目に見えない微生物の力が働いており，それらの微生物のもつこの ω 酸化系が大きく寄与しているわけである．

タンカーの事故などで流出した原油は，機械的に除去されたり揮発してしまうもの以外のほとんどは自然界の微生物によって数年以内には実質的に分解されて処理されている．

はCoA誘導体であるが，一方，脂肪酸合成の場合は，中間体がアシルキャリヤータンパク質(ACP)にチオエステル結合しているという違いがある．

(1) アセチルCoAの細胞質ゾルへの運搬

ミトコンドリア内膜はアセチルCoAを通すことはできない．そのためアセチル基をCoA部分からオキサロ酢酸に移しかえてクエン酸とし，そのうえで膜のクエン酸輸送系を介して細胞質に搬出する．搬出されたクエン酸は，細胞質側で上記の逆反応によりクエン酸リアーゼの作用によってアセチルCoAとオキサロ酢酸に戻される．

細胞質に存在するリンゴ酸デヒドロゲナーゼは，再生するオキサロ酢酸をNADHを用いてリンゴ酸に還元し，そのリンゴ酸はNADP$^+$をNADPHへ還元する反応に伴ってピルビン酸になる．ピルビン酸はミトコンドリア内に入り，クエン酸になるとともにNADHを生じる(図4.26)．このように，この系は細胞質の解糖系によって生成した燃料であるNADHをミトコンドリア内へ輸送する系とも連携していることになる．

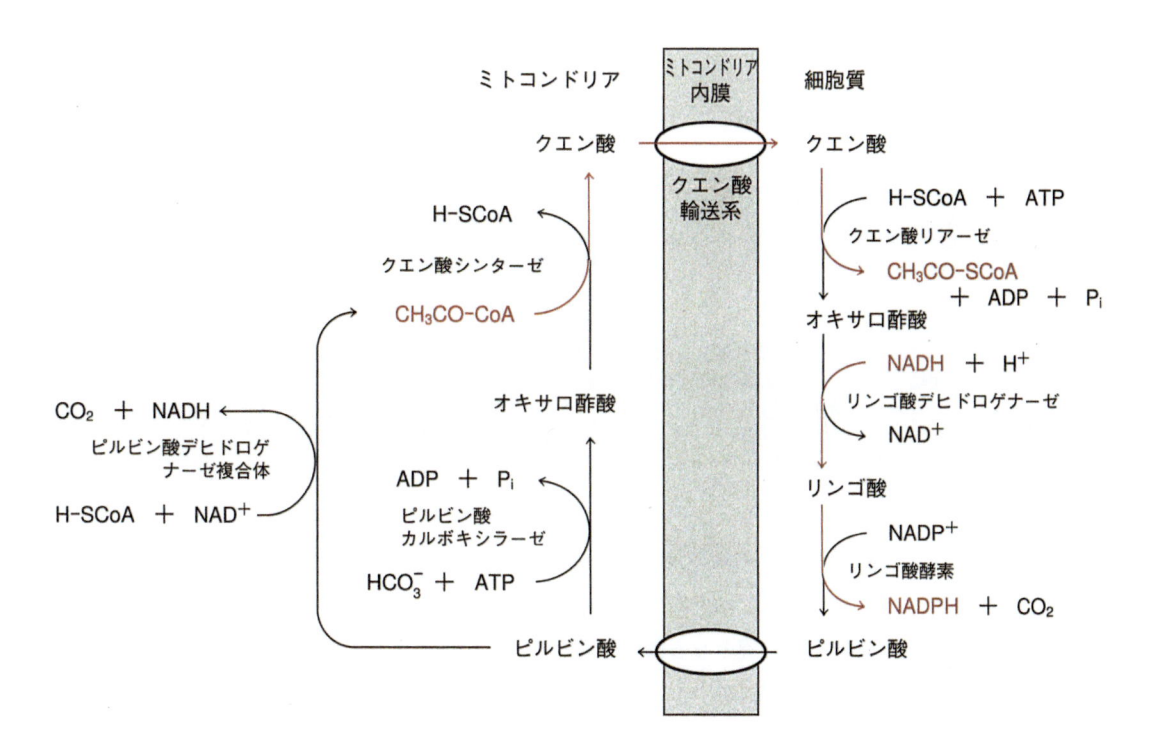

図4.26 クエン酸輸送系によるアセチル基の細胞質ゾルへの運搬

(2) 脂肪酸生合成の諸反応

① アセチルCoAのカルボキシル化：細胞質ゾルにおいて，アセチルCoAはビオチン依存性酵素であるアセチルCoAカルボキシラーゼによってカルボキシル化されてマロニルCoAが生成する．哺乳類と酵母では，この反応をつかさどる

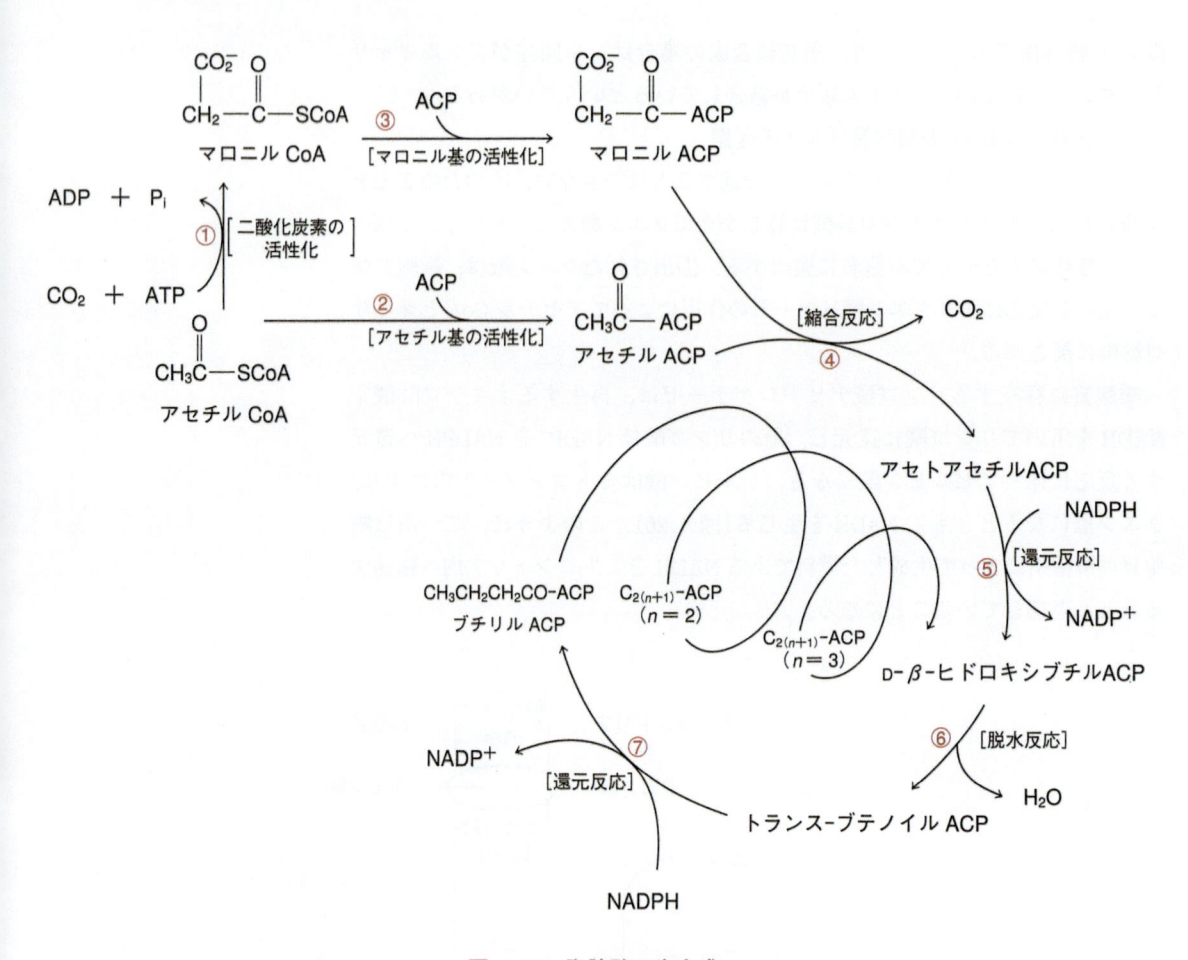

図 4.27　脂肪酸の生合成

反応⑦によって生じるブチリル ACP[$C_{2(n+1)}$－ACP，$n=1$]は，反応④から 2 サイクル目が繰り返され，炭素鎖が 2 個ずつ増加する．
① アセチル CoA カルボキシラーゼ，② ACP アセチルトランスフェラーゼ，③ ACP マロニルトランスフェラーゼ，④ ケトアシル ACP シンターゼ，⑤ NADPH 依存性ケトアシル ACP レダクターゼ，⑥ デヒドラターゼ，⑦ NADPH 依存性エノイル ACP レダクターゼ．

酵素は，ビオチンによる二酸化炭素の活性化とアセチル CoA への転移反応とを触媒する二機能酵素である．また，この反応は代謝的には不可逆であり，脂肪酸合成の鍵となる調節酵素となっている．この反応は脂肪酸合成における第一の活性化反応でもある．

② ACP アセチルトランスフェラーゼ(アセチル転移反応)：アセチル CoA のアシル基はこの酵素によってアシルキャリヤータンパク質(ACP)に移され，アセチル ACP として活性化される．

③ ACP マロニルトランスフェラーゼ(マロニル転移反応)：②と同様にマロニル CoA のマロニル基が ACP に移され，マロニル ACP として活性化される．②と③の反応の CoA エステルから ACP への転換は，脂肪酸合成における第二の活性化反応である．

④ ケトアシル ACP シンターゼ(縮合反応)にアセチル ACP からアセチル基が受け渡され，これにマロニル ACP が脱炭酸を伴って縮合してアセトアセチル ACP を生じる．

⑤ NADPH 依存性ケトアシル ACP レダクターゼ(還元反応)で D-β-ヒドロキシブチル ACP に変換される．

⑥ デヒドラターゼによって水が除去されて二重結合が形成され，トランス-ブテノイル ACP が生じる．

⑦ NADPH 依存性エノイル ACP レダクターゼ(エノイル還元反応)によってトランス-ブテノイル ACP が還元され，ブチリル ACP が形成される．

このようにしてアセチル ACP から炭素 2 個伸びたブチリル ACP が生じたことになり，これが反応④のアセチル ACP の代わりになって次の縮合反応が繰り返され，植物や動物では最終的におもにパルミチン酸($C_{16:0}$)が生合成される．

以上の②〜⑦の六つの反応に関与する酵素は全部，一つの巨大タンパク質複合体にまとまっており，これを"脂肪酸合成酵素"ということもある．脂肪酸合成はアセチル CoA カルボキシラーゼと"脂肪酸合成酵素"によって行われると考えることもでき，後者は多機能酵素と考えられ，また生物種によって性質が異なる非常に複雑な酵素である．

(3) 脂肪酸の鎖長伸長

動物や植物の脂肪酸合成酵素による通常の生産物はパルミチン酸($C_{16:0}$)であるが，細胞はさらに長鎖の脂肪酸や不飽和脂肪酸をもっている．このようなさらに長鎖の脂肪酸の合成には異なる伸長酵素系が機能し，一つはミトコンドリアにおいて，もう一つは小胞体において合成される．ミトコンドリアでは脂肪酸酸化の逆行で炭素鎖が伸びるが，その場合の最終還元段階において完全な逆行では FAD が関与するのに対し，NADPH が補酵素として関与して反応が進行する(図 4.24 参照)．

一方，小胞体においてはアシル CoA にマロニル CoA が縮合することによって伸長反応が進行するが，パルミチン酸までを合成した脂肪酸合成酵素と異なる点は，アシル基がアシルキャリヤータンパク質(ACP)ではなく，CoA 誘導体として伸長される点である．

(4) 脂肪酸の不飽和化

不飽和脂肪酸は好気と嫌気の両経路によって合成される．動物細胞ではすべて前者の機構で行われ，ステアロイル CoA が小胞体膜結合酵素(デサチュラーゼ)によって 9, 10 位の位置が不飽和化されてオレオイル CoA になり，これが加水分解されてオレイン酸が合成される．

しかし，動物はオレイン酸の二重結合の位置より ω 末端側に第二の二重結合を合成することはできない．一方，植物では後者の嫌気反応の機構で行われ，カルボキシル末端から 10 個以上離れた炭素の間でも二重結合の不飽和化を行うことができる．哺乳類は，このように植物によって生成されたリノール酸

($C_{18:2}, \Delta^{9,12}$)や α-リノレン酸($C_{18:3}, \Delta^{9,12,15}$)を必須脂肪酸として食餌から摂取せざるをえない.

多くの真正細菌は，後者の機構によって酸素がなくとも不飽和脂肪酸を合成している.

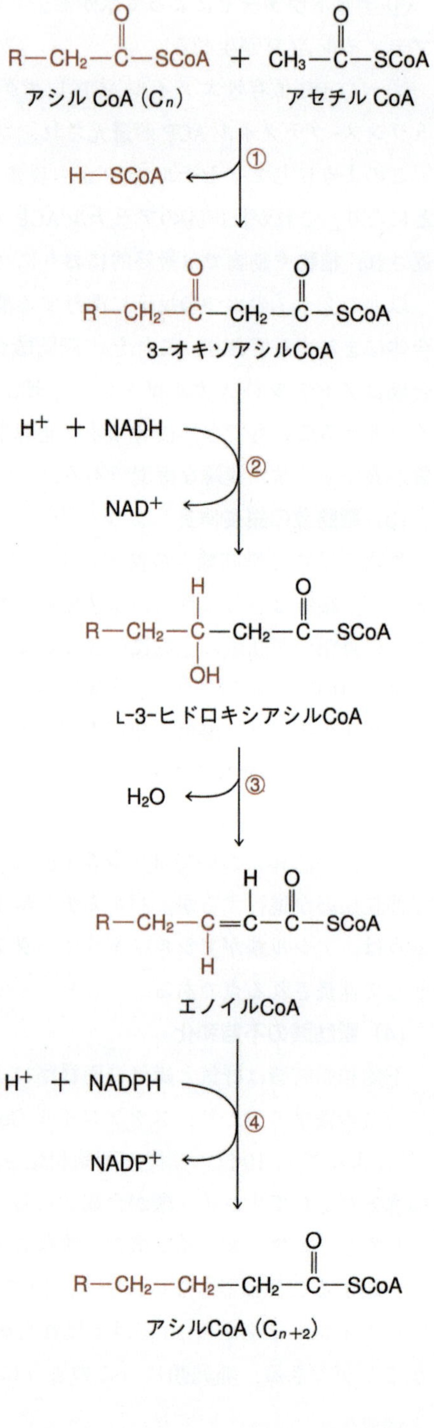

図 4.28 ミトコンドリアでの脂肪酸の鎖長伸長反応
① アセチル CoA アシルトランスフェラーゼ，② L-3-ヒドロキシアシル CoA デヒドロゲナーゼ，③ エノイル CoA ヒドラターゼ，④ エノイル CoA レダクターゼ

(5) 多価不飽和脂肪酸の合成

動物肝細胞ミクロソームでは，植物から摂取したリノール酸の CoA 誘導体を γ-リノレン酸($C_{18:3}$, $\Delta^{6,9,12}$)の誘導体に酵素的に不飽和化し，ついで C_2 伸長してホモ-γ-リノレン酸($C_{20:3}$, $\Delta^{8,11,14}$)の誘導体とした後，再度不飽和化してアラキドン酸($C_{20:4}$, $\Delta^{5,8,11,14}$)の誘導体に変換する．このようにして合成されたアラキドン酸はリン脂質やトリアシルグリセロールの前駆体として利用されたり，以下のプロスタグランジン類に代謝される．

(6) トリアシルグリセロールとグリセロリン脂質の生合成

両者の共通の中間体は**ホスファチジン酸**(phosphatidic acid)である．ジヒドロキシアセトンリン酸の還元あるいはグリセロールのリン酸化によってつくられるグリセロール 3-リン酸は 2 種類の親和性の異なるアシルトランスフェラー

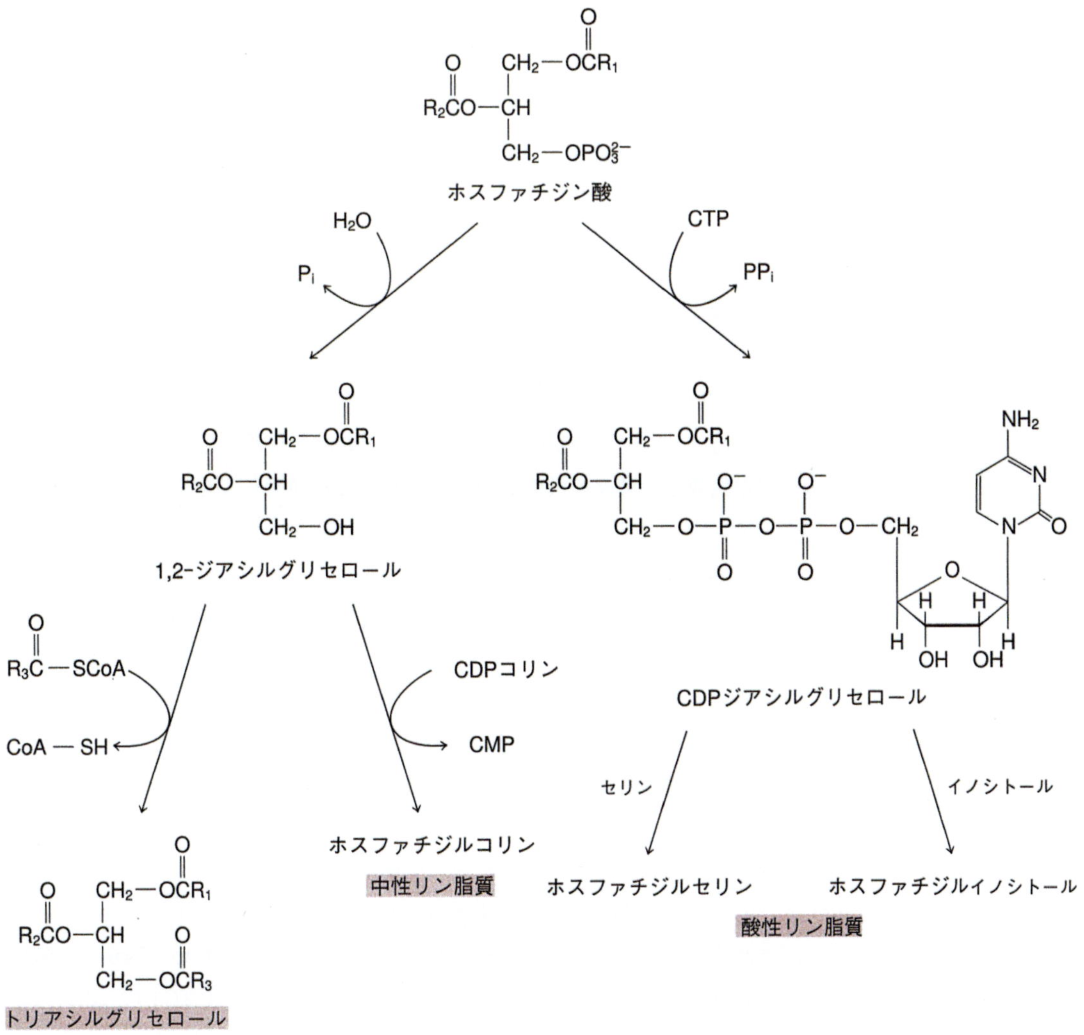

図 4.29 トリアシルグリセロールとグリセロリン脂質の生合成

ゼにより主として1位には飽和脂肪酸が，主として2位には不飽和脂肪酸がエステル結合してホスファチジン酸が生成する(図4.29)．

その後，トリアシルグリセロールの合成系は，ホスファターゼによってリン酸が加水分解された後，もう1分子のアシル基がエステル結合して合成される．

また一方中性リン脂質は，同じくリン酸が加水分解された後，CDPコリンやCDPエタノールアミンなどのヌクレオチド誘導体と反応して生じる．

酸性リン脂質の合成は，ホスファチジン酸にシチジン三リン酸が反応してまずCDPジアシルグリセロールが生成し，その後，セリンやイノシトールがCMPと置換して生成する．生物種によって構造に多様性があり，さらに生合成も種によって微妙に異なり複雑であるが，合成に必要なエネルギーをATPではなくCTPに依存している点は共通である．

(7) アラキドン酸の代謝

アラキドン酸(arachidonic acid)の大部分は，ホスファチジルイノシトールなどのリン脂質のグリセロール骨格のC2位にエステル結合した状態で存在し，細胞膜の内側に貯蔵されている．このC2アシル基はホスホリパーゼA_2によって加水分解された後，シクロオキシゲナーゼの作用で，構造と働きが少しずつ異なる種々のプロスタグランジンやロイコトリエンなどの局所調節因子が合成される．これらの一群の生理活性脂質は，C_{20}の20(エイコサ)にちなんで**エイコサノイド**(eicosanoid)と呼ばれている．

近年，アラキドン酸からだけではなくα-リノレン酸($C_{18:3}$, $\Delta^{9,12,15}$)などの**ω-3脂肪酸**(ω-3 fatty acid)からも同一の酵素系によってエイコサペンタエン酸($C_{20:5}$, $\Delta^{5,8,11,14,17}$)が生成し，さらにそれから生理活性の異なるエイコサノイドが生成し，種々の役割を担っていることが判明してきた．

4.4.4 コレステロールの代謝

コレステロールは動物細胞の細胞膜の安定性や流動性を調節するために膜に必須な物質であり，ヒトはそれを約100〜130gもっているが，その約85％は細胞膜に存在する．臓器あたりで見ると，脳と神経にあわせて約25％，脂肪組織に約25％存在し，あとは各臓器にまんべんなく存在しており，いかに重要な化合物であるかが理解できる．またその代謝も，多くの生理活性物質の代謝と結びついており，生命維持活動にとって重要である．

代謝という観点でコレステロールを見ると，まず肝臓で1日あたり1gが合成されるが，別個に食事に由来するコレステロールが腸管を通して約0.5g吸収される．さらにこれでも補給が不足する可能性があるため，腸から肝臓に再吸収されて再利用される〝腸肝循環〟なる機構もヒトには存在し，これらすべてがコレステロールの合成または取り込みに関与する経路である．生物はコレステロールをこのように二重，三重に体に取り込むような安全経路をもつこと

でコレステロール欠乏から身を守って進化してきたことになるが，近年の食生活においては摂取が一部過多に傾き，トータルとして過剰の方向に片寄ってきたきらいがある．

これに対して，コレステロールのもう一方の代謝として，分解されたり，また排出されたりするいわゆる体内から減少する反応としては，まず，胆汁酸やホルモンの原料として利用される分解代謝の経路がある．ついで胆汁酸や胆汁との界面活性作用によって，または食物繊維とともに糞便を通して排泄されたりする排出の機構が存在し，この取り込みに関与する反応と，排出に関与する両代謝反応は釣り合っている．

(1) コレステロールの生合成

コレステロールの生合成はアセチル CoA から約 20 段階もの酵素反応によって行われるが，肝臓におけるその反応全体の律速段階は 3-ヒドロキシ-3-メチルグルタリル CoA レダクターゼによるメバロン酸の合成である（図 4.30）．この反応の調節機構は酵素の可逆的なリン酸化，脱リン酸化によってなされ，特異的プロテインキナーゼでリン酸化されると不活性型に変化し，特異的プロテインホスファターゼによって脱リン酸化された脱リン酸化酵素は活性型にもどることによって調節されている．

動植物と異なり，原核生物は一般にステロイド環を合成できないし，昆虫もステロイドを合成できない．しかし，原核生物の細胞膜にはトリテルペンであるテトラヒマノールやホパノイドなどのイソプレノイドが存在してステロイドの代わりをしているし，昆虫においては餌として摂取した植物からのステロール類の側鎖を体内で修飾して必要なステロイドに変換して生命を維持している．

コレステロールからはコール酸や各種ステロイドホルモンなどが合成され，脂質の代謝や多くの生理機能と結びついている．

(2) 脂質の輸送と貯蔵

コレステロールやそのエステル，およびトリアシルグリセロールなどの脂質は水に不溶であるため，そのままの遊離の分子として血液やリンパ液を介して輸送することはできない．その代わりに，これらの脂質はそれをコアーとしてリポタンパク質を形成して運搬される．リポタンパク質とは，両親媒性分子であるリン脂質やアポリポタンパク質，また一部はコレステロールを含むような親水性の表面を含む層によって包み込まれた高分子性の粒子であり，血漿を介して輸送され，筋肉や脂肪細胞のような組織に運ばれる．

近年，コレステロールは動脈硬化の元凶として恐れられているが，コレステロールを肝臓から末端にまで運ぶ役目を担っている低密度リポタンパク質と，末端の組織からコレステロールとそのエステルを肝臓にまで戻して回収する高密度リポタンパク質の存在がわかり，それらの機能も解明されてきた．また，低密度リポタンパク質のなかに過酸化脂質の産物であるマロンジアルデヒドが生成することによってリポタンパク質分子に異常を起こすことになり，その結

果,マクロファージに蓄積し,血管機能を障害し動脈硬化を起こすことが解明されつつある.

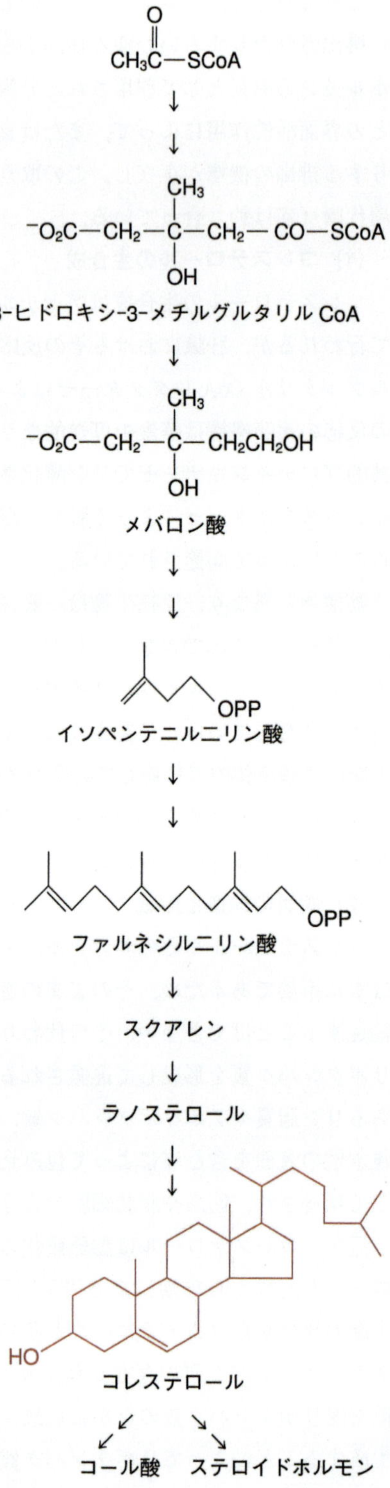

図4.30 コレステロールの生合成と代謝

脂肪組織に運ばれたトリアシルグリセロールは加水分解されて，脂肪酸を遊離し，脂肪細胞に受け取られる．脂肪酸は脂肪細胞に入るとトリアシルグリセロールとして貯蔵される．脂肪細胞から脂肪酸のその後の移動や変換は，体内の生理活動に依存し，ホルモンによって調節されている．

4.5 アミノ酸代謝
4.5.1 窒素固定と自然界における窒素循環

生物の細胞成分には，タンパク質，アミノ酸，核酸，ビタミンなど窒素を含むものが多いが，動物の生活に必要な窒素源はすべて植物に依存している．その植物は，生体を構成しているすべての化合物を CO_2, NH_4^+, HPO_4^{2-}, SO_4^{2-}, H_2O などの無機化合物から合成している．

一般の生物が利用できる窒素源は還元型の窒素のみであるが，アンモニウムイオンなどとしての還元型窒素の非生物界における存在量は限られている．そのような状況下で，植物は窒素源としてアンモニアの代わりに硝酸イオンを吸収し，それをアンモニウムイオンに還元して利用している．一方，動物は植物が合成した有機性窒素化合物に依存して生活している．動物にとっても植物にとっても，窒素を獲得することは生きるために必要な深刻な大きな問題であった．

硝酸イオンなどの窒素源は自然の営みのなかではどのようにまかなわれているのであろうか．植物の生育に必須な窒素源は以下の方法によって供給されてきた．まず，① 硝石（KNO_3）やチリ硝石（$NaNO_3$）由来の窒素肥料として，② 大気において雷，つまり空中放電による N_2 の励起に基づいて生じた NO, NO_2 などに由来する亜硝酸イオンや硝酸イオンとして，③ マメ科植物に共生する根粒バクテリアや土壌細菌やある種の光合成細菌などの非共生細菌による空中窒素の固定反応により得られるアンモニアとして，などである（図4.31）．

第一次大戦のとき海上封鎖されてチリ硝石が入手できなくなったドイツは，工業用の硝酸を合成するために無尽蔵に存在する空気中の窒素を水素と反応させてアンモニアにする方法を開発した．それは，新たに見いだされたアルミナなどを含む鉄触媒とともに高温高圧を用いる合成法であり，Haber と Bosch によって開発されたので，ハーバー-ボッシュ法（Harber - Bosch process）と呼ばれている．

$$N_2 + 3H_2 \longrightarrow 2NH_3 \quad \Delta G° = -33.5 \text{ kJ/mol } N_2$$

この反応は発エルゴン反応ではあるが，窒素分子が安定であるため活性化に大きなエネルギーが必要であり，平衡から考えて不利ではあるが，熱をかけて反応を促進している．現在この方法で年間4,000万トンの窒素肥料が生産されている．

これに比べて，生物の窒素固定は常温常圧で行われており，ニトロゲナーゼ

166　4章　物質代謝とエネルギー代謝

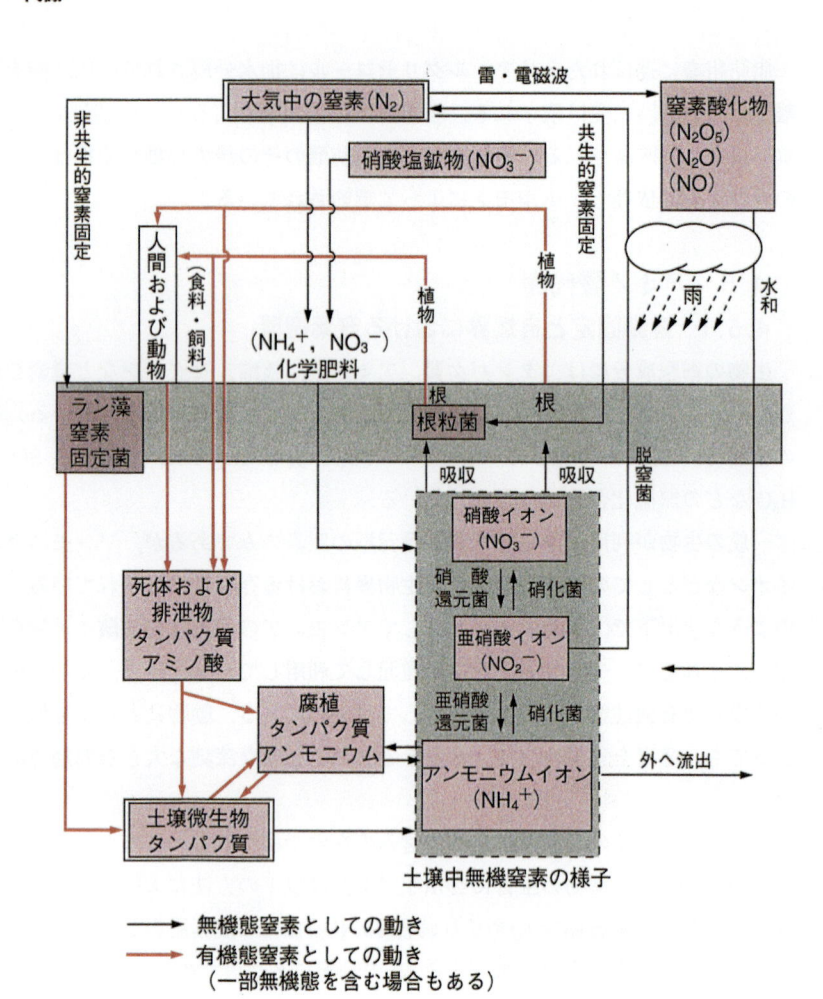

図 4.31　自然界の窒素の循環

→ 無機態窒素としての動き
→ 有機態窒素としての動き
　（一部無機態を含む場合もある）

によって触媒されている．

$$N_2 + 8\,e^- + 8\,H^+ + 16\,ATP + 16\,H_2O \longrightarrow 2\,NH_3 + H_2 + 16\,ADP + 16\,P_i$$

この窒素固定系の反応の実体は1960年代になってはじめて解明されたほど複雑である．解明の遅れた理由として，① 反応に関与する鉄含有タンパク質が酸素で不可逆阻害され，その半減期が30秒と不安定であること，② 鉄含有タンパク質が20℃では比較的安定であるが0℃では極端に不安定であること，③ 反応にATPを多量に必要とするが副生するADPによってニトロゲナーゼ系が強く阻害されること，④ 酸化還元電位の大きな負の値をもつ電子が必要であること，などのためであった．しかし，酵素のような高効率な生体触媒を用いたとしても，この反応にはATPを多量に必要とし，非常に起こりにくい反応であると考えられる．

　自然界においては生体が死滅すると腐敗するが，これは多くの微生物，とりわけ土壌微生物によって分解される結果である．生体の窒素化合物は硝酸イオ

ンに酸化されたり，窒素ガスとして大気中に還元される．海で生育したサケが川に遡上してきて出産後にそこで死ぬと，その窒素分はその後，藻を通して水性昆虫に受け継がれていく．この営みは陸上から海に流れた窒素分の循環そのものであり，自然のサイクルにおける一つの環と見ることができ，このような原子の輪廻は**窒素サイクル**(nitrogen cycle)という言葉で呼ばれている．大気中の窒素ガスはそのサイクルの貯蔵庫として非常に重要である．

細胞内におけるタンパク質はある寿命をもっているが，それはタンパク質分子の本質的な不安定性によるものではなく，生きている細胞内においてのみ認められる現象であり，代謝に関与する酵素による調節の結果として現れる現象である．

4.5.2 タンパク質の消化

ヒトの1日のタンパク質必要量は約80 gといわれており，食事から摂取している．摂取したタンパク質は胃で分泌されるペプシンや膵液のトリプシンなどの加水分解酵素によって加水分解され，アミノ酸に分解される．生じたアミノ酸は腸管から腸粘膜細胞へ運ばれて血液に入り，体の他の部分へと運ばれる．また，われわれの体は組織タンパク質から分解されて遊離するアミノ酸も再利用するし，さらに，主として肝臓では必要なアミノ酸が新たに生合成されてもいる．このようにして得られるアミノ酸は体タンパク質合成の原料として利用されたり，その他の生体物質の合成に利用されたり，ATP生産に利用されエネルギーとして利用されたりする．

一方，余分のアミノ酸は分解され窒素分は尿素として排出され，アミノ酸として体内に貯蔵されることはない．糖質や脂質が体内に貯蔵されるのに比べて，常に栄養物としてタンパク質またはアミノ酸を摂取しなければならない理由がここにある．

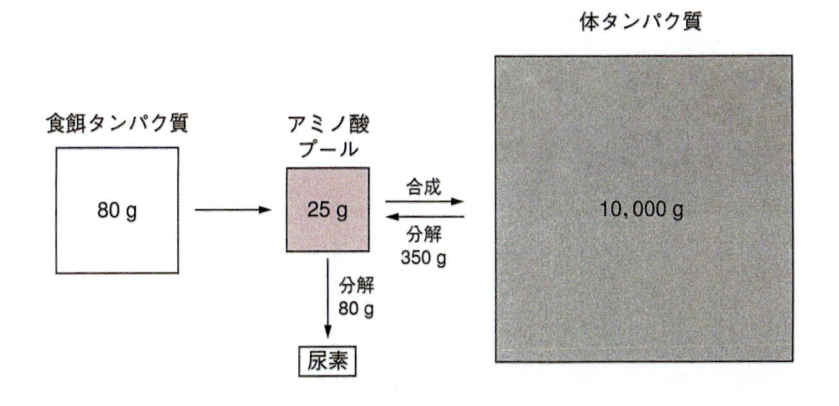

図4.32 ヒトにおける窒素の流れ(体重**60 kg**の成人についての概算値)

これらの代謝の流れにおいては，4.1.3に述べたように動的平衡が成り立っており，体内においてはたえずタンパク質およびアミノ酸は合成と分解を繰り返して入れ替わっていることになり，それらの収支は図4.32のようになる．

4.5.3 アンモニアの同化およびアミノ酸の合成
(1) アンモニアの同化
アンモニアの窒素を有機化合物に取り込む反応として，以下の三つの反応がある．

① グルタミン酸デヒドロゲナーゼによる反応

$$\begin{array}{c}\text{COOH}\\|\\\text{CO}\\|\\\text{CH}_2\\|\\\text{CH}_2\\|\\\text{COOH}\end{array} + NH_3 + NAD(P)H + H^+ \rightleftharpoons \begin{array}{c}\text{COOH}\\|\\H_2N-\text{C}-H\\|\\\text{CH}_2\\|\\\text{CH}_2\\|\\\text{COOH}\end{array} + NAD(P)^+ + H_2O$$

2-オキソグルタル酸　　　　　　　　　　L-グルタミン酸

この反応はアミノ酸代謝の中心経路へアンモニアを取り込む効率的な経路の一つであり，2-オキソグルタル酸（α-ケトグルタル酸）からグルタミン酸への還元的アミノ化反応である．この経路は植物，動物，微生物に広く存在するが，生物種や組織によって基質や利用できる補酵素の特異性が異なり，生理的役割の異なる酵素が存在する．大腸菌や赤パンカビなどにおいてはグルタミン酸合成の方向に反応が片寄っているが，哺乳類や植物ではこの酵素はミトコンドリアに存在し，実質的な反応の流れはむしろ逆方向が主になっているようである．この反応は可逆反応であり，アンモニアの再利用にも利用される．

反芻動物の飼育においては，飼料にかかる費用を安くおさえるために安価な窒素栄養素として尿素を飼料に混ぜ，腸内細菌のもつウレアーゼによって得られるアンモニアをこの反応を用いて窒素源として利用しており，窒素分の1/3は尿素でまかなわれている．

② グルタミンシンテターゼによる反応

$$\begin{array}{c}\text{COOH}\\|\\H_2N-\text{C}-H\\|\\\text{CH}_2\\|\\\text{CH}_2\\|\\\text{COOH}\end{array} + NH_3 + ATP \rightleftharpoons \begin{array}{c}\text{COOH}\\|\\H_2N-\text{C}-H\\|\\\text{CH}_2\\|\\\text{CH}_2\\|\\\text{CONH}_2\end{array} + ADP + H_3PO_4$$

L-グルタミン酸　　　　　　　　　　　　L-グルタミン

この反応は，多くの生物においてアンモニアの取り込みに重要なもう一つの反応であり，低濃度のアンモニアを有機性窒素として直接導入する意味で重要

である．また，アンモニアを無毒化するという意味でも重要である．細菌のこの酵素はアロステリック酵素であり，8種類以上の化合物が独立にフィードバック阻害によって合成を調節している．また，このようにして得られるグルタミンのアミド窒素は多くの生合成反応で窒素供与体として作用し，プリン環とピリミジン環の合成において窒素原子の直接の前駆体としても重要である．

③カルバモイルリン酸シンターゼによる反応

$$NH_3 + CO_2 + 2\,ATP \rightleftharpoons NH_2-CO-OPO_3H_2 + 2\,ADP + H_3PO_4$$

生成する酸アミドはアンモニアと違って中性であり，無毒であることなどにこの反応の存在意義がある．この反応は主として高等動物において機能しており，アンモニアをこの反応でカルバミルリン酸に変換し，尿素回路によって処理している．プリン体とピリミジン体の骨格および置換基の窒素，アミノ糖のアミノ基の供給源でもある．

(2) アミノ酸の相互変換

植物によるグルタミン合成は，すべての動植物の窒素の供給源として最も重要な反応である．

$$\begin{array}{c}COOH\\|\\CO\\|\\CH_2\\|\\CH_2\\|\\COOH\end{array} + NADPH + H^+ + \begin{array}{c}COOH\\|\\H_2N-C-H\\|\\CH_2\\|\\CH_2\\|\\CONH_2\end{array} \longrightarrow \begin{array}{c}COOH\\|\\H_2N-C-H\\|\\CH_2\\|\\CH_2\\|\\COOH\end{array} + NADP^+ + \begin{array}{c}COOH\\|\\H_2N-C-H\\|\\CH_2\\|\\CH_2\\|\\COOH\end{array}$$

2-オキソグルタル酸　　　　　グルタミン　　　　　　グルタミン酸　　　　　　グルタミン酸

高等植物や微生物では，グルタミン酸シンターゼにより，2-オキソグルタル酸にグルタミンのアミド窒素が還元的アミノ化反応を行ってグルタミン酸を2分子生成する．しかしこの酵素は動物には存在しない．

上述のようにして得られるグルタミンとグルタミン酸の両者が他の全アミノ酸と有機窒素化合物に窒素を供給している．

アミノ基転移反応(aminotransferase, transaminase)

$$\begin{array}{c}COOH\\|\\H_2N-C-H\\|\\R_1\end{array} + \begin{array}{c}COOH\\|\\C=O\\|\\R_2\end{array} \rightleftharpoons \begin{array}{c}COOH\\|\\C=O\\|\\R_1\end{array} + \begin{array}{c}COOH\\|\\H_2N-C-H\\|\\R_2\end{array}$$

アミノ酸1　　2-オキソ酸2　　2-オキソ酸1　　アミノ酸2
(供与体)　　(受容体)

アミノ酸の炭素骨格をもつ2-オキソ酸があれば，この反応でどんなアミノ酸でも合成できる．生体にとってとくに重要な転移反応は次の二つの反応である．

① アラニンアミノトランスフェラーゼによる反応

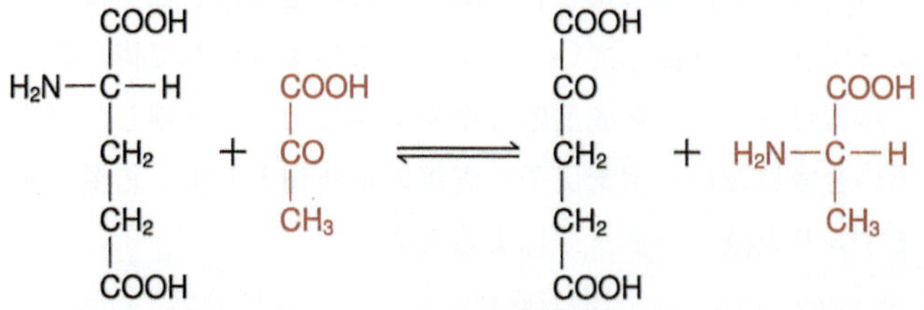

$$\text{L-グルタミン酸} + \text{ピルビン酸} \rightleftharpoons \text{2-オキソグルタル酸} + \text{L-アラニン}$$

アラニンアミノトランスフェラーゼはグルタミン酸-ピルビン酸トランスアミナーゼ(glutamic-pyruvic transaminase)ともいい，その頭文字をとって GPT として知られている．この反応でアラニンのほかに，アスパラギン酸，ロイシン，チロシン，バリン，イソロイシン，システイン，ホスホセリンなどが合成される．

② アスパラギン酸アミノトランスフェラーゼによる反応

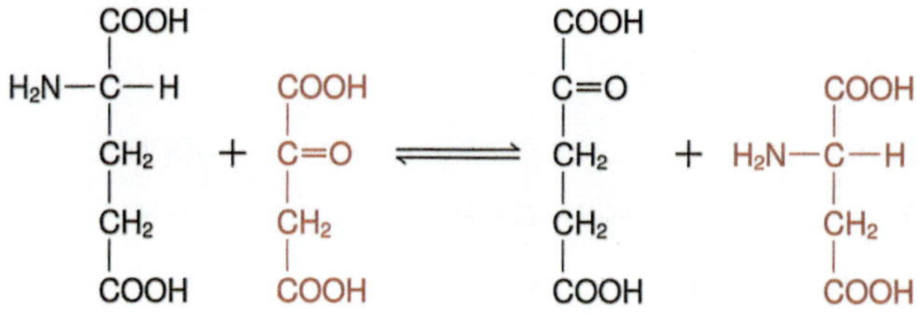

$$\text{L-グルタミン酸} + \text{オキサロ酢酸} \rightleftharpoons \text{2-オキソグルタル酸} + \text{L-アスパラギン酸}$$

アスパラギン酸アミノトランスフェラーゼはグルタミン酸-オキサロ酢酸トランスアミナーゼ(glutamic-oxaloacetic transaminase)ともいい，その頭文字をとって GOT と呼ばれ，上記の GPT とともに細胞質とミトコンドリアに存在しており，臨床的にきわめて重要な酵素である．

ある臓器の細胞が障害で損傷を受けると，これらの酵素が血中に遊離してくるので病気の診断が可能になる．とくに肝機能のマーカー酵素として両者は日常的に利用されているほか，GOT は心筋梗塞の指標酵素としても利用されている．

この反応によりクエン酸回路中に存在する 2-オキソ酸から種々のアミノ酸が合成される．

4.5.4 アミノ酸の分解

(1) 脱アミノ反応

① 酸化的脱アミノ反応：アミノ酸分解の第一の反応は，窒素を排出するため α-アミノ基を除去する反応である．残りの炭素骨格は別途に分解される．まず，アミノ酸オキシダーゼの働きによってアミノ基は遊離のアンモニアとして放出される．

$$\alpha\text{-アミノ酸} + \text{フラビン} \longrightarrow 2\text{-オキソ酸} + \text{フラビン}-H_2 + NH_3$$

生体にとって最も重要なグルタミン酸は，アンモニアの同化の項ですでに述べたグルタミン酸デヒドロゲナーゼ反応の逆反応によって分解され，アンモニアを遊離する

$$\text{L-グルタミン酸} + NAD^+ + H_2O$$
$$\longrightarrow 2\text{-オキソグルタル酸} + NADH + H^+ + NH_3$$

これらの反応でアミノ基から生じるアンモニアは，動物においては次項に述べる尿素回路などで解毒されるし，植物においてはグルタミンやアスパラギンなどの無毒な化合物に変えられて蓄積され，後で利用される．

② 非酸化的脱アミノ反応：この反応は一群のアンモニアリアーゼ(デアミナーゼ)による反応であり，たとえばアスパラギン酸アンモニアリアーゼ(アスパルターゼ)は次の反応を触媒する．

```
      COOH                      H    COOH
      |                          \   /
H2N—C—H        ⇌                  C=C              + NH3
      |                          /    \
      CH2                    HOOC      H
      |
      COOH

   L-アスパラギン酸              フマル酸
```

この反応は可逆反応で，微生物においてはアンモニアという無機物質を有機物であるアミノ酸に取り込む過程として機能している．しかし，シス異性体のマレイン酸は基質にならない．

③ 特異的脱アミノ酵素による反応：セリン，トレオニンなどには特異的な脱アミノ反応が存在する．

```
      COOH              COOH
      |                 |
H2N—C—H    ⟶          C=O   + NH3
      |                 |
      CH2OH             CH3

   セリン
```

④ デアミダーゼによる反応：デアミダーゼはグルタミンやアスパラギンなどの酸アミドを加水分解する酵素の総称である．

$$\text{グルタミン} + H_2O \longrightarrow \text{グルタミン酸} + NH_3$$
$$\text{アスパラギン} + H_2O \longrightarrow \text{アスパラギン酸} + NH_3$$

(2) 脱炭酸反応

アミノ酸デカルボキシラーゼ反応で脱炭酸されてアミン類を生じる．

$$H_3N^+-\underset{R}{\underset{|}{C}}H-COO^- \longrightarrow H_2N-\underset{R}{\underset{|}{C}}H-H + CO_2$$
アミン類

この種の酵素は自然界に広く存在し，生じたアミン類は重要な生理活性をもつものが多いため，アミノ酸の分解というよりは生理活性物質の前駆体の合成とも考えられる．たとえば脳の神経伝達物質であるγ-アミノ酪酸(GABA)はグルタミン酸の脱炭酸反応によって得られる．

4.5.5 尿素回路

有機窒素化合物の合成に必要な量以上のアンモニアは，動物の種類ごとに異なる方法で処理される．海に生息する生物は，水によってすぐに希釈されるためアンモニアをそのままの形で排出する．哺乳動物は主として水に溶けやすい尿素の形で排出し，鳥類や爬虫類などは，水の補給が困難である場合が多いので水に不溶性の尿酸の形で排出するなど，窒素排出の比較生化学は生活環境に適応した形で処理されている．

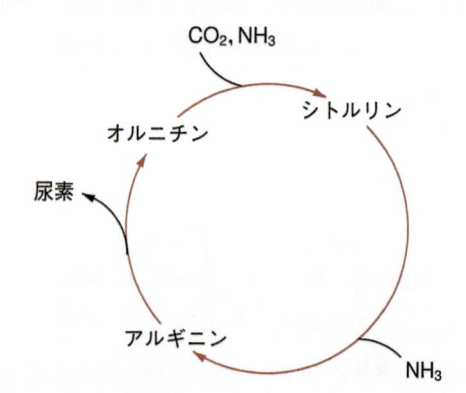

図4.33 尿素回路

4.5.6 硫黄の循環

全生物界の有機硫黄源は自然界に存在する硫酸イオンから生じるシステインである．まず，天然に存在する硫酸イオンは還元され，キャリヤータンパク質を介してO-アセチルセリンと反応してシステインが生じ，生物に利用される．一方，有機硫黄化合物は微生物などによって分解され，硫化水素になって天然に戻り，その後，酸化されて硫酸に再生され，自然界を循環している(図4.34)．

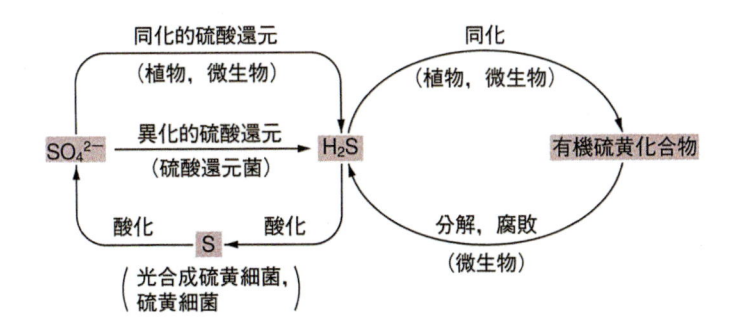

図4.34 自然界の硫黄の循環

4.6 核酸の代謝
4.6.1 核酸の同化
(1) ヌクレオチドの生合成

核酸の構成単位であるそれぞれのヌクレオチドが直接の前駆物質となって生合成される．ほとんどの生物はこのユニットを生体内で新規に合成している（*de novo* 合成）．しかし一方，最初からすべて自前で合成せず，生体内の核酸の酵素分解産物をでき合いのユニットとして再利用して生合成し，エネルギーの節約に役立てる方法も存在する（再利用経路，サルベージ経路ともいう）．

(2) プリン環ヌクレオチドの生合成

プリンの環構造は遊離の塩基としてではなく，ペントースリン酸経路から得られるリボース 5-リン酸の置換体として合成される．まずリボース 5-リン酸と ATP の反応で 5-ホスホ-D-リボシル 1-二リン酸（PRPP）が生じ，これがすべてのヌクレオチドに対する共通の出発物質になる．PRPP にグルタミンのアミド基が反応して 5-ホスホ-D-リボシル 1-アミンがつくられる．これに順次グリシン，ギ酸，グルタミンのアミド窒素が結合し ATP によって閉環してイミダゾール環が形成される．その後さらに二酸化炭素が付加し，アスパラギン酸のアミノ基が取り込まれた後，ギ酸が反応してイノシン 5′-一リン酸（IMP）が生じる（図 4.35）．このイノシン 5′-一リン酸（IMP）はアデノシン 5′-一リン酸（AMP）およびグアノシン 5′-一リン酸（GMP）に変換される．

ATP や GTP は既存の ATP を用いて AMP および GMP にリン酸化され，合成される．

(3) ピリミジンヌクレオチドの生合成

ピリミジン環の新規合成経路はプリン環合成経路に比べて簡単であり，ATP の消費も少ない．まず，尿素回路の重要な中間体であるカルバモイルリン酸とアスパラギン酸から N-カルバモイルアスパラギン酸が生成する．この N-カルバモイルアスパラギン酸は閉環し，酸化を受けてオロト酸となり，ついで 5-ホスホ-D-リボシル 1-二リン酸（PRPP）と反応してオロチジル酸になる．オロチジル酸はさらに脱炭酸を受けてウリジル酸（UMP）を生成する（図 4.36）．

他のピリジンヌクレオチドはこの UMP から種々の反応によって形成される．

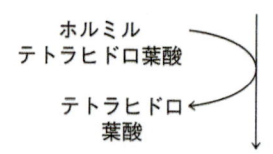

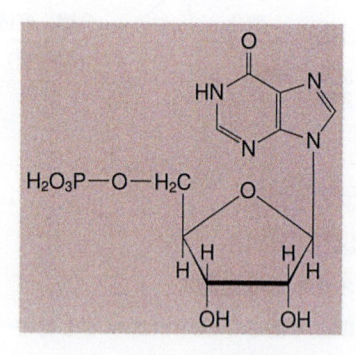

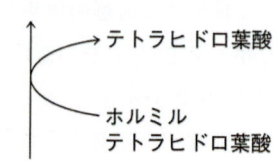

図 4.35　プリン環ヌクレオチドの生合成

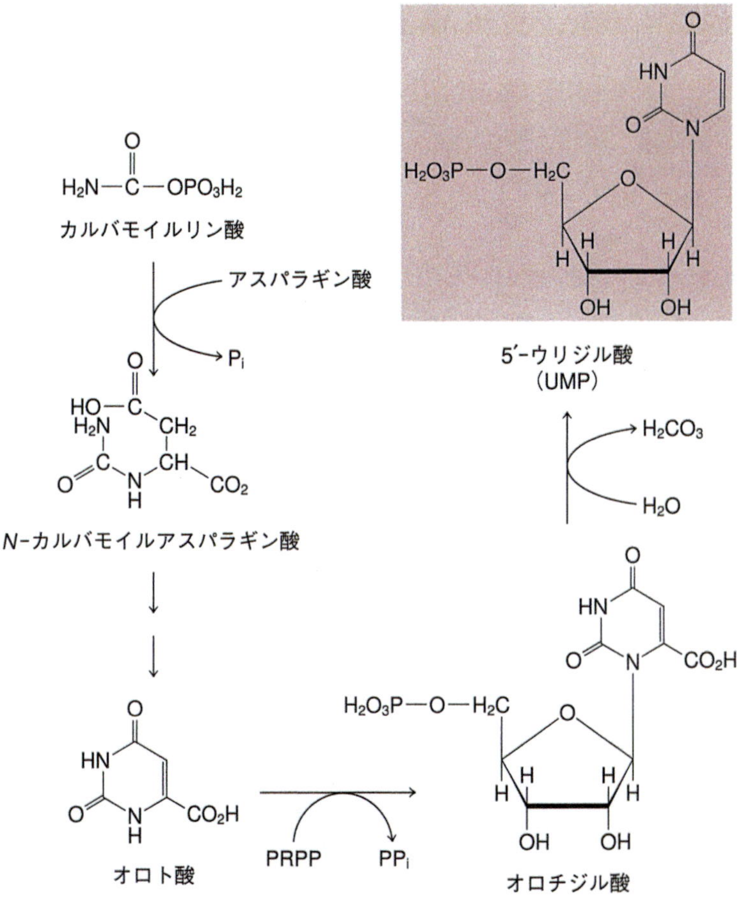

図4.36 ピリミジンヌクレオチドの生合成

4.6.2 ヌクレオチド補酵素の生合成

補酵素A(H-CoA)やNAD$^+$およびNADP$^+$などのニコチンアミド補酵素，あるいはフラビン補酵素(FAD)などのヌクレオチド補酵素は，いずれもアデノシンがビタミンと結合した化合物である．動物はビタミンを合成できず，植物や微生物に頼っているため，摂取したビタミンとATPを用いて合成される．

4.6.3 デオキシリボースの生合成

デオキシリボヌクレオチドはリボヌクレオチドの酵素的還元によって合成されるが，その生合成は非常に困難である．酵素活性部位にあるジスルフィド結合をNADPHによって還元してチオール基にし，それが次に複雑なラジカル機構によってリボースのヒドロキシル基をはずしている．大部分の生物ではヌクレオチド二リン酸の段階でこの反応が行われる(図4.37)．

しかし，動物，植物，微生物の核酸の構造はどれも共通であるので，塩基部分と同様，食物として取り込んだ核酸を分解して得られるデオキシリボースを再利用する経路(サルベージ経路)も重要になっている．

図4.37 デオキシリボースの生合成

4.6.4 核酸の異化代謝

膵臓から分泌される消化酵素や細胞内小顆粒のリソソーム中に多く存在するヌクレアーゼにより、核酸はヌクレオチドやヌクレオシド単位にまで加水分解された後、塩基部分は尿酸や尿素などに代謝されて分解される（図4.38）。

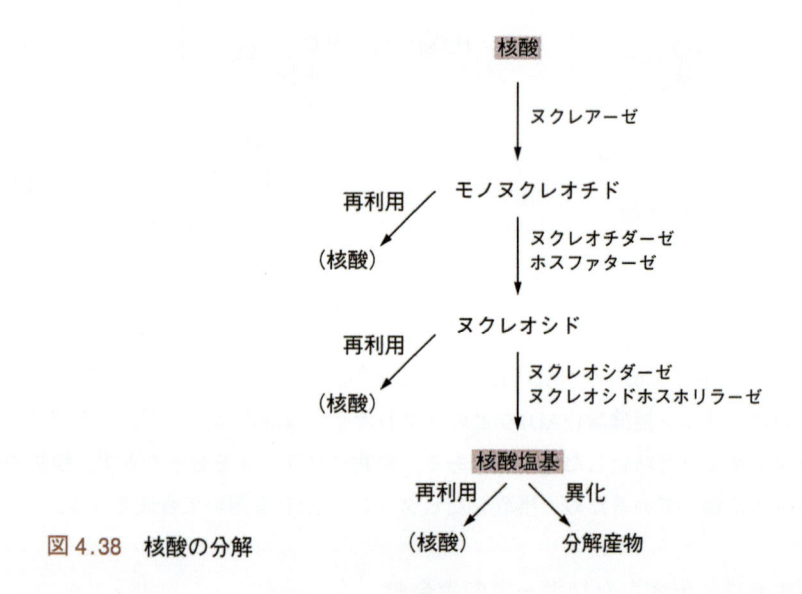

図4.38 核酸の分解

しかし、通常はヌクレオチドに加水分解された段階で、かなりの部分が核酸合成に再利用される。5′-ヌクレオチドの場合はそのままリン酸化されてトリリン酸になった後に核酸合成に利用されるし、一方、3′-ヌクレオチドの場合はいったんヌクレオシドに加水分解された後にリン酸化され、同様に核酸合成に再利用される代謝経路も存在し、尿酸や尿素にまで分解される量は少量である。

(1) 核酸塩基の分解代謝

プリン塩基とピリミジン塩基の分解は異なった様式で代謝され、プリン塩基

は酸化的に分解され，ピリミジン塩基は還元的に分解される．

プリン塩基は生物種によって代謝産物が異なり，ヒトにおいてはヒポキサンチンやキサンチンを経て最終産物の尿酸に代謝される．尿酸が過剰に生産または排出不全の状態になったとき，関節などにそのまま，またはそのナトリウム塩の結晶として沈着し，疼痛を伴う痛風を引き起こす．先天的な代謝異常と考えられるが，そのような場合は高核酸食をさけるなど食事制限も必要となる．

他の哺乳動物は，ヒトではそれ以上分解できない尿酸をさらにアラントインに酸化して排出する．その他，大部分の両生類や魚類はそれをさらに加水分解してアラントイン酸にし，これを尿素にまで分解して排出する代謝機能を備えている(図4.39)．

一方，ピリミジン塩基からはとくに問題となるような代謝排出物は生じない．

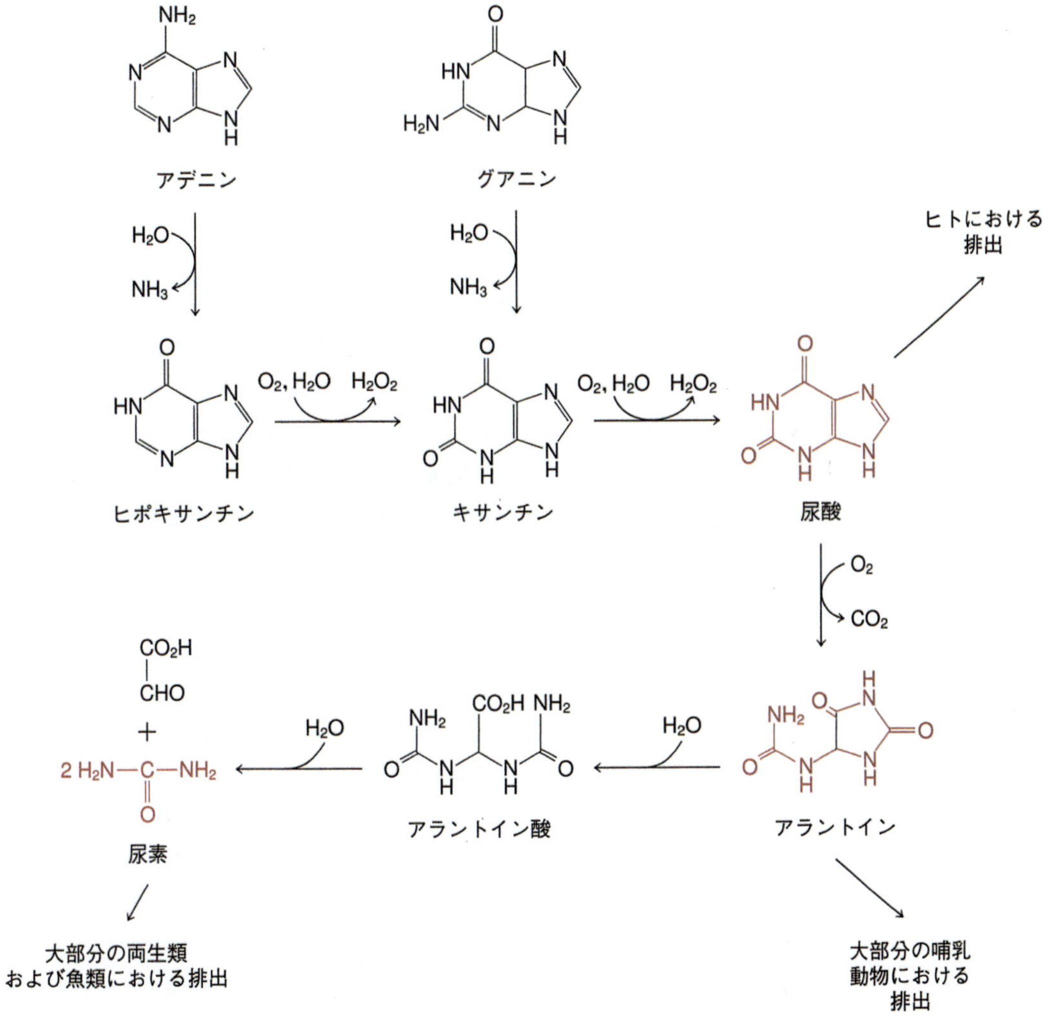

図4.39　プリン塩基の分解代謝

ウラシル環およびチミン環は NAD(P)H から水素が添加され，ジヒドロウラシルまたはジヒドロチミンを経て分解される．開環して生成する β-アラニンや β-アミノイソ酪酸はアセチル CoA やスクシニル CoA に変換されて利用されたり，尿中に排出されたりする．

4.7 代謝調節とその応用 —— アミノ酸発酵を中心に
4.7.1 代謝調節の概要

　代謝経路の速度は二つのレベルで調節されている．一つは遺伝子レベルでの調節であり，代謝関連酵素の遺伝子の発現，いいかえれば細胞内の酵素の生産量が調節を受ける．**抑制**，**誘導**，および**アテニュエーション**と呼ばれるメカニズムがその例である．もう一つは酵素レベルでの調節であり，細胞中の酵素量は変わらずに，酵素分子への調節因子(エフェクター)の結合を介して酵素1分子あたりの活性が変化するものであり，アロステリック酵素のフィードバック阻害や活性化がその例である．遺伝子レベルでの調節については5.4節に，酵素レベルでの調節については3.8節に，それぞれのメカニズムが詳細に述べられている．ここでは，細菌によるいくつかのアミノ酸の生合成経路を具体例として取りあげ，代謝調節機構が実際にどのように機能しているのか，また，このような調節機構をいかに打ち破ってアミノ酸を大量につくらせるかについて述べる．

　細菌のアミノ酸の生合成経路は，その最終産物により負の調節を受けていることが多い．すなわち，細胞内に蓄積した最終産物(アミノ酸)は，経路の上流に位置する酵素の量や活性を減少させ，その酵素よりも下流の経路の流れを遅くしたり止めたりする．最終産物が経路の上流にさかのぼってその速度を調節するので，これをフィードバック機構による負の調節と呼ぶ．細菌をはじめとする原核生物では，主として三つのタイプのフィードバック機構，すなわち**フィードバック阻害**(feedback inhibition)，**フィードバック抑制**(feedback repression)，**アテニュエーション**(attenuation)が知られている．フィードバック阻害は酵素レベルでの調節であり，フィードバック抑制とアテニュエーションは遺伝子レベルでの調節である．

　これらのうち，フィードバック阻害とフィードバック抑制は細菌のアミノ酸生合成経路の調節機構として広く見いだされるものである．これらがどのように働いているかをアスパラギン酸族のアミノ酸(リシン，メチオニン，トレオニン，イソロイシン)の生合成を例として図4.40に示す．この生合成経路はいくつかに枝分れしているが，その源流ともいうべきところにアスパルトキナーゼが位置している．この酵素はリシンとトレオニンによる協調的なフィードバック阻害によってその活性が調節され，経路全体の流れを調節する鍵酵素である．経路において分枝直後の酵素のいくつかも，最終産物による負の調節を受けている．トレオニンはトレオニンデヒドロゲナーゼを阻害し，またイソロイ

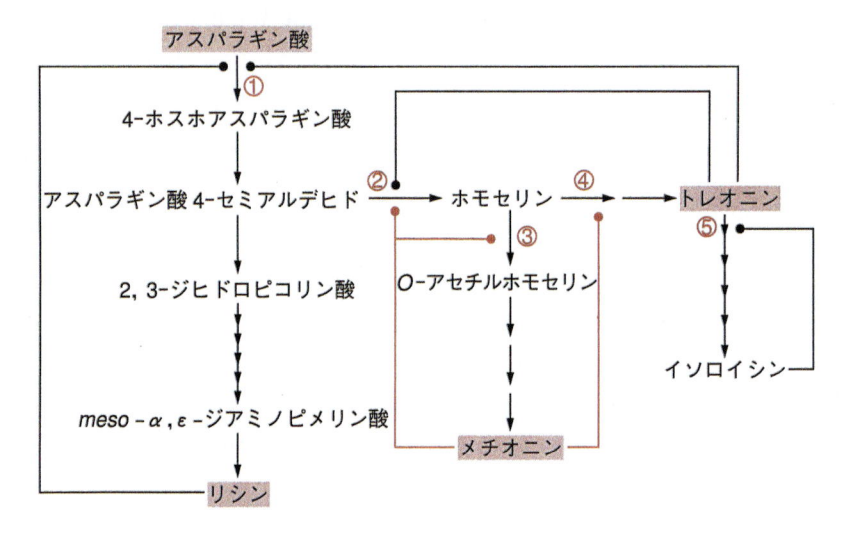

図 4.40 細菌におけるアスパラギン酸族アミノ酸の生合成の制御
　──●：フィードバック阻害，──●：フィードバック抑制
① アスパルトキナーゼ，② ホモセリンデヒドロゲナーゼ，③ ホモセリンアシルトランスフェラーゼ，④ ホモセリンキナーゼ，⑤ トレオニンデヒドロゲナーゼ

シンはトレオニンデヒドロゲナーゼを阻害する．一方，L-メチオニンは，ホモセリンデヒドロゲナーゼをはじめとするいくつかの酵素の発現を抑制している（フィードバック抑制）．この場合，L-メチオニンはコレプレッサーとしてレプレッサータンパク質と結合して複合体を形成し，この複合体がオペロンのオペレーター配列に結合することにより，ホモセリンデヒドロゲナーゼ遺伝子などの転写を妨げ，酵素量を減少させる．

　第三のタイプのアテニュエーションと呼ばれる調節機構は，細菌のトリプトファン生合成をつかさどるオペロンで最初に見いだされた．遺伝子の上流にあるリーダー配列を転写する過程で，生成する mRNA の二次構造がトリプトファンの細胞内濃度に応じて変化し，この二次構造の違いが転写をさらに続行するか否かを決定する．これら三つの調節機構のいずれかが働くことによってアミノ酸の過剰な生産が防がれ，アミノ酸の細胞内濃度は常に適正な濃度に保たれている．

4.7.2 発酵工業への応用

　細菌によるアミノ酸の大量生産は，上述のような**調節機構**（とくにフィードバック阻害とフィードバック抑制）を破壊した変異体をつくりだすことによって達成されてきた．そのような変異体には，栄養要求変異株および調節変異株の 2 種類がある．

(1) 栄養要求変異株

　この変異株によるアミノ酸の過剰生産は次のようにして起こる．あるアミノ

酸(**A**)の生合成経路のある段階がブロックされると**A**が生産されないため，**A**を培地に添加しないとその菌は生育できないようになる〔このような菌を**栄養要求性変異株**(auxotroph)と呼ぶ〕．この変異株を生育させるための必要最小濃度の**A**を培地中に加えて変異体を生育させることができる．**A**がこの生合成経路のフィードバック阻害剤であれば，この変異体は**A**を生産できないので経路のフィードバック阻害がかからず，ブロックされた段階の一つ前の反応生成物**B**は無制限に生産されることになる．**B**がアミノ酸であれば，これによって**B**アミノ酸の大量生産が可能となる．産業的には，オルニチン，シトルリン，リシンがこの方法により生産されている．

アミノ酸生産の具体例のメカニズムを考察すると，L-オルニチンとL-シトルリンはL-アルギニンの生合成経路(図4.41)の代謝中間体である．L-アルギニンはこの生合成経路のすべての酵素に対してフィードバック抑制を行う．L-アルギニンはまた，この経路の第一および第二の酵素に対するフィードバック阻害剤としても作用する．シトルリン要求性変異株は，L-オルニチンからL-シトルリンへの変換を触媒するL-オルニチンカルバモイルトランスフェラーゼを欠損しているため，アルギニンを生成できない．このため，この変異株ではアルギニンによるこの生合成経路のフィードバック抑制ならびに阻害が解除されており，培地に微量のアルギニンを添加してこの変異体を培養すれば，L-オルニチンが過剰に生産される．同様にして，L-アルギニン要求変異株によりL-シトルリンが生産される．

別の例を図4.40に示した．リシンの生合成経路においてアスパルトキナー

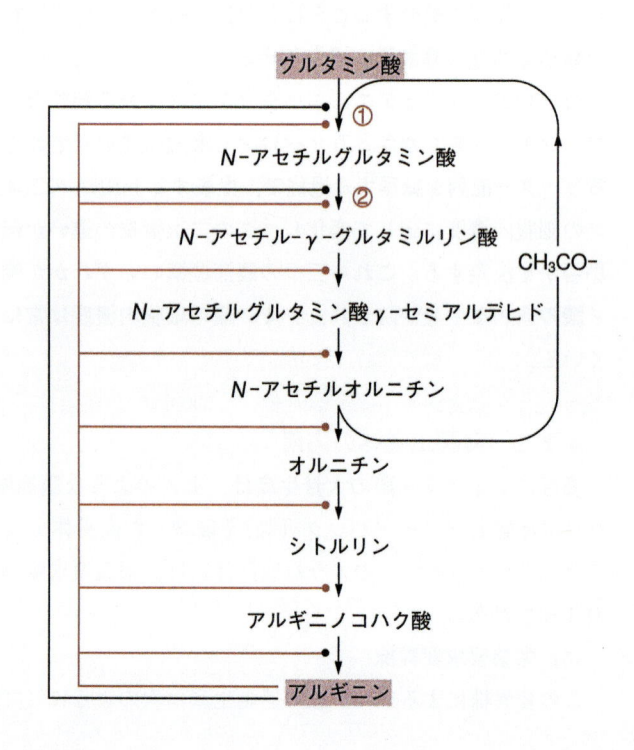

図4.41 細菌におけるアルギニンの生合成の制御
──●：フィードバック阻害　──●：フィードバック抑制
① *N*-アセチルグルタミン酸シンテターゼ，② *N*-アセチルグルタミン酸キナーゼ

ゼがリシンとトレオニンによるフィードバック阻害により負の調節を受けている．リシンやトレオニンそれぞれ単独ではアスパルトキナーゼの阻害は不完全であり，これらのアミノ酸の両方が共存したときにのみ酵素は完全に阻害される．ホモセリン要求性変異株はトレオニンを合成できないので，そのアスパルトキナーゼのフィードバック阻害は有効にかからない．したがって，培地に菌の生育を保つのに最少量のトレオニンを添加してこの変異体を培養すれば，L-リシンが著しく大量に生産される．同じような原理で，L-トレオニン/L-メチオニン二重要求変異株もL-リシンを著量生産する．

(2) 調節変異株によるアミノ酸発酵

フィードバック阻害剤やフィードバック抑制剤として作用するアミノ酸の構造類縁体(アナログ)は，天然型のアミノ酸と同様にフィードバック阻害剤やフィードバック抑制剤として作用し，アミノ酸の生合成を止める働きをもつものが多い．そのようなアナログが細菌によって利用できないものである場合，培地中にそのようなアナログを添加すると，細菌の増殖が阻害される．この増殖阻害は対応する天然型のアミノ酸を添加することで解除されるので，アナログはアミノ酸に代謝的に拮抗していることが示唆される．もしこのようなアミノ酸アナログ存在下でも生育可能な変異株が取得できた場合，この変異株では，生合成経路の調節点における酵素やその遺伝子発現に関るレプレッサータンパク質に変異が入るなどして，天然型アミノ酸によるフィードバック阻害や抑制がかからなくなっている(これを「脱感作している」という)可能性がある．このような変異株を**調節変異株**(regulatory mutant)または**アナログ耐性変異株**(analog-resistant mutant)と呼ぶ．フィードバック調節機構が解除された結果，このような変異体は最終産物アミノ酸を培地中に大量に蓄積するものが多い．一般に前述の栄養要求性変異株によるアミノ酸発酵では，生合成経路の末端のアミノ酸(L-アルギニンやL-ヒスチジンなど)の生産はできないので，経路の最終産物を生産できるのは調節変異株によるアミノ酸発酵の特徴である．また，調節変異株では，経路末端のアミノ酸を培地に最少濃度加えなければならないなどという制約もない．数多くのアミノ酸の発酵生産が調節変異株によって達成されており，なかでも，この手法によるリシン，トレオニン，アルギニン，ヒスチジンの生産は産業的にも重要である．

リシンの大量生産は，リシンのアナログである S-アミノエチル-L-システイ

$$NH_2CH_2CH_2-S-CH_2-\overset{H}{\underset{NH_2}{C}}-COOH \qquad NH_2CH_2CH_2CH_2CH_2-\overset{H}{\underset{NH_2}{C}}-COOH$$

S-アミノエチル-L-システイン　　　　　　　　L-リシン

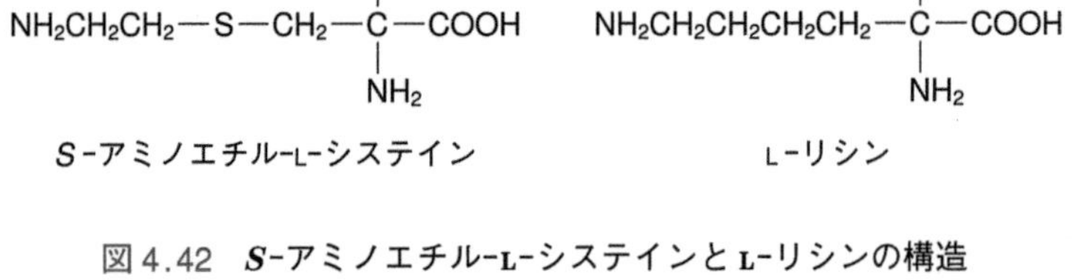

図4.42　S-アミノエチル-L-システインとL-リシンの構造

ン (*S*-aminoethyl-L-cycteine, SAEC；図 4.42) に対する耐性株を取得することにより達成された．この変異体のアスパルトキナーゼ(図 4.40) は，リシンやトレオニンによるフィードバック阻害がかからなくなっており，リシンを培地 1 l あたり 32 g 生産する．トレオニンの大量生産株は L-トレオニンのアナログである α-アミノ-β-ヒドロキシ吉草酸に対する耐性を獲得した変異株から誘導された．この変異株では，アスパルトキナーゼと L-ホモセリンデヒドロゲナーゼが，L-トレオニンによるフィードバック阻害を受けなくなっている．この変異株にさらに変異をかけ L-メチオニン要求性を付与した二重変異体では，L-メチオニンによるフィードバック抑制も解除され，L-トレオニンの生産性がさらに向上した．また，アルギニンの大量生産株は，アルギニンのアナログ(カナバニンやアルギニンヒドロキサム酸など)に対する耐性株から得られている．

5章 遺伝子と遺伝情報

5.1 複製，修復，組換え
5.1.1 複 製

　遺伝情報が親から子へ正確に伝えられるためには，親とまったく同じDNAが合成される必要がある．この正確なDNAの複製は，塩基対の正確な形成に基づいている．DNAは二重らせん構造を形成しているので，DNAが複製されて2本の娘分子になるためには，親分子の塩基対を形成している水素結合を切断してそのらせんをほどく必要がある．この水素結合は特異的ではあるが比較的弱いので，その切断と形成に酵素の助けを必要としない．一つの塩基で水素結合を形成するものと形成しないものとの比は，通常の条件下ではおよそ10^4：1であるので，DNAの複製の過程において，たとえばアデニンがグアニンと塩基対を形成する頻度は，アデニンがチミンと塩基対を形成する頻度の$1/10^8$と考えられる．グアニンとシトシンの塩基対には3組の水素結合が存在するので，この塩基対形成はより正確に行われる．

　DNAの複製時には，DNAの二重らせん構造がほどけて生じたそれぞれの一本鎖を鋳型として塩基対の形成を伴ってヌクレオシド三リン酸が取り込まれ，**DNAポリメラーゼ**(DNA polymerase)の作用で次つぎに重合が起こって，娘鎖(daughter strand)が合成される．親DNAの2本の鎖はそれぞれ$5'→3'$と$3'→5'$を向いているので(図5.1)，合成される2本の娘鎖の伸長方向は，一方の鎖では$5'→3'$であり，もう一方の鎖では$3'→5'$になるはずである．しかし，DNAポリメラーゼは$3'→5'$方向への伸長を触媒できない．この疑問を解決したのが**岡崎**フラグメント(Okazaki fragment)と呼ばれる100〜1000塩基からなる短いDNAである．複製方向に逆行して$5'→3'$方向へ不連続に合成されたこのフラグメントが，**DNAリガーゼ**(DNA ligase)によって連結されて長い娘鎖になるのである．このように複製方向と一致する側に連続的に合成される娘鎖を

DNAポリメラーゼ
　伸長しつつあるポリヌクレオチド鎖の$3'$のOH基にヌクレオシド三リン酸を結合させる酵素．大腸菌では3種類のポリメラーゼが知られており，I，IIはDNA傷害の修復に，IIIは新生DNA鎖の合成に働く．

DNAリガーゼ
　DNA連結酵素ともいう．DNA鎖の$3'$-OH基と$5'$-リン酸基をホスホジエステル結合で結合させる酵素．

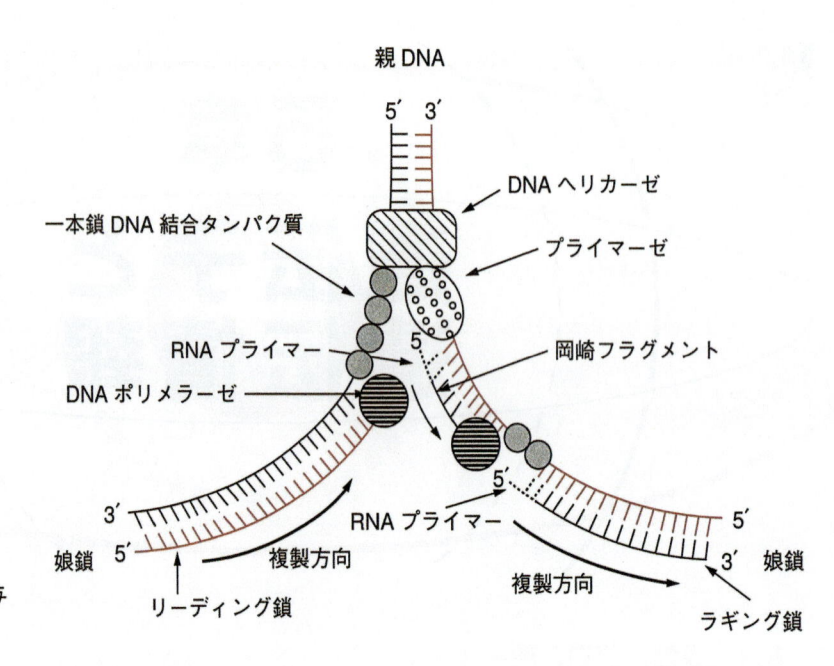

図5.1 DNA複製とそれに関与するタンパク質

リーディング鎖(leading strand),また複製方向に逆行する側に不連続に合成される娘鎖をラギング鎖(lagging strand)という.

複製はいろいろなタンパク質集合体が関与する複雑な反応である.**DNAヘリカーゼ**(DNA helicase)がDNAのヘリックス構造をほどくと一本鎖DNA結合タンパク質が結合するので,一本鎖DNAはねじれたり曲がったりしていない伸びた形になる(図5.1).リーディング鎖上のDNAポリメラーゼは連続的に作用するが,ラギング鎖上のDNAポリメラーゼは,**プライマーゼ**(primase)によって合成された短いRNA**プライマー**(primer)(通常3〜5個の塩基からなる)を利用して,DNA鎖を不連続的に合成する.すなわち,合成されたRNAプライマーの3′-OH端にDNAポリメラーゼの働きで鋳型の塩基と相補的なヌクレオシド三リン酸が重合する.このようにして合成が進み岡崎フラグメントができる.RNAプライマーは**リボヌクレアーゼH**(ribonuclease H:RNaseH)という酵素で除去されるが,このようにして合成された多くの短いDNA鎖の間のギャップはDNAポリメラーゼで埋められたあと,DNAリガーゼで連結される.プライマーゼはDNAヘリカーゼや他の6,7個のタンパク質と一緒になってプライモソーム(primosome)を形成してはじめて活性を発揮し,RNAプライマーを合成する.このようにして複製が開始されるが,DNAポリメラーゼは新たに付加した塩基が間違っていないかどうかをチェックする機能も備えている.

複製が開始される**複製起点**(replication origin,図5.2)は,細菌や酵母で明らかにされており,AとTに富んでいる.A・T対はG・C対に比べ水素結合の数が一つ少ない(図2.42参照)ので,複製起点でDNAがほどけるのは当然のことである.大腸菌ゲノムでは245 bpからなる単一の複製起点*oriC*が知られている.一方,酵母ではプラスミドを効率よく複製させる塩基配列として**ARS**

DNAヘリカーゼ
一本鎖DNAに結合して二本鎖の分離を促進する酵素で,その際,ATPの分解によって得られるエネルギーを利用する.

プライマーゼ
一本鎖DNA上の特定の塩基配列を識別してプライマーRNAを合成する酵素.

プライマー
核酸の生合成を開始するために必要なオリゴヌクレオチド.その3′末端のOH基に新しいヌクレオチドが付加して核酸合成が開始される.

プライモソーム
プライマーゼが他の6,7個のタンパク質とつくったタンパク質複合体.複製フォークでラギング鎖の不連続複製の開始複合体として機能する.

(autonomously replicating sequence)が知られており，これが複製起点に相当すると考えられている．現在，高等真核生物の複製起点はわかっていない．

複製中のDNAを単離して電子顕微鏡で見ることができる．**複製フォーク**(replication fork)はDNAの二本鎖が分かれて一本鎖となったあわ構造から始まる．環状DNAでは，複製起点にあわ構造が現れθ型構造を形成すると，二つの複製フォークは両方向へ移動して環の反対側で出会う．複製の間も，親の鎖は両方とも切れないで環状は保たれる（図5.2）．

> 複製フォーク
> 複製が進行中の部分．複製分岐点ともいう．

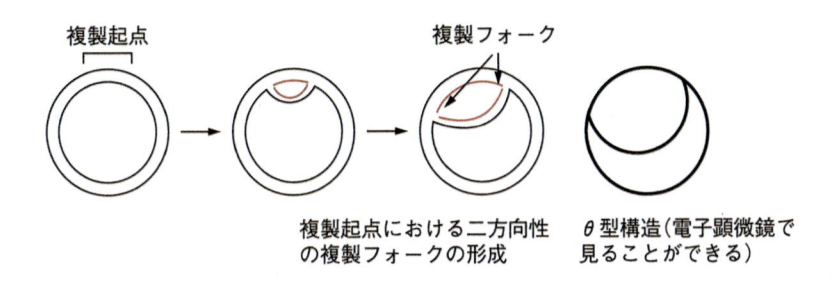

図5.2 環状DNAの複製
複製起点における二方向性の複製フォークの形成／θ型構造（電子顕微鏡で見ることができる）

5.1.2 修　　復

子孫の存続のために，DNAの複製はきわめて高い精度で行われるが，自然界には変異を誘起する種々の化学物質や放射線が存在し，塩基の変化やヌクレオチド鎖の切断をたえず引き起こしている．その結果，毎日何千という変異がDNA上で起こっているが，それにもかかわらず，これらの変異のなかで固定されるものは，平均的な細胞ではDNAあたり1年に2〜3個といわれている．その理由は，細胞には変異したDNAをもとの状態に戻す修復機構が存在するからである．

一般に1塩基の変異の場合は，通常はもとの正常な塩基に戻ることができる．これを**復帰変異**(reverse mutation, back mutation)といい，通常の変異率とさほど違わない確率で起こる．しかし，大きな欠失などがもとに戻ることはほとんどないといってよい．自然界で起こる1塩基の変異は遺伝子の進化に結びつく．いくつかの種間で同じタンパク質のアミノ酸配列を比較して，異なるアミノ酸の割合と二つの種が共通の祖先から分岐してからの年数を調べる．それをもとにしてアミノ酸1個に永続的な変化が生じるのに要する平均年数を計算して，遺伝子の進化を調べることができる．

DNAはすべての箇所が同じ確率で変異を起こすのではなく，T4ファージで見つかったいわゆるホットスポットでは他の箇所よりはるかに高い頻度で変異が起こるし，**ミューテーター遺伝子**(mutator gene)をもつ細菌は遺伝子の変異率を高める．また，DNAポリメラーゼは$3'→5'$エキソヌクレアーゼ活性と$5'→3'$ DNA合成活性をもっているが，前者の活性を欠く細菌では変異率が上昇する．その理由は，$3'→5'$エキソヌクレアーゼ活性が，誤って挿入された塩基を除去する働きをもっているからである．ミューテーター遺伝子である*mutD*

をもつ大腸菌ではDNAポリメラーゼの3′→5′エキソヌクレアーゼ活性が低下しているために,校正機能が低下していることが知られている.

(1) 変異を引き起こす化学物質

DNAの変異率を著しく上昇させて,正確な複製を妨害する化学物質を変異原物質といい,これらのほとんどに発がん性がある.そのうち亜硝酸(HNO_2)やアルキル化剤(塩基やDNA鎖にメチル基やエチル基を転移させる)であるメチルニトロソグアニジンなどは,DNAに直接作用して塩基を変化させる(図5.3).すなわち,HNO_2による脱アミノ化によってアデニンはヒポキサンチンに,シトシンはウラシルに,グアニンはキサンチンにそれぞれ変化し,その結果,塩基対の形成が変化する.またチミンアナログである5-ブロモウラシルが複製の際にDNAに誤って取り込まれると,構造が異なるために正しい塩基対が形成されず変異を起こさせる.またプロフラビンは,DNA上に1個から数個の塩基の欠失あるいは付加を引き起こすので,**フレームシフト変異**(frameshift

フレームシフト変異
塩基配列の読み枠が変化する変異.この読み枠すべてがアミノ酸に対応するトリップレットからなる読み枠をオープンリーディングフレーム(open reading frame:ORF)という.

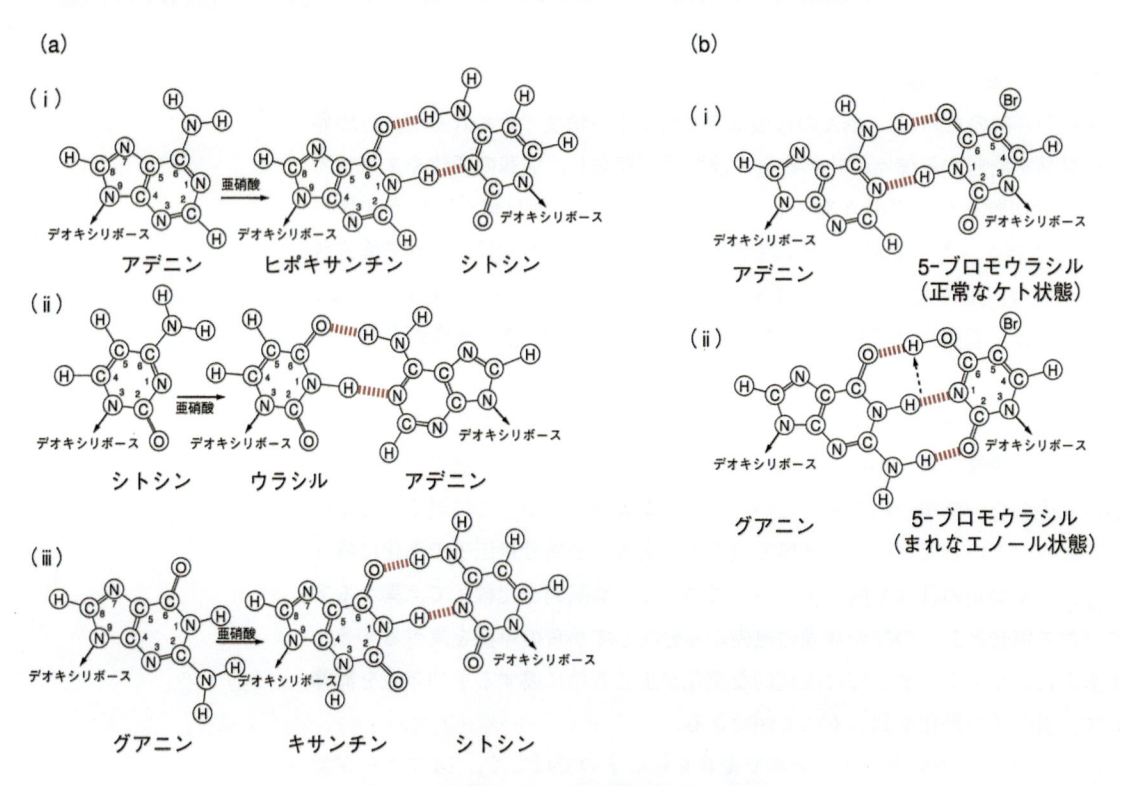

図5.3 複製時における塩基対形成の変化
(a) 亜硝酸によって起こる塩基の脱アミノ化と新しい塩基対形成.(ⅰ),(ⅱ),(ⅲ)はそれぞれアデニン,シトシン,グアニンの塩基対形成の変化を示す.
(b) 5-ブロモウラシルの塩基対形成.(ⅰ)アデニンはケト状態の5-ブロモウラシルのN1位の水素原子と結合し,(ⅱ)グアニンは5-ブロモウラシルのN1位の水素が6位の酸素原子と結合する(矢印)ことによって対を形成する.

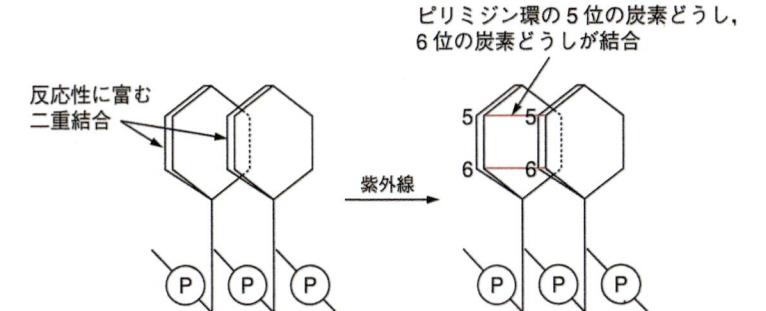

図5.4 紫外線によって生じるピリミジン二量体

mutation)を引き起こす．化学物質ではないが，紫外線が隣り合った2個のピリミジンを光化学的に結合させてピリミジン二量体であるチミン二量体を生成させて鋳型としての働きを妨げる(図5.4)．これは隣接したピリミジン塩基の5,6位の二重結合のπ電子が紫外光によって励起されて環状反応が起こることによって形成されるからである．

(2) 修復機構

このようにDNAに生じた損傷をもとに戻す機構が修復機構であり，その役割を**修復酵素**(repair enzyme)が担っている．化学物質によって起こった損傷のうち酵素で修復できるものの一つは，自然界に広く存在する**ホトリアーゼ**(photolyase)がピリミジン二量体に作用してこれを2個のピリミジン塩基に戻す**光回復**(photoreactivation)である．またグアニンはアルキル化を受けやすく，6位の酸素がメチル化されてチミンと対をつくるO^6-メチルグアニンになりやすい．したがって，複製の際にGCペアーがATペアーに変わってしまう．この損傷は*ada*遺伝子にコードされる**O^6-メチルグアニンメチルトランスフェラーゼ**(O^6-methylguanine methyltransferase)によって除去される．

DNA修復機構の異常による疾患

DNA修復異常が原因になって引き起こされる遺伝病で最もよく知られているのは**色素性乾皮症**(xeroderma pigmentosum)である．塩基は260 nm付近の紫外線を吸収し，隣り合ったピリミジンを結合させてチミン二量体を形成する(本文参照)ので，DNA除去修復酵素が働かないと，日光にさらされた皮膚細胞には1日で多数のピリミジン二量体が蓄積されることになる．色素性乾皮症の患者は，遺伝的にDNA除去修復酵素を欠損しているために，日光光線に対する感受性が異常に高く，出生直後から皮膚の赤化，浮腫，水泡を生じる．また，色素斑が皮膚の露出部分に多数生じて皮膚細胞が高頻度で死滅し，皮膚がんになりやすい．バクテリオファージT4に由来するピリミジン二量体に特異的な除去修復酵素の立体構造がすでに明らかにされている．

代表的な修復機構として**塩基除去修復**(base excision repair)と**ヌクレオチド除去修復**(nucleotide excision repair)がある．双方ともにその基本は損傷を受けた塩基の除去，再合成，および連結である．図5.5に示すように，塩基除去修復においては，たとえば脱アミノ化されたウラシルが**ウラシル DNA グリコシラーゼ**(uracil DNA glycosylase)で除去されたのち，**AP エンドヌクレアーゼ**(AP endonuclease)と**ホスホジエステラーゼ**(phosphodiesterase)で糖リン酸が除去される．最後に DNA ポリメラーゼと DNA リガーゼによって修復が完了する．ヌクレオチド除去修復においては，酵素複合体が DNA 上をスキャンしてピリミジン二量体のようなかさばった箇所を見つけたあと，二量体の5′側から8ヌクレオチド，3′側から4または5ヌクレオチドの所でヌクレオチドが切断され，DNA の二重鎖が DNA ヘリカーゼではがされる．その後は塩基除去修復と同様にして修復が完了する．細胞はこのような DNA の損傷に際して修復酵素を誘導する機構をもっている．代表的なものには大腸菌の **SOS 応答**(SOS response)があり，大腸菌は緊急事態に **RecA タンパク質**(RecA protein)を活性化して修復酵素を誘導する．機構は異なるが熱ショックタンパク質を誘導する**熱ショック応答**(heat shock response)もよく知られている．

SOS 応答
DNA に損傷を与えたり，複製を阻害することによって引き起こされる修復機構．プロファージの誘発もその一つの例である．

RecA タンパク質
一本鎖 DNA が二本鎖 DNA 中の相補的な DNA 鎖と塩基対を形成するのを促進するとともに，SOS 応答でプロテアーゼ活性を促進する酵素である．

熱ショック応答
温度の上昇によっていくつかの遺伝子の転写が止まり，熱ショック遺伝子の転写が起こる現象．

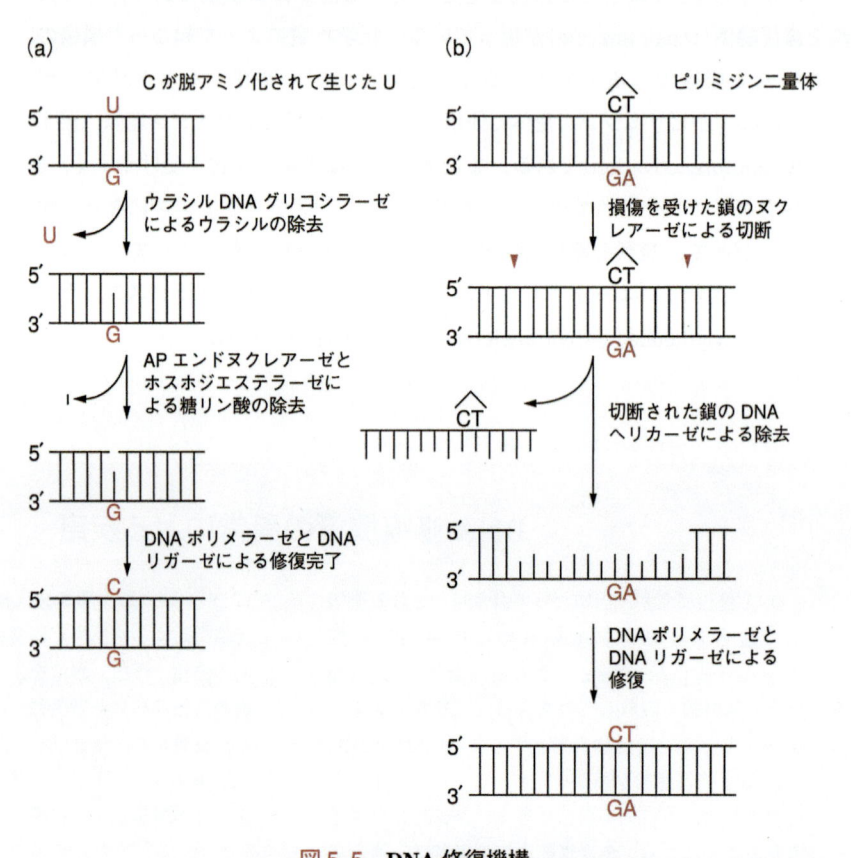

図5.5　DNA 修復機構
(a) 塩基除去修復機構，(b) ヌクレオチド除去修復機構．

5.1.3 組換え

最近，トランスポゾン(transposon：Tn)が染色体内のいたるところへ転移して，染色体の構造を変化させたり，DNAの欠失あるいは逆位を起こさせることがわかってきた．このような染色体の再編成や融合は常に起こっており，それは相同染色体の交差する減数分裂過程ではとくに著しい．したがって，DNAの組換えが存在しないと，染色体は変異による変化以外はいつも変わることはないので，有害な変異が蓄積してしまうであろう．このように組換えは染色体の進化に重要な働きをしており，組換えは細胞にとって欠かすことのできない一つの過程でもある．この項で概説する組換えは，その状況に応じて以下の3種に分けられる．

(1) 相同組換え

相同組換え(homologous recombination)は，**一般的組換え**あるいは**普遍的組換え**(general recombination)ともいわれ，DNAが広範囲にわたって塩基配列に相同性があるときにしか起こらない．この種の組換えの重要な現象は，減数分裂時に起こる相同染色体どうしの**交差**(crossing over)であり，卵や精子の形成時に起こるものである．多くの可能性のうちの一つを図5.6(a)に示すが，2本の二本鎖DNAが**対合**(pairing)したのち，まず一方の鎖に**切れ目**(nick)が入る．するとその鎖がほどけて自由に動けるようになり，もう一方のDNA分子と塩基対をつくり**ヘテロ二本鎖**(heteroduplex)を形成して組換えを開始する．次はもう一方のDNAにも切れ目が入り鎖を交換したのち，切れ目の入った鎖がつながれる．このような**組換え結合部**(recombinant joint)は二本鎖DNAに沿って前後に自由に移動できるが，これを**分枝点移動**(branch migration)といい，相同組換えの重要な特徴である．このようにして最初の切断箇所から離れたところでも鎖の交換は起こる．この組換えで生じた2本のDNA分子が連結された中間体を，その提案者の名にちなんで**ホリデイ構造**(Holliday structure)という．ホリデイ構造は，交差した鎖の一つのペアと交差していない鎖の一つのペアをもっている．この構造は一連の回転によって異性化(立体構造変換)して，交差していなかった2本の鎖が交差した鎖となり，逆に交差していたものが交差しないものになる．この構造は図5.6(b)に示したが，最後に交差している鎖を両方切断したのち結合が起こって組換えが完了する．

一方，DNAに紫外線やX線を照射したり，DNAに切断やギャップを入れる試薬でDNAを処理すると，DNAに切れ目が入るので交差が増大する．相同組換えは，このようにDNAに不連続な部分が生じたときに起こると考えられている．しかし，不連続な部分があるというだけで二つのDNAが組換え反応を起こすわけではなく，二つのDNA分子間に塩基対を形成する反応を触媒する酵素が重要な役割を演じている．相同組換えでは，一方の二本鎖DNAの一本鎖が他方の二本鎖DNAに侵入するのだが，大腸菌ではこの過程にRecAタンパク質を必要とする．RecAタンパク質は，本来の活性に加えて分枝点移動を

トランスポゾン
DNA上の一つの部位から別の部位へ独立に移動できるDNA断片．相同性を利用しないで染色体上を動きまわるので，挿入，欠失，および複雑な染色体の再編成を起こす．

ヘテロ二本鎖
組換えDNA分子の2本の鎖が完全には相補的ではない領域．

組換え結合部
組換えにおいて一方の二本鎖DNAからもう一方の二本鎖DNAに一本鎖DNAがまたがっている点．

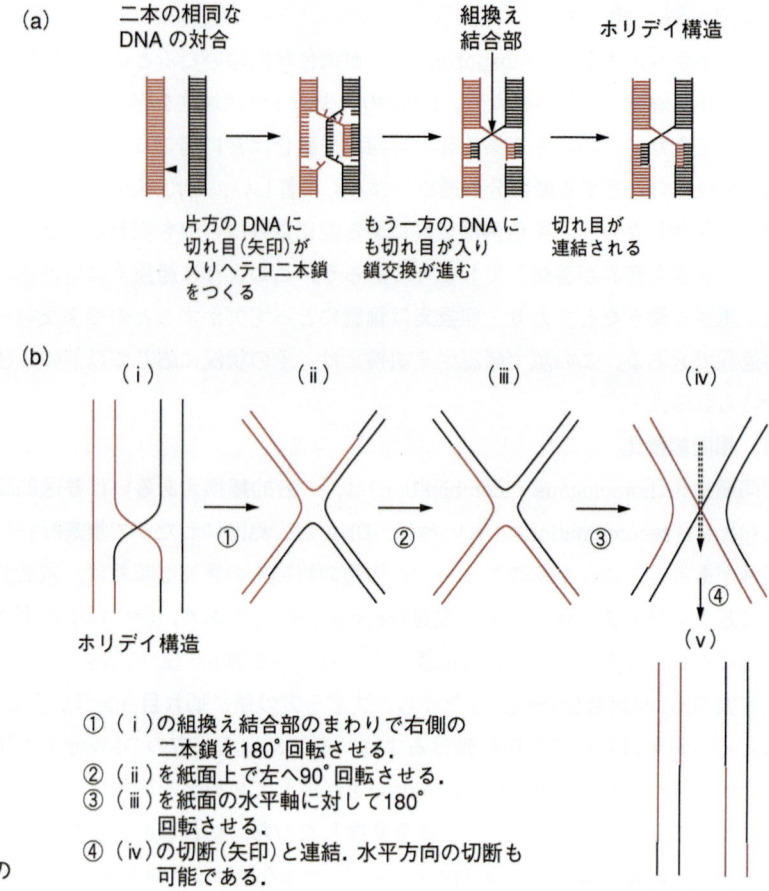

図 5.6 2 本の相同な DNA の鎖の交換(a)とその異性化(b)

(a) 二本の相同な DNA の対合 → 片方の DNA に切れ目(矢印)が入りヘテロ二本鎖をつくる → もう一方の DNA にも切れ目が入り鎖交換が進む → 組換え結合部・切れ目が連結される → ホリデイ構造

(b) (ⅰ) ホリデイ構造 →① (ⅱ) →② (ⅲ) →③ (ⅳ) →④ (ⅴ) 組換え二本鎖

① (ⅰ)の組換え結合部のまわりで右側の二本鎖を180°回転させる．
② (ⅱ)を紙面上で左へ90°回転させる．
③ (ⅲ)を紙面の水平軸に対して180°回転させる．
④ (ⅳ)の切断(矢印)と連結．水平方向の切断も可能である．

アニーリング
相補的な塩基配列間で水素結合によって再結合すること．

促進する活性ももっている．相同組換えでは，RecA タンパク質は一本鎖 DNA に結合して DNA－タンパク質複合体を形成し，DNA 鎖の二次構造を破壊する．この複合体は ATP の存在下で二本鎖 DNA をほどくだけではなく，自分が結合した一本鎖 DNA に相同な配列を見つけて**アニーリング**(annealing)させ，新しいヘテロ二本鎖を形成させる．このような RecA タンパク質の働きによって，放射線などで損傷を受けた DNA が修復されるが，これは交差の最も重要な機能であると考えられている．

(2) 部位特異的組換え

部位特異的組換え(site-specific recombination)は，ファージゲノムが細菌に組み込まれるときに起こる反応であって，特異的な塩基配列を識別する組換え酵素によって起こる．この特異的配列は，組換えを起こす DNA 分子の両方にあることも，一方にしかないこともある．したがって相同組換えとは異なり，塩基対形成の必要はない．

このタイプの組換えはバクテリオファージλで見いだされた．後述するように(**5.4.2**, **5.4.3** 参照)，λファージが溶原状態になるときは，ファージ DNA

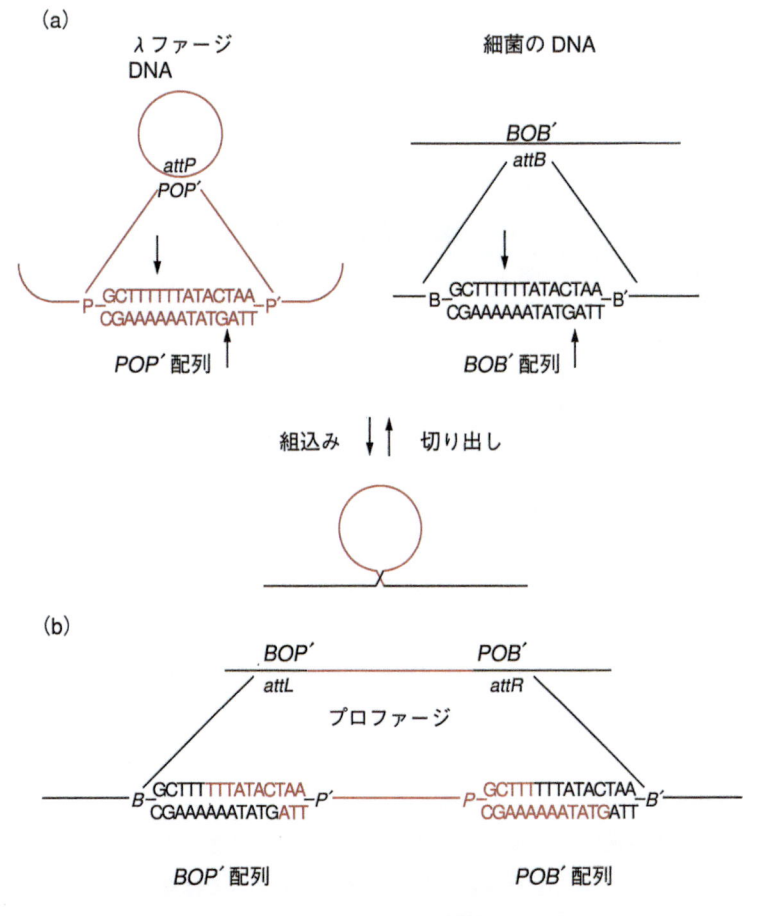

が宿主 DNA に**組込まれ**(integration)，溶菌状態に移るときは，プロファージ DNA が宿主 DNA から**切り出される**(excision)．この組込みと切り出しは**付着部位**(attachiment site：*att*)で起こる．λファージの組込み反応(図5.7)は，ファージゲノム上の *att* である *attP*(*POP'* という構成の配列をもつ)と大腸菌染色体上の *att* である *attB*(*BOB'* という構成の配列をもつ)，およびλファージのインテグラーゼ(integrase)と大腸菌由来の**組込み宿主因子**(integration host factor：IHF)を必要とする．ここで塩基配列 *O* は**コア配列**(core sequence)と呼ばれ *attB* と *attP* に共通であり，これを挟む *B*，*B'* と *P*，*P'* はそれぞれ異なった塩基配列をもっており，アームと呼ばれている．組換えの際には，ファージと細菌に共通に存在する7塩基(λファージ DNA と細菌 DNA が交差したところからの距離)の重複部分で切断が起こる．プロファージからの切り出しには，インテグラーゼと IHF，およびλファージの遺伝子 *Xis* の産物を必要とする．*att* に関して，切り出し反応では *attL* と *attR* であり，組込みと切り出し反応で

図 5.7 λファージの組込み機構とコア配列
(a) コア配列をλファージ DNA と細菌 DNA の下に示した．コア配列中の矢印は切断の起こる箇所を示す．(b) 組込み部分の詳細を示す．

関与する配列が異なっている．インテグラーゼは，コア配列中の逆向き対称的配列に結合してDNA鎖を切断するための位置を定める（図5.7）．なおIHFはインテグラーゼ結合部位に隣接する attP の約20 bp の塩基配列に，Xis タンパク質は attP のなかの近接した2箇所に結合する．

(3) 転　移

相同性に依存しないもう一つの組換えはトランスポゾンによるものである．この現象は，プラスミド（6章参照）に担われている抗生物質耐性遺伝子が，細菌の染色体やファージ上に見いだされることから発見された．既知のトランスポゾンは，抗生物質耐性のような選択マーカーとなる遺伝子をもつことが多いので見いだしやすい．

細菌のトランスポゾンには，単純型と複合型の2種類があり，前者はそれ自身の転移に必要な遺伝子しかもっておらず，**挿入配列**（insertion sequence：IS）とも呼ばれる．後者は転移に必要な遺伝子のほかに1ないし数個の遺伝子をもっており，末端に挿入配列をもつものが多い．大腸菌の挿入配列とトランスポゾンを表5.1にまとめたが，トランスポゾンはあらゆる生物に存在すると考えられ，酵母のTy因子，ショウジョウバエのコピア因子，高等生物のレトロウイルスなどが知られている．

表5.1　大腸菌の代表的なトランスポゾン

トランスポゾン	長さ(bp)	標的DNAの繰返し(bp)	既知機能
IS1	768	9	
IS2	1,327	5	
IS4	1,428	11または12	
IS5	1,195	4	
Tn3	4,957	5	アンピシリン耐性
Tn5	5,700	9	カナマイシン耐性
Tn10	9,300	9	テトラサイクリン耐性

トランスポザーゼ
DNAの切断と結合を触媒する酵素．

トランスポゾンは，① 末端に20〜40ヌクレオチドの逆向きの**繰返し配列**（inverted repeat）をもつ，② 自分自身を他のゲノムに挿入するのに必要な**トランスポザーゼ**（transposase）をもつ，という特徴をもっている．トランスポゾンは，もとの部位に挿入されていたDNAをそっくりそのまま運び，挿入部位で標的DNAの重複が起こってトランスポゾンの両末端に1コピーずつ配置される（図5.8）．挿入されたTn3の両末端に標的塩基配列として5塩基配列が隣接している．Tn3のコードする**解離酵素**（resolvase）はトランスポザーゼのレプレッサーとしても働いている．多くのトランスポゾンはゲノムのいかなる箇所にも挿入できるが，挿入箇所は必ずしも完全にランダムではない．

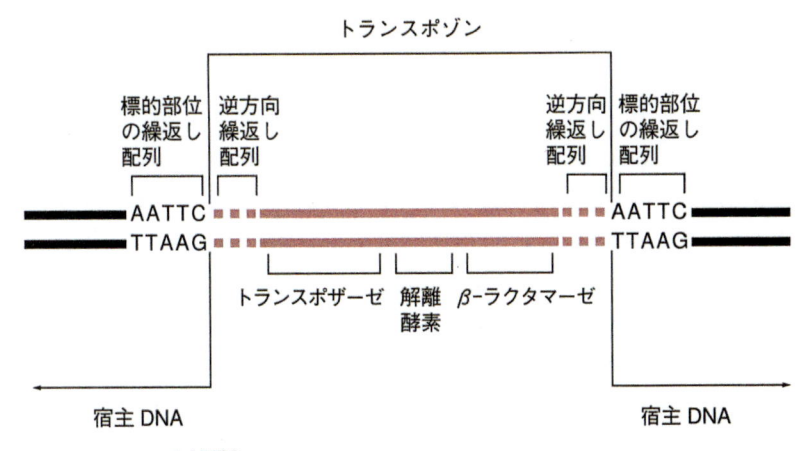

図 5.8　標的部位を介して宿主 DNA に挿入されたトランスポゾン **Tn3** の構造

5.2　遺伝情報の発現
5.2.1　セントラルドグマと遺伝暗号

われわれの生命を維持するさまざまな生体反応を担うタンパク質は，遺伝子に書き込まれた遺伝情報に基づいて生合成される．この遺伝子からのタンパク質合成を遺伝情報発現あるいは**遺伝子発現**(gene expression)という．

(1) セントラルドグマ

遺伝子(DNA)の情報は，まず RNA に写しとられたのち，この RNA の情報が次にタンパク質に翻訳される．この DNA → RNA → タンパク質という遺伝情報の流れを，1956 年 Crick がセントラルドグマ(central dogma)と命名した．ここで，DNA → RNA の過程を**転写**(transcription)と呼び，DNA の情報が転写された RNA を**メッセンジャー RNA**(messenger RNA：mRNA)という．通常の細胞では遺伝物質は DNA であるが，ある種の RNA ウイルス，たとえばレトロウイルス(retrovirus)では，RNA が遺伝物質であり，RNA から一本鎖 DNA が生成されたのち二本鎖 DNA となって宿主細胞のゲノムに組み込まれ，子孫の細胞に伝えられる．このような RNA → DNA の過程を**逆転写**(reverse transcription)といい，この過程を触媒する酵素は**逆転写酵素**(reverse transcriptase)として知られ，RNA からの**相補鎖 DNA**(complementary DNA：cDNA)の合成に広く用いられている(6 章参照)．

一方，RNA → タンパク質の過程を**翻訳**(translation)という．このような過程で DNA の情報を転写された RNA は，二本鎖 DNA の一方の鎖と相同な塩基配列をもっており，この DNA の鎖を**センス鎖**(sense strand)あるいは**コード鎖**(coding strand)という．また他方の鎖を**アンチセンス鎖**(antisense strand)，あるいは mRNA 合成の際にその鋳型となるので**鋳型鎖**(template strand)という．

レトロウイルス
RNA ウイルスのなかで，自分がもつ逆転写酵素によって自分の遺伝子 RNA を DNA に変換する RNA 型腫瘍ウイルス．

相補鎖 DNA
mRNA をコピーしてできた DNA．

(2) 遺伝暗号

DNA は A, G, T, C という 4 種類の塩基をもつヌクレオチドから構成されており，A は T と，G は C と塩基対を形成する（**2.5.3 参照**）．これに対応する mRNA は A, G, U, C という塩基をもつヌクレオチドからなり，A は U と，G は C と塩基対を形成できる．一方，タンパク質を構成するアミノ酸は 20 種類存在するが，アミノ酸を指定する核酸には塩基が 4 種類しか存在しないので，ヌクレオチド数個で 1 個のアミノ酸を特定しなければならない．ヌクレオチド 2 個を一組と考えると，4×4 で 16 個のアミノ酸しか決めることができないのに対して，ヌクレオチド 3 個を一組と考えると，4×4×4 で 64 個のアミノ酸を決めることができる．前者の場合はアミノ酸の数が 20 個に満たないが，後者の場合は必要以上のアミノ酸ができてしまうということが問題であった．

その後，1961 年に 3 個のヌクレオチドすなわち**コドン**（codon）が 1 個のアミノ酸を決めることが明らかにされた．同じ年に米国 NIH の Nirenberg らは，ポリウリジル酸〔ポリ(U)〕を大腸菌の無細胞系に加えると，フェニルアラニンだけからなるポリペプチドができることを発見した．この結果，UUU はフェニルアラニンを決める遺伝暗号であることがわかったのである．同様にして CCC はプロリンのコドンであり，AAA はリシンのコドンであることが明らかにされた．その後，米国ウィスコンシン大学の Khorana らは配列のわかった多くの合成ポリヌクレオチドを用いて多くのコドンを解読した．1966 年にコドンは完全に解明され，64 のコドンのうち 61 がアミノ酸に対応しており，ほとんどのアミノ酸には複数のコドンが存在することが明らかになった（表 5.2）．

表 5.2　コドン

2 文字目

1 文字目 (5′末端)		U	C	A	G	3 文字目 (3′末端)
U		UUU, UUC } Phe UUA, UUG } Leu	UCU, UCC, UCA, UCG } Ser	UAU, UAC } Tyr UAA 終止 UAG 終止	UGU, UGC } Cys UGA 終止 UGG Trp	U C A G
C		CUU, CUC, CUA, CUG } Leu	CCU, CCC, CCA, CCG } Pro	CAU, CAC } His CAA, CAG } Gln	CGU, CGC, CGA, CGG } Arg	U C A G
A		AUU, AUC, AUA } Ile AUG Met	ACU, ACC, ACA, ACG } Thr	AAU, AAC } Asn AAA, AAG } Lys	AGU, AGC } Ser AGA, AGG } Arg	U C A G
G		GUU, GUC, GUA, GUG } Val	GCU, GCC, GCA, GCG } Ala	GAU, GAC } Asp GAA, GAG } Glu	GGU, GGC, GGA, GGG } Gly	U C A G

GUG はバリン以外にもメチオニンをコードする．

このように一つのアミノ酸が複数のコドンに対応していることをコドンの縮重(degeneracy)という．しかしメチオニンとトリプトファンには一つのコドンしか存在しない．この事実は後述するコドンの使用頻度とともに遺伝子の設計にきわめて重要である．また類縁のアミノ酸どうしが似たコドンで表される傾向にある．遺伝暗号は mRNA を介して翻訳されるので RNA を構成する4個の塩基(A, G, U, C)で表されるが，コドンの3番目の塩基はあまり重要ではないと考えられている．それは CGU, CGC, CGA, CGG がアルギニンのコドンであるように，4個のコドンにおいて3番目の塩基には何がきてもよいからである．

64通りのコドンのなかでアミノ酸に対応していない三つのコドンは UAA, UAG, UGA である．これらはタンパク質合成を終止させるための暗号であって，**終止コドン**(stop codon または termination codon)あるいは**ナンセンスコドン**(nonsense codon)と呼ばれる．一方，**開始コドン**(start codon あるいは initiation codon)は AUG であり，開始メチオニンと途中のメチオニンをコードする．後述するように[**5.2.3**(**3**)参照]，大腸菌では翻訳開始にはホルミルメチオニンが利用されるが，ホルミルメチオニンもメチオニンも AUG を利用する．またホルミルメチオニン tRNA(tRNA の項参照)は，AUG より頻度は低いが GUG(通常はバリンのコドン)にも結合してこれを開始コドンとして利用できる．コドン UUG, CUG も頻度はさらに低いが開始コドンとして利用される．

コドンの使用頻度は生物によって異なっており，大腸菌ではあるコドンは繰り返し利用されるが，他のコドンはほとんど利用されない．高等生物でも同じようなことが知られており，大腸菌におけるコドン使用頻度は，それぞれの tRNA の相対含量と相関関係にある．一般にコドンは普遍的であるが，ヒトのミトコンドリアゲノムを構成する 16,569 bp の DNA の全塩基配列が決定されたとき，ミトコンドリアでは一部のコドンが異なることが明らかにされた．哺乳類のミトコンドリアで使われるコドンは，以下のように普遍的なコドンとは違っている．① UGA は終止コドンではなく，トリプトファンをコードする．② AUG と AUA がメチオニンをコードし，AUA はイソロイシンをコードしない．③ 終止コドンは UAA, UAG, AGA, AGG の四つであり，AGA と AGG はアルギニンをコードしない．ミトコンドリアで合成されるタンパク質の数は少ないので，このようなコドンの進化が可能になったと考えられている．そのほかに繊毛虫類では UAA と UAG は終止コドンではなく，グルタミンのコドンとして使われているし，原核生物のマイコプラズマ(*Mycoplasma capricolum*)では UGA は終止コドンではなく，トリプトファンのコドンとして利用されている．

5.2.2 転　写

RNA が DNA を鋳型としていつどこから合成を開始し，いつどこで合成を終了するかは，細胞内で精巧な調節を受けている．ここでは主として細菌における転写を説明しよう．

(1) プロモーターとターミネーター

RNA は 4 種類のヌクレオチドからなる一本鎖であり，DNA のアンチセンス鎖を鋳型としてセンス鎖と相同な塩基配列をもった一本鎖として合成される．したがってアンチセンス鎖は，合成された RNA と DNA-RNA ハイブリッドを形成することができる．この RNA の合成反応を担っているのが **RNA ポリメラーゼ**（RNA polymerase）である．この酵素は DNA が存在するときにだけ働くので，鋳型 DNA が塩基対形成を利用してヌクレオチドを正しく並べたあとで，この酵素がこれらのヌクレオチド間の 3′-5′ ホスホジエステル結合の形成を触媒すると考えられる（図 5.9）．RNA の合成機構は DNA の合成機構によく似ており，きわめて正確に行われる．また，RNA は自己複製しないのでたとえ誤りが生じても遺伝的な影響を生じることはない．

> **RNA ポリメラーゼ**
> DNA を鋳型として RNA を合成する酵素．原核生物の RNA ポリメラーゼは通常 1 種類であるが，真核生物では RNA ポリメラーゼ I, II, III の 3 種類が存在する．

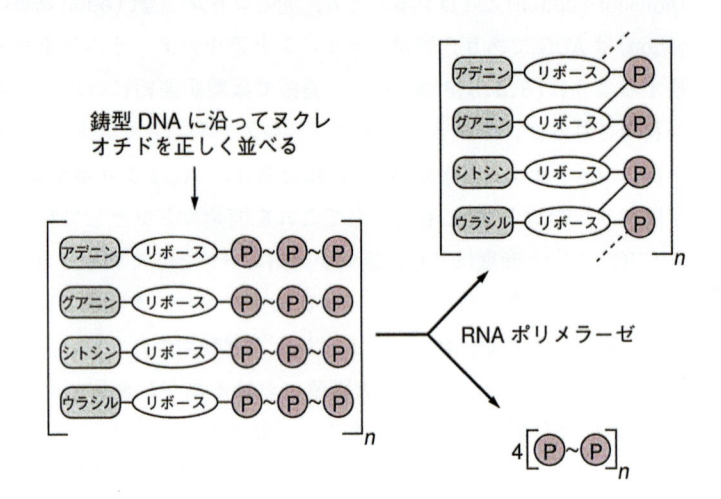

図 5.9 RNA 合成反応における 3′-5′ ホスホジエステル結合の形成

> **上流と下流**
> 通常は DNA 上の基準とする箇所より 5′ 側領域を上流，3′ 側領域を下流という．

> **プロモーター**
> RNA ポリメラーゼが認識して結合する DNA 上の領域．

転写は，RNA ポリメラーゼが遺伝子の**上流**（upstream）部分（より 5′ 末端側の部分）に存在する**プロモーター**（promoter）と呼ばれる特異的な塩基配列に結合してはじめて開始される．一般にプロモーターは RNA に転写される最初の塩基（対）を含む．これを**転写開始点**（startpoint）といい，多くの場合プリン塩基であり，CAT というトリプレットの中央の塩基 A である．RNA ポリメラーゼは，転写開始点から鋳型に沿って RNA 合成を続け，**ターミネーター**（terminator）あるいは転写終結配列と呼ばれる配列に到達したとき RNA の合成を終了する．プロモーターからターミネーターに至る領域で 1 個の RNA 分子として読み取られる領域を**転写単位**（transcription unit）という（図 5.10）．

RNA ポリメラーゼの結合に必要な DNA の塩基配列の特徴を明らかにするために，種々のプロモーターの塩基配列が比較された．その結果，6 個のヌクレオチドから構成される二つの保存された配列が転写開始点の上流 35 bp 付近と 10 bp 付近に見いだされた．これらは転写開始点を +1 として −35 領域，−10 領域といわれている．大腸菌の 100 種類以上のプロモーターの塩基配列を調べて

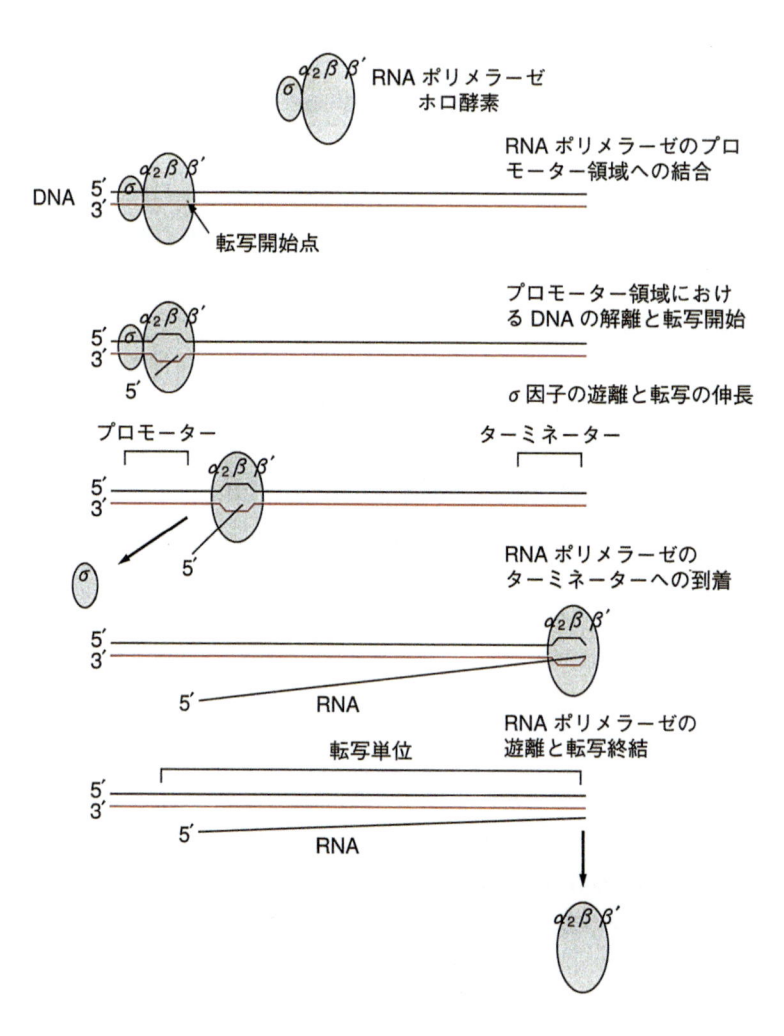

図 5.10 転写の機構

も，共通配列あるいは**コンセンサス配列**(consensus sequence)と完全に一致するプロモーターはほとんどない．−10 bp 付近の 6 塩基配列は**−10 配列**(−10 sequence)あるいは−10 領域とも呼ばれ，最もよく現れる塩基の出現頻度(%)を塩基の右下に添えると $T_{80} A_{95} T_{45} A_{60} A_{50} T_{96}$ で表され，コンセンサス配列は TATAAT となる．同様に，−35 bp 付近の 6 塩基配列は**−35 配列**(−35 sequence)あるいは−35 領域と呼ばれ，$T_{82} T_{84} G_{78} A_{65} C_{54} A_{45}$ で表され，そのコンセンサス配列は TTGACA となる．この−35 領域と−10 領域の間の距離は二重らせんの 2 回転分に相当する．このプロモーターに起こった変異は，遺伝子産物そのものは変化させないが遺伝子発現のレベルを変化させるので，**ダウン変異**(down mutation) あるいは**アップ変異**(up mutation)という．

−10 領域の塩基配列は A・T 対だけから構成されているので，この領域から DNA が一本鎖に解離すると考えられている．RNA ポリメラーゼがプロモーターに結合したままでは機能しないので，RNA ポリメラーゼがプロモーターから離れる速度はプロモーターの強さに影響する．また，転写開始は転写開始点近

コンセンサス配列
これまでに知られている配列を比較して，その相同性が最大になるような配列をいう．

ダウン変異
転写を極端に減少させたり，転写を不可能にするような変異．

アップ変異
転写を増大させる変異．

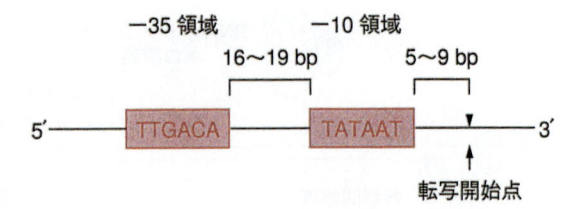

図5.11 典型的なプロモーターの構造

傍の塩基配列にも影響されるといわれている．このようにプロモーターや転写開始点近傍の塩基配列は，遺伝子発現に影響するので，遺伝子工学ではきわめて重要な選択肢である．典型的なプロモーターの構造を図5.11に示す．

このようにRNAポリメラーゼがプロモーターに結合すると，プロモーターの領域でDNAがほどけRNAの合成が開始される(図5.10)．ほどけた領域はRNAポリメラーゼとともにDNAに沿って移動するが，この間，RNAはDNAの鋳型鎖と塩基対を形成しながら合成される．RNAポリメラーゼがターミネーターに到達すると，RNAポリメラーゼとRNAは遊離してDNAは二本鎖に戻る．このようにターミネーターはDNAの特定の部位でRNAの合成を終結させる．

このターミネーターの特異的な構造が転写終結に一役かっている．ある種のターミネーターでは転写終結に ρ 因子 (rho factor) と呼ばれる補助タンパク質を必要とするものもある．ρ 因子に依存しないターミネーターの構造の特徴をまとめると次のようになる (図5.12)．①転写が終結する部位から15〜20ヌクレオチド上流のDNAの塩基配列のなかに2回回転対称を示す領域があり，この領域の転写産物はヘアピンループを形成する．②2回回転対称を示す領域をコードするDNAの下流に連続するTがあり，それが転写されて連続するUになってRNAの末端になる．Uの数はおよそ6個である．種々の変異株の解析

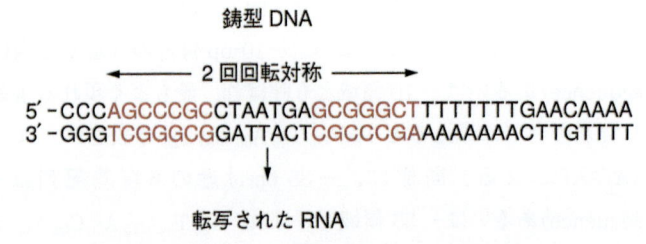

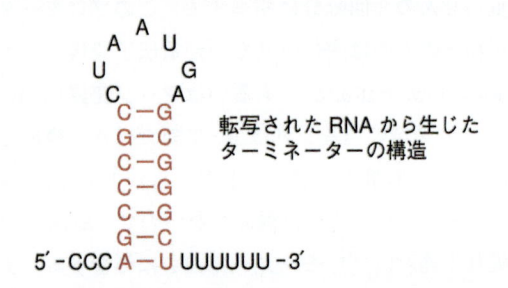

図5.12 ρ 因子に依存しないターミネーターの塩基配列とそのヘアピン構造

から，ターミネーターの機能として連続するUおよびステム形成の重要性が指摘されている．ρ因子依存性ターミネーターではポリU配列は存在せず，またすべてがヘアピン構造を形成できるわけではない．しかし，その配列にはCが圧倒的に多く(41 %)，Gが少ない(14 %)という特徴がある．なお，ρ因子は大腸菌に必須のタンパク質であるが，ρ因子依存性ターミネーターのほとんどはファージゲノムにある．真核生物のRNAポリメラーゼの転写終結のためのシグナルや補助タンパク質因子についてはあまりよくわかっていない．

RNAポリメラーゼの中では大腸菌のRNAポリメラーゼが最もよく研究されており，その細胞内にはおよそ7000前後の分子が存在する．この酵素は複雑なサブユニット構造をもっており(図5.10，表5.3)，ホロ酵素($\alpha_2\beta\beta'\sigma$)は$\alpha_2\beta\beta'$からなる**コア酵素**(core enzyme)と**σ因子**(sigma factor)とから構成されている．σ因子は他の成分と強く結合していないので，コア酵素を容易に得ることができる．ホロ酵素が転写を開始できるのに対して，コア酵素は転写の開始はできないがRNAの合成はできる．したがって，ホロ酵素として転写を開始し，RNAの伸長の過程に入ると，σ因子が放出されてRNAポリメラーゼはよりコンパクトなコア酵素に変化する．ホロ酵素はプロモーターに強く結合する性質があり，その会合定数がコア酵素の約1000倍にもなるのはσ因子の働きによっている．各種の細菌間でσ因子の大きさは非常に異なっているが，α, β, β'サブユニットの大きさはさほど違っていない．

表5.3 大腸菌RNAポリメラーゼのサブユニット

サブユニット	遺伝子	分子質量(Da)	数
α	rpoA	36,500	2
β	rpoB	151,000	1
β'	rpoC	155,000	1
σ	rpoD	70,000	1

5.2.3 翻訳

DNAの遺伝情報はmRNAに転写されるが，アミノ酸を規定するのはmRNA上の塩基のトリプレット，すなわちコドンである．このコドンのアミノ酸への翻訳を仲介するのが**転移RNA**(transfer RNA, tRNA)である．tRNAは**アンチコドン**(anticodon)，およびコドンに対応するアミノ酸とだけ共有結合を形成する部位をもっている．

(1) tRNA

tRNAは，mRNA上のコドンが指定するアミノ酸に翻訳するのに必要な変換装置である．これまでに数百種類に及ぶtRNAの塩基配列が決定されており，tRNAは73〜93個のヌクレオチドが共有結合で連結された一本鎖構造をとっている．図5.13に一般的なtRNAのクローバー葉構造を示す．詳しくは図2.43

アンチコドン
アミノ酸を指定するmRNAのコドンと相補的なtRNA上の配列．

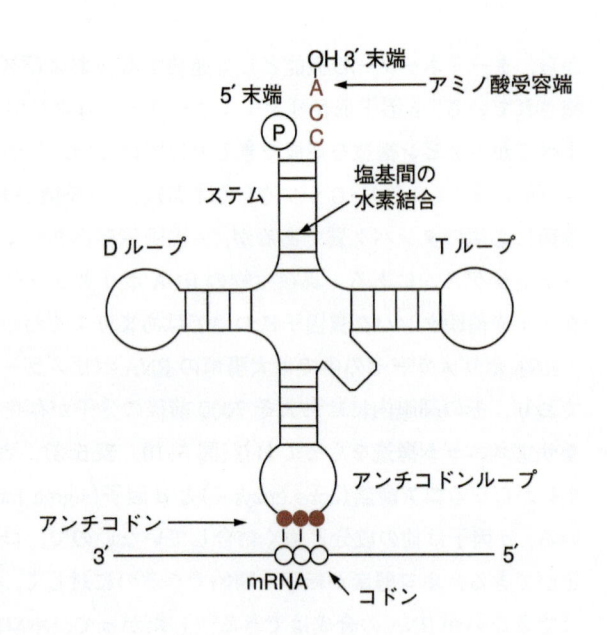

図 5.13　一般的な tRNA のクローバー葉構造
この図では塩基間の水素結合の数は問題にしていない．

の酵母フェニルアラニン tRNA の構造を参照されたい．

　tRNA の塩基配列は tRNA ごとにそれぞれ異なっているが，以下のような共通点も存在する．すなわち，① tRNA の大多数の塩基は互いに水素結合を形成している．その結果として，その水素結合に起因する 4 個のステムと水素結合していないループ領域からなるクローバー葉構造をとっている．② 3′ 末端には CCA$_{OH}$ があり，アミノ酸はこの A に共有結合する．③ ループ領域の一つにアンチコドンがあり，このアンチコドンは mRNA のコドンと塩基対を形成する．④ A, U, G, C 以外の塩基，とくにメチル化された塩基が多いが，これらの塩基の働きは不明である．⑤ その三次構造は L 字型の安定な構造をとっている．

　いくつかの酵母 tRNA の X 線結晶解析から tRNA の三次元構造が明らかにされている．酵母のフェニルアラニン tRNA の構造図を一例として図 5.14 に示

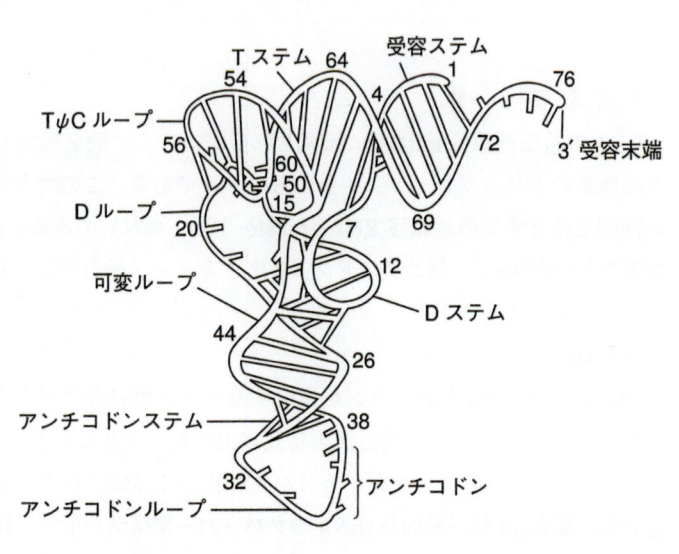

図 5.14　酵母フェニルアラニン tRNA の折りたたみ構造
対合して形成された水素結合を長い棒で，対合していない塩基を短い棒で示してある．

すが，L字の一方の端にはアミノ酸を結合するCCA配列（これを3′受容末端という）が，他方の端にはアンチコドンが離れて存在する．アミノ酸とtRNAの3′受容末端にあるアデノシンの間の結合は，アミノ酸のカルボキシル基とtRNAの3′受容末端のリボースとの間の共有結合である（図5.15）が，それは高エネルギー結合でもあり，この複合体を活性型にしている．

アミノアシルtRNAは図5.15に示すように生成する．まずアミノ酸が**アミノアシルtRNA合成酵素**（aminoacyl-tRNA synthetase）の働きでATPと反応してピロリン酸が放出されるとともに，活性化されたアミノアシルAMP（アミノアシルアデニル酸）が生成する．活性化されたアミノ酸はそのアミノ酸に特異的なtRNAに出会うと，そのtRNAに転移してAMPが放出され，アミノアシルtRNAが生成するが，この過程はきわめて正確である．このようにアミノアシルtRNA合成酵素はアミノ酸側鎖を認識する部位とtRNAを認識する部位とをもっている．したがって，アミノ酸がまずtRNAに結合し，アミノ酸を結合したtRNAは次にmRNAのコドンに結合するので，個々のアミノ酸はそれぞれ少

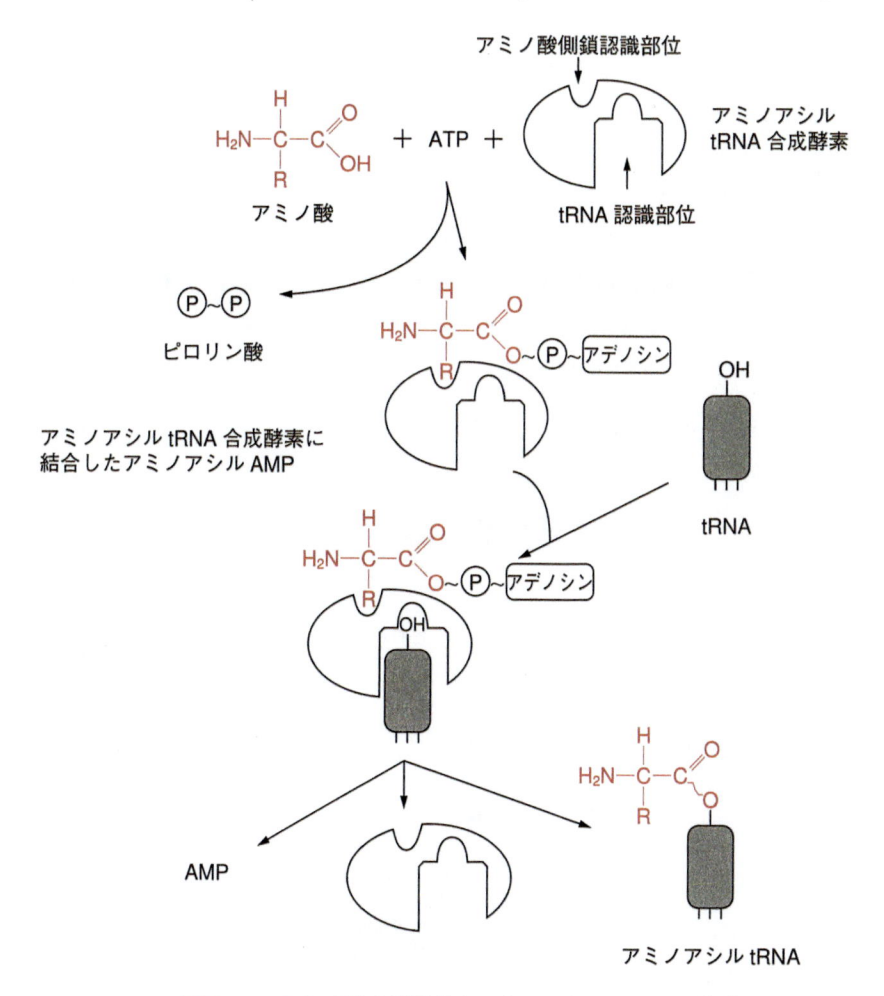

図5.15 アミノ酸の活性化とアミノアシルtRNAの生成

表5.4 ゆらぎにおけるアンチコドンとコドンの塩基対合

アンチコドンの1番目の塩基	コドンの3番目の塩基
A	U
U	AまたはG
G	UまたはC
C	G
I	A, U, またはC

塩基対合のゆらぎ
アンチコドンの1番目の塩基が他の二つとは違って空間的に固定されていないので，コドンの3番目にくるいくつかの塩基と水素結合を形成できること．

サプレッサー
ある変異の作用を克服できる変異．

なくとも1種類のアミノアシルtRNA合成酵素と1種類のtRNAが必要である．

ところが，実際には一つのアミノ酸に複数のtRNAが存在し，これがアミノ酸を指定するコドンの縮重(**5.2.1**参照)の原因となっている．しかし1種類のアミノ酸に対するアミノアシルtRNA合成酵素は1種類である．さらに一つのtRNAがしばしばいくつかの異なったコドンを認識することがあり，アンチコドンの塩基としてイノシンが使われることもある．すなわち，アンチコドンの一番目のGはコドンの3番目のUまたはCと，UはAまたはGと，I(イノシン)はAまたはUまたはCと対合できる(表5.4)．これはアンチコドンの1番目の塩基が対応するコドンの3番目の塩基とはG・CおよびA・Uの塩基対以外の対合ができることを意味している．このように拡張された塩基対が形成できることを**塩基対合のゆらぎ**(wobble)という．一方，アンチコドンに変異が起こった**サプレッサー**tRNAは新しいコドンを読むことができるので，遺伝子上に起こった変異をサプレッサーtRNAが打ち消すことができる．たとえば，mRNA内のコドンに変異が起こって生成されたタンパク質が機能を失っても，サプレッサー変異によってアンチコドンに変化が生じるとタンパク質の機能が回復する．

ところでタンパク質合成は，アミノ酸の遊離のアミノ基と伸長しつつあるポリペプチド鎖のカルボキシル基との間のペプチド結合の形成に基づいている(図5.16)が，カルボキシル末端はtRNAのOH基とのエステル結合によって活性化されているのでペプチド結合は形成されやすい．これを**ペプチジルtRNA分子**(peptidyl-tRNA molecule)という．このようにペプチジルtRNA結合は伸長しつつあるカルボキシル末端を活性化する．タンパク質合成において翻訳装置は5′から3′の方向へmRNA上を動き，タンパク質はN末端からC末端へと合成される．

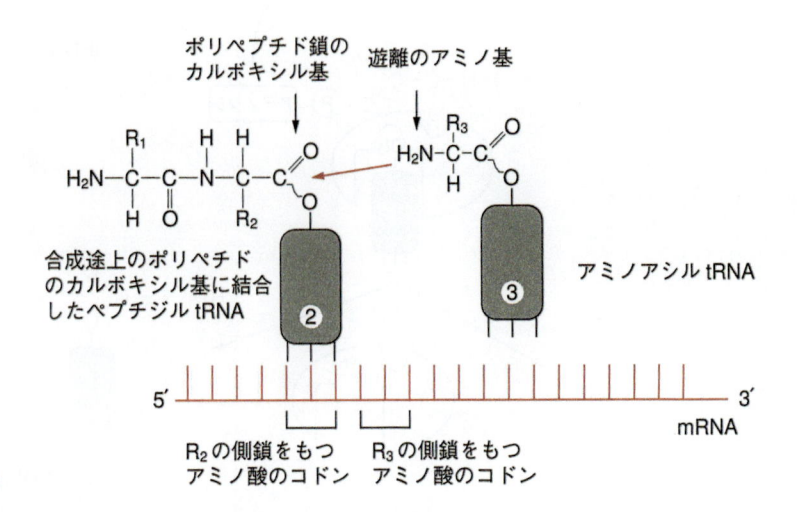

図5.16 ポリペプチド鎖の伸長

(2) リボソーム

アミノ酸からのタンパク質合成を正確に行わせるためには，リボソーム(ribosome)というタンパク質合成装置が必要である．リボソームはRNAとタンパク質とからなる二つのサブユニットで構成される大きな複合体で，その形も機能も原核生物リボソーム，真核生物リボソームともによく類似している(図2.46参照)．リボソームはその重さの半分以上がリボソーム **RNA**(ribosomal RNA：rRNA)で占められており，リボソームの大きさは通常その沈降速度S(63頁の欄外参照)で表される．原核生物のリボソームは70Sの沈降速度をもち，Mg^{2+}の濃度をさげると50Sと30Sのサブユニットに解離する．大腸菌はリボソームを実に15万個ももっている．一方，真核生物のリボソームは80Sの沈降速度をもち，60Sと40Sのサブユニットに解離する．このようなリボソームは，一つのmRNA結合部位と二つのtRNA結合部位，合計三つのRNA結合部位をもっている(図5.17)．図で **P部位**(P site)は **ペプチジルtRNA結合部位**(peptidyl-tRNA binding site)，**A部位**(A site)は **アミノアシルtRNA結合部位**(aminoacyl-tRNA binding site)のことである．

リボソーム上でのポリペプチド鎖の伸長は三つのステップで行われる(図5.

ペプチジル tRNA 結合部位
リボソームにあるペプチジルtRNAが結合する部位．P部位ともいう．

アミノアシル tRNA 結合部位
リボソームにあるアミノアシルtRNAが結合する部位．A部位ともいう．

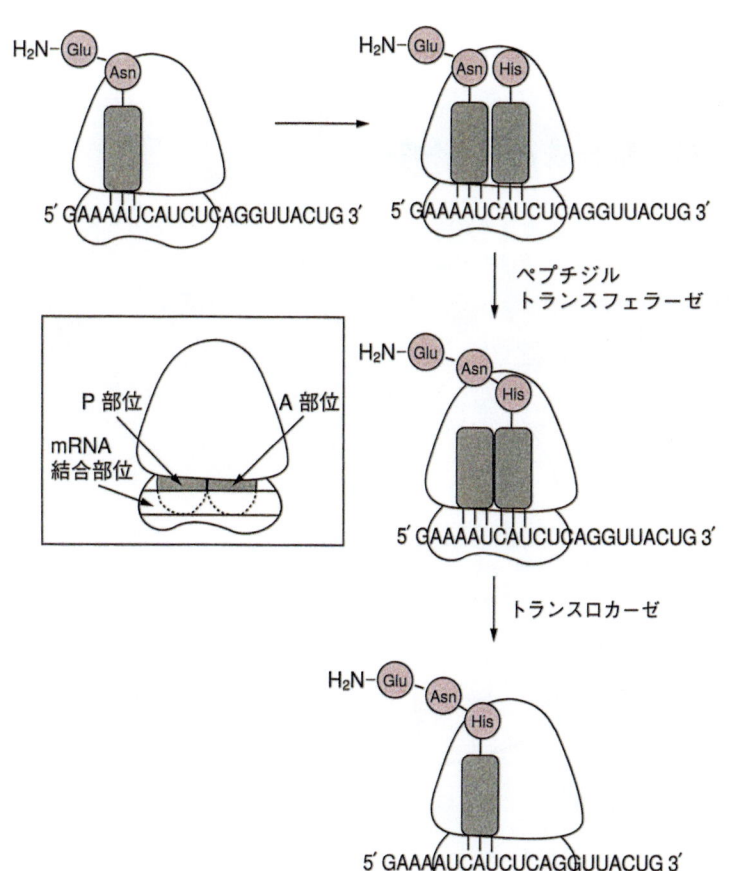

図5.17 リボソーム上でのペプチドの伸長反応
線で囲った領域内にRNAの結合部位を示す．

17).最初のステップでは,アミノアシルtRNA分子が空いているA部位に入る(このときP部位にはペプチジルtRNA分子が入っている).第二のステップでは,P部位に入っているペプチジルtRNA分子からポリペプチド鎖のカルボキシル末端がはずれ,A部位に入ってきたアミノアシルtRNA分子のアミノ酸とペプチド結合を形成する.この反応は**ペプチジルトランスフェラーゼ**(peptidyl transferase)によって触媒される.第三のステップでは,リボソームがmRNAにそって3′末端側へ3ヌクレオチド移動するのにともない,A部位のペプチジルtRNAがP部位へ移行する.この移行は**伸長因子G**(elongation factor G:EF-G),あるいは**トランスロカーゼ**(translocase)と呼ばれるタンパク質によって触媒される.その結果,A部位は次のアミノアシルtRNAのために空きになる.細菌では,通常このサイクルに1/20秒を要するので,10秒で200アミノ酸からなるタンパク質を合成できる.

(3) 翻訳の開始と終了

翻訳開始の過程は**開始因子**(initiation factor:IF)と呼ばれるいくつかのタンパク質(細菌では三つの開始因子,IF-1,IF-2,IF-3が知られている)によって触媒されるが,その詳細な機構についてはわかっていないことが多い.ここでは細菌の場合を例にとってその大筋を説明する.タンパク質合成は,GTPの助

コラム

タンパク質合成と抗生物質

タンパク質合成の機構を明らかにする過程で,種々の抗生物質の利用がきわめて有効であった.ピューロマイシン(puromycin)はその代表的な例(図参照)で,その構造がtRNAの末端のアデノシンにアミノ酸が結合している構造とよく似ているために,リボソームのA部位に入り込む.その結果,ペプチジルトランスフェラーゼが誤ってペプチジルtRNAのポリペプチド鎖をピューロマイシンのアミノ基に移してしまう.ところが,ピューロマイシンはリボソームのA部位に入り込んでも結合できないので,ペプチジルピューロマイシンはリボソームから放り出されタンパク質合成が停止する.このようにピューロマイシンはポリペプチドの伸長を阻害するが,エリスロマイシン(erythromycin)やクロラムフェニコール(chloramphenicol)はペプチジルトランスフェラーゼを,カスガマイシン(kasugamycin)やストレプトマイシン(streptomycin)はタンパク質合成の翻訳開始反応を,それぞれ阻害する.逆にタンパク質合成の機構が明らかになると,それを利用して新たな抗生物質を探すこともできる.

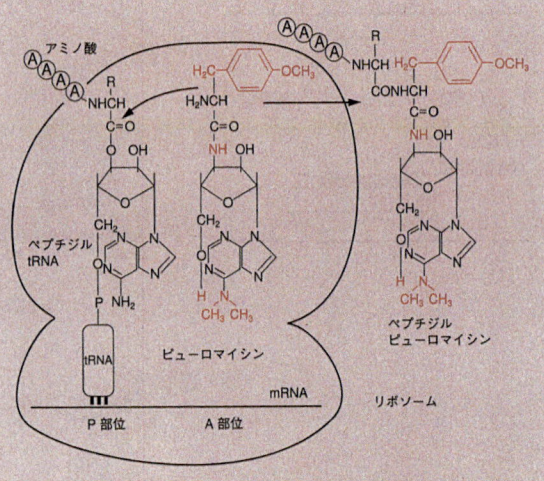

ピューロマイシンによるタンパク質合成阻害

けを借りて開始因子 IF-1, IF-2, IF-3 と結合した 30S サブユニットが，mRNA 上にある開始コドンの 8 ～ 13 塩基上流に存在する AGGA や GAGG のようなリボソーム結合部位(ribosome-binding site：RBS)を認識して結合することから始まる(図 5.18)．これはこれらの配列が，30S サブユニットを構成する 16S rRNA 鎖の 3′ 末端にあるピリミジンに富んだ配列(GAUCACCUCCUUA$_{OH}$)と対合することができる(図 5.19)からである．

細菌では，*N*-ホルミルメチオニン(*N*-formylmethionine：fMet)(図 5.18)がタンパク質合成の開始アミノ酸として使われるので，細菌には開始に使う tRNA$_f^{Met}$ および読み枠内の AUG を認識する tRNA$_m^{Met}$ がある．図 5.18 に示したように，IF-1 は IF-2, IF-3 の結合を助ける．IF-3 は 30S サブユニットと結合して 50S サブユニットとの会合を妨げ，30S サブユニットと mRNA との結合を助ける．fMet-tRNA$_f^{Met}$ は mRNA に結合した 30S サブユニット上の P 部位に

図 5.18 タンパク質の合成開始
N-ホルミルメチオニンの構造を枠内に示す．
ホルミル基：−CH＝O

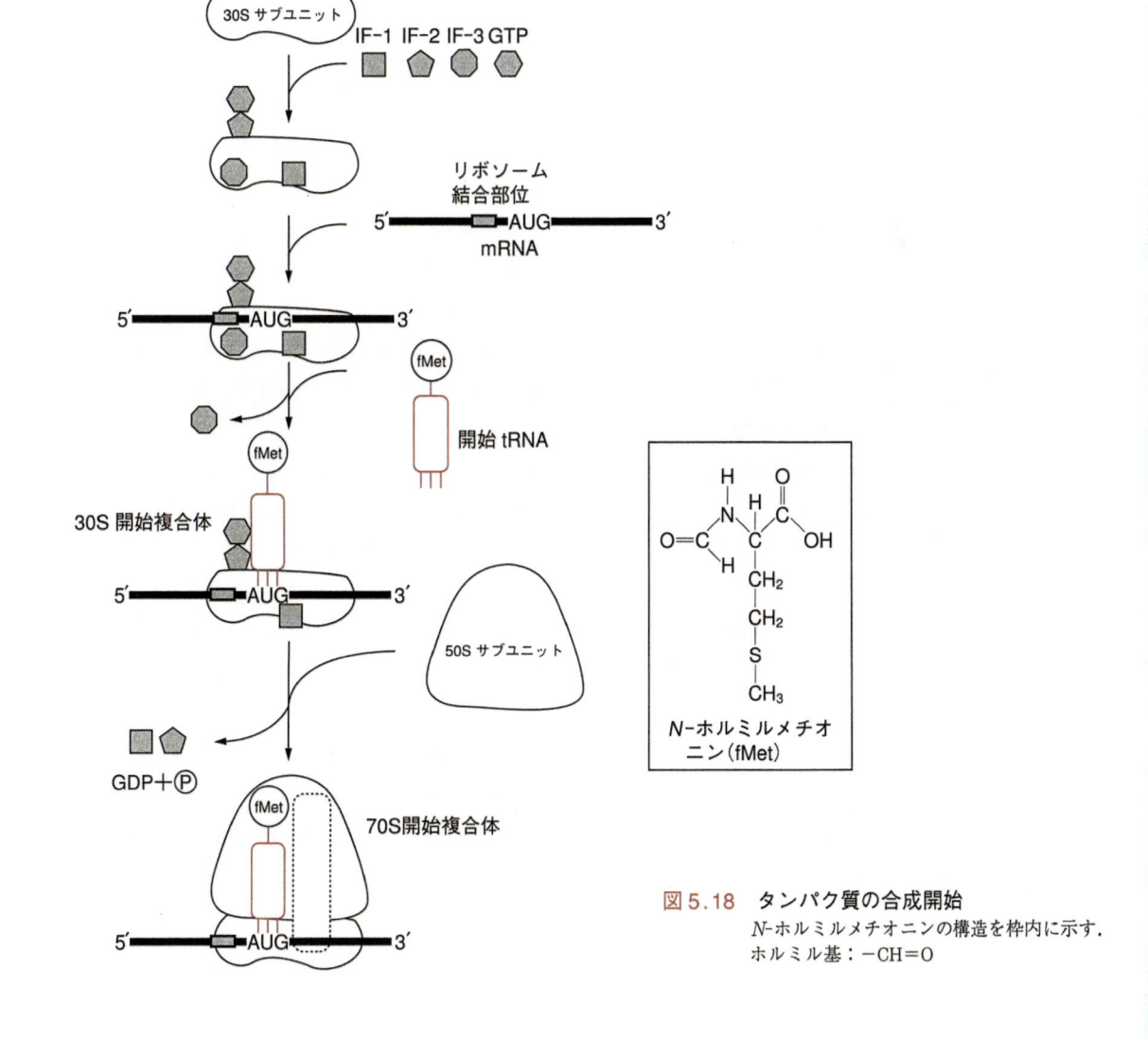

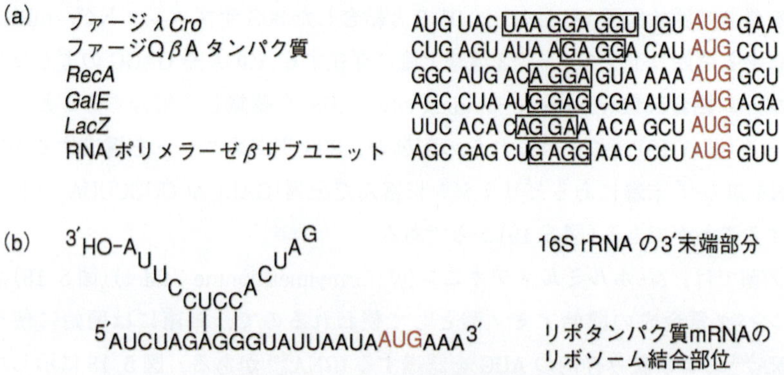

図5.19 リボソーム結合部位

(a)
ファージλ Cro	AUG UAC UAA GGA GGU UGU AUG GAA
ファージQβAタンパク質	CUG AGU AUA AGA GGA CAU AUG CCU
RecA	GGC AUG ACA GGA GUA AAA AUG GCU
GalE	AGC CUA GGA GGA CGA AUU AUG AGA
LacZ	UUC ACA CAG GAA ACA GCU AUG GCU
RNAポリメラーゼβサブユニット	AGC GAG CUG AGG AAC CCU AUG GUU

(b)
```
   3'HO-A
        U
         U
          C       A
           C     C  U  G
            CUCC A   A
            ||||
5'AUCUAGAGGGUAUUAAUAAUGAAA3'
```

16S rRNAの3'末端部分

リボタンパク質mRNAのリボソーム結合部位

(a) 大腸菌で機能する代表的なリボソーム結合部位(長方形で囲ってある), (b) リボタンパク質mRNAのリボソーム結合部位と16S rRNAとの相互作用の例.

入り, 開始コドンAUG(あるいはGUG)と結合して**30S開始複合体**(30S initiation complex)を形成すると, IF-3が解離して50Sサブユニットがこの複合体に結合する. 同時にIF-1, IF-2の解離とGTPの加水分解が起こって70Sサブユニットを形成する(70S開始複合体). その結果生じた70S開始複合体のA部位には, 2番目のコドンと相補的なアミノアシルtRNAが入ることができる. このように次つぎにアミノ酸が連結されて合成されたタンパク質のN末端にはホルミルメチオニンが付加されているが, 合成途中でこのホルミル基が, また場合によってはメチオニンも除去される.

真核生物の翻訳の開始は同じような機構で行われるが, 40SサブユニットはmRNAと結合する前に開始tRNAと結合する. 一方, メチオニンはホルミル化されていないので, 開始tRNAをtRNA$_i^{Met}$と表示する. また, 開始因子は真核生物由来であることを示すために, IFの前に"e"をつけて, たとえばeIF-2のように表現する.

翻訳終了を指示する終止コドンにはUAG, UAA, UGAがあり, それぞれアンバー(amber), オーカー(ochre), オパール(opal)と呼ばれているが, 一般的にはこれら終止コドンには対応するtRNAはない. 大腸菌には翻訳終了を行う**遊離因子**(release factor: RF)があり, RF-1はUAAとUAGを認識し, RF-2はUGAを認識する. これらの因子はP部位にペプチジルtRNAが入っているとき, A部位に入ることができる. 遊離因子が終止コドンに結合すると, アミノ酸の代わりに水をペプチジルtRNAに結合させる. これによって伸長しつつあるポリペプチドのカルボキシル末端をtRNAから解離させ, ポリペプチドの合成を終了させる. 続いてリボソームがmRNAから離れ, 二つのサブユニットに解離する(図5.20). 真核生物では遊離因子としてeRFが一つだけ見つかっている.

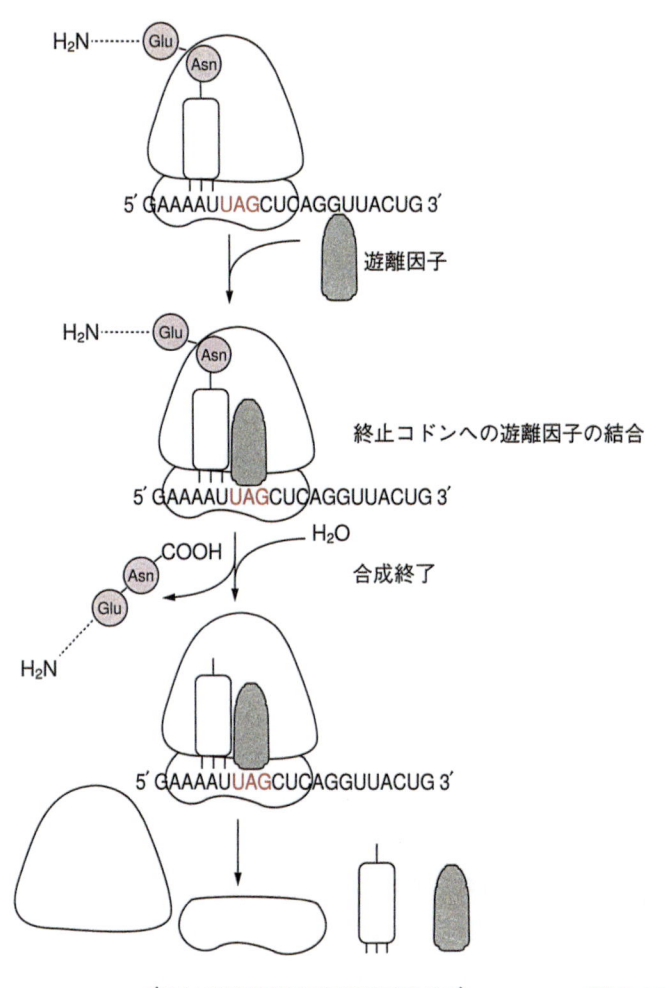

図 5.20　翻訳の終了

コラム

オパールコドンの例外的作用

　原核生物，真核生物では，セレンタンパク質（seleno-protein）をコードする遺伝子内の終止コドン UGA（オパール）には seleno-CystRNA という特殊な tRNA が対応している．セレノシステイン（seleno-cystein）はシステインの硫黄（S）の代わりにセレン（Se）をもっている．セレンタンパク質合成の過程では，セリン tRNA 合成酵素によってまずセリン tRNA が生じ，次にセリン tRNA がセレノシステイン tRNA に酵素的に変換され，遺伝子内部の UGA の位置で sel-Cys としてタンパク質に取り込まれる．この珍しい反応は UGA の下流にあるヘアピンループによって決まるとされている．

　ところで，セレノタンパク質は酸化還元反応を触媒し，その活性中心に 1 個のセレノシステイン残基をもっている．このタンパク質の例としてグルタチオンペルオキシダーゼがあげられる．

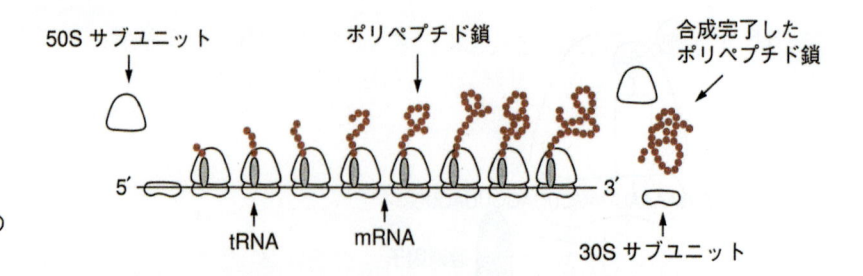

図 5.21 タンパク質合成中のポリリボソーム

タンパク質合成においては，1本の mRNA に同時に数個のリボソームが結合して移動しながら数個の同一ポリペプチドを合成することができる（図 5.21）．このような集団を**ポリリボソーム**（polyribosome）あるいは**ポリソーム**（polysome）と呼ぶ．このポリリボソームは単離することが可能で，得られたポリリボソームから mRNA を精製して cDNA ライブラリーの調製に使用できる．

5.2.4 タンパク質の局在化

細胞は細胞質で働くタンパク質を合成するだけではなく，**分泌タンパク質**（secretory protein）や**膜タンパク質**（membrane protein）あるいは核やミトコンドリアや葉緑体で働くタンパク質を合成する．これらのタンパク質は分泌されたり，それぞれの細胞内小器官へ移行し，そこに局在するための数々のシグナルをもっている．遊離したリボソームで合成されたタンパク質は細胞質へ放出されるが，そのうち核やミトコンドリアへ移行するタンパク質は，これらの細胞内小器官に移行するための独自のシグナルをもっている．逆にこのようなシグナルをもたないタンパク質は細胞質にとどまっている．同様に膜に結合したリボソームで合成されたタンパク質は，**小胞体**（endoplasmic reticulum：ER）膜を通過するための分泌シグナルをもっており，多くは分泌される．そのなかであるものは ER やゴルジ体（Golgi body，**1.3** および **7.1.1** 参照）あるいは細胞膜そのものに局在する．このような**タンパク質移行**（protein translocation）を含むタンパク質の局在化の概略を図 5.22 に示す．また，遊離リボソームで合成されるタンパク質がもっているシグナルの特徴を表 5.5 にまとめておく．これらのシグナルは各小器官の膜に存在する受容体に認識されて小器官へ移行し，その過程で多くのものは切断される．ここでは分泌タンパク質についてのみ説明しよう．

図 5.22 に示したように，分泌タンパク質は小胞体に結合したリボソームで合成されながら小胞体膜を通過して小胞体内へ入ったのち，ゴルジ体，**分泌顆粒**（secretory vesicle）を経て細胞外へ放出される．このようにタンパク質が合成されつつ小胞体へ移行することを**翻訳と共役した移行**（co-translational translocation）と呼んでいる．

細胞外へ分泌されるタンパク質の多くは N 末端に**シグナル配列**（signal sequence）をもつ**プレタンパク質**として合成される．この配列には，①N 末端

タンパク質移行
タンパク質が細胞内小器官に運ばれる過程．

シグナル配列
リーダー配列ともいい，ER 膜の通過など局在化に必要な配列．

プレタンパク質
成熟タンパク質になる前の前駆体タンパク質．分泌タンパク質の多くは N 末端に 16〜30 個の余分のアミノ酸をもったプレタンパク質として合成されたあとでこの部分が切断される．

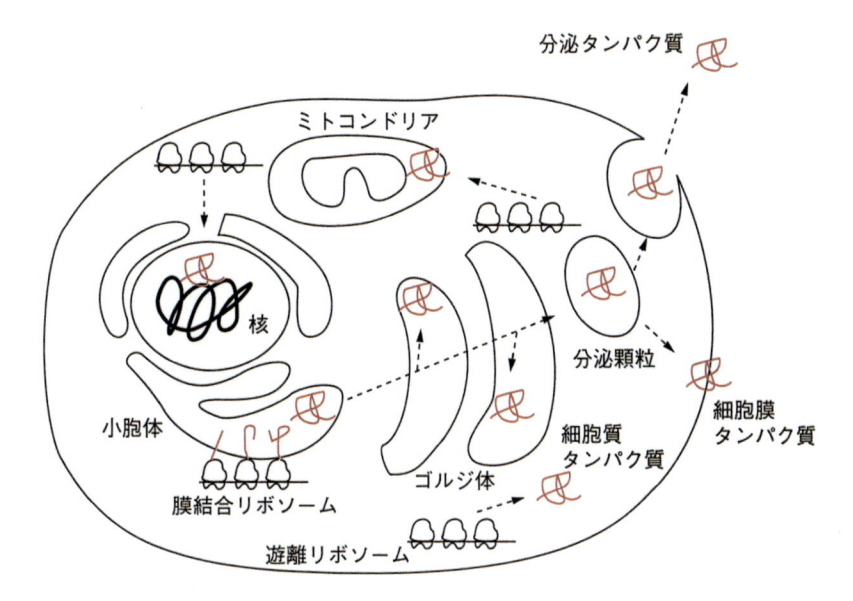

図 5.22 タンパク質移行
遊離リボソームで合成されたタンパク質のうちでミトコンドリアや核に移行するものは，それぞれミトコンドリア移行シグナルおよび核移行シグナルをもっている．膜結合リボソームで合成された小胞体に移行するタンパク質は分泌シグナルをもち，そのうち小胞体やゴルジ体に局在するものは，それぞれ小胞体局在シグナルおよびゴルジ体局在シグナルをもっている．

付近に正電荷をもつアミノ酸がある，② 中央の領域には電荷をもたない疎水性のアミノ酸がある，③ **シグナルペプチダーゼ**(signal peptidase)によって切断される部位がある，の共通した三つの性質が存在する．プレタンパク質として合成されつつあるタンパク質は，シグナル配列の N 末端付近のアミノ酸の正電荷を利用して負電荷を帯びた小胞体膜表面へ結合したのち，中央のアミノ酸の疎水性を利用して疎水性膜を通過する．そのシグナルペプチダーゼ認識部位が小胞体内腔へ到達すると，シグナルペプチダーゼでシグナル配列は切断されて**成熟したタンパク質**(mature protein)となる(図 5.22)．この過程には**シグナル認識粒子**(signal recognition particle)やその受容体などが関与しており，実際にはもう少し複雑である．

図 5.23 に示す**インスリン**(insulin)では，−1 から −24 の領域がシグナル配列である．インスリンの場合には，このシグナル配列が切断されてもまだ余分な領域を含むタンパク質が生成する．これを**プロタンパク質**(proprotein)とい

表 5.5 遊離リボソームで合成されるタンパク質のシグナルの特徴

移行する小器官	シグナルの位置	特徴	シグナルの長さ(残基)
ミトコンドリア	N 末端	電荷あり	12 ～ 30
核	内部	塩基性	7 ～ 9
葉緑体	N 末端	電荷あり	約 25

210　5章　遺伝子と遺伝情報

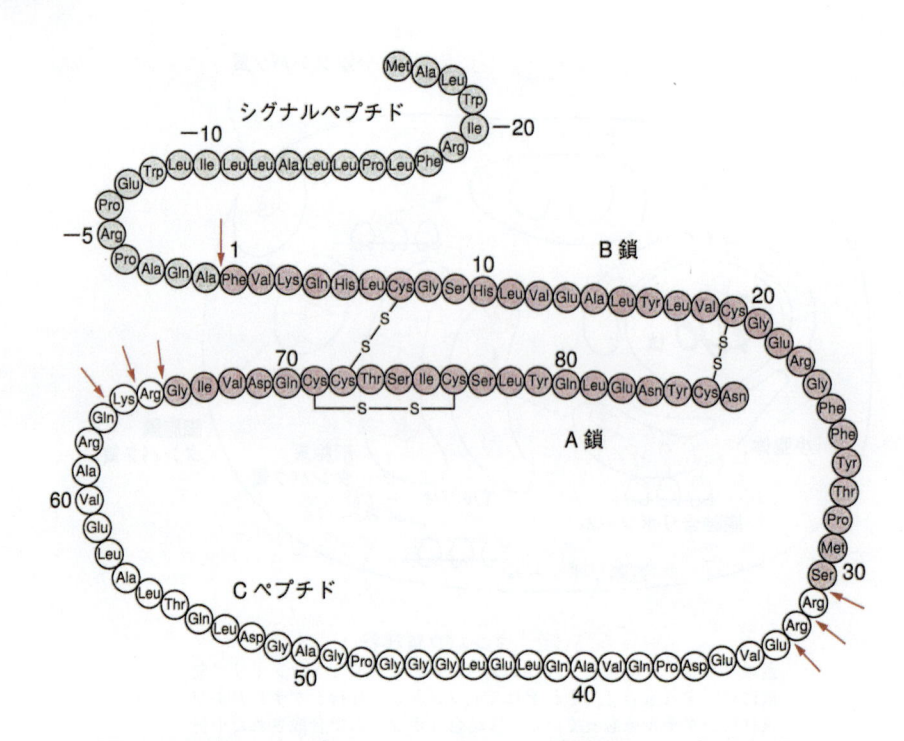

図 5.23　ラットプレプロインスリンのアミノ酸配列とそのプロセシング
成熟インスリンは A 鎖と B 鎖とからなる．矢印はプロセシングの際の切断箇所を示す．

プロセシング
タンパク質の前駆体が酵素的加水分解を受けて機能性分子に成熟する過程．

う．この余分な部分が除去される**プロセシング**(processing)を経てはじめて成熟タンパク質になる．したがって，シグナル配列およびプロタンパク質を含めてプレプロインスリンといい，シグナル配列が除去された部分をプロインスリン，成熟タンパク質をインスリンという．すなわち，プロインスリンが酵素的加水分解を受けて C ペプチドが除去され，A 鎖(21 アミノ酸)と B 鎖(30 アミノ酸)からなる成熟インスリンとなる．

5.3　遺伝子発現の調節

細胞はさまざまな環境条件の変化に迅速に対応するために，自らが合成するタンパク質分子の量を自由自在にコントロールすることができる．現在知られている遺伝子発現の調節機構に関する重要な概念はほとんど細菌を用いて得られており，その基本は転写の調節である．遺伝子は，細胞の構造や酵素のおもな構成成分であるタンパク質をコードする**構造遺伝子**(structural gene)と遺伝子発現を調節するタンパク質をコードする**調節遺伝子**(regulator gene)，およびプロモーターやオペレーター(operator；後述)などを含む調節領域とに分けられる．調節遺伝子は，調節領域のような特定の DNA 領域に結合することによって，転写を調節するタンパク質をコードしている．原核生物，真核生物のいずれかを問わず，遺伝子発現の調節機構を理解するためには，どのような場合に RNA ポリメラーゼが転写を開始しうるか否かを知ることが必要である．

5.3.1 原核生物における遺伝子発現の調節

(1) ラクトースオペロンの調節

典型的な細菌の転写調節は，遺伝子発現がレプレッサー(repressor)によって抑制されるいわゆる**負の調節**(negative regulation)である（図5.24）．この調節はレプレッサータンパク質が調節領域に結合することによって，RNAポリメラーゼがプロモーターに結合するのを抑制して転写をOFFにする．このレプレッサーが結合する部位をオペレーターといい，オペレーターはプロモーターの近傍に存在する．一方，**正の調節**(positive regulation)では，通常，RNAポリメラーゼはプロモーターに結合できないが，**アクチベーター**(activator)というタンパク質がオペレーターに結合すると，RNAポリメラーゼがプロモーターに結合できるようになって転写をONにする．

ここではラクトース代謝系を例にもう少し詳しく説明しよう（図5.24）．この系では三つの構造遺伝子である ***lacZ***, ***lacY***, ***lacA*** がクラスターを形成しており，その上流に発現を調節する領域が存在して全体で一つの共通した**オペロン**(operon)を形成している．*lacZ*, *lacY*, *lacA* の転写は *lacI* にコードされているレプレッサーによって調節されているが，*lacI* 遺伝子はそれ独自のプロモーターとターミネーターをもつ独立した転写単位を形成している．この遺伝子産物である *lac* レプレッサーは，38 kDの分子質量をもつサブユニットが4個結合した四量体を形成することによってオペレーター(O_{lac})に結合して，RNAポリメラーゼがプロモーターに結合するのを妨害する．プロモーターの領域はオペ

レプレッサー
抑制物質ともいい，その系に特異的なオペレーターに結合することによってオペロンの発現を抑制する．

lacZ
ラクトースをグルコースとガラクトースに分解する β-ガラクトシダーゼ（β-galactosidase）をコードする遺伝子．

lacY
ラクトースを細胞内へ取り込む β-ガラクトシドパーミアーゼ（β-galactoside permease）をコードする遺伝子．

lacA
ガラクトシドアセチラーゼ（galactoside acetylase）をコードする遺伝子．

オペロン
一つのプロモーターにその発現を調節される一連の遺伝子群で1本のmRNAに転写される．レプレッサーに支配されるものもある．

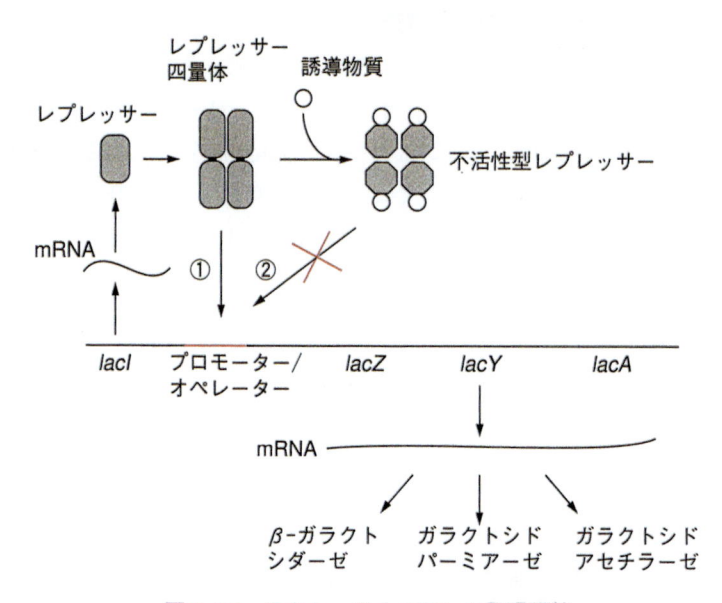

図5.24 ラクトースオペロンの発現調節
① レプレッサー四量体がオペレーターに結合するとRNAポリメラーゼがプロモーターに結合できない（転写OFF）．
② 誘導物質がレプレッサーに結合してレプレッサーを不活性化すると，RNAポリメラーゼがプロモーターに結合できるようになり（転写ON），3種類のタンパク質が合成される．

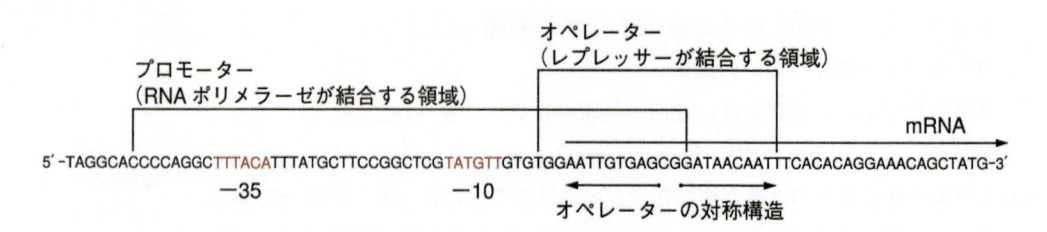

```
          オペレーター
          (レプレッサーが結合する領域)
  プロモーター
  (RNA ポリメラーゼが結合する領域)
                                                                              mRNA
5′-TAGGCACCCCAGGCTTTACATTTATGCTTCCGGCTCGTATGTTGTGTGGAATTGTGAGCGGATAACAATTTCACACAGGAAACAGCTATG-3′
                  −35             −10
                                              ←―――→ ←―――→
                                              オペレーターの対称構造
```

図5.25 ラクトースオペロンにおけるプロモーターとオペレーターの重複

レーター領域と重複しており（図5.25），大部分のオペレーターは逆方向の繰返し構造をもち，対称的な構造をとっている．

誘導物質
ある物質を与えたとき，その物質の代謝に関連する酵素の合成を誘導する物質．

このように転写が抑制された状態を解除するためには，**誘導物質**あるいは**インデューサー**（inducer）といわれる低分子物質（ここではアロラクトース）を加える．インデューサーがレプレッサータンパク質に特異的に結合してレプレッサーを不活性化すると，レプレッサーはオペレーターから離れるので，RNA ポリメラーゼがプロモーターに結合できるようになって転写が開始される．このように，レプレッサーはオペレーターおよびインデューサーに対する結合部位をもっている．インデューサーがレプレッサーに結合すると，レプレッサータンパク質の高次構造が変化してオペレーターに結合できなくなる．このような相互作用に基づく調節を**アロステリック調節**（allosteric control, **3.8.4**参照）という．

(2) トリプトファンオペロンの調節

トリプトファン（trp）オペロンは，五つの構造遺伝子 *trpE*, *trpD*, *trpC*, *trpB*, *trpA*, およびプロモーター，オペレーター，リーダーペプチド（leader peptide）をコードする領域，アテニュエーター（attenuator）からなる調節領域で構成されている（図5.26）．その上流には *trpR* が存在する．トリプトファンオペロンはレプレッサーに加えてアテニュエーターによっても調節されている．

アテニュエーター
オペロン内部の転写終結部位（転写減衰部位）をさし，転写単位に存在する ρ 因子非依存性のターミネーターのこと．

トリプトファンが存在すると，トリプトファンがまずそのレプレッサーに結合する．その結果，レプレッサーが活性化されてオペレーターに結合し転写を阻害する．このように自分自身（この場合はトリプトファン）を合成する酵素の合成を妨げるものを，レプレッサーと区別して**コレプレッサー**（corepressor）という．

ところがトリプトファンが存在しないと，レプレッサーは不活性のままなので転写が開始される．トリプトファンが存在するとレプレッサーの働きでオペロンは抑制されるが，一部この抑制をくぐり抜けるものがある．RNA ポリメラーゼがたとえこの抑制を逃れて転写を開始したとしても，次のアテニュエーターで転写はほとんど終結させられる．アテニュエーターはトリプトファン濃度に依存してヘアピン構造を形成できるので，RNA ポリメラーゼがこれを読み過ごせるか否かによって五つの構造遺伝子が転写されるか否かが決まる．これを

5.3 遺伝子発現の調節

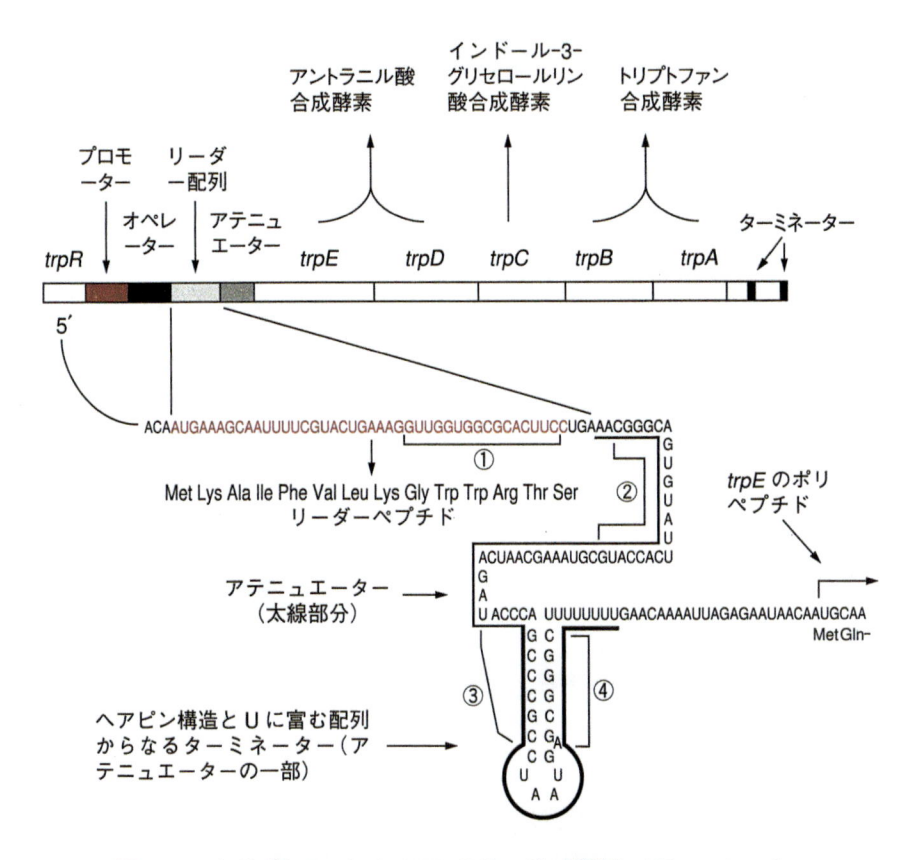

図5.26 トリプトファンオペロンのリーダー配列とアテニュエーター
図中で①と②，②と③，③と④はそれぞれ相補的な配列である．

アテニュエーション(attenuation)による調節という．すなわち，アテニュエーターがヘアピン構造をとれば，*trpE, trpD, trpC, trpB, trpA* の転写は抑制されるが，ヘアピン構造がとれなければ転写が開始される．

プロモーターと *trpE* の間にはリーダー領域といわれるリーダー配列とアテニュエーターが存在する．リーダー配列(図5.26)は14個のアミノ酸をコードしている．また図中で①〜④で示した領域は，①と②，②と③，③と④がそれぞれ相補的な配列(図5.27)をしているので対合することができる．この組合せのなかで③と④が塩基対を形成するとターミネーターの構造が形成されて転写終結に働く．まずトリプトファンが少ないときは(図5.27)，トリプトファンを結合したtRNAが少ないからリボソームはリーダーペプチド内の領域①のTrpのコドンUGGまで進んで立ち往生する．このとき領域①はリボソームと相互作用したままになるので，領域②とは対合できず，領域②は領域③と対合する．その結果，領域④は一本鎖となりヘアピン構造は形成されず，転写が進行してRNAポリメラーゼは *trpE* 以降のmRNAを合成できる．

一方，トリプトファンが多いときは，大部分はレプレッサーによって転写が抑制される．この場合はトリプトファンを結合したtRNAは十分あるので，リ

(a) トリプトファンが少ないとき
トリプトファンが少ないとリボソームは Trp のコドンの所で移動を停止するため，②と③がペアをつくるのでターミネーターは形成されない．

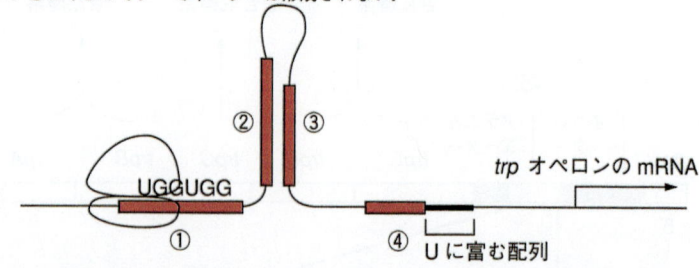

(b) トリプトファンが多いとき
トリプトファンが多いとリボソームは Trp のコドンがあっても移動できるのでターミネーターが形成される．

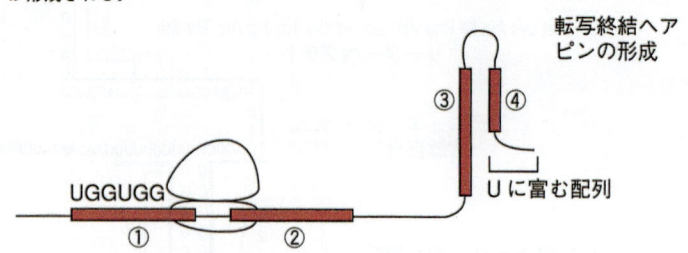

図 5.27 トリプトファンオペロンのアテニュエーション
①〜④は図 5.26 と同じ．UGGUGG はトリプトファンのコドンである．

ボソームはレプレッサーの抑制から逃れてできたリーダーの mRNA 上を進んで Trp のコドンを経て，領域①と領域②の間にあるリーダーペプチドの終止コドン UGA まで進む．ここまで進んだリボソームは領域②と相互作用しているので，領域③は領域④と対合してヘアピン構造からなるターミネーターを形成する．したがってここで転写は終結して trpE 以降へ進まない．

このような調節はアミノ酸生合成に関与する酵素をコードしている他のオペロンでも認められている．トリプトファンオペロンの場合にはリーダーペプチドのなかに 2 個の Trp が並んでいる．他のオペロン，たとえばヒスチジンオペロンでは 7 個のヒスチジンが，ロイシンオペロンでは 4 個のロイシンが，フェニルアラニンオペロンでは一部連続はしていないが 7 個のフェニルアラニンが，それぞれリーダーペプチドのなかに並んでいる．

このようにレプレッサーによる抑制調節とアテニュエーションによる調節が共存することによって，細胞内のアミノ酸濃度に対してより厳密な微調整が可能になる．なおラクトースオペロン，トリプトファンオペロンのプロモーターはいずれも強いプロモーターとして知られており，改良されて遺伝子工学で頻繁に利用されている．

5.3.2 真核生物における遺伝子発現の調節

真核生物における転写調節は正の調節が主流であり，原核生物に比べてはるかに複雑である．真核生物では RNA ポリメラーゼも 3 種類あり，mRNA を合

成するのはRNAポリメラーゼIIである．また，RNAポリメラーゼそれ自身だけでは転写を開始することはできず，多くのタンパク質性因子の助けを必要とする．これらを**転写因子**(transcription factor)という．転写開始点の上流には複数の特異な塩基配列が存在し，これらが配列特異的DNA結合タンパク質である転写因子によって認識される．

(1) 5′上流非翻訳領域の共通塩基配列

真核生物でも原核生物のプロモーターに相当する配列が5′上流領域に存在する（図5.28）．その一つは細菌のプロモーターの−10領域の配列によく似たTATAAという配列で，通常，転写開始点の上流25〜30 bpのところに見いだされる．この配列を**TATAボックス**(TATA box)という．TATAボックスの一つの塩基を置換してもプロモーターの強さが大幅に低下する．さらに上流にはCCAATやGGGCGのような共通配列がある．前者は**CAATボックス**(CAAT box)，後者は**GCボックス**(GC box)と呼ばれる．これらの位置は決まっていないが，TATAボックスよりも遺伝子から離れて存在する．CAATボックスはその向きのいかんにかかわらずプロモーターの効率を高める役割をもっている．GCボックスは，その向きは機能には関係がなく，しばしば複数個存在する．

さらにSV40ウイルスゲノムでは，転写開始点から遠く離れて72 bpの繰返し配列を含む**エンハンサー**(enhancer)と呼ばれる重要な領域があり（図5.28），この配列を欠失させると転写が1/100に低下する．酵母ではエンハンサーに似た配列として**上流活性化配列**(upstream activator sequence：UAS)が知られている．エンハンサーは決まった位置にある必要はなく，その配列はどちら向きでも機能する．エンハンサーは50〜150 bpと比較的長く，さまざまなサブエレメントが寄せ集まった構造をとっている．

エンハンサー
プロモーターの活性を著しく増大させる配列．

(a) プロモーターの構造（チミジンキナーゼの例）

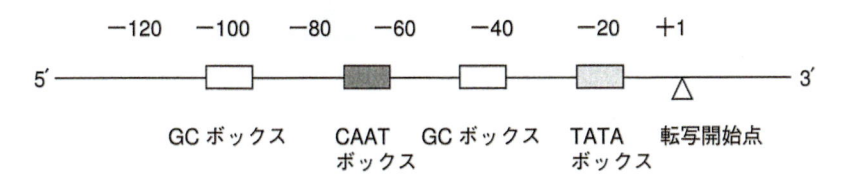

　　−120　−100　−80　−60　−40　−20　+1

GCボックス　CAATボックス　GCボックス　TATAボックス　転写開始点

(b) エンハンサー
　エンハンサーは遺伝子に対してどちら向きでも機能し，また遺伝子の上流，下流，イントロンのなかにあっても機能する．

初期RNA転写産物

エンハンサー　プロモーター　エキソン　イントロン

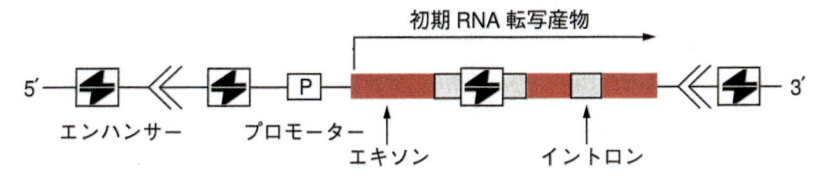

図5.28　真核生物の構造遺伝子の転写制御配列

(2) 転写の活性化と転写因子

真核生物では，転写開始に RNA ポリメラーゼ以外に補助因子を必要する．このような補助因子すなわち転写因子のなかには，すべての転写開始に必要な一般的なものと，塩基配列特異的なものとがある．前者はプロモーターにおけるタンパク質複合体の形成に関与しており，TATAA 配列に結合する TFⅡD というタンパク質はこれに属している．一方，多くの転写因子は後者の塩基配列特異的な DNA 結合タンパク質である．このように転写因子は，それぞれ独立に働く異なった機能，すなわち DNA に結合する機能および転写を活性化する機能をもつ二つのドメイン(domain)をもっている．

転写因子による転写活性化の機構は現在のところ明らかではない．しかし，転写因子はエンハンサーや種々の活性化領域の DNA に結合できるので，転写因子は RNA ポリメラーゼがプロモーターに結合するのを助けるか，あるいはプロモーターに結合した RNA ポリメラーゼが転写を開始するのを助けると考えられる．真核生物の染色体 DNA はヌクレオソーム(nucleosome, **2.5.6** 参照)と呼ばれる核タンパク質構造をとっているので，転写因子はこのヌクレオソームから DNA を解放してプロモーターが転写複合体と相互作用できるようにしているとも考えられる．また，数千塩基対も離れたエンハンサーが転写を促進できることを考えると，転写因子がこの間の DNA にループを形成させ，種々の活性化領域が転写複合体と相互作用できるようにしているとも考えられる(図 5.29)．

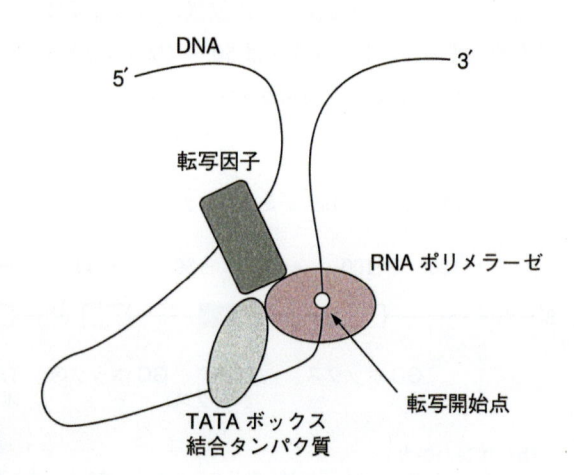

図 5.29 転写活性化のモデル図

(3) DNA 結合ドメインの構造

塩基配列特異的転写因子の DNA 結合ドメインは，限られたいくつかのモチーフ(motif)からできている．そのモチーフのうち，次の三つの三次元構造が NMR 法で決定されている．

ヘリックス-ターン-ヘリックス(helix-turn-helix)モチーフは，もともとその原形がファージレプレッサーの DNA 結合ドメインに見いだされたものである

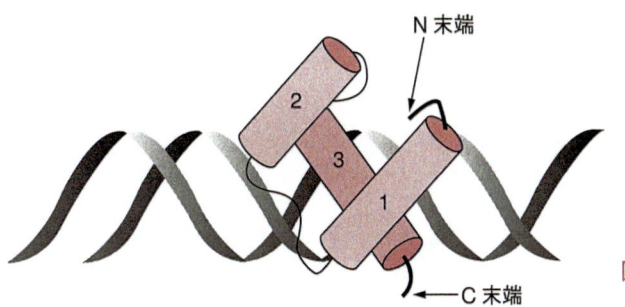

図5.30 ヘリックス-ターン-ヘリックスホメオドメインとDNAの結合様式

が，真核生物ではホメオドメイン(homeodomain)タンパク質に見いだされる．このホメオドメインは比較的短いループで連結された3本のαヘリックスからできており(図5.30)，第二，第三のヘリックスがヘリックス-ターン-ヘリックスモチーフを構成している．なお第三のヘリックスがDNA認識部位であり，結合に際しては，第三のヘリックスはリン酸基骨格を利用してDNAの広い溝に結合し，第一，第二のヘリックスはDNAの二本鎖の外側に位置している．

ジンクフィンガー(zinc finger)モチーフは，RNAポリメラーゼⅢの転写因子TF-ⅢAのなかに見いだされた．TF-ⅢAは344残基からなり，約30残基の繰返し配列が9回出現する．繰返し配列は同一ではないが，その一つ(図5.31)は，アミノ末端側に2個のシステインとカルボキシル末端側に2個のヒスチジンをもち，これらの残基に亜鉛(Zn)が配位した三次元構造をとっている．第二のシステインと第一のヒスチジンの間には，よく保存された疎水性側鎖をもつアミノ酸を2個含む12残基が存在する．このループ領域がDNA結合領域と考えられ，またこれがヒトの指のように見えることから，亜鉛を含むこのモチーフはジンクフィンガーモチーフと呼ばれている．ジンクフィンガーとDNAとの相互作用の様式は，フィンガーが交互にDNAを両側から挟んでいる．

ホメオドメイン

60アミノ酸からなるドメインで，ショウジョウバエの発生過程の制御に関係する遺伝子がコードするタンパク質に最初に見いだされた．おそらくすべての真核生物に存在して転写因子のDNA結合に重要な働きを演じていると考えられている．

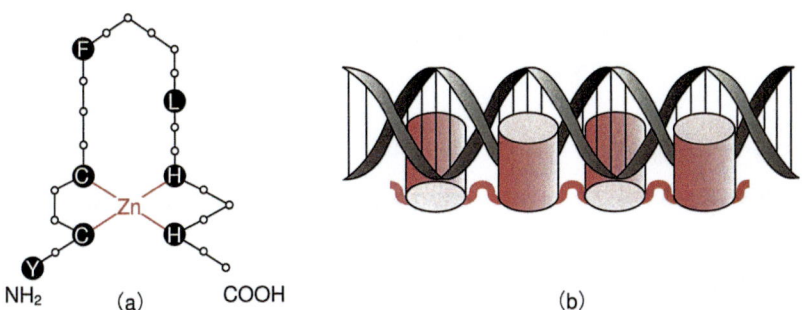

図5.31 ジンクフィンガーの模式図(a)とDNAとの相互作用(b)

ロイシンジッパー(leucine zipper)モチーフ(図5.32)は，約30残基の領域にわたってロイシン残基が7アミノ酸残基ごとに4ないしは5回繰り返し出現するドメインをもつ．それによってつくりだされる疎水面を利用して二量体を形成するが，アミノ末端側には正電荷をもったアルギニンやリシンに富む領域があ

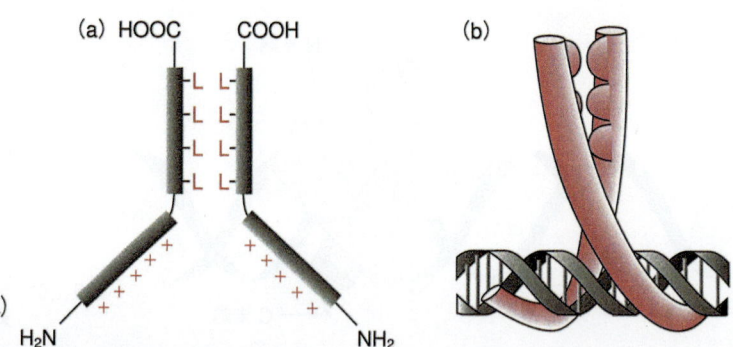

図 5.32 ロイシンジッパーの模式図(a) と DNA との相互作用(b)

り，この領域が DNA 結合ドメインである．この領域の DNA 認識モデルとしてはさみの握りモデル(scissors-grip model)が提唱されている．このモデルでは，ロイシンジッパー領域が二量体を形成して Y 字型分子をつくって DNA の二重らせん軸に対して垂直になっている．Y 字の枝の部分は α ヘリックスを形成して DNA の大きい溝のなかに入り込んでいる．このモチーフは酵母の転写因子 GCN4 や c-*fos* や c-*jun* のようながん原遺伝子(プロトオンコジーン，proto-oncogene)産物に見つかっている．

この 3 種類が現在までに知られている転写因子の DNA 結合ドメインの構造モチーフの 80 % を占めている．このように転写因子はその DNA 結合ドメインを利用して DNA に結合してその転写を制御している．この原理をもとにタンパク質間の相互作用を検出する two-hybrid system が考案されている．

5.4 バクテリオファージ

バクテリオファージ(bacteriophage)は 1914 年に発見されて以来，遺伝学，分子生物学の研究に適した材料として頻繁に使用され，遺伝子の複製，遺伝子発現の制御，形態形成などの分野の発展に寄与してきた．最近は，遺伝子工学におけるクローニングや塩基配列の決定，ならびにタンパク質工学におけるファージライブラリーなどに広く利用されている．この節では主として大腸菌のファージについて概説する．

5.4.1 大腸菌のファージ

大腸菌に感染するファージは，そのゲノム(genome)として DNA をもつ DNA ファージと，RNA をもつ RNA ファージとに分けられる．これらのファージには，一本鎖 RNA をもつもの(たとえば MS2, Qβ)，一本鎖の環状 DNA をもつもの(たとえば φX174, M13)，二本鎖 DNA をもつもの(たとえば T4, T7, λ, Mu)などがある．その大きさを塩基対で比べてみると，大腸菌，ヒトがそれぞれ 3.4×10^6, 1.2×10^{10} の塩基対をもつのに対して，ファージでは，大きな T4 がおよそ 1.7×10^5 の塩基対を，小さい MS2 がおよそ 3.6×10^3 ヌクレオチドをもっている．図 5.33 に示すように，RNA ファージの形態はすべて二十面体であり，ま

がん原遺伝子
ウイルスのがん遺伝子に対応する細胞自身の遺伝子で，変異などで腫瘍形成の原因となる．

バクテリオファージ
ファージ(phage)とも呼ばれ，細菌に寄生することによってのみ増殖するウイルス．

ゲノム
半数染色体の一組の呼称であるが，細菌やファージなどの一倍体生物の場合は巨大な核酸分子からなる染色体そのものをゲノムという．

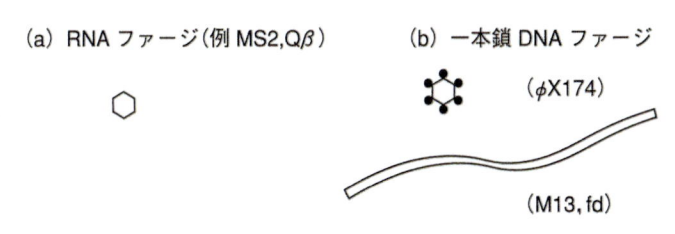

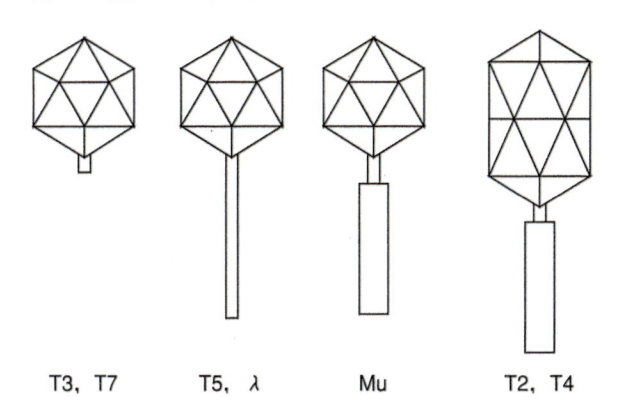

(a) RNAファージ（例 MS2, Qβ）　(b) 一本鎖DNAファージ
（φX174）
（M13, fd）

(c) 二本鎖DNAファージ

T3, T7　　T5, λ　　Mu　　T2, T4

図5.33　おもなファージの形態
図はおおよその大きさが比較できるように描いてある．

た一本鎖DNAファージは二十面体をとるもの（たとえばφX174）と繊維状をとるもの（たとえばM13, fd）とに分けられる．二本鎖DNAファージは二十面体の頭部とそれに続く尾部をもっている．

　ファージは主としてDNAやRNAの遺伝物質とそれを包む**キャプシド**（capsid）と呼ばれる**外皮タンパク質**（coat protein）から構成されており，リボソームのようなタンパク質合成装置はもっていない．二本鎖DNAファージとして代表的なT4ファージの構造（図5.34）は，ほぼ正二十面体をした遺伝物質収納用の**頭部**（head），遺伝物質の通路となる**尾部**（tail），および吸着に関与する**テールファイバー**（tail fiber）とからなっている．尾部はさらに正六角形の**プレート**（plate），**芯**（tail core）および伸び縮みする**尾鞘**（sheath）とから構成されている．およそ50 μm の長さをもつT4ファージのDNAは，0.095 μm×0.065 μm の頭部に収納されている．

　このようなファージ粒子がそれに対して感受性をもつ大腸菌に出会うと，その細胞壁表面の特異的な受容体に吸着する．吸着すると細胞壁を溶解する**リゾチーム**（lysozyme）様酵素が働いて細胞壁に穴をあける．DNAは収縮した尾鞘の芯を通って大腸菌の細胞内へ注入されるが，コートタンパク質は外に残される．細胞内へ入ったファージゲノムは次つぎと複製を繰り返してその数は1万個にも達することがある．これらは大腸菌のタンパク質合成装置を乗っ取り，自分の遺伝子がコードするキャプシドを新たに合成させ，それに包まれてファージ粒子を形成する．これらのファージ粒子はリゾチームの働きで細胞壁を破って細胞外へ放出され増殖サイクルが完了する．その結果，**溶菌**（lysis）が起こるが，

溶　菌
ファージの感染によって宿主の細胞壁が溶解され，宿主本来の機能が破壊されて宿主が死滅すること．

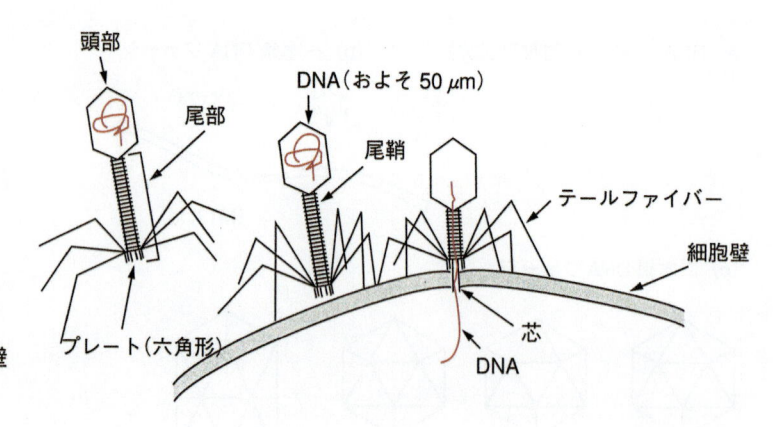

図5.34 T4ファージの大腸菌細胞壁への吸着

この一連のサイクルを溶菌サイクルまたは溶菌経路という．

　溶液中にファージがいるか否かを調べるには，ファージ感受性大腸菌が増殖しているプレート上にその溶液を滴下してみればよい．ファージがいないときには，大腸菌はプレート一面に増殖するが，ファージが存在すればそこだけに**プラーク**(plaque)ができる．1個のファージは大腸菌を溶菌して1個のプラークを形成するので，このプラークを計測することによって，ファージ力価を測定できる．この力価の単位を pfu(plaque forming unit)という．また 6×10^6 個の大腸菌に 3×10^5 pfu のファージを感染させたときは**感染多重度**(multiplicity of infection：moi)が0.05 であるという．このように感染しただけで細胞を殺してしまう毒性の強いファージを**ビルレントファージ**(virulent phage)といい，T系ファージはその代表である．

5.4.2 溶原性ファージ

　ファージのなかには細菌細胞に感染しても溶菌せず，そのゲノムが**プロファージ**(prophage)と呼ばれるかたちで宿主染色体に入り込んで，宿主染色体と一緒に増殖するものがある〔図5.35 および**5.1.3(2)**参照〕．このような増殖の様式を**溶原性**(lysogeny)といい，プロファージをもった細菌を**溶原菌**(lysogen)という．溶原菌ではファージゲノムは宿主遺伝子に組み込まれてその一部となるので，宿主遺伝子と区別なく子孫に伝えられる．プロファージをもった溶原菌は同種のファージの感染に対して**免疫性**(immunity)を示す．このようなファージでは溶原化と溶菌サイクルとは相互に転換できる．この**溶原性ファージ**(lysogenic phage)の代表であるλファージは48,513塩基対からなる直鎖状DNA分子をもっている．λDNAはその両端に**付着末端**(cos site)と呼ばれる相補的な一本鎖部分をもっており，その塩基対合によって環状になれる．これが宿主内に入ると染色体上の特異的な塩基配列の部分で交差して染色体に組み込まれプロファージとなる．これを溶原化経路という．このプロファージはレプレッサータンパク質が破壊されると**誘発**(induction)されるが，それは紫外線などで処

プラーク
溶菌斑ともいい，プレート上で増殖する感受性菌をファージが溶菌してつくる透明な孔．

感染多重度
1個の宿主に感染させたファージの平均個数．

溶原性ファージ
溶菌も溶原化もできるファージのことで，ビルレントファージに対してテンペレートファージ(temperate phage)ということがある．

誘　発
染色体が紫外線などで損傷を受けたときファージDNAを放出すること．

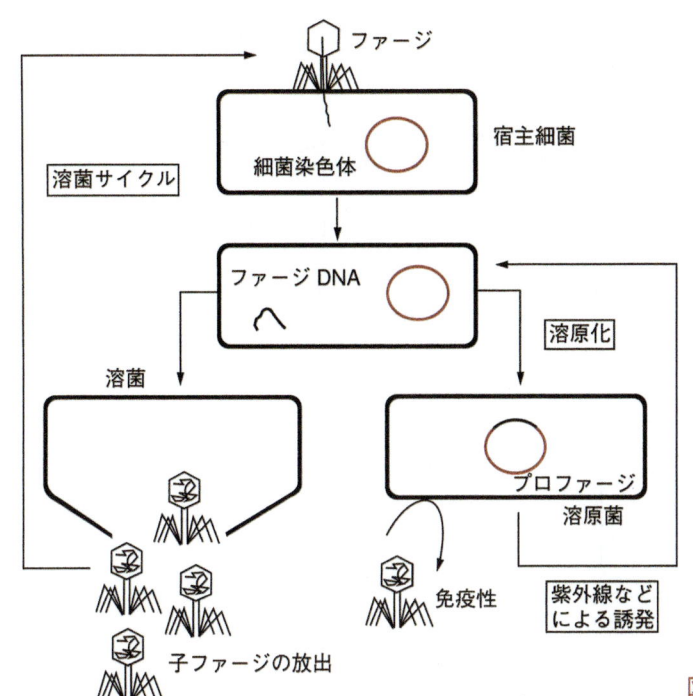

図 5.35 溶原化と溶菌サイクルの相互転換

理することによって宿主の RecA タンパク質のプロテアーゼ活性が誘導されるからである．

5.4.3 実験材料としてのファージ

(1) ファージ P1 およびファージ P22

ある細菌の遺伝子断片がファージに仲介されて他の細菌に移ってその遺伝形質を変えることがあり，これを**形質導入**(transduction)という．このようにして新しい形質を獲得した細菌を**形質導入体**(transductant)といい，その仲介をしたファージを**形質導入ファージ**(transducing phage)という．この現象はサルモネラ菌 *Salmonella typhimurium* を使った実験から明らかにされたもので，① **一般形質導入**(generalized transduction) と ② **特殊形質導入**(specialized transduction)が知られている．

一般形質導入はファージ粒子が偶然に宿主の染色体の一部を取り込むことによって起こる(図5.36)．このようなファージが新たな宿主に吸着すると，細胞内で宿主染色体と組換えを起して遺伝的に変化した細菌が生じる．たとえば，染色体上の位置が決定されていない遺伝子 A が，すでに位置の決定された遺伝子 B と同時に形質導入されれば，A は B のきわめて近傍に位置することがわかる．形質導入の頻度は $10^{-6} \sim 10^{-8}$ で，通常は 1 遺伝子が導入される．このように形質導入ファージは遺伝子解析に利用される．この種のファージとして大腸菌のファージ P1，サルモネラ菌のファージ P22 が知られている．

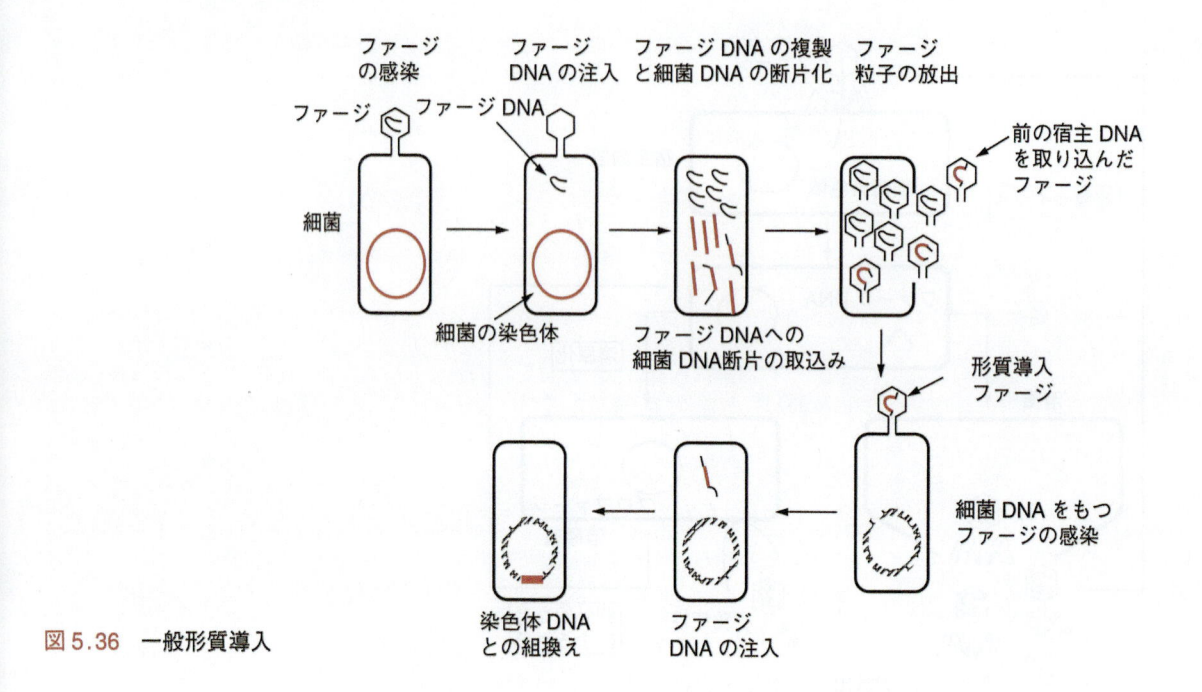

図 5.36　一般形質導入

(2) λファージ

特殊形質導入は，λ(ラムダ)ファージが大腸菌のガラクトース代謝の遺伝子である *gal* を特異的に形質導入することに基づいて発見された．λファージが溶原化するとき，ファージゲノムは付着部位と呼ばれる宿主DNAの特異的部位に組み込まれる〔図5.37, **5.1.3(2)**参照〕．この部位は *gal* 遺伝子および *bio* 遺伝子に挟まれている．この溶原菌が紫外線などで誘発されるとファージDNAが切り出されるが，そのときファージゲノムが正確に切り出されず，ファージDNAとともに隣接した宿主染色体を切り出してしまうものがある．その際，同時にファージゲノムを一部失うことになる．そのような**欠陥ファージ**(defective phage)として λ *dgal* が知られている．この λ *dgal* はファージゲノムを失っているので成熟したファージをつくることができない．このような欠陥ファージ

dgal
d は defective のことで，defective galactose を意味する．

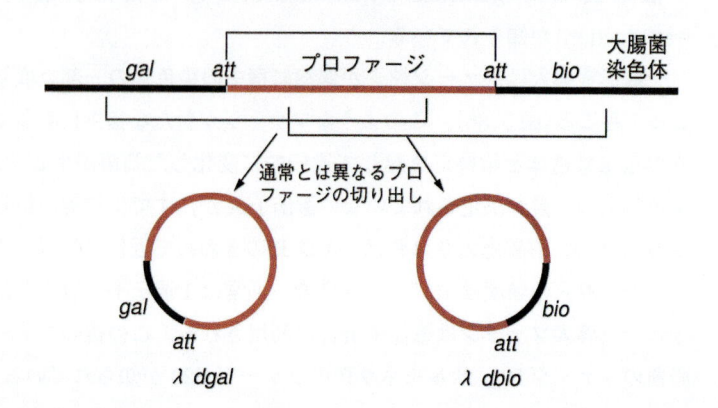

図 5.37　特殊形質導入ファージの形成
　λファージの組込み機構に関しては図 5.7 を参照のこと．

にヘルパーファージ(helper phage)を与えてやると，欠陥ファージは複製できるようになり，ガラクトース遺伝子を形質導入できるようになる．ヘルパーファージを使う場合には，最低，att, cos, 複製起点があれば，形質導入粒子をつくることができる．

一方，λファージのレプレッサーとオペレーターはかなり複雑であるが，非常によく解明されており，λファージのプロモーターは調節可能な強いプロモーターとして遺伝子発現に利用されている．λファージでは初期プロモーターである P_L および P_R はレプレッサーをコードする cI 遺伝子の両側に位置し，これらに隣接してオペレーター O_L と O_R が存在する（図 5.38）．このオペレーター領域にレプレッサーが結合すると，RNA ポリメラーゼによる転写が抑制されてファージは溶菌状態には入れない．cI 遺伝子のプロモーターは P_{RM} で図では左向きに転写され，発現されたレプレッサーはおのおののオペレーター O_L と O_R に結合できる．レプレッサーが O_L に結合すると，N 遺伝子の発現とともに左向きの遺伝子の発現が停止し，O_R に結合すると，cro や他の右向きの遺伝子の発現が止まるが，レプレッサーだけは効率よく転写される．このような仕組みで，ファージが溶菌サイクルに入るのを効率よく防いでいる（溶原状態）．

ところがこのレプレッサーが紫外線などで破壊される（誘発）と，RNA ポリメラーゼが P_L および P_R から読み始め，すべての λ 遺伝子が発現して溶菌性増殖に入ることができる．このレプレッサーは二量体としてオペレーターに結合する DNA 結合タンパク質である．それ自体は 27,000 の分子量からなるポリペプチドで，オペレーターに結合する部位と二量体形成に関与する部位の二つのドメインから形成されている．DNA への結合部位はヘリックス-ターン-ヘリックスモチーフを形成している〔5.3.2(3)参照〕．したがって，このレプレッサーは DNA-タンパク質複合体形成機構の研究の格好の材料となっている．

ヘルパーファージ
欠陥ファージが失った機能を補うファージ．

P_L
抗転写終結因子をコードする遺伝子 N のプロモーター．

P_R
レプレッサーの発現を抑制する遺伝子 cro のプロモーター．

RM
P_{RM} の RM は repressor maintenance を意味する．

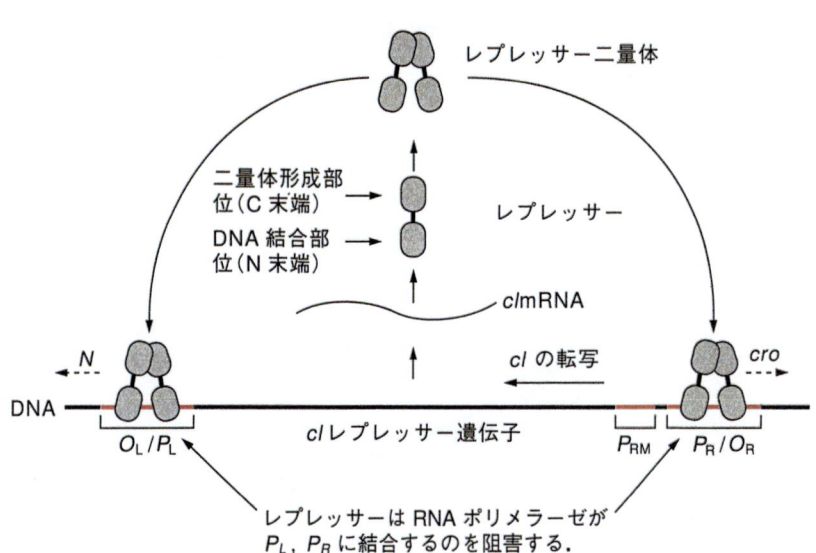

図 5.38 λファージの溶原性の自己調節

λファージは遺伝子クローニング用のベクターとしても広く使用されているが，これについては6章で詳しく説明する．

(3) 繊維状一本鎖DNAファージ

繊維状一本鎖DNAファージは長さに制限がないので，取り込むDNAの大きさに融通性があり，またDNAは一本鎖と二本鎖が調製できるという利点をもっている．したがって，M13ファージはクローニングベクターや塩基配列の決定に，またfdファージはファージライブラリーにそれぞれ応用されているので，その詳細は6章で説明する．ここでは繊維状一本鎖DNAファージの形態とその形成機構について説明しよう．

繊維状一本鎖DNAファージは大腸菌の雄株の**繊毛**(pilus)に吸着して感染する．ファージが宿主に感染すると，通常は溶菌が起って宿主は死ぬ運命にある．ところが，繊維状一本鎖DNAファージはこれを殺すことなく，タンパク質の分泌機構を利用して細胞外へ出ることができる．したがってM13ファージやfdファージに感染した細胞は，ファージ粒子を放出しながら増殖を続けることができる．ファージの感染によって宿主は増殖が遅れるので，生育の遅れた領域をいくぶん濁ったプラークとして見ることができる．fdファージの遺伝子地図(図5.39)からわかるように，キャプシドをコードする遺伝子はⅢ，Ⅵ，Ⅶ，Ⅷ，Ⅸの5個で，キャプシド形成に関与する遺伝子はⅠとⅣである．まず遺伝子Ⅷがコードする50アミノ酸からなる主要なキャプシドが，23アミノ酸からなるシグナル配列を利用して宿主の細胞膜に入りこむ．新しく合成されたファージDNAは遺伝子Ⅴの産物に包みこまれて細胞膜の内側に引き寄せられる(図

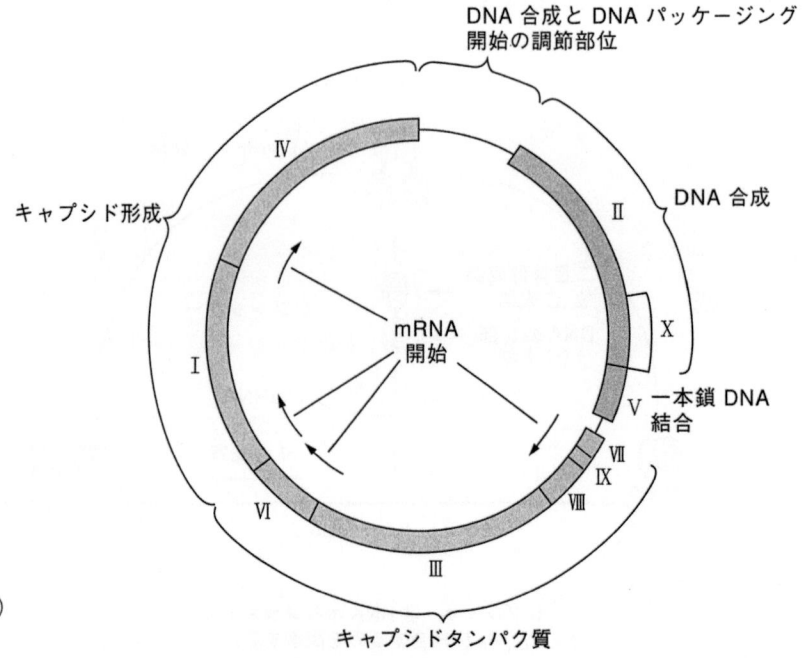

図5.39 **fdファージ(6407 bp)**の遺伝子地図

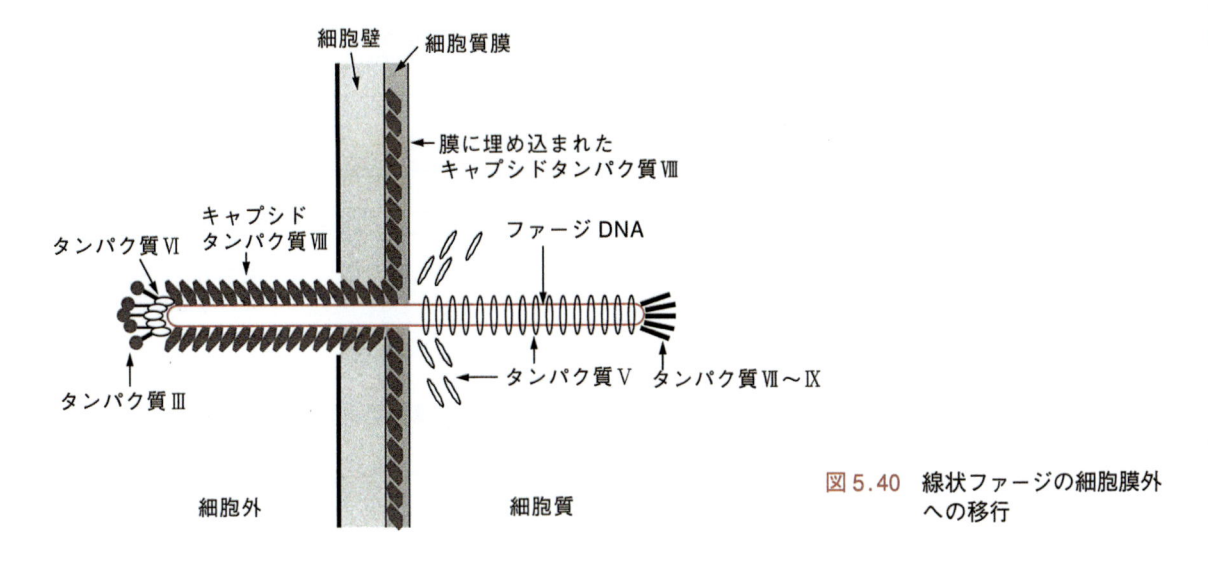

図5.40 線状ファージの細胞膜外への移行

5.40).細胞膜でVタンパク質がキャプシドⅧと置換されながらファージが細胞から放出される．ファージが入るときも出るときも細胞膜に対する方向は同じである．

(4) Muファージ

Muファージはλファージとよく似た溶原性ファージではあるが，トランスポゾンのような複製を行う．Muファージという名称は，宿主染色体に組み込まれることによって変異を引き起こすmutator phageに由来している．Muファージがプロファージとして入り込む場所はλファージと違って一定していないから，Muファージの溶原菌は染色体のいろいろな部位にプロファージをもっている．Muファージは非常に高い転移頻度をもっており，このMuファージの組込みによって多くのDNAが分断され多くの変異が生じる．

MuファージのDNA分子はおよそ39 kbpの長さであるが，実際にはそのなかの約38.0 kbpだけがMuファージのゲノムである（図5.41）．これは，ファージ粒子を形成するとき，MuファージがそのDNAの両側に存在するさまざまな宿主DNAを切断してそれを頭部に詰め込むためである．DNA分子の左端の50ないし150 bp，および右端の1ないし2 kbpは，Muファージが組み込まれた部位に隣接したDNAに由来しているので，いろいろな部位に組み込まれたMuファージはその粒子内にそれぞれ異なる宿主DNAを取り込んでいる．

このようなMuファージDNAの宿主ゲノムへの組込みには，A遺伝子産物であるトランスポザーゼが必要である．Muファージが宿主に感染すると，それまで結合していた細菌のDNAがこの酵素によってMuファージのDNA分子から切り離されて，宿主DNAの別の部位に転移する．このとき1コピーはもとの部位にとどまるので，転移するたびに転移した部位にコピーが出現してMuファージが増えるわけである．またMuファージが複製するためには，トランスポザーゼとB遺伝子産物が必要であり，Muファージが溶菌サイクルに

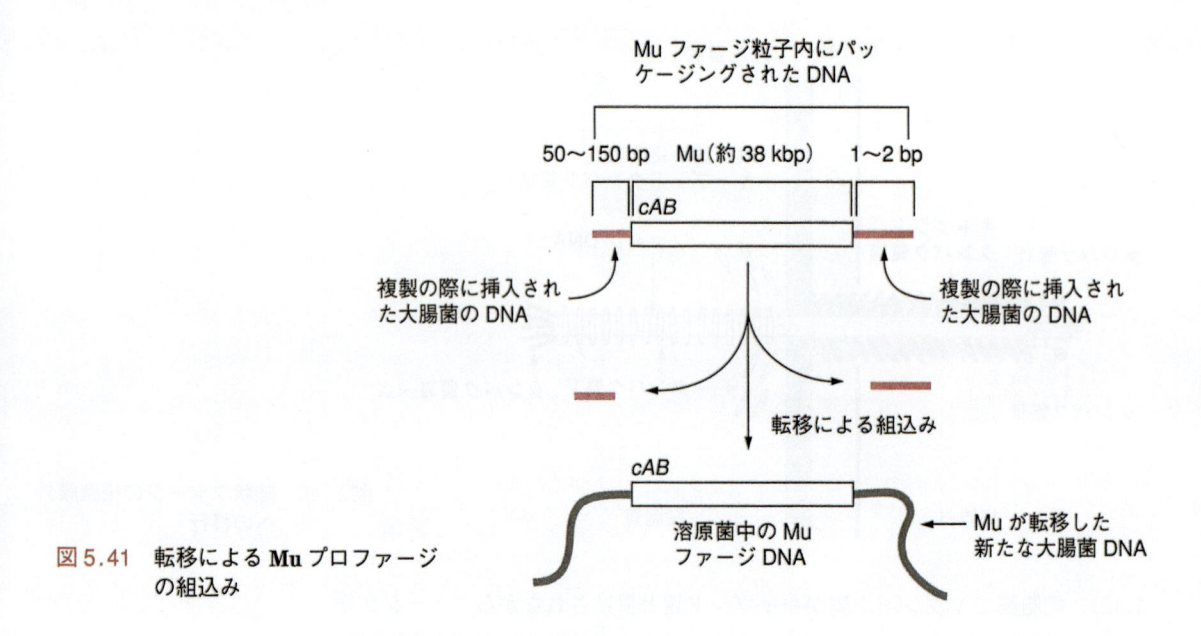

図5.41 転移による**Mu**プロファージの組込み

レポーター遺伝子
他の遺伝子のプロモーター活性を測定するためにその産物が用いられる遺伝子.

入るには，C遺伝子産物のレプレッサーが合成されないときか，誘発されたときである．Muファージから溶菌機能の一部を人工的に欠落させたものをミニ**Mu**(mini-Mu)ファージという．たとえばMu*d-lac*というファージは，ラクトース(*lac*)オペロンのプロモーターを欠いたβ-ガラクトシダーゼ遺伝子をもっている．Mu*d-lac*が適切な方向性をもってある遺伝子のプロモーターの下流に入ると，β-ガラクトシダーゼが発現されるので**レポーター遺伝子**(reporter gene)として用いられる．

6章 遺伝子工学とタンパク質工学

　遺伝子工学(genetic engineering)は**組換え DNA 技術**(recombinant DNA technology)ともいわれ，バイオテクノロジーの代表的な技術である．1970年代までは DNA の解析は最も難しいものの一つであったが，この技術の開発によって，DNA の切り出し，増幅，塩基配列の決定，塩基配列の変換，細胞への導入，単離した DNA を利用したタンパク質の大量発現，タンパク質の構造と機能相関など多岐にわたる研究が可能になった．この章では，遺伝子工学の基礎とそれを利用したタンパク質工学について概説する．

6.1　組換え DNA
6.1.1　組換え DNA 技術の確立

　1972年から1973年にかけて，Cohen, Boyer, Berg とその共同研究者らは DNA の**クローニング**(cloning)技術の開発に成功した．この成功の蔭には，① DNA の二重らせん構造モデルの提唱(1953年)，② 核酸のハイブリダイゼーション(hybridization, **6.2.3** 参照)の確立(1961年)，③ DNA を特異な部位で切断する**制限酵素**(restriction enzyme)の発見(1962年)，④ 遺伝暗号の確立(1966年)，⑤ DNA 断片を連結する DNA リガーゼの発見(1967年)，などがあった．その後も1975年から1977年にかけての**サンガー**(Sanger)**法**や**マクサム-ギルバート**(Maxam-Gilbert)**法**といわれる DNA 塩基配列決定法の確立や，1985年の**ポリメラーゼ連鎖反応**(polymerase chain reaction：PCR)の確立があって，組換え DNA 技術がほぼ確立された．この節では，組換え DNA 技術の基礎を概説する．

6.1.2　DNA の切断と連結
　1962年，大腸菌 B 株の細胞抽出液のなかに DNA を分解する酵素があること

が発見された．その後 1970 年に，*Haemophilus influenzae* から DNA を特定の塩基配列で切断する酵素が単離された．その認識配列は GTPy↓PuAC（矢印は切断箇所を，Py は C または T を，Pu は A または G を示す）であり，この制限酵素を *Hind* II と呼んでいる．異なる微生物は異なる配列特異性をもった制限酵素を合成する．現在では特異性の異なる 150 種類以上の制限酵素が見いだされているが，入手可能な最新のものは試薬会社の発行するカタログに掲載されている．

　代表的な制限酵素によって認識されるヌクレオチド配列（図 6.1）は 6 塩基からなる**回文**(palindromic)配列で，上鎖を 5′ から読んでも，下鎖を 5′ から読んでも同じ配列になっている．*Eco*R I ではその上鎖の配列は 5′-GAATTC-3′ で，下鎖の配列も 5′ から読むとこれとまったく同じである．なお図中の矢印は DNA 切断箇所を示し，*Eco*R I，*Pst* I で切断した DNA は 5′ 末端あるいは 3′ 末端が飛びだした形となる．これを**粘着末端**(sticky end)あるいは**付着末端**(cohesive end)という．また *Sma* I では切断した DNA 末端は飛びだした部分がなく，このような末端を**平滑末端**(blunt end)という．なお制限酵素の名前はそれが得られた微生物の**属**(genus)名の一文字と**種**(species)名の二文字に由来しており，たとえば *Hpa* I，*Eco*R I，*Hind* III，*Pst* I はそれぞれ *Hemophilus parainfluenzae*，*Escherichia coli*，*Hemophilus influenzae*，*Providencia stuartii* から得られたものである．したがってこの三文字はイタリックで記載する．また *Bam*H I (*Bacillus amyloliquefaciens* 由来) と *Bst* I (*Bacillus stearothermophilus* 由来) は G↓GATCC（矢印は切断部位）という同じ塩基配列を認識する**アイソシゾマー**(isoschizomer)である．

　このようにして同じ制限酵素で切断した異なる 2 本の DNA の末端は，互いに相補的な塩基配列をもっているので塩基対を形成できる（図 6.2）．このよう

アイソシゾマー
異なる細菌から単離精製された制限酵素のうち，その認識部位が互いに一致している酵素．

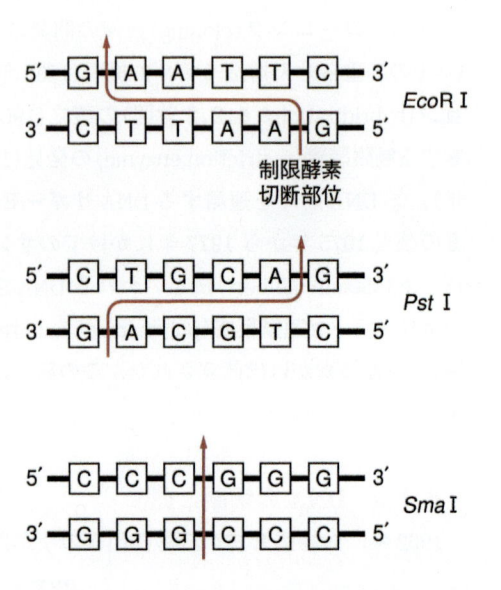

図 6.1　代表的な制限酵素とその認識部位

6.1 組換え DNA　229

2種類のDNAの *Eco*R I 処理

5′-G-A-A-T-T-C-3′
3′-C-T-T-A-A-G-5′

5′-G-A-A-T-T-C-3′
3′-C-T-T-A-A-G-5′

↓　　　　　　　　　　↓

5′-G　3′　　　　　　5′-A-A-T-T-C-3′
3′-C-T-T-A-A-5′　　　　　　　　3′-G-5′

**DNA リガーゼによる
DNA 断片の結合**

5′-G-A-A-T-T-C-3′
3′-C-T-T-A-A-G-5′

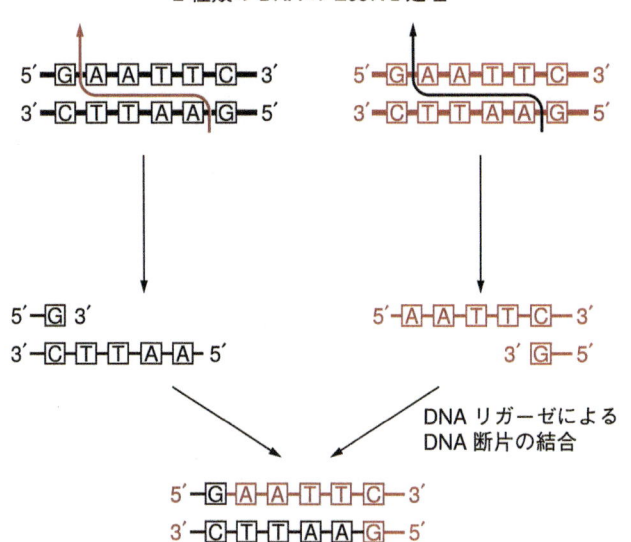

図 6.2　制限酵素による **DNA** の切断と結合

な断片は，DNA リガーゼの働きで新しいホスホジエステル結合を形成して連結される．DNA リガーゼによるこの連結反応は，粘着末端と平滑末端のいずれでも可能であるが，後者の連結のほうが難しい．後者の場合はそのまま連結させることも多いが，次のような方法も知られている（図 6.3）．その一つは，子ウシの胸腺から得られる**ターミナルトランスフェラーゼ**（terminal transferase）を利用して DNA の 3′末端にヌクレオチドを付加する方法である．この方法では，

**ターミナルトランス
フェラーゼ**
　一本鎖 DNA または 3′末端が突出している二本鎖 DNA の 3′末端ヌクレオシドの 3′-ヒドロキシル基にヌクレオチドを添加する酵素．

コラム

制限酵素の怪

　基質 DNA が制限酵素の認識配列をもっているにもかかわらず，制限酵素がその DNA を切断できない場合や別の箇所で切断が起こる場合がある．前者の原因は基質 DNA の認識配列の塩基がしばしばメチル化（methylation）されるためである．たとえばメチル化酵素の dam methylase は GATC をメチル化して G^{6m}ATC に，dcm methylase は CC(A/T)GG をメチル化して C^{5m}C(A/T)GG にする．ここで ^{6m}A は N6-メチルアデニンを，また ^{5m}C は C5-ヒドロキシメチルシトシンを表す．したがって dam メチル化されると切断できない酵素を使用するときには，GM33 のような dam methylase をもたない大腸菌でプラスミドを増やせばよい．なお C600 や JM109 は dam methylase, dcm methylase をもっている．後者の原因は，基質 DNA に対して大過剰の制限酵素を用いた場合，酵素の特異性が低下して本来の認識配列とは一部異なる塩基配列が認識され切断されることによる．これを制限酵素のスター（star）活性という．たとえば高濃度グリセロールの存在下で GGATCC を認識する *Bam*H I を大過剰加えて反応させると，GRATCC, GGNTCC, GGANCC, GGATYC（R は A あるいは G を，N は A, C, G あるいは T を，Y は C あるいは T を，それぞれ示す）のような塩基配列を認識するようになる．これら二つの現象はいずれも試薬会社のカタログに詳しく記載されている．

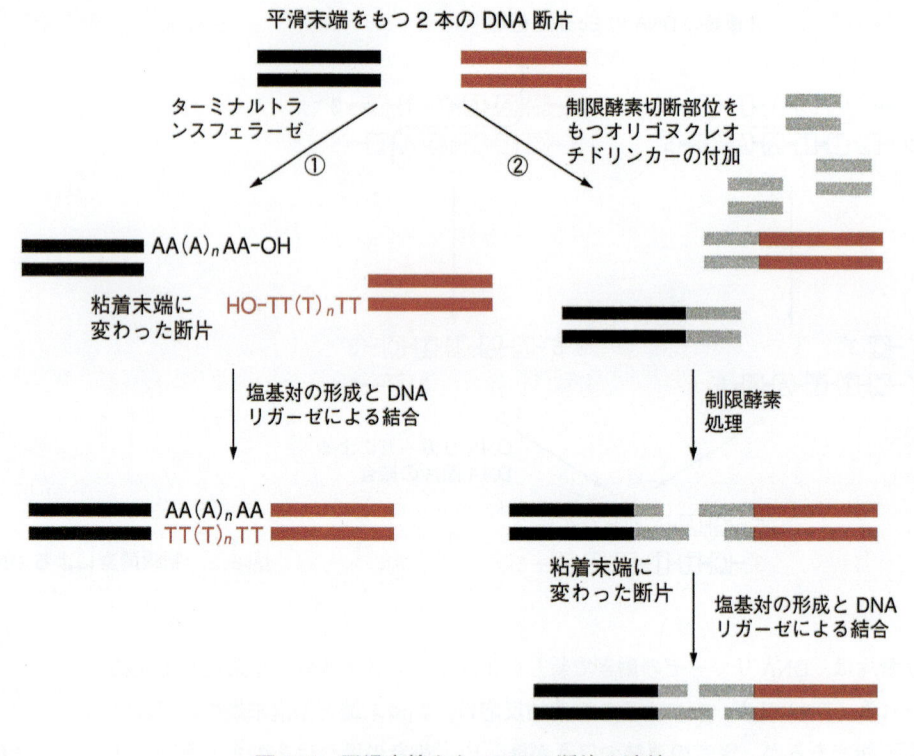

図6.3 平滑末端をもつDNA断片の連結
①はターミナルトランスフェラーゼを使用する方法，②はリンカーを使用する方法である．なお図を簡略化するため，断片の一方側のみを粘着末端として示してある．

たとえば連結しようとする一方のDNAの両側の3′末端にポリデオキシ**A**(polydeoxy A)を，他方のDNAの両側の3′末端にポリデオキシ**T**(polydeoxy T)を，それぞれ付加して混合し，相補的な末端で塩基対を形成させる．必ずしも同じ数のヌクレオチドが付加するとは限らないので，生じた二本鎖にはギャップができるが，これを酵素反応で埋めたのちDNAリガーゼで結合させる．二つ目は，平滑末端に制限酵素サイトを含むリンカー(linker)をつないだあと，制限酵素で切断して付着末端をつくってDNAリガーゼで連結する方法である．

6.1.3 プラスミド

多くの細菌は自分自身の染色体(約 4×10^6 塩基対)以外に，**プラスミド**(plasmid)と呼ばれる小さな環状DNA(数千塩基対)をもっている(図6.4)．このように自己複製できるDNA分子を**レプリコン**(replicon)という．通常，プラスミドDNAは細菌の増殖には必須ではなく，染色体とは連鎖していないが，抗生物質に対する耐性を宿主に賦与する遺伝子をもっているものが多い．これらの遺伝子はテトラサイクリン(tetracycline)のような一部の例外を除いて，**ア ンピシリン**(ampicillin)や**カナマイシン**(kanamycin)のようなさまざまな抗生物

リンカー
DNA断片どうしを連結できるように設計された短いオリゴヌクレオチド．

プラスミド
細菌がもつ小さな自律的に複製できるDNA分子．

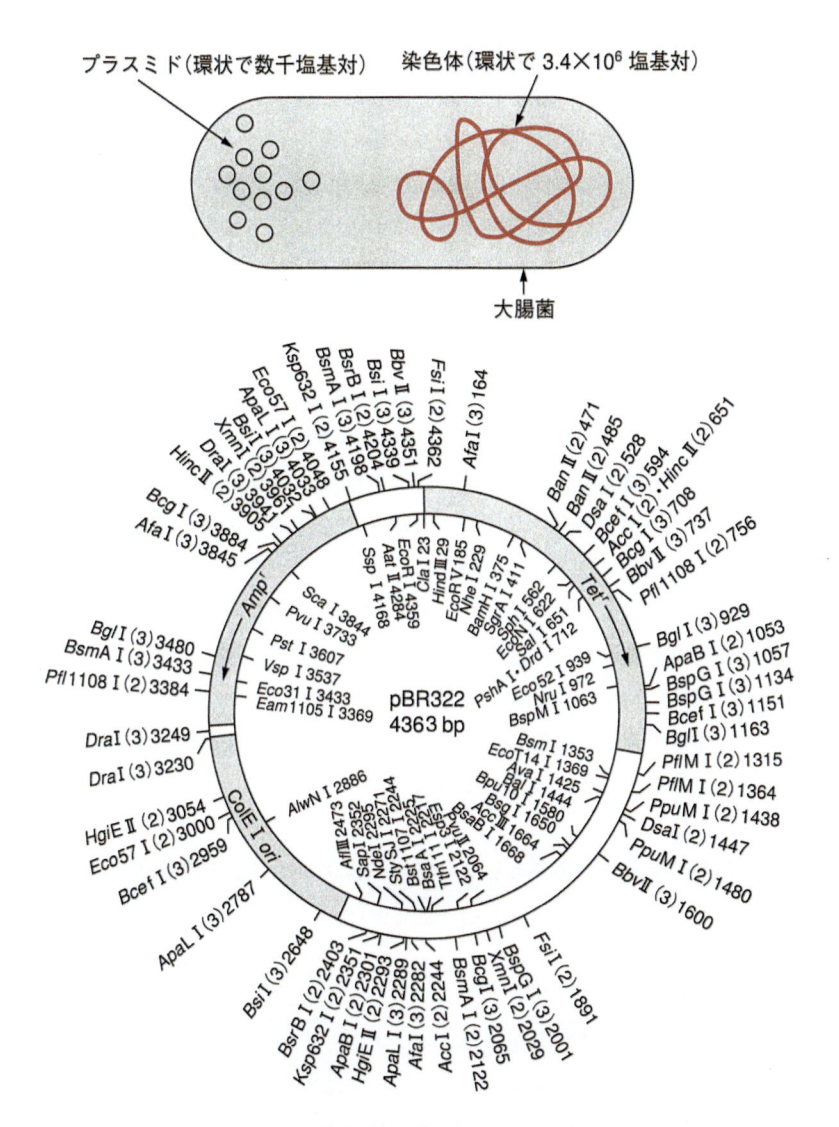

図 6.4 大腸菌内のプラスミドと代表的な
プラスミド pBR 322
*Eco*R Iの認識部位の中央を0として,そこから制限酵素の最初の認識塩基までを数字で表した.円内には pBR322 を1箇所切断する酵素を,円外には2箇所,3箇所切断する酵素をそれぞれ示し,かっこ内には制限酵素による切断数を示した.

質を不活性化する酵素を大量に生産する.

　一般にプラスミドは**コピー数**(copy number)が多いので,タンパク質を大量に生産するのに好都合である.一方,プラスミドのなかには主染色体に入り込んだり,出たりすることができる**エピソーム**(episome)と呼ばれるものもある.またプラスミドには,一つの細菌から他の細菌へ自由に移動できる伝達性プラスミドと,自由に移動できない非伝達性のものがある.自然界に存在するプラスミドの多くは前者に属するが,遺伝子工学で使用するプラスミドは,組換えDNA実験の安全性を確保するために前者を改良して非伝達性になっている.こ

コピー数
1細胞が含むゲノムあたりのプラスミドの存在数.

のような非伝達性プラスミドを後述する特殊な方法で細菌に導入すれば，外来のDNAをプラスミドの一部として運び込むのに使うことができるので，これを〝運び屋〟を意味するベクター(vector)という．

図6.4のプラスミドベクターはpBR322と呼ばれ，天然のプラスミドを改良して開発された汎用プラスミドである．このプラスミドは多コピープラスミドで，選択マーカーとしてアンピシリン耐性遺伝子(Amp^r)およびテトラサイクリン耐性遺伝子(Tet^r)を，DNA断片の挿入部位としてpBR322DNAを1箇所切断するいくつかの制限酵素部位をもっている．なお，pBR322のpはプラスミドを表し，BRは一般にはそのプラスミドを開発した人あるいは機関の二つの頭文字を，数字は開発者が他と区別するための番号を，それぞれ表している．

プラスミドを大腸菌から調製するには，大腸菌の培養と菌体の破砕，大腸菌染色体やタンパク質の除去，さらにはRNAの除去などの操作が必要である．加熱やアルカリ処理によって二本鎖DNAは一本鎖に解離する．このとき，閉環状の小さなプラスミドはスーパーコイル(supercoil)を形成しているので，解離しても相補鎖が離れずにいるのに対して，巨大なDNA分子はDNA鎖にニック(切れ目)が入りやすいために，解離した相補鎖はバラバラに離れてしまう．したがって通常の条件下に戻したとき，プラスミドが再会合して二本鎖を形成できるのに対して，直鎖状の分子は再会合できないので，菌体成分とともに除去できる．

プラスミドを少量しか必要としない場合にはアルカリ法と沸騰法で調製でき

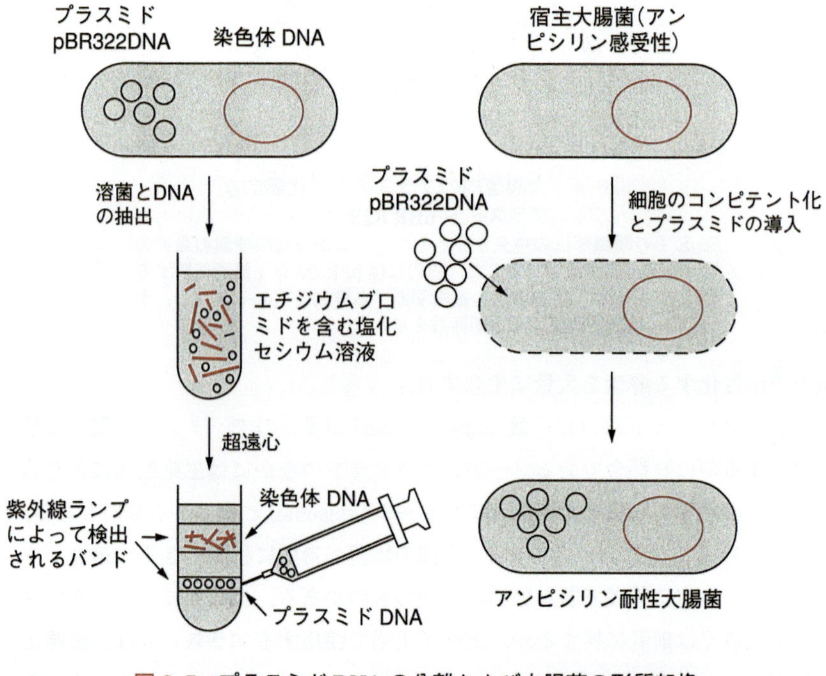

スーパーコイル
二重らせんのDNA分子をもう一度ねじった形．

図6.5 プラスミドDNAの分離および大腸菌の形質転換

るが，大量に調製とするときにはアルカリ法が用いられ，さらに混在する DNA や RNA を除去するためには塩化セシウム密度勾配遠心法が用いられる．この方法は，プラスミドのような閉環状の DNA が直鎖状や開環状の DNA に比べエチジウムブロミド (ethidium bromide：EtBr) の結合量が少ないことに基づいている．すなわち，EtBr を多量に結合した DNA のほうが浮遊密度が小さくなるので，塩化セシウム密度勾配遠心法で閉環状のプラスミドと他の核酸との分離が可能になる．遠心後，遠心チューブに長波長の紫外線を当てると，図 6.5 に示すように分離したバンドが観察できる (量的にたくさんあればバンドは自然光でも観察できる)．DNA は遠心液にあらかじめ加えられている EtBr が核酸の 2 塩基間に挿入されて発する蛍光によって検出できる．図において上のバンドは大腸菌染色体 DNA とニックの入ったプラスミド DNA で，下のバンドがプラスミド由来の閉環状の DNA である．次に注射針を遠心チューブに刺して下のバンドを回収し，液中の塩化セシウムおよびエチジウムブロミドを除去したのちに実験に使用する．詳しい操作は他の実験書を参照されたい．

6.1.4 形質転換

このようにして調製したプラスミドを宿主細胞へ導入する．本来は細胞膜を透過しにくい高分子の DNA を導入するのであるから，その効率は方法によって違ってくるが，一般には**コンピテント** (competent) **法**や**エレクトロポレーション** (electroporation，電気穿孔ともいう) **法**が利用される．大腸菌をカルシウムイオンあるいはルビジウムイオンで低温処理すると，外から与えた DNA を取り込みやすくなった**コンピテント細胞** (competent cell) に変化する (図 6.5)．前者を**塩化カルシウム法**，後者を**塩化ルビジウム法**と呼ぶ．一般にコンピテント法はすべての大腸菌 K12 株の**形質転換** (transformation) に用いることができるが，その効率は用いた大腸菌の菌種に左右される．エレクトロポレーション法では，通常の方法に比べ 10～100 倍高い転換効率が得られる．

このような形質転換法によって得られた**形質転換体** (transformant)，たとえば pBR322 で形質転換した大腸菌は，アンピシリンおよびテトラサイクリンに耐性を示すので，形質転換されていない大腸菌 (両者に感受性) と区別できる．また，pBR322 の *Pst* I 切断部位に外来の DNA を挿入して得られたプラスミドで大腸菌を形質転換すると，得られた大腸菌はテトラサイクリンには耐性を示すが，アンピシリンには感受性を示すので，前二者と容易に区別できる．これは *Pst* I 部位に挿入された外来 DNA によってアンピシリン耐性を担う β-ラクタマーゼ (β-lactamase) が分断されて不活性化されるためである．

細胞の DNA のなかから目的の遺伝子を含む特定の DNA 断片を探しだすために，プラスミドはベクターとして利用できる．たとえば，大腸菌染色体 DNA を *Eco*R I で切断する．同様にプラスミド DNA も *Eco*R I で切断して**線状** (linear) にする．この染色体 DNA 断片に線状にしたプラスミドを混合して DNA

形質転換
細胞に DNA を導入して細胞の機能や形質を変えること．

コンピテント法
コンピテント細胞を用いた形質転換法．

コンピテント細胞
DNA を取り込みやすくなった細胞．

エレクトロポレーション法
高電圧パルスによって一時的に細胞膜に生じた孔から DNA を細胞内へ取り込ませる方法．

形質転換体
形質転換によって得られた細胞．

β-ラクタマーゼ
アンピシリン (半合成ペニシリンの一つ，構造式は 237 頁のコラム参照) などの β-ラクタム環を開裂して抗菌性を失わせる加水分解酵素．

図 6.6 組換え DNA 分子の生成

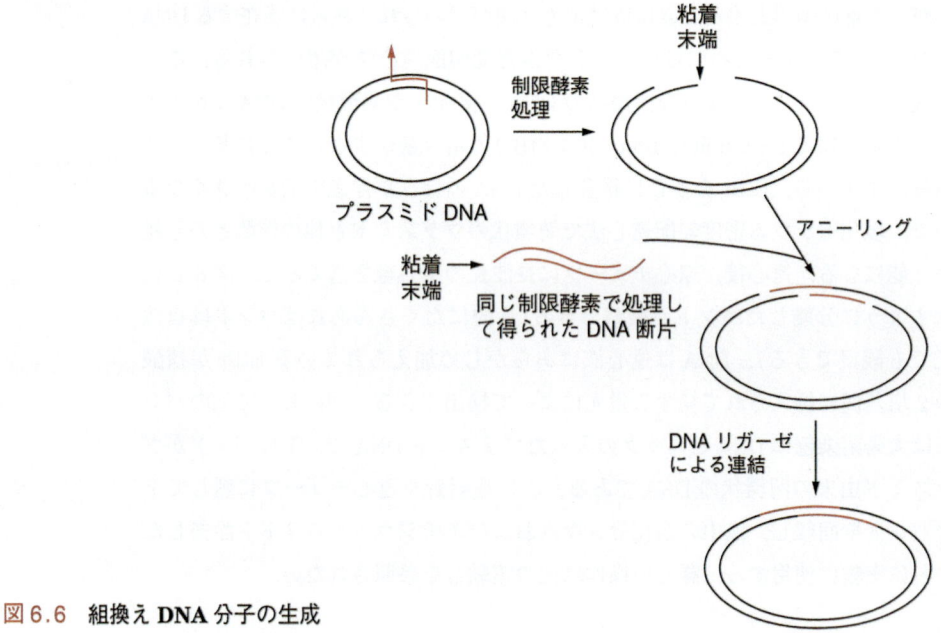

DNA ライブラリー
染色体の全 DNA を網羅する異なる DNA 断片をベクターにつないだもの.

リガーゼを作用させると，さまざまな大きさの DNA 断片が挿入された組換えプラスミド DNA ができあがる（図 6.6）．このようにして得られた **DNA ライブラリー**（DNA library）から目的とする特定の DNA をもった組換えプラスミドを均一の集団として取り出すことをクローニング（クローン化）するといい，このようにして取り出された均一の集団を**クローン**（clone）という．なお，細胞の全 DNA を特定の制限酵素で切断してプラスミドに手当たりしだい挿入することを**ショットガンクローニング**（shotgun cloning）ということがある．またクローニングに使用されるベクターをクローニングベクターという.

6.1.5 組換え DNA 実験で汎用するヌクレアーゼ

ここで組換え DNA に利用される**ヌクレアーゼ**（nuclease）について説明する．ヌクレアーゼはポリヌクレオチド鎖の**ホスホジエステル結合**（phosphodiester linkage）を切断する酵素の総称である（図 6.7）．この酵素には，ポリヌクレオチド鎖の内部の結合を切断する**エンドヌクレアーゼ**（endonuclease）と，ポリヌクレオチド鎖の末端からヌクレオチドを切り取る**エキソヌクレアーゼ**（exonuclease）がある．前者は末端をもたない環状 DNA を分解できるが，後者は分解できない．制限酵素は前者に属する．

エキソヌクレアーゼの一つである大腸菌のエキソヌクレアーゼⅢ（ExoⅢ）は，二本鎖 DNA を 3′ 末端から順に分解して 5′ モノヌクレオチドを遊離する．この酵素は二本鎖 DNA に特異性をもつので，**5′ 突出末端**（5′-protruding end）をもつ二本鎖 DNA や平滑末端をもつ二本鎖 DNA の 3′ 末端は分解できるが，**3′ 突出末端**（3′-protruding end）は一本鎖なので分解できない．この性質を利用して

(a) エンドヌクレアーゼ
(i) S1ヌクレアーゼ(1)

(ii) S1ヌクレアーゼ(2)

(iii) S1ヌクレアーゼ(3)

(b) エキソヌクレアーゼ
(i) エキソヌクレアーゼⅢ

(ii) Bal31*

図6.7 エンドヌクレアーゼとエキソヌクレアーゼ
＊Bal31は本来一本鎖に特異的なエンドヌクレアーゼである．

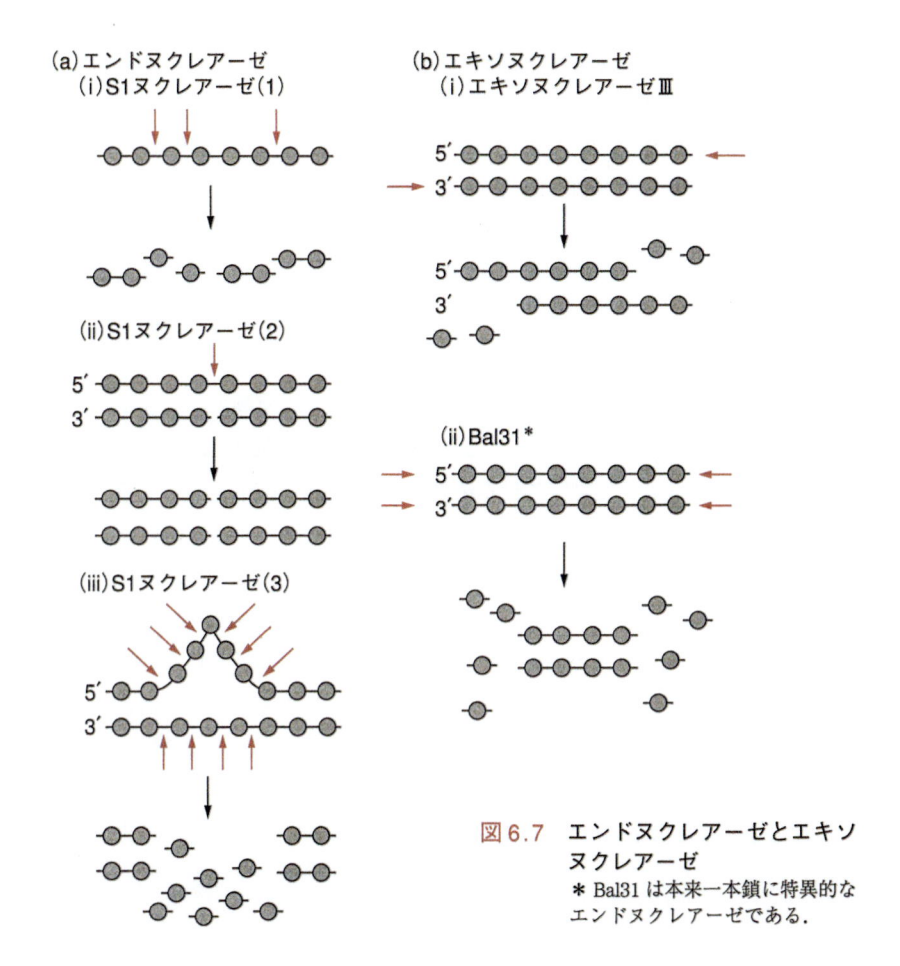

欠失変異体(deletion mutant)の調製に用いられている．一方，*Alteromonas espejiana* BAL31が産生するBAL31ヌクレアーゼは一本鎖DNAに特異的なエンドヌクレアーゼであるが，一本鎖が存在しないときには二本鎖DNAに作用して両末端から同時に分解する$5'\to 3'$および$3'\to 5'$エキソヌクレアーゼ活性を示す．そのほかに一本鎖に特異的なエンドヌクレアーゼとして，一本鎖DNAあるいは一本鎖RNA，および二本鎖DNAの一本鎖部分を選択的に分解する**S1ヌクレアーゼ**(S1 nuclease)および**マグビーンヌクレアーゼ**(mung bean nuclease)が知られている．また，リボヌクレアーゼHはDNAとRNAがヘテロ二本鎖を形成しているRNAを選択的に分解するが，**リボヌクレアーゼA**(ribonuclease A：RNaseA)が示す一本鎖RNAの分解能はない．

ヌクレアーゼのうちDNAを基質にする酵素のほとんどは，その活性発現にMg^{2+}などの2価の金属イオンを必要とする．したがってDNA溶液中にEDTAなどのキレート剤を加えておけば，混入したヌクレアーゼによるDNAの分解を阻止できる．

6.1.6 物理的封じ込めと生物学的封じ込め

組換え DNA 法の出現によって，われわれはいかなる DNA の制限酵素断片も分離できるようになったが，一方でこのような実験，とくに哺乳類の DNA を用いる実験の安全性が問題になった．この組換え DNA 実験の危険度を評価する目的で 1975 年に米国のカリフォルニアのアシロマで会議が開かれ，DNA クローニングが制限された．その後の研究の進歩にしたがって米国政府の規制ガイドラインも少しずつ改訂され，日本では 1979 年に組換え DNA 実験指針が制定された．

わが国の組換え DNA 実験指針によれば，組換え DNA 実験の安全性を確保するために，実験はその安全度評価に応じて，**物理的封じ込め**（physical containment：P）および**生物学的封じ込め**（biological containment：B）の方法を適切に組み合わせて計画し，実施されなければならない，とされている．物理的封じ込めは，封じ込めの施設，実験室の設計および実験実施要項の三つの要素からなっている．概略を図 6.8 に示すが，封じ込めの設備は P1 レベル，P2 レベル，P3 レベル，P4 レベルに区分されている．よく使用されるのは通常の微生物学実験室レベルの P1 とその上のレベルの P2 である．生物学的封じ込めには，宿主–ベクター系の生物学的安全性の程度に応じて B1 および B2 の二つのレベルがある．B1 レベルは，組換え体の環境への伝播および拡散を防止できると認定された宿主–ベクター系，および人類などに対して生物学的安全性

物理的封じ込め
組換え体を施設，設備内に閉じ込めて外に出さないようにすることにより，実験従事者やその他のものへの伝播や外界への拡散を防止すること．

生物学的封じ込め
特殊な培養条件下でしか生存できない宿主と他の生細胞への伝達性がないベクターとを組み合わせた宿主–ベクター系を使用して組み換え体の環境への伝播および拡散を防止すること．

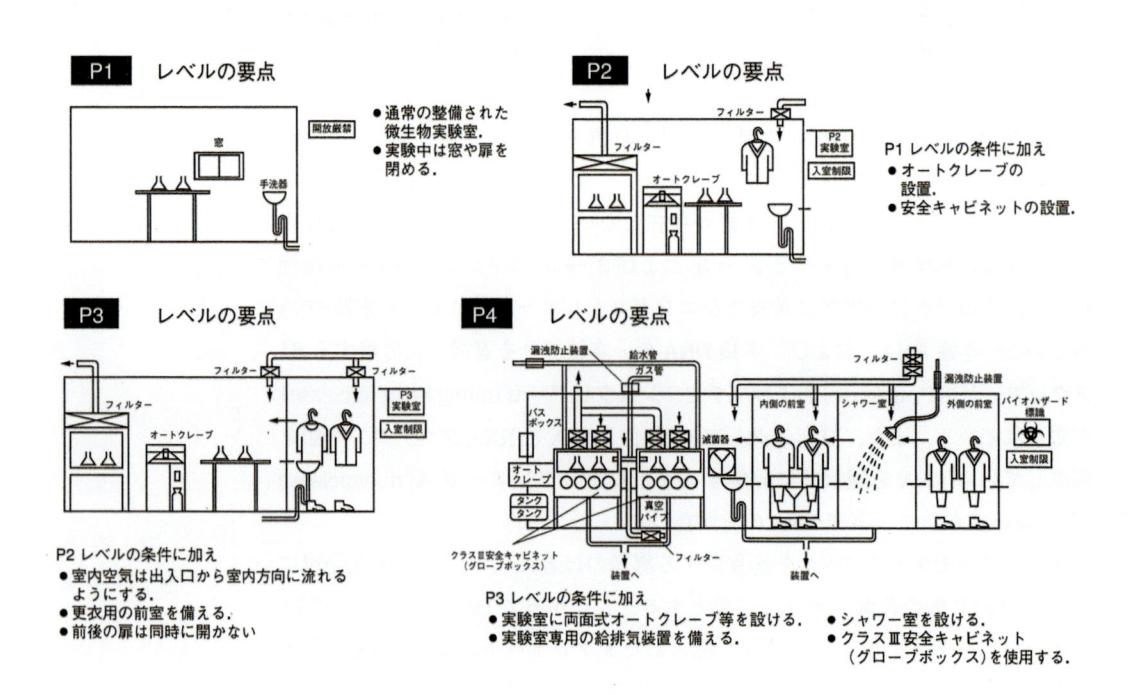

図 6.8 **P1〜P4 レベルの実験概略図**
組換え DNA 実験指針研究会編，科学技術庁ライフサイエンス課監修，「組換え DNA 実験指針 —— 解説・Q & A」より．

が高いと認定された宿主-ベクター系をさし，EK1（大腸菌を宿主とするもの），SC1（酵母 *Saccharomyces cerevisiae* を宿主とするもの），BS1（枯草菌 *Bacillus subtilis* Marburg 168 株を宿主としたもの），ならびに動物および植物の培養細胞を宿主としたものが B1 レベル認定宿主-ベクター系とされている．B2 レベルは B1 レベルの条件を満たし，かつ自然条件下での生存能力がとくに低い宿主と宿主依存性のとくに高いベクターを組み合わせたもので，大腸菌 χ1776 株を宿主とした宿主-ベクター系が B2 レベルと認定されている．このように二つの封じ込めを組み合わせて実験の安全性が保たれている．

6.2 遺伝子のクローニング

6.2.1 クローニングベクター

遺伝子をクローニングするためには，そのベクターは，①DNA を挿入できる制限酵素部位をもつこと，②細胞内で多くのコピーを複製できること，③ベクターをもった細胞を選択するための薬剤耐性遺伝子などの選択マーカーを

コラム

マーカー遺伝子

多くのベクターには，外来遺伝子が挿入されたか否かがすぐ判定できるようなマーカー遺伝子が存在する．たとえば pUC19（図参照）のアンピシリン耐性遺伝子（*Amp*^{r}）は，β-ラクタム環を開裂してペニシリン類を不活性化する β-ラクタマーゼ遺伝子をコードしている．したがって pUC19 で形質転換された大腸菌がアンピシリン（図参照）に耐性を示すのに対して，*Amp*^{r} 上に外来 DNA が挿入された pUC19 で形質転換された大腸菌は，β-ラクタマーゼが不活性化されるのでアンピシリンに感受性となる．

一方，pUC19 は *lac* プロモーター，オペレーターの下流に *lacZ* をもっており，その *lacZ* の領域にマルチクローニングサイトをもっている．この部位に外来 DNA が挿入されると *lacZ* がコードする β-ガラクトシダーゼが不活性化される．β-ガラクトシダーゼは X-gal（5-ブロモ-4-クロロ-3-インドリル-β-ガラクトピラノシド；5-bromo-4-chloro-3-indolyl-β-galactopyranoside，図参照）を分解して青色を呈するブロモクロロインドール（bromochloroindole）をつくる．したがって，pUC19 で形質転換された大腸菌のコロニーは X-gal 存在下で青色を示すが，*lacZ* 領域のマルチクローニングサイトに外来 DNA が挿入された pUC19 で形質転換された大腸菌は，X-gal を分解できないためにそのコロニーは無色となり，外来 DNA の挿入の有無が即座に判定できる．

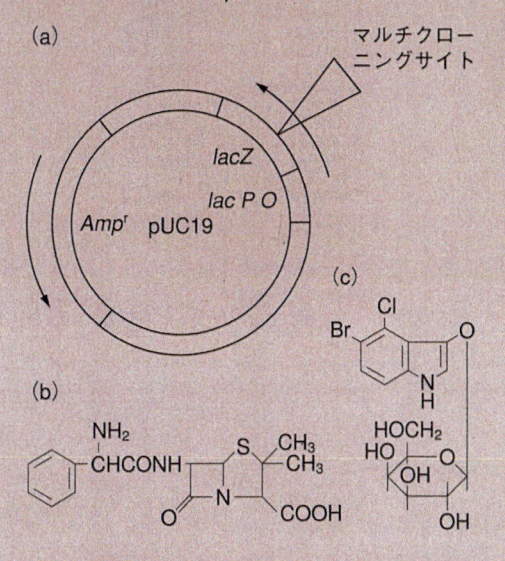

(a) pUC19, (b) アンピシリン, (c) X-gal

マルチクローニングサイト
ベクターを1箇所だけ切断する多種類の制限酵素部位をもつ領域．

もつこと，が必要である．プラスミドベクターとファージベクターはこのような条件を備えている．初期のベクターのクローニング部位はpBR322のように抗生物質耐性遺伝子内に存在したので，形質転換体が抗生物質に対して耐性を示すか感受性を示すかによって，クローニングができたか否かを判断した．しかし最近では，コロニーやプラークの色で選択できるように，β-ガラクトシダーゼ遺伝子内にマルチクローニングサイト（multicloning site：MCS）が組み込まれている場合が多い．よく使われるpUC系プラスミドやpBluescript系プラスミドでは，大腸菌の *lacZ* 遺伝子のなかにポリリンカーが挿入されており，このポリリンカー中の制限酵素部位にDNAが挿入されたか否かで，X-galを含む培地上でコロニーが無色あるいは青色を呈するので容易に識別できる．

すでに述べたpUC19は2.69 kbのプラスミドベクターであるが，pBluescript II KS(−)はpUC19由来で，2.96 kbの大きさをもち，1箇所切断する21の特異な制限酵素切断部位が組み込まれている（図6.9）．ここでKSはポリリンカーで，β-ガラクトシダーゼの転写が *Kpn* I部位から *Sac* I部位の方向に進むように配置されていることを示している．一方，λファージベクターは組換え体が多数必要な場合に有用である．λファージの構造遺伝子は，ファージゲノムの**右腕**（right arm）と**左腕**（left arm）に存在して，中央部分はファージの複製

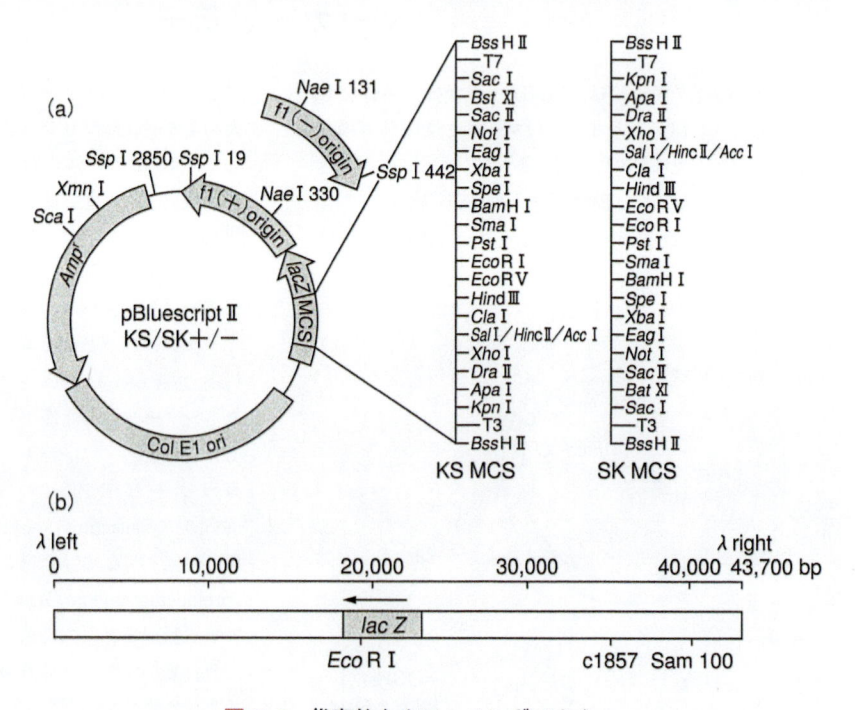

図6.9 代表的なクローニングベクター
(a)はpBluescript II KS/SK +/−，(b)はλgt11を示す．(a)においてKS, SKはβ-ガラクトシダーゼの転写がMCS中の *Kpn* Iから *Sac* Iの方向，あるいはその逆方向に進むように配置されていることを示し，+，−はf1繊維状ファージの複製起点の複製方向を示し，それぞれセンス鎖あるいはアンチセンス鎖の一本鎖DNAが得られることを示す．

には不要である．そこでλファージの不要な部分を除いてクローニングに必要な配列を導入して構築されたものがλファージベクターである．λgt11はその代表的なものである（図6.9）．このベクターには *lacZ* 遺伝子内にクローニングサイトとして *Eco*R I 部位があり，この部位に7.2 kb以下のDNAを挿入できる．したがって組換え体ファージのプラークの色が青色か無色かがクローニングの判断の基準になる．

6.2.2 遺伝子ライブラリーの作製

遺伝子ライブラリーは，ゲノムライブラリーとcDNAライブラリーに分けることができる．細菌などのゲノムをDNA源とした場合は，DNAの切断を最小限に抑えて調製したDNAを適当な制限酵素で断片化してベクターに挿入すれば，ゲノムライブラリーが構築できる．一方，真核生物のタンパク質のアミノ酸配列の解析やそのタンパク質の大量生産を目的にする場合は，mRNAと同じ配列をもつ相補鎖DNAからなるcDNAライブラリーが必要である．その理由は，真核生物の遺伝子がイントロン（intron）で分断されているからである（図6.10）．真核生物のゲノムDNAは，イントロンとエキソン（exon）とから構成さ

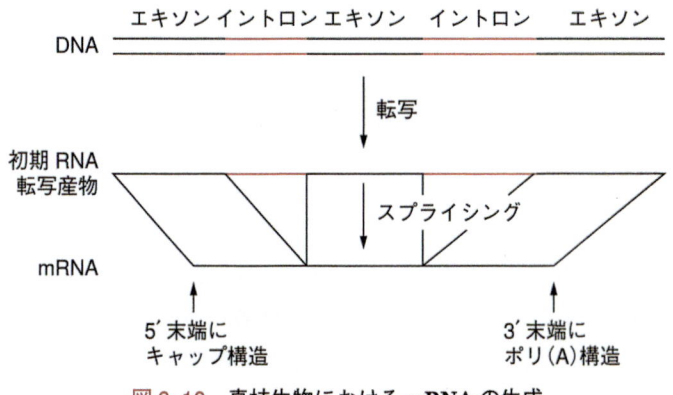

図6.10　真核生物におけるmRNAの生成

れており，その初期転写物から**スプライシング**（splicing）によるイントロン領域の除去，**キャップ**（cap）の付加，**ポリアデニル化**（polyadenylation）が起こって成熟mRNAになる．遺伝子の初期転写物のいくつかは，遺伝子配列は同じでも異なった様式でスプライシングを受けて異なったタンパク質をコードするmRNA分子を生成することが知られている．このような場合には，mRNAと同じ配列をもつcDNAライブラリーの構築が必要である．なおスプライシングはイントロン配列をもつRNAで触媒される．このように触媒活性をもったRNA分子をRNA酵素あるいは**リボザイム**（ribozyme）という（73頁参照）．

cDNAライブラリーを調製するには，まず細胞の全RNAを抽出する．tRNAやrRNAと違って真核生物のmRNAの3′末端にはアデニンが連続して並んだ

イントロン
真核生物の遺伝子DNAのなかで遺伝情報をもたない部分．介在配列ともいう．

エキソン
真核生物の遺伝子DNAのなかで遺伝情報をもつ部分．

スプライシング
初期転写産物からイントロン領域を除去してエキソン領域をつなぎあわせること．

キャップ
真核生物のmRNAの5′末端の3′-G-5′ppp5′-N-3′p……という構造で，mRNAの5′末端とGTPの三リン酸部分との間に5′-5′結合をつくっている．mRNAにリボソームが結合するのを助けるといわれている．

ポリアデニル化
真核生物のmRNAの3′末端にかなり長いポリ（A）を結合させること．真核生物のmRNAの多くが3′末端付近にもっているAAUAAAという配列をエンドヌクレアーゼが識別して，そこより下流11～30塩基を残してRNAを切断したあとにポリ（A）鎖が付加される．

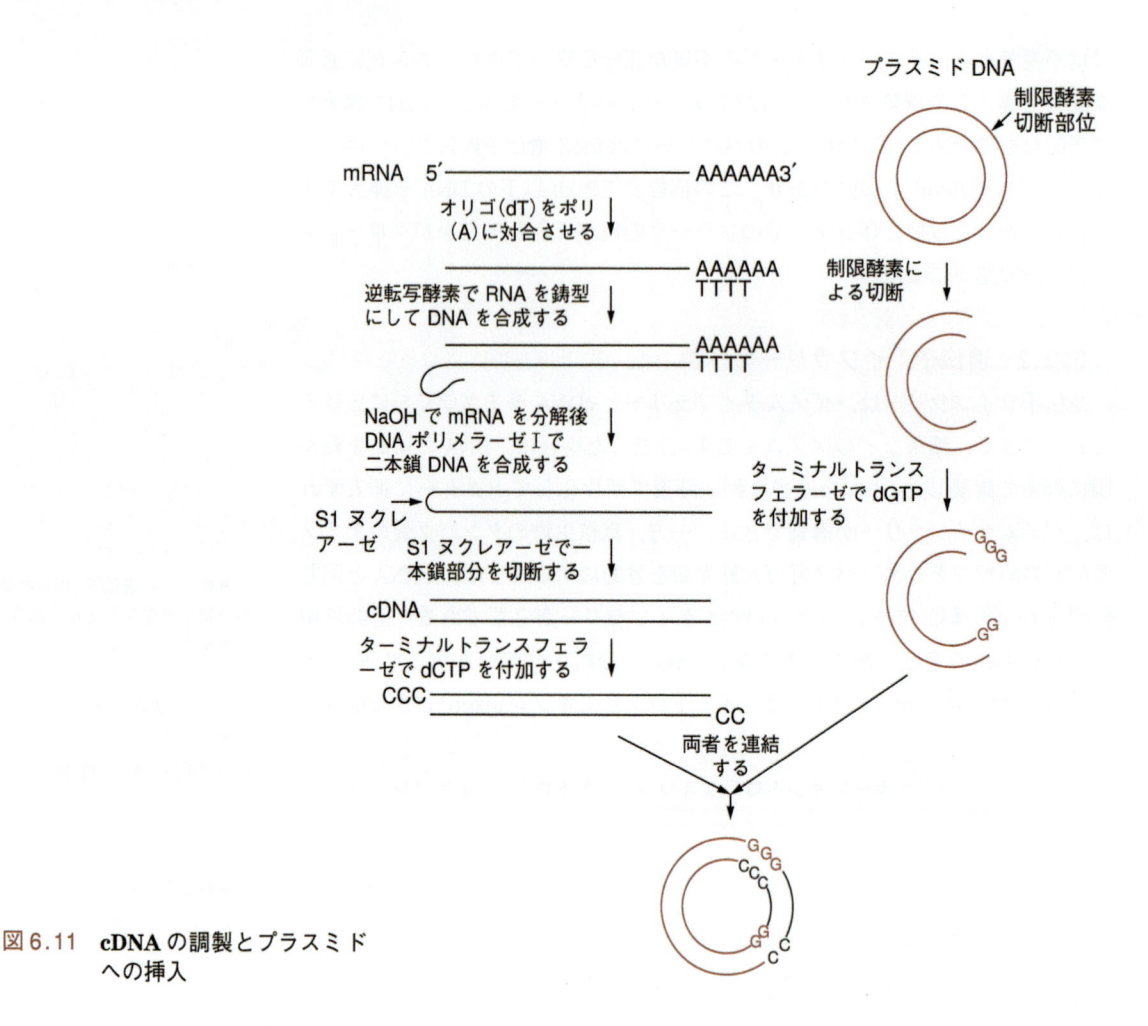

図 6.11　cDNA の調製とプラスミドへの挿入

　ポリ(A)尾部〔poly(A) tail〕が存在する（図 6.10）．したがって，この配列に相補的なオリゴデオキシチミジン〔オリゴ(dT)〕を結合させたセルロースカラムに RNA 抽出液を通せば，mRNA だけを結合させて精製することができる．このようにして得た mRNA に短いオリゴ(dT)を加えてポリ(A)尾部に対合させたのち，逆転写酵素を作用させて RNA を鋳型として DNA を合成できる（図 6.11）．

　一本鎖 DNA が 5′ 末端まで合成されるとヘアピンループが形成されやすいので，mRNA を分解したあと，今度はいま合成された DNA を鋳型とし，ヘアピンループをプライマーとして DNA ポリメラーゼ I の働きで二本鎖 DNA を合成する．次に一本鎖 DNA を特異的に切断する S1 ヌクレアーゼを作用させて二本鎖 cDNA を調製する．すでに述べたように（図 6.3 参照），できあがった cDNA の 3′ 末端側にターミナルトランスフェラーゼを用いてポリ(G)あるいはポリ(C)を付加する．一方，制限酵素で切断したベクターの 3′ 末端にはポリ(C)あるいはポリ(G)を付加して cDNA をクローニングする．あるいはできあがった cDNA に化学合成した制限酵素部位を含むリンカーを付加したあと，制限酵素で処理してベクターに組み込めば cDNA をクローニングできる．

cDNAを合成するもう一つの方法は，逆転写酵素によって生じたRNA-DNAハイブリッドに大腸菌のRNaseHを作用させてRNAをいくつもの小さな断片に分解する．次にこれらのRNA断片をプライマーとしてDNAポリメラーゼIでcDNAを合成する．このようにしてライブラリーを調製できる．最近はほかにもいろいろなcDNAの調製方法が開発されている．

6.2.3 クローンの選択

上述の方法で調製したライブラリーから目的の配列をもったクローンを探しだす最も直接的な方法は，**核酸プローブ**(nucleic acid probe)を用いてハイブリダイゼーションを行うことである．塩基配列が必ずしも100％相補でなくても二重鎖を形成できればよい．ハイブリダイゼーション法によって目的の遺伝子をもったコロニーあるいはファージを選択する場合は，これをコロニーハイブリダイゼーションあるいはプラークハイブリダイゼーションという．

コロニーハイブリダイゼーションの手順を図6.12に示す．まず，①組換えプラスミドをもったコロニーが生育したプレートにニトロセルロースフィルターを載せて，フィルター上にコロニーを転写する．②フィルター上のコロニーをアルカリで処理して溶菌するとともに，DNAを変性させて一本鎖としてフィルター上に固定する．③ ^{32}P で標識したプローブを加えてハイブリダイゼーションさせたのち，洗浄して結合しなかったプローブを除去する．④プローブと結合したコロニーをオートラジオグラフィーで検出する．

プローブ
釣針を意味し，目的とするDNAと反応する17〜20ヌクレオチドからなるオリゴヌクレオチドのこと．

ハイブリダイゼーション
DNAとDNA，DNAとRNAとの間でその塩基配列に相補性が高いときにそれぞれが二重鎖を形成すること．

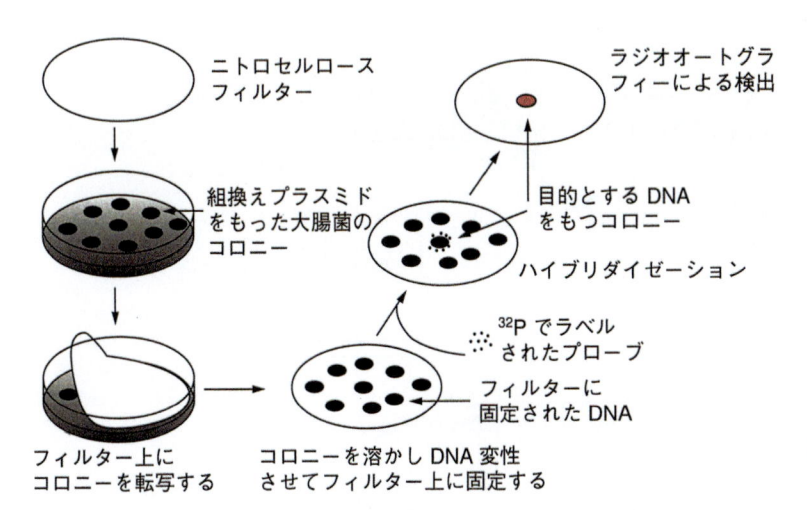

図6.12 コロニーハイブリダイゼーション

このようなプローブを使ったクローンの選択は，①目的とする遺伝子がすでにクローン化されている場合，②近縁の遺伝子がクローニングされている場合，③タンパク質のアミノ酸配列がわかっている場合，に分けて考えられる．①，②の場合は遺伝子あるいはその一部をプローブにすることができる．ただし②の場合は部分的に相補的な配列でもハイブリッドを形成できるような反応

条件でクローンを選択する必要がある．③の場合は，すでにアミノ酸配列がわかっていれば問題ないが，わかっていない場合は目的のタンパク質あるいはその断片を **SDS-ポリアクリルアミドゲル電気泳動**（SDS-polyacrylamide gel electrophoresis：SDS-PAGE）で他のタンパク質と分離する程度まで精製したのち，アミノ酸配列を決定しなければならない．まず分離したバンドを PVDF 膜

コラム

ブロッティング

クローン化したゲノム DNA のどの部分に目的の遺伝子が存在するかを知るには，特定のプローブを使ってその部位を同定する．まず，DNA を制限酵素で消化してアガロースゲル電気泳動にかける．次に，アガロースゲル上の DNA を変性させて一本鎖としたのち，ゲルをニトロセルロースフィルターで覆い，緩衝液がゲルからフィルターに向かって流れるようにすると，DNA がゲルから溶出されてフィルターに固定される．この DNA の転写は水を吸取紙で吸い取る(blot)ことによく似ているのでブロッティング(blotting)と呼ばれている．DNA をニトロセルロース膜のような媒体に移すことをこの方法の考案者の名前にちなんでサザンブロッティング（Southern blotting）という．このようにしてフィルター上に固定された DNA 断片に標識したプローブをハイブリダイゼーションさせることによって目的の DNA 断片を知ることができる（図参照）．

なお，RNA を媒体に移すことをノーザンブロッティング（Northern blotting），タンパク質を移すことをウェスタンブロッティング（Western blotting）という．後者の場合はプローブの代わりに目的のタンパク質を特異的に認識する抗体を使用する．

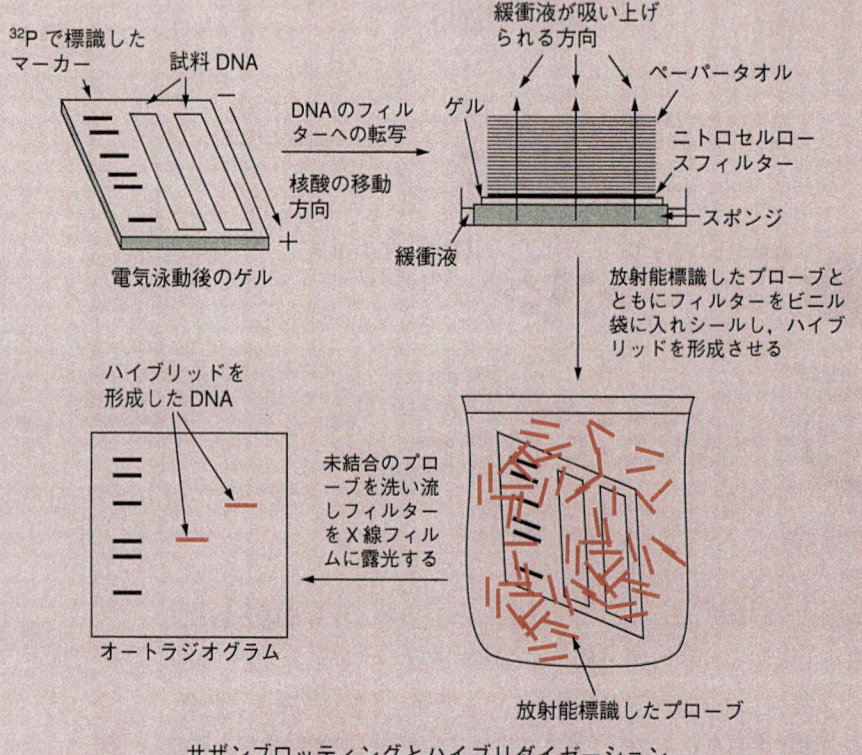

サザンブロッティングとハイブリダイゼーション

に転写する．転写されたバンドのうち目的とするバンドを選んで切り出し，アミノ酸シーケンサーで5～10アミノ酸残基の配列を決める．この場合，10 pmolのタンパク質があれば十分である．このようなアミノ酸配列に基づいてオリゴヌクレオチドプローブを合成する場合は，① 通常，プローブとして17から20ヌクレオチドが必要なので連続した最低6アミノ酸の配列が明らかでなければならない，② 一つのアミノ酸がいくつものコドンをもっているので，それをそのまま使用すると6アミノ酸配列でも何種類もの異なる配列のプローブができてしまう．したがって，これらの配列の混合物をプローブとして使用することになるので，偽陽性のクローンを選択する可能性が高くなる，などの問題がある．

このような欠点を少しでも少なくするために，いろいろな工夫がなされている（図6.13）．その一つは，一つのコドンしかないMetやTrpが多い配列部分を選んでできるかぎり少ない種類の配列からなるプローブを合成することであり，その二は，使用頻度の高いコドンを使って1種類のプローブを合成することである．これを**ゲスマー**(guessmer)といい，目的の配列とは完全には相補していない．さらに改良を加えた方法に後述するPCR法を用いたものもあるが，ここでは省略する．

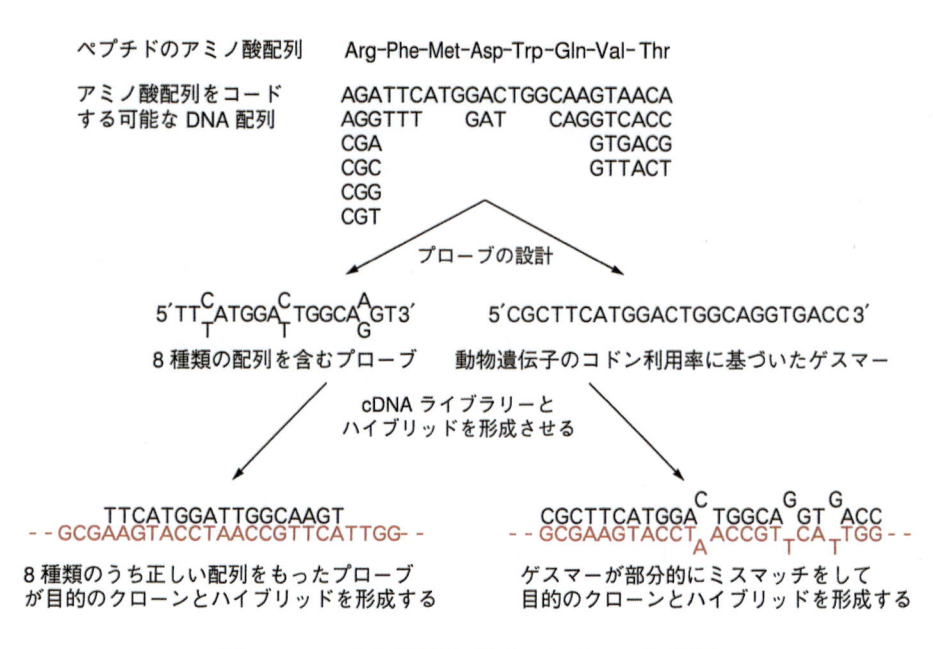

図6.13 ペプチド配列に基づいたプローブの設計

なお目的とするタンパク質からプローブを合成する情報がまったく得られないが，そのタンパク質の抗体が入手できるときには，そのタンパク質の発現でクローンを選択できる．たとえば，すでに述べたλgt11のEcoR I切断部位にcDNAを挿入すると，正しい向きと正しい**読み枠**(reading frame)をもったもの

(1/6 の確率)はβ-ガラクトシダーゼと融合したタンパク質として発現される．そこでプレート上のプラークをニトロセルロースフィルターに移してタンパク質を固定したのち抗体を作用させれば，抗体の結合したクローンが選択できる(**6.3.2**参照)．これをウェスタンブロッティング法(242頁のコラム参照)といい，タンパク質の検出に用いられる．

6.2.4 塩基配列の決定

DNAの塩基配列を決定する方法として，化学的方法のマクサム-ギルバート法と，酵素法のサンガー法すなわちジデオキシ(dideoxy)法(ダイオキシ法ともいう)が知られている．現在，DNA塩基配列決定の主流はジデオキシ法である．この方法は，M13ファージをベクターとして一本鎖DNAを得，これを鋳型としてその相補鎖を合成すること，および相補鎖合成に際してリボースの2′, 3′位にヒドロキシル基をもたないジデオキシヌクレオチドを用いて鎖の伸長を停止させる，という二つの過程に基づいている．

M13ファージは大腸菌の雄株の**F線毛**(F pilus)に吸着して宿主に感染するので，M13ファージを利用するときには，たとえば大腸菌 JM101, JM109, JM313 などを宿主とする必要がある．M13ファージが大腸菌に感染すると(図6.14)，DNA(＋)鎖を鋳型にしてまず環状二本鎖DNAである**複製型 DNA**(replication form-DNA : RF-DNA)を合成する．この RF-DNA は細胞あたり 100〜200 コピー生じるので，これをプラスミドとして回収してクローニングに使用する．一方，RF-DNAから(＋)鎖DNAのみが合成され(一本鎖環状DNAの複製)，ファージコートタンパク質に包まれて菌体外に放出されるので，この一本鎖DNAを塩基配列決定に使用する．

M13ファージベクター，たとえば M13mp18 や M13mp19 には *lacZ* 遺伝子が組み込まれており，その遺伝子上にはマルチクローニングサイトが設けられている．したがって，β-ガラクトシダーゼをマーカーとして使用するには，宿主

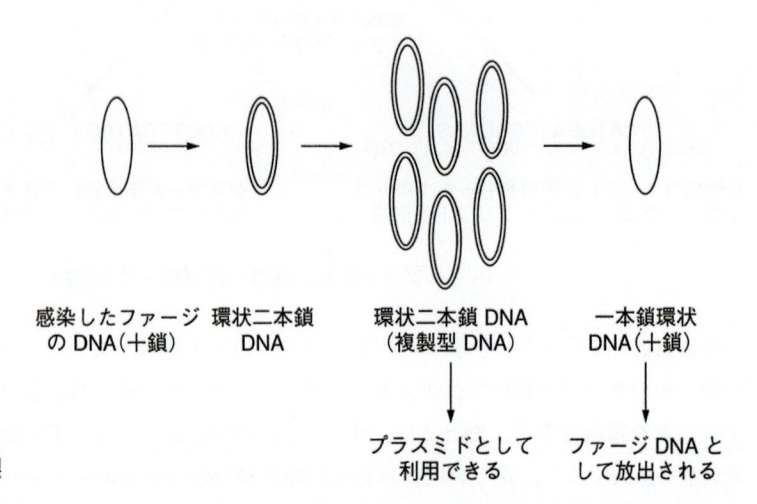

図6.14 ファージ **M13 DNA** の複製

6.2 遺伝子のクローニング

としてlacZ遺伝子を発現しない大腸菌，たとえばJM101, JM105, JM107, JM109などを用いる．もしlacZ遺伝子上のマルチクローニングサイトにDNAがクローニングされれば，このβ-ガラクトシダーゼが分断されて活性を失うので，X-gal存在下で無色透明のプラークを生じる．このようにして選択された組換え体から一本鎖DNAを調製し，実際の配列決定に供する．

実際の手順を図6.15に示す．まず鋳型DNAに相補的なオリゴヌクレオチドである**プライマー**(primer)を加え，配列を決定するDNAに隣接する既知配列DNAに結合させ，大腸菌のDNAポリメラーゼⅠの**クレノーフラグメント**(Klenow fragment)を使ってDNAを5′→3′方向へ伸長させる．反応の基質として4種類のデオキシヌクレオチド三リン酸(dNTP, NはA, T, C, Gのいずれかを表す)と1種類のジデオキシヌクレオチド三リン酸(ddNTP)を加えて反

クレノーフラグメント
大腸菌のDNAポリメラーゼⅠから5′→3′方向のエキソヌクレアーゼ活性を除去したもの．

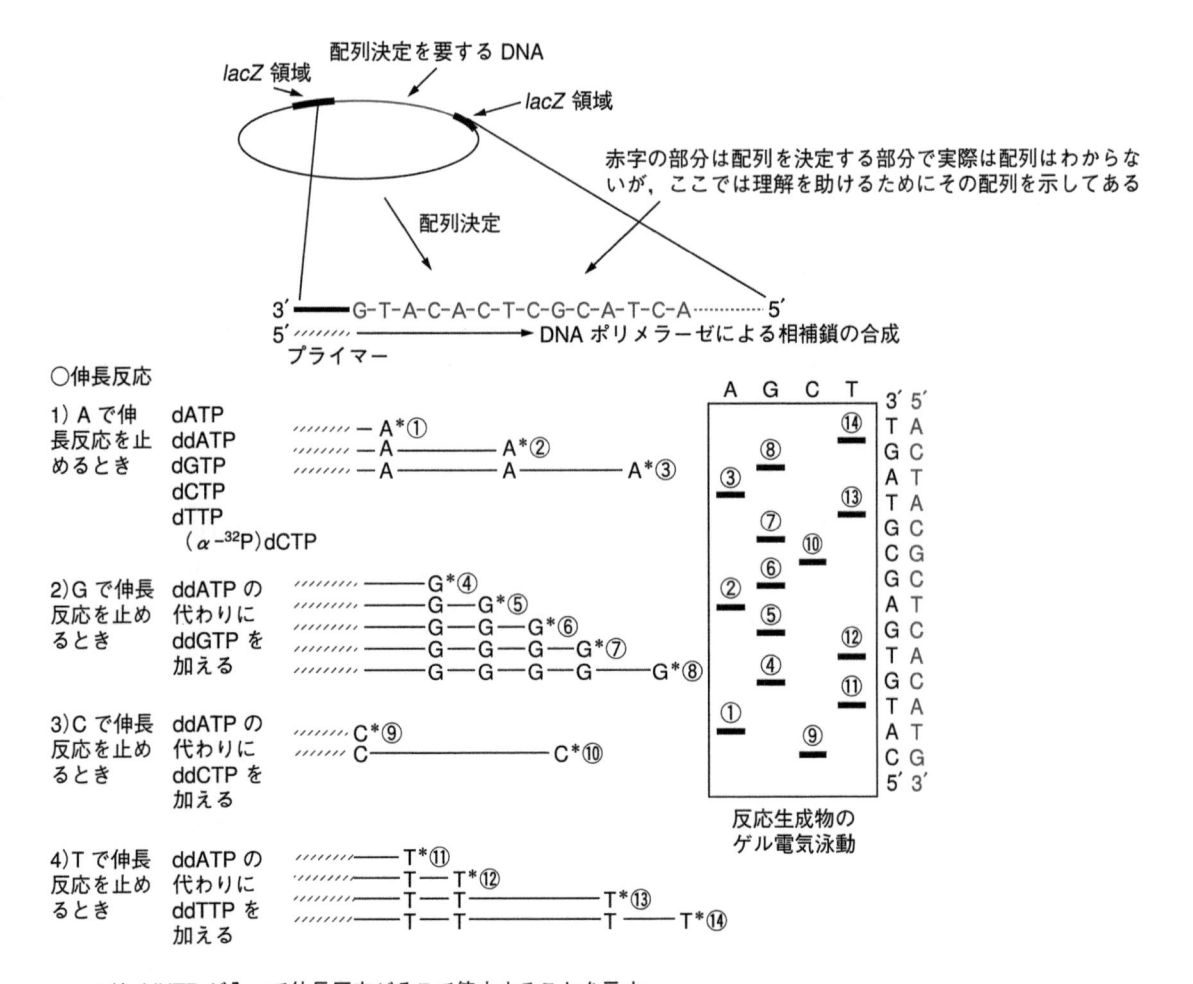

図6.15 ジデオキシ法による塩基配列の決定
A, G, C, Tの反応生成物[1)〜4)]を別々のレーンで電気泳動して，得られたバンドを下から順に読み取る．その配列は伸長反応で得られた生成物の配列なので，目的とするバンドはその相補鎖の配列(赤字)となる．

応を行うと，配列を決定しようとする DNA の塩基と相補の dNTP あるいは ddNTP のいずれかが取り込まれる．dNTP が取り込まれれば合成はさらに進行するが，ddNTP が取り込まれれば ddNTP の糖は 3′ 位にヒドロキシル基をもたないために，次に dNTP がきても結合できず伸長反応はそこで停止する．たとえば 4 種類の dNTP に ddATP を少量混合して伸長反応を行う場合〔図 6.15 の 1)の場合〕と，dATP が入るべきところに ddATP が入る場合がある．dATP が入れば伸長反応は続行されるが，ddATP が入ると伸長反応はそこで停止する．このようにして dATP が入るべき箇所に ddATP が入って伸長反応が停止したさまざまな長さの DNA 断片が得られる(図 6.15 参照).

同様に T, C, G についても ddTTP, ddCTP, ddGTP を少量加えて反応させる．その結果合成された DNA 断片を高分解能の尿素ポリアクリルアミドゲル電気泳動で分析する．DNA 断片の検出には，① 反応時にリン酸の α 位を ^{32}P で標識したヌクレオチド三リン酸を添加してこれを DNA 断片に取り込ませ，オートラジオグラフィーで解析する方法と，② ddNTP の代わりに蛍光標識した ddNTP を取り込ませてレーザー光で解析する方法とがある．図では原理の理解を助けるために①の方法を示したが，現在は②の方法に基づく自動 DNA シーケンサーによる解析が主流であり，一度に約 1000 塩基の配列決定が可能なものもある．図 6.15 の電気泳動からの配列を読む場合は，一番小さい(一番下の)バンドから順に読み取るが，得られた配列は合成された配列なので，目的の配列に読み替える必要がある．なお，ジデオキシ法による塩基配列決定には二重鎖 DNA も利用できる．

6.2.5 PCR 法

PCR 法は DNA を大量に複製する方法として 1980 年代に Mullis によって考案された技術である．この方法は DNA ポリメラーゼがプライマーの存在下で新生相補鎖を合成するという特徴を利用したものである．図 6.16 に示すように，① 増幅させたい DNA を 94 ℃で加熱して一本鎖にする，② それぞれの鎖の末端に相補のプライマーを 55 ～ 60 ℃でアニーリングさせる，③ DNA ポリメラーゼを用いて 72 ℃で DNA 合成を行う，④ 合成された DNA を再度一本化して DNA 合成反応を繰り返す，がこの方法の原理である．したがって，理論的にはこの反応を n サイクル行えば目的の DNA が最大 2^n 倍に増幅されるはずであり，通常このサイクルを 30 ～ 60 回行う．この反応は加えたプライマーで増幅される DNA が決まるので，DNA を精製する必要はない．また，DNA 量はきわめて少量でよく，理論的には 1 分子でも増幅可能である．

PCR 法が可能になったのは耐熱性の DNA ポリメラーゼが発見されたためである．もともと使用されていた DNA ポリメラーゼは熱に不安定であったので，DNA を一本鎖に解離させるときに失活してしまう．したがって，各サイクルごとに酵素を加える必要があった．現在使われている **Taq DNA ポリメラーゼ**

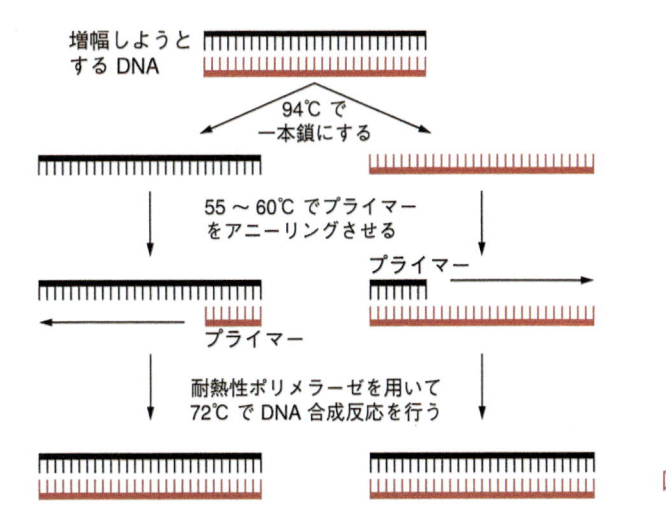

図6.16 **PCR法の原理**

(*Taq* DNA polymerase)は耐熱菌 *Thermus aquaticus* から得られたもので，至適温度が72℃で，94℃でも失活しない特性をもっている．現在，PCR法は塩基配列決定に組み合わせて利用されるなど，きわめて種々の目的に応用されているが，それらについては他書に譲りたい．

6.3　組換えタンパク質

遺伝子発現機構の解明（5章参照）や特定タンパク質をコードしている遺伝子やcDNAのクローニングが可能になったことによって，これまできわめて少量しか得られなかったヒトのタンパク質が大量に生産できるようになった．その最初の成功例は，神経伝達物質ソマトスタチン（somatostatin）という14個のアミノ酸からなるペプチドである（1976年）．この場合は化学合成された遺伝子が用いられたが，その後，ヒトインスリンの発現に成功して糖尿病治療薬として使用されるようになった．このような組換えDNA技術の出現は，まず医学の分野に革命的進歩をもたらしたが，農業や食品生産にも利用されて，この技術に基づいた新たな産業をも生みだした．ここでは**組換えタンパク質**（recombinant protein）を生産するために必要な事柄を整理する．

組換えタンパク質
組換えDNAの技術を用いて生産したタンパク質．

6.3.1　遺伝子発現系

組換えタンパク質を生産するためには，生産に使用する**宿主**（host）および生産すべきタンパク質をコードするDNAを宿主に運び込み，それを発現させるベクターが必要である．最も一般的な宿主は大腸菌であるが，そのほかにも枯草菌，酵母，動物の培養細胞，昆虫細胞などが利用されている．なお，ベクターはこれらの宿主にあったものを選ぶ必要があるが，どの**発現系**（expression system）を利用するかは生産しようとするタンパク質で決まることが多い．ここでは大腸菌の発現系を説明しよう．

使用する大腸菌宿主は多くの**遺伝子型**(genotype)をもっているので，まず遺伝子型の読み方に習熟しておく必要がある．一般にはΔ, Φ, :: はそれぞれ欠失，融合，挿入を表し，変異の起こった遺伝子は3文字のイタリック体の小文字で表す．またこれらをもとに，これから使用しようとする宿主に関して，溶原化したファージやF因子の有無，栄養要求性や薬剤耐性の有無，サプレッサー変異の有無などに注意しておかなければならない．詳しくは遺伝関係の他書に譲りたい．

目的とする遺伝子を発現させるためには，その遺伝子を調節領域の下流に連結する必要がある．図6.17に遺伝子発現に必要な領域をまとめてある．まず

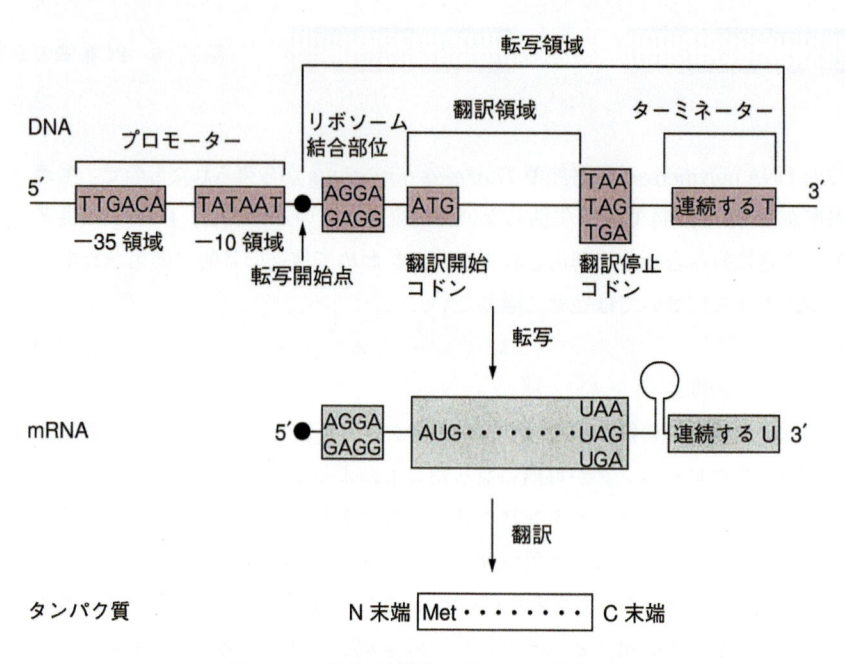

図6.17 遺伝子発現とそれに必要な領域

目的の遺伝子がRNAに転写されるためには，RNAポリメラーゼが認識し結合する部位であるプロモーターが必要である．このプロモーターの塩基配列によって転写されるRNAの量が変化する．転写量の多いプロモーターを強いプロモーター，少ないものを弱いプロモーターと呼ぶ．図6.18に示す *trp* プロモーター，*lac* プロモーター，λP_L プロモーターなどは代表的な強いプロモーターである．つくられたタンパク質が宿主にとって有害である場合には，プロモーターとして**誘導型プロモーター**(inducible promoter)を使用して，宿主が十分生育したあとでプロモーターを可動させる．たとえば *lac* プロモーターは，イソプロピル-β-D-チオガラクトピラノシド(isopropyl-β-D-thiogalactopyranoside：IPTG)のような**誘導物質**(inducer)を加えることによって発現をONにすることができる．転写を終了させるターミネーターはあったほうがよいが，必ずしも

```
           −35 領域              −10 領域           ↓
trp  AAATGAGCTGTTGACAATTAATCATCGAACTAGTTAACTAGTACGCAA

                                       ↓↓
lac  ACCCCAGGCTTTACACTTTATGCTTCCGGCTCGTATGTTGTGTGGAATTG

                                  ↓
λP_L TCTGGCGGTGTTGACATAAATACCACTGGCGGTGATACTGAGCACATCAG
```

図 6.18 代表的な大腸菌プロモーターの塩基配列
矢印は転写開始位置を示す．

必要というわけではない．次に転写されたRNAがタンパク質に翻訳されるためには，このRNAにリボソームが結合するためのリボソーム結合部位が必要である．このRBS配列の下流に，開始コドンを5'末端に，終止コドンを3'末端にもった目的の遺伝子を連結することによって，目的のタンパク質を発現させることができる．翻訳を効率よく終結させるために終止コドンを複数個使用することがある．

現在では遺伝子発現に必要なプロモーター，RBS配列，MCS，ターミネーターを組み込んだ種々のベクターが開発されており，このようなベクターを**発現ベクター**(expression vector)という．この発現ベクターを利用する場合は，MCSに開始コドンで始まり終止コドンで終わる目的の遺伝子を挿入すればよい．このような発現ベクターのなかには，目的のタンパク質を細菌由来のタンパク質と融合させて発現させるベクターも開発されている．この場合，得られたタンパク質を**ハイブリッドタンパク質**(hybrid protein)あるいは**融合タンパク質**(fusion protein)といい，生成されたのち融合部を酵素などで切断して目的のタンパク質を得る．その一つの例として**グルタチオン S-トランスフェラーゼ**(glutathione S-transferase：GST)融合ベクターを紹介する(図6.19)．

この系ではGST遺伝子の下流にMCSがあり，目的の遺伝子をその読み枠をあわせてMCSに挿入する．得られるタンパク質はGSTと目的タンパク質との融合タンパク質として発現されるので，GSTがグルタチオンと結合する性質を利用してこれを**グルタチオンセファロース 4B**(glutathione Sepharose 4B)を充填した**アフィニティー**(affinity)カラムを用いて精製する．精製された融合タンパク質を酵素処理してGSTを切り離したのち，再度，上記のアフィニティーカラムを通せばGSTのみが吸着されるので目的タンパク質を容易に精製できる．遺伝子融合ベクターとしてはそのほかに**プロテイン A**(protein A)や**マルトース結合タンパク質**(maltose binding protein)を利用したものが知られている．

このような大腸菌発現系を用いた異種タンパク質の発現には次のような問題点が指摘されている．① 発現されたタンパク質が不安定ですぐ分解されることがある．② 糖鎖修飾のような翻訳後の修飾ができない．③ 発現されたタンパク質が正しく折りたたまれず，活性のない**封入体**(inclusion body)として蓄積される．④ 発現されたタンパク質が大腸菌にとって有毒なために宿主の生育が抑制される．

封 入 体
大腸菌などの細胞を使って発現させたタンパク質がしばしば正しく折りたたまれず不溶性となったもの．

図の内容

発現を目的とする遺伝子
プロテアーゼによる切断部位をコードする領域
グルタチオンS-トランスフェラーゼ（GST）遺伝子
tacプロモーター

1) 目的の遺伝子をプロテアーゼによる切断部位をコードする領域の下流に挿入してGST遺伝子と連結する

GST　切断部位　目的のタンパク質
プロテアーゼ認識部位
抽出液に含まれる融合タンパク質

2) 大腸菌を形質転換して培養後、タンパク質を抽出する

抽出溶液をアフィニティーカラムにかける
グルタチオンセファロース

3) 抽出液をグルタチオンセファロースカラムにかけ、よく洗浄したのち溶出する

溶出液（融合タンパク質）
洗浄液（目的以外のタンパク質）

プロテアーゼ

4) 精製された融合タンパク質をたとえばFactor Xaなどのようなプロテアーゼで切断する

目的のタンパク質

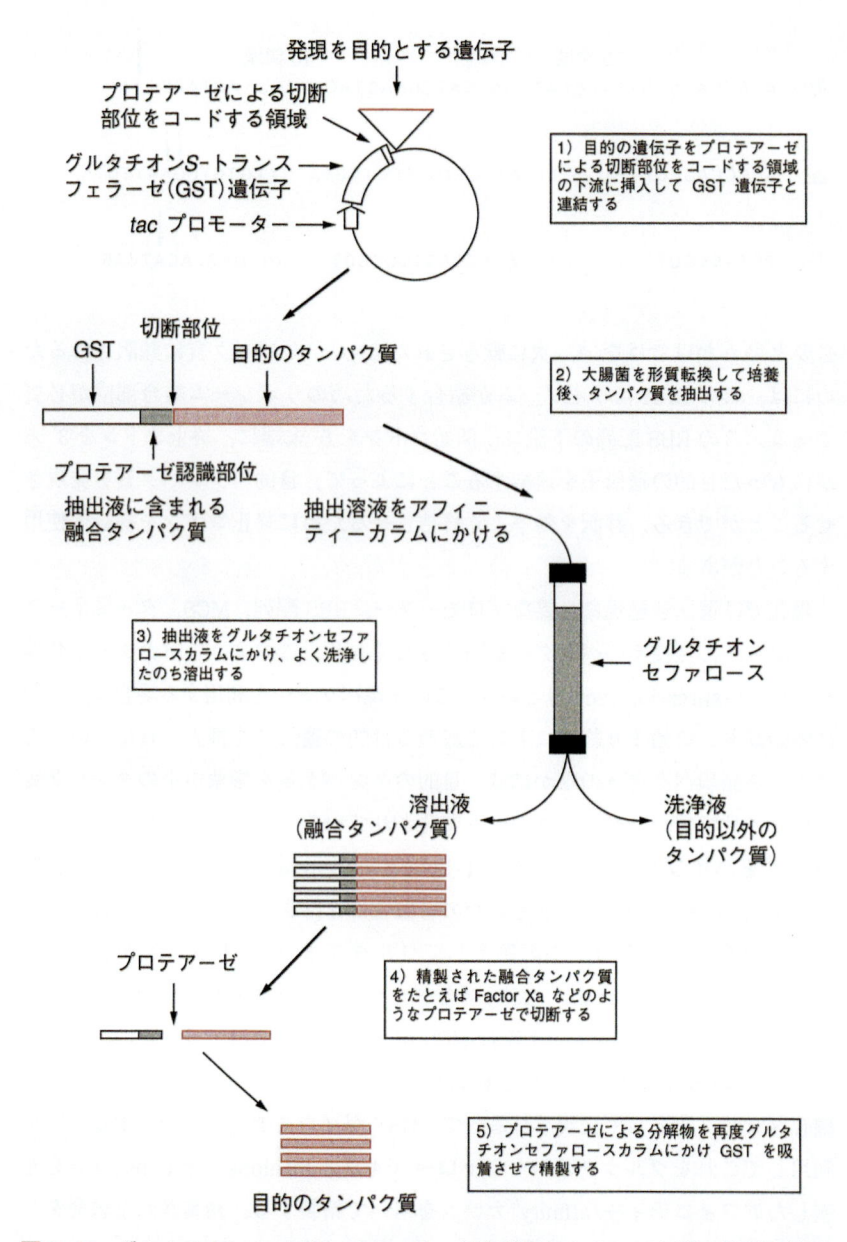

5) プロテアーゼによる分解物を再度グルタチオンセファロースカラムにかけGSTを吸着させて精製する

図6.19　グルタチオン*S*-トランスフェラーゼを利用したタンパク質の発現と精製

これらの問題の対策として，①では *lon*− のようなプロテアーゼ活性の低下株を使用する，②に対しては真核生物の修飾酵素を得られたタンパク質に作用させる，③に対しては封入体を尿素などのタンパク質変性剤で溶解したのち，透析などで徐々に変性剤濃度を低下させて活性体へ巻き戻す（refold），または GroEL，GroES（**6.5.3**参照）などの分子シャペロン（熱ショックタンパク質）の遺伝子を共発現させて，*in vivo* で正しい巻き戻しを促進して，封入体ができないようにする．④に対しては宿主が生育したのち，目的タンパク質の遺伝子の転写が開始されるような誘導可能なプロモーターを使用する，などがあげら

れている．このなかでも封入体の問題は大きな問題で，タンパク質のなかには巻き戻し(refolding)の効率がきわめて低いものがあるので，そのような場合には別の宿主ベクター系，たとえば酵母の系や動物細胞の系を使うことになる．

大腸菌以外の宿主ベクター系もその特徴を生かしたものが種々開発されているが，その基本は大腸菌と同様であるのでここでは省略する．

6.3.2 遺伝子産物の検出

上記のような宿主ベクター系を使用して目的のタンパク質が合成されているか否かを知る一番手っ取り早い方法は，ポリアクリルアミドゲル電気泳動法である．負電荷をもつ**ドデシル硫酸ナトリウム**(sodium dodecyl sulfate：SDS)の存在下でポリアクリルアミドゲル中で電気泳動すると，ポリペプチドはSDSに覆われて負電荷を帯びて陽極へ移動する．その結果，ポリペプチドはその分子量によって分離するので，分子量マーカーを同時に泳動してクマシーブリリアントブルーなどの特殊な色素で染色すれば，目的のタンパク質が合成されているか否かが判断できる．一方，ポリペプチドの電荷がpHによって変動し，ポリペプチドがその等電点で分子の見かけの電荷が0になって電場で静止することを利用した**等電点電気泳動法**(electrofocusing)も利用される．さらに目的のタンパク質の抗体がある場合には，ウェスタンブロット法によって目的タンパク質を確認できる．すなわち，電気泳動したタンパク質をニトロセルロースなどのフィルターに移したのち，抗体を用いて目的のタンパク質を検出する．

ここでは**西洋ワサビペルオキシダーゼ**(horse-radish peroxidase：HRPO)標識抗体を用いた例で説明する．まずフィルター上のタンパク質に目的タンパク質に対する抗体(これを一次抗体という)を反応させる(図6.20)．当然のことながら，この一次抗体は目的タンパク質とのみ反応する．洗浄して過剰の一次抗体を除去したのち，一次抗体に対する抗体(これを二次抗体という)にHRPOを結合させたものを作用させると，二次抗体は一次抗体に結合する．同様に過剰な二次抗体を除去したのち，たとえば4-クロロ-1-ナフトールのような発色試薬を加えるとHRPOと反応するので，目的のバンドを染色できる．HRPOの代

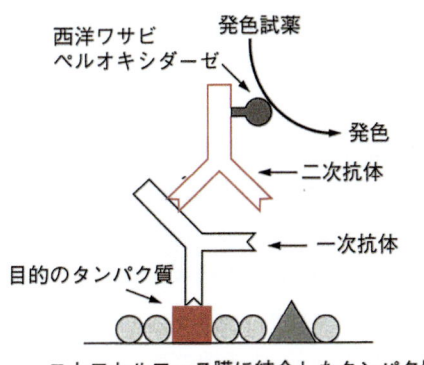

図6.20 ウェスタンブロッティングの模式図

わりにアルカリホスファターゼなども利用できる．現在はアビジン-ビオチンの系を用いた検出感度が改善された方法も頻繁に利用されている．

6.4 遺伝子工学の応用

すでに述べたように，組換え DNA 技術の最初の応用分野は医薬品工業であった．きわめて微量しか得られないヒトのタンパク質を大量に得て，それを医療に利用しようという試みは多くの人びとの長い間の夢であったからである．現在，がん，血液病，心臓発作，自己免疫疾患などの多くの疾患の治療のためにヒト由来のタンパク質が生産されている（表 6.1）．このほかにも数多くのタンパク質が医薬用として開発されており，この分野における組換え DNA 技術の重要性がわかる．

表 6.1 発売されているおもな組換えタンパク質性医薬

製　品	適　応　症	1998 年の売上げ（億円）
エリスロポエチン	慢性腎不全	1010
ヒト成長ホルモン	小人症	700
顆粒球コロニー刺激因子	骨髄移植，抗がん剤の副作用軽減	430
ヒトインスリン	糖尿病	360
インターフェロン α	がん，B 型肝炎	130
血液凝固第 VIII 因子	血友病	94
TPA[a]	心筋梗塞	24
インターロイキン 2	胃がん	25
ナトリウム利尿ペプチド	鬱血性心不全	24
B 型肝炎ワクチン	B 型肝炎	15

a) 組織プラスミノーゲンアクチベーター

一方，組換え DNA 技術を用いて多数の遺伝的疾患の診断が可能になっている．よく知られている例は，胎児組織を採取して染色体異常や生化学的欠損を調べ，胎児が遺伝病であるか否かを診断する**出生前診断**(prenatal diagnosis) である．また，遺伝病の原因となる欠陥遺伝子を正常な遺伝子で置き換えようとする**遺伝子治療**(gene therapy) も，組換え DNA 技術の応用として将来に向けて研究が進められている．

これまで，ヒトゲノムを完全に解読する国際的なプロジェクト（ヒトゲノム計画）が進められてきたが，2003 年 4 月にはこのプロジェクトは終了し，ヒト染色体の全塩基配列が解明される．一方，米国セレラ社は 2000 年に，ヒト遺伝子の全塩基配列の解読を終了したと発表している．これらのデータの解析によって，将来は遺伝病，がん，老化などの原因解明が期待されている．同時にポストゲノムの対象としてタンパク質に注目が移りつつある．

組換え DNA 技術は農業分野でも応用されている．ある種のウイルスのコー

トタンパク質を植物体内で発現させると，植物はそのウイルスおよびその類縁のウイルスの感染に抵抗性を確保する．この事実は，最初，タバコで明らかにされたが，その後，ジャガイモやトマトでもこの方法の有効性が示されている．また，世界的に化学農薬の使用量を減らす方向にあるので，害虫による食害も農業における大きな問題である．*Bacillus thuringiensis* がつくる結晶性タンパク質（Bt毒素という）は多くの昆虫の幼虫に対して毒性を示す．タバコ内でこのBt毒素遺伝子を発現させると，**タバコスズメガ**（tobacco hornworm）の幼虫にタバコが抵抗性を示す．Bt毒素は不活性の前駆体として発現されるが，幼虫の消化管内のプロテアーゼで消化されて活性型になると，中腸細胞表面の**受容体**（receptor）に結合して幼虫に対する致死効果を示すのである．

　園芸分野では，トウモロコシの穀粒を紫色にする**アントシアニン**（anthocyanin）をつくる酵素をペチュニアで発現させると，ペチュニアの花が一様に赤レンガ色になったり，部分的に赤レンガ色になったりすることも明らかにされている．また畜産の分野では，**組換えウシ成長ホルモン**（recombinant bovine growth hormone：rbGH）を乳牛に注射して泌乳量を10数％増大させることに成功している．そのほかにも動植物にタンパク質をつくらせるとか，ビタミンCやグアノシンの製造工程の改良例など，組換えDNA技術の応用例は多い．

6.5　タンパク質工学

　組換えDNA技術が進歩したことによって，DNAからタンパク質を自由につくれるようになった．その結果，天然タンパク質ばかりではなく，これまでは入手不可能であった人工タンパク質も視野に入ってきた．**タンパク質工学**（protein engineering）という言葉は1983年にUlmerによって提案されたものであるが，それは，天然タンパク質を構成するアミノ酸の置換，欠失，あるいは新たなアミノ酸の挿入，もしくはまったく新しいアミノ酸配列を設計して，新しい機能や物性をもつタンパク質を造成したり，天然タンパク質の機能部位の抽出とその構造解明によって，タンパク質に代わる新たな分子をつくりだすこと，と定義されている．このようにタンパク質工学は，組換えDNA技術，細胞工学技術，化学合成技術，配列決定技術，構造解析技術，データベースの利用とその情報解析技術，設計技術などが総合されて可能になるのである．ここでは主としてタンパク質の改良技術とタンパク質の改良について概説する．

6.5.1　タンパク質の改良技術

　昔は新たな形質をもった**変異体**（mutant）を探してその遺伝学的性質を調べ，その遺伝子の構造と機能を論議した．しかし組換えDNA技術の進歩は，遺伝子の塩基配列を変えることによって任意のアミノ酸を人工的に変換して，タンパク質の機能を変えることを可能にした．このように遺伝子の塩基配列から遺伝子の機能へと向かうアプローチの方法は**逆遺伝学**あるいは**逆転遺伝学**（reverse

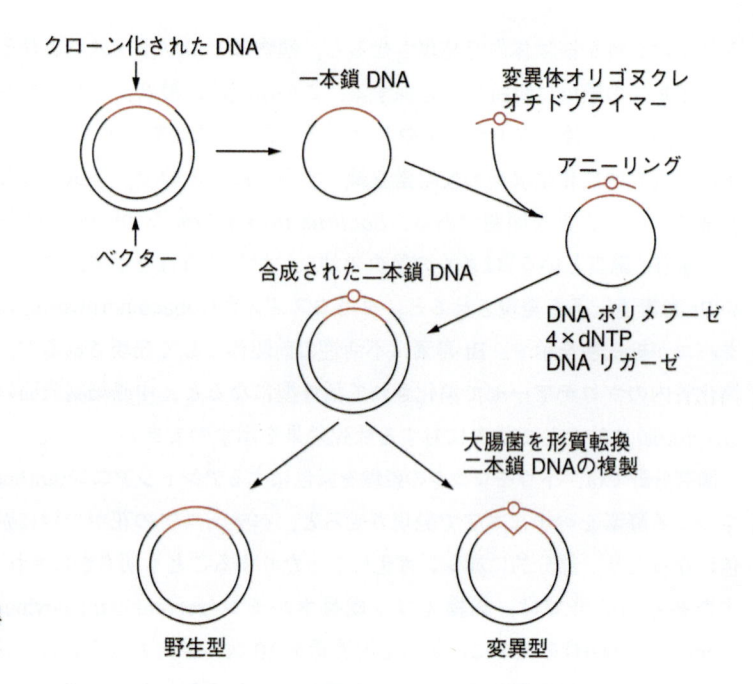

図6.21 オリゴヌクレオチド変異導入法

genetics）と呼ばれている．ここでは変異導入方法について説明する．

（1）部位特異的変異（site-directed mutation）

これはタンパク質の特定部位のアミノ酸が他のアミノ酸へ変換されるように変異を導入する方法で，特定の塩基配列の機能の解明に利用することができる．この方法には，①変異の入ったオリゴヌクレオチドをプライマーとして変異体を作成する方法（オリゴヌクレオチド変異導入法）と，②変異の入った遺伝子を合成して置換すべき領域をそっくり入れ替える方法（カセット変異導入法）とがある．

オリゴヌクレオチド変異導入法（図6.21）は，酵素によるプライマー伸長反応を利用したものである．まずM13ファージの複製型DNAのマルチクローニングサイトに目的の遺伝子を挿入したあと，一本鎖DNAを得る．次に変異を起こさせる部位の塩基を変換して，その塩基を挟んで両側に10から15塩基の野性型配列をもつオリゴヌクレオチドを合成する．これを野性型の一本鎖DNAとハイブリッド形成させてヘテロ二本鎖を形成させる．続いて野性型の一本鎖DNAを鋳型としてDNAポリメラーゼの作用でプライマー伸長反応を行い，最後にDNAリガーゼで末端を連結するとヘテロ二本鎖DNAができる．これで大腸菌を形質転換すれば，それぞれのDNAが複製されて野生型プラスミドか変異型プラスミドのいずれかを保持したコロニーが得られるので，標識したオリゴヌクレオチドを用いたハイブリダイゼーションなどで後者を探せばよい．最近はPCR法を用いた部位特異的変異法が広く採用されている．これはオリゴヌクレオチド変異導入法とPCR法をドッキングさせた方法であるが，ここでは省略する．

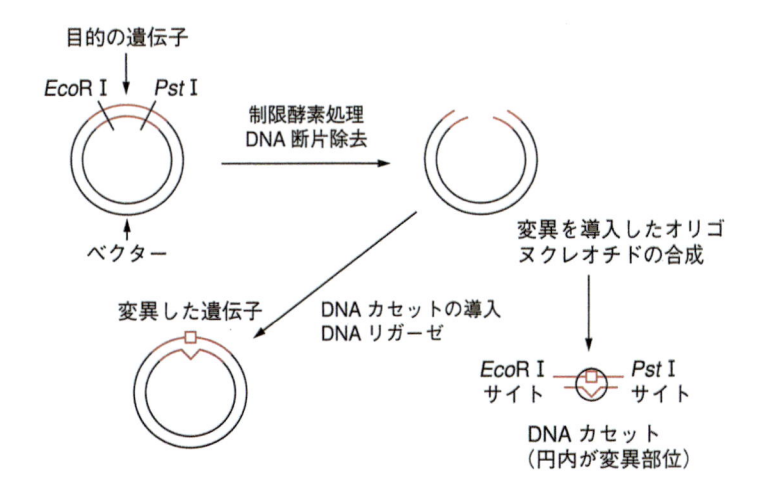

図6.22 カセット変異導入法

　カセット変異導入法（図6.22）は，まず目的の遺伝子をベクターに挿入する．次に制限酵素処理して変異を導入したい部位を含むDNA断片を取り除き，残った大きな断片を単離する．別に変異を導入したおよそ20から30塩基からなる＋鎖と－鎖を合成したのち，DNAリガーゼで大きなDNA断片と連結する．これで大腸菌を形質転換すれば変異した遺伝子を得ることができる．この場合は簡単に多種類の変異体を作成できる．

(2) ランダム変異 (random mutation)

　この方法では変異はDNAのどこにでも入るので，DNA上で機能的に意味のある領域を絞り込むのに適している．この方法には，① DNAを *in vitro* で化学処理する，② 制限酵素切断部位を変換する，③ オリゴヌクレオチドリンカーを挿入する，などの方法が知られている．

　①の方法の原理は，DNAを化学試薬で処理してDNAに損傷を与えるかDNAを修飾して，それに対合する塩基を変えることにある．たとえば，次亜硫酸ナトリウム（$NaHSO_3$）でDNAを処理するとシトシンがウラシルに変換される．したがって，野性型でシトシンと対合していたグアニンが，変異体ではウラシルに対合するアデニンに変換される．具体的には（図6.23），まず目的の遺伝子をベクターにクローニングする．得られた二本鎖のプラスミドから一本鎖DNAを調製して，これを次亜硫酸ナトリウムで処理したあと，合成したオリゴヌクレオチドをプライマーとしてDNAポリメラーゼの働きで伸長反応を行う．新生鎖はウラシルのところへくるとそれに対合するアデニンを取り込むことになる．この方法ではベクターも変異を受けている可能性が高いので，変異を受けた遺伝子を切り出して新たなベクターに再クローニングする．得られたプラスミドで大腸菌を形質転換すれば，変異体プラスミドのライブラリーができる．この方法の欠点は，一つの遺伝子に1個以上の変異が入ってしまう確率が高いので，変異体の性質の変化がどの置換変異に由来するのかを説明できないことである．

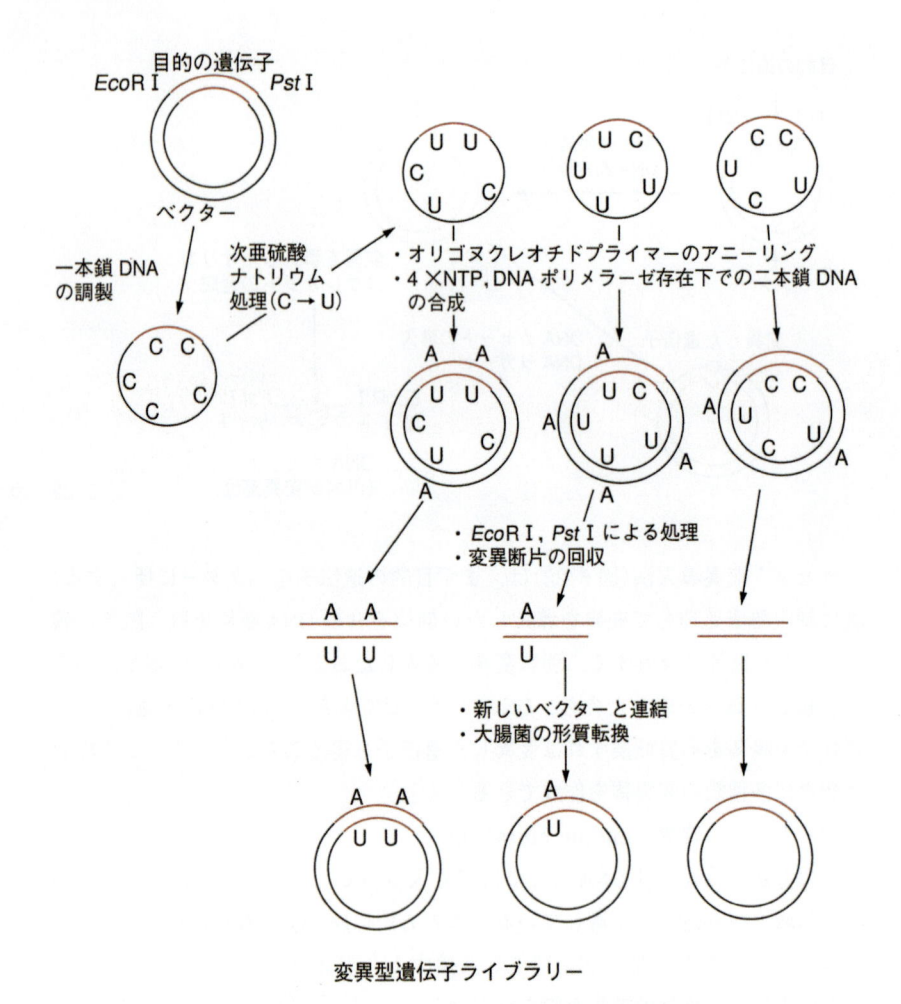

図6.23 次亜硫酸ナトリウムを用いる化学的変異導入法
化学物質によるシトシンからウラシルへの変化は図5.3参照.

②の方法は(図6.24),対象のDNAを制限酵素,たとえばEcoR Iで切断したあと,S1ヌクレアーゼで粘着末端を平滑末端にしてからDNAリガーゼで連結するか,あるいは粘着末端をDNAポリメラーゼで埋めて平滑末端にしてから連結する.両者はいずれもEcoR I切断部位を消失しており,かつ前者は4塩基が欠失し,後者は4塩基が挿入されている.この方法では翻訳の読み取り枠が変化するので,合成されたタンパク質に大きな変化が生じるはずである.③の方法は②の変法である.このように,特定の場所に無作為に変異を導入することが可能になっている.このようなアプローチを「進化工学」あるいは「分子進化工学」と呼び,タンパク質の設計に寄与すると期待されている.

6.5.2 タンパク質の改良

天然タンパク質を実際に利用しようとしても,いろいろな欠点があってそれを改良する必要性に迫られることも多い.実際の改良に際して,①特異性の変

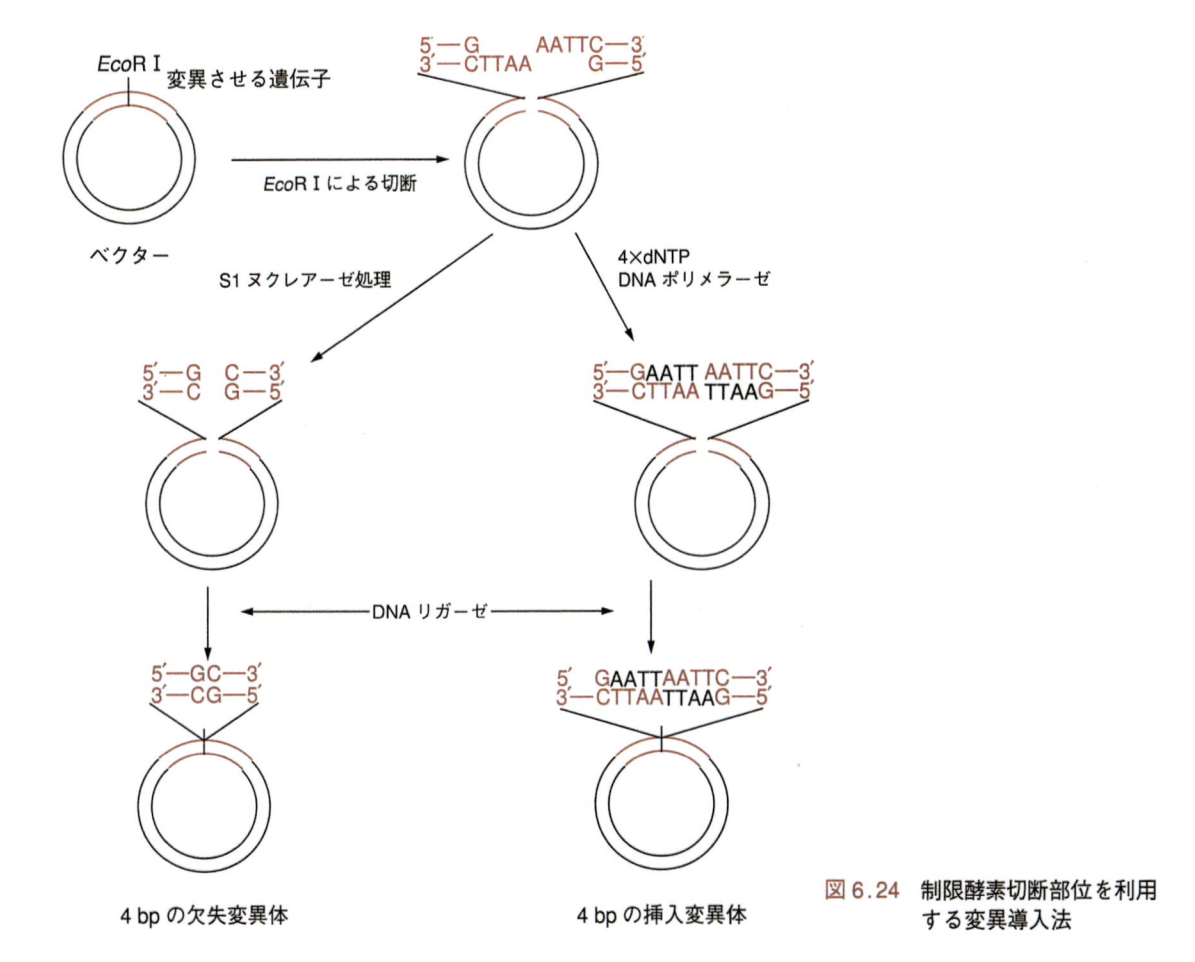

図6.24 制限酵素切断部位を利用する変異導入法

換，②新機能の付与，③反応性の向上，④安定性の向上，⑤抗原性の低減，などさまざまな目標がある．ここでは，タンパク質の機能改善と安定性の向上に関するいくつかの例を紹介しよう．

(1) タンパク質の機能改善

インスリン（図6.25）は，その単量体がその受容体に結合して血糖値を下げる働きを示す．ところがインスリンは，溶液中や結晶中では二量体を形成したり，あるいはその二量体が三つ結合した六量体を形成して不活性な状態にある．この二量体は，隣接する単量体のB_{22}〜B_{25}のβ鎖部分が水素結合を形成するために形成される．ところが，二量体どうしが相互作用する面が受容体に結合する分子の面そのものであるために，二量体としては受容体に結合できない．したがってインスリンを糖尿病患者に皮下注射しても，単量体への解離が遅いために血漿中のグルコースレベルが減少するのに時間がかかる．

そこでNovo社は単量体の二量体化を防ぐために，二量体どうしの相互作用面に静電的反発を起こすような，たとえばB_{28}のプロリンをアスパラギン酸に変換するなどの変異を導入したところ，予想どおり血糖値の低下に要する時間が短縮された．これは機能が改善された例であるが，現在実用化されていない．

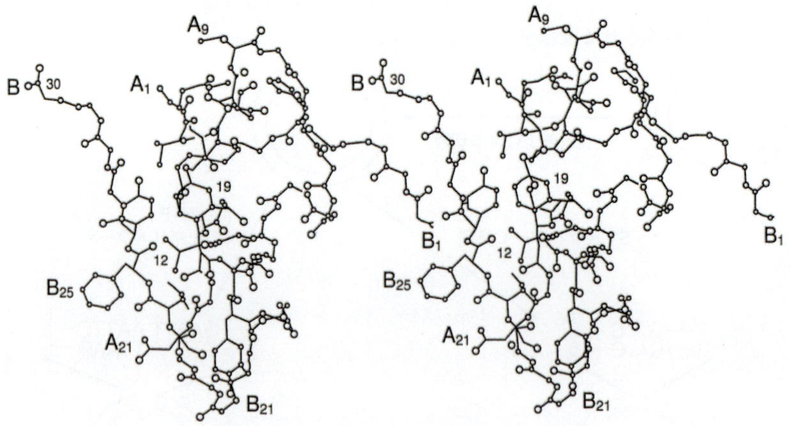

図 6.25 インスリンのステレオ図
A, B は A 鎖, B 鎖を表す (図 5.23 参照). A_1, A_9, A_{19}, A_{21}, はそれぞれグリシン, セリン, チロシン, アスパラギンを, また B_1, B_{21}, B_{25}, B_{30}, はそれぞれフェニルアラニン, グルタミン酸, フェニルアラニン, アラニンを表す. ステレオ眼鏡で見ると立体的に見える.
E. N. Baker, *et al*, *Phil. Trans. R. Soc. London*, **B319**, 369～456(1988)より.

(2) タンパク質の安定性の改善

　天然タンパク質は，通常の生理的条件下で，それぞれに与えられた固有の機能を発揮する．その理由は，その条件下でそれぞれのタンパク質が立体構造を保持しているからである．したがって立体構造が破壊されるような極端な条件下，たとえば極端な高温や極端な pH では，タンパク質は変性してランダムな鎖状になって機能を失ってしまう．このような欠点を補うために改良が加えられる．一般には高温で酵素を働かせるために，タンパク質を改良する例が多いが，高温で安定な立体構造を保持できるようになったタンパク質の多くが，高温で機能も保存しているとは限らないので，実用化を考える場合には注意を要する．ここではタンパク質を耐熱化する例として，**ヒトリゾチーム** (human lysozyme) にカルシウムイオン結合部位を導入することによって，高温における安定性を高めた例を紹介する．

　α-ラクトアルブミン (α-lactalbumin) はヒトリゾチームとは機能のまったく異なるカルシウム結合タンパク質であるが，二つのタンパク質の立体構造は類似している．そこで α-ラクトアルブミンのカルシウムイオン結合部位をモデルに，ヒトリゾチームのグルタミン (Gln) 86 およびアラニン (Ala) 92 をアスパラギン酸に変換して，ヒトリゾチームにカルシウムイオン結合部位を構築した (図 6.26)．その結果，天然型ヒトリゾチームの変性温度が 78.5 ℃であるのに対して，変異ヒトリゾチームの変性温度は 10 mM の Ca^{2+} 存在下で 82.5 ℃にまで高まった．一方，活性についても，天然型ヒトリゾチームが 70 ℃前後から失活しはじめるのに対して，変異ヒトリゾチームは 10 mM の Ca^{2+} 存在下で約

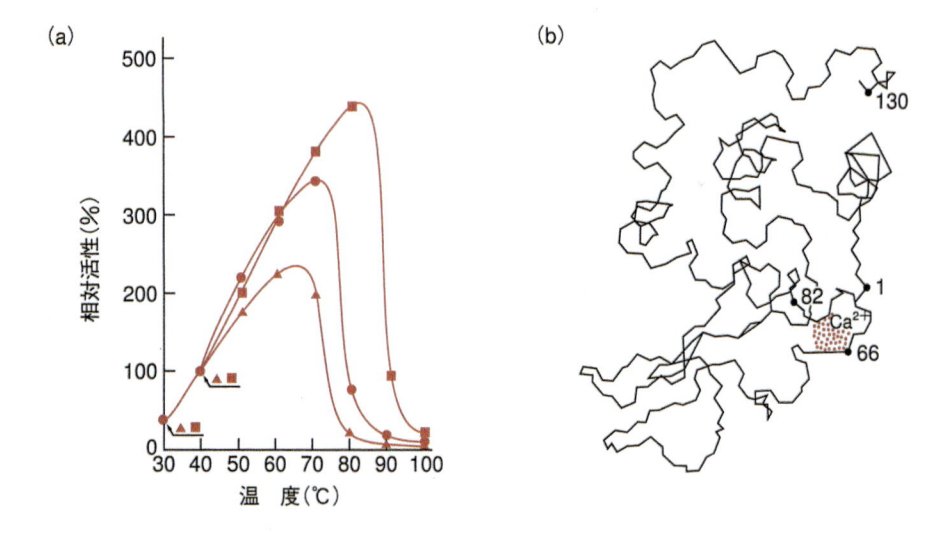

図 6.26 カルシウムを結合する変異型ヒトリゾチーム
(a)野生型，変異型ヒトリゾチームの酵素活性の温度依存性
●，■，▲はそれぞれ野生型，カルシウムを結合した変異型，カルシウムを結合していない変異型を示す．40℃における野生型の活性を100として相対活性を表している．
K. Kuroki, *et al., Proc. Natl. Acad. Sci. USA*, **86**, 6903〜6907(1989)より．
(b)カルシウムイオンが結合していることを示す変異型ヒトリゾチームのX線結晶構造
ドットはカルシウムの位置を示す．
K. Inaka,*et al., J. Biol. Chem.*, **266**, 20666〜20671(1991)より．

80℃まで活性が増大した．反対にカルシウムイオンを結合していない変異型ヒトリゾチームは，天然型ヒトリゾチームより低い温度で失活した．X線結晶構造解析の結果，変異型ヒトリゾチームには設計した部位にカルシウムイオンが結合していることが明らかになった．

　一般にタンパク質が天然状態(N)と変性状態(D)の平衡状態にあるとき，その安定性は天然状態と変性状態の自由エネルギーの差で決められる．この場合はカルシウムイオンの結合によって天然状態(N)と変性状態(D)の平衡状態がN側に傾くことによってタンパク質の見かけの安定性が高まるのである．このようにタンパク質の耐熱性を改良した例は比較的多く，その結果，改良のための戦略も明らかになりつつある．しかし，ここで紹介したヒトリゾチームの例は，耐熱性も活性も同時に向上した数少ない例の一つである．一方では，すでに述べた *Taq* DNA ポリメラーゼのように，耐熱菌から得た天然型酵素を利用している例もある．

(3) キメラタンパク質
　6.3.1で述べたように，キメラタンパク質の代表的な例は，① グルタチオン *S*-トランスフェラーゼやマルトース結合タンパク質を利用したもので，遺伝子の発現や遺伝子産物の精製に広く利用されている．それ以外によく知られた代

ファージディスプレー
目的とするタンパク質の遺伝子を繊維状ファージのコートタンパク質の読み枠に合わせて融合させ，そのタンパク質をファージ表面に発現させること．

モノクローナル抗体
ハイブリドーマ（抗体産生細胞と骨腫瘍細胞とを融合させてつくった雑種細胞）が分泌する抗体で，1種類の抗原部位を認識する抗体．ハイブリドーマは1種類のB細胞に由来する．

可変領域
抗体（免疫グロブリン）を構成する重鎖（H鎖），軽鎖（L鎖）のN末端から約110残基のアミノ酸からなる部分で，抗体分子間でそのアミノ酸配列が変化に富む部分．重鎖，軽鎖の可変領域をそれぞれV_H，V_Lという．

相補性決定部位
可変領域のなかできわめてアミノ酸の変化に富む領域で，超可変領域ともいう．抗原結合部位を形成する．

表的な例は② **キメラ抗体**（chimeric antibody）や，③ **ファージディスプレー**（phage display）などである．

②に関しては，キメラを利用して抗原性を低下させる試みがよく知られている．細胞工学の進歩でマウスを使って診断用や治療用の**モノクローナル抗体**（monoclonal antibody）が自由につくれるようになったが，患者に注射してもこの種の抗体は異種タンパク質として認識され排除されてしまう．だからといって，完全なヒト型抗体をつくることはできない．そこで考えだされたのが②のキメラ抗体である．抗体（図6.27）は，2本の**重鎖**（heavy chain）と2本の**軽鎖**（light chain）とからなり，それぞれが**可変領域**（variable region）と**定常領域**（constant region）とから構成されている．可変領域が抗原との結合部位であり，定常領域はどの抗体でも同じアミノ酸配列をもっている．抗原性低減のための最初の試みは，このマウス抗体の可変領域をヒト抗体の定常領域と融合させたものであったが，マウス抗体のアミノ酸配列を残していたために完全には**ヒト化**（humanize）されていなかった．その後，抗体の構造の研究から，抗原と結合するのは可変領域のなかの**相補性決定部位**（complementarity determining region：CDR）といわれる領域であることがわかった．このCDRは重鎖，軽鎖にそれぞれ3箇所存在する．そこで次の試みは，ヒト抗体のCDRをマウス抗体のCDRで置換したものをつくることであった．このキメラ抗体は抗原認識に必要なマウスのアミノ酸配列だけを含んだヒト抗体といえる．これらの抗体は種々の目的で臨床試験中である．さらに進んだものとして，正確にはキメラ抗体ではないが，抗原との結合に必要な二つの可変部をリンカーで連結した**単鎖抗体**（single chain antibody あるいは single chain Fv）が知られている．

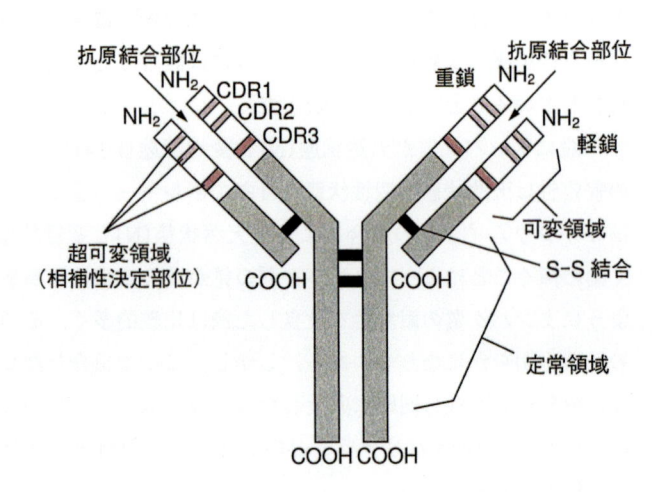

図6.27 免疫グロブリンGの構造

③の方法はポリペプチドをファージ表面のタンパク質と融合させて発現させる方法である（図6.28）．具体的には，繊維状ファージM13のコートタンパク質をコードする遺伝子IIIのシグナル配列コード領域の3′末端側に読み枠を合わせて，目的のタンパク質の遺伝子を融合させると，タンパク質はファージの表

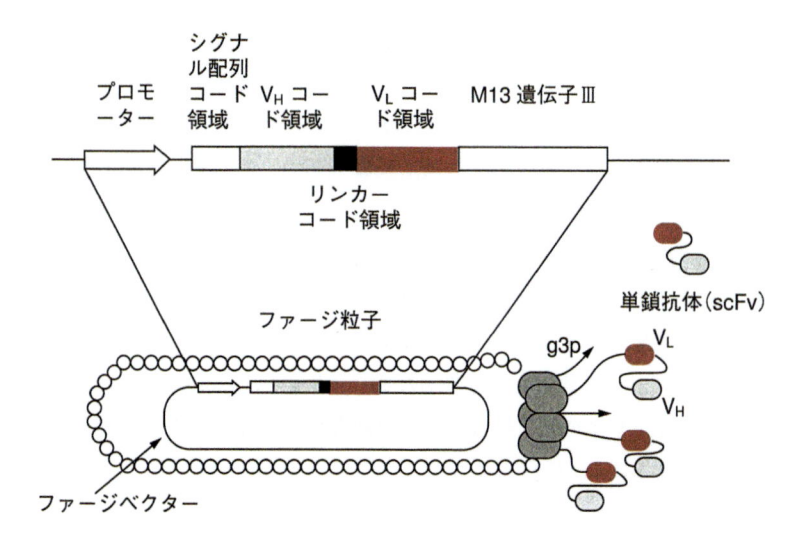

図6.28 単鎖抗体とファージ表面に発現された単鎖抗体
scFv は single chain Fv の略であり，g3p は遺伝子Ⅲの産物を示す．

面に発現される．たとえば，タンパク質として種々の抗体をコードする単鎖抗体の部分を融合させると，一つのファージごとに一つの単鎖抗体が発現され表面に提示されるので，それは種々の単鎖抗体分子を含むライブラリー，すなわちファージディスプレー抗体ライブラリーになる．また，たとえば**ヒト成長ホルモン**（human growth hormone：hGH）遺伝子の受容体結合部位に種々の変異を導入した遺伝子を遺伝子Ⅲに融合させると，それは種々の変異をもったヒト成長ホルモンのライブラリーとして利用できる．すなわち，hGH受容体を固定化したカラムにこのライブラリーを流して，弱く結合したhGHは洗い流して強く結合するものを選べば，hGH受容体に対して親和性の増大した変異体を選択できる．好都合なことに，M13ファージはそのまま塩基配列決定に利用できるので，選択したクローンの変異を簡単に同定できる．

6.5.3 タンパク質の構造形成

　タンパク質は，立体構造を形成してはじめてその固有の機能を発揮する．したがって，生物の機能を支配する最も重要な問題の一つは，タンパク質の構造形成，すなわち**フォールディング**（protein folding）である．かつてAnfinsenは，タンパク質が立体構造を形成するための情報はポリペプチド鎖のアミノ酸配列にある，という仮説を提出した．事実，いくつかの小さな可溶性タンパク質は自発的に立体構造を形成する．しかし最近は，細胞内で合成されたタンパク質が効率よく立体構造を形成するためには，**分子シャペロン**（molecular chaperone）を必要とする場合が多いことが明らかになってきた．ここでは，この分子シャペロンの働きを解説するとともに，タンパク質工学の大きな目標である人工タンパク質の設計の現状にも少し触れてみたい．

(1) 分子シャペロン

分子シャペロンは，タンパク質のフォールディングや会合(assembly)を助けはするが，最終産物に組み込まれることはないタンパク質のことである〔2.2.4(2)参照〕．多くのタンパク質は，その構造形成過程で，**モルテングロビュール**(molten globule)という中間状態を経由する．このような非天然型ポリペプチドは溶媒側へ疎水性アミノ酸残基を露出しているために，きわめて**凝集**(aggregate)しやすい性質がある．分子シャペロンはこのような非天然型ポリペプチドの疎水性残基に結合して，その凝集を阻害する．このようにして新生ポリペプチド鎖は**フォールディングできる状態**(folding-competent state)に維持される．その後はシャペロンが結合したり遊離したりするサイクルを繰り返して立体構造が形成される．

現在，少なくとも二つのシャペロン系が細胞内のタンパク質のフォールディングに関与していることが明らかにされている．それらは**熱ショックタンパク質 70**(heat shock protein 70：Hsp70)と**円筒状シャペロニン**(cylindrical chaperonin)である．ここでは大腸菌の細胞質における分子シャペロンの働きを例にとって説明する(図6.29)が，Hsp70の同族体は原核生物の細胞質のみならず，真核生物の細胞質，ミトコンドリア，葉緑体，小胞体などにも存在する．なお，大腸菌の主たるHsp70はDnaKといわれるタンパク質である．

このHsp70は疎水性アミノ酸に富んだ伸びた短いペプチド部分に結合して，それらが相互作用して凝集するのを防止する〔図6.29(b)〕．フォールディングしていないポリペプチドとHsp70の間の結合および解離はATP依存性である．一方，シャペロニンは1本のポリペプチドがフォールディングする**空洞**(cavity)を提供するが，その際にまだフォールディングしていない他のポリペプチドと反応して凝集するのを防止する〔図6.29(c)〕．その機構は，大腸菌のシャペロニンである**GroEL**とその補助因子(cofactor)である**GroES**を使って明らかにされている．両者とも大腸菌の生育に必須であるが，大多数の大腸菌のタンパク質は比較的小さいために，シャペロニンの助けなしでも自発的に構造形成できる〔図6.29(a)〕．GroELはリボソームに結合した翻訳中のポリペプチドとは相互作用せず，翻訳の終わったポリペプチドと結合する〔図6.29(c)〕．すなわち翻訳されたポリペプチドがGroELの円筒のなかへ入って疎水性部分に結合すると，GroESがATPと一緒にGroELに結合して円筒を閉じ，円筒内にフォールディングのための親水性のケージをつくってポリペプチドをフォールディングさせる．ATPが反対側に結合すると円筒が開き，フォールディングしたポリペプチドは開放される．この経路は，ストレスで変性したタンパク質のリフォールディングやポリペプチドの翻訳時に機能していると考えられる．このようなシャペロンの機能は，一方では病気の診断や異種タンパク質の大量調製などに利用が試みられている．

モルテングロビュール
二次構造は十分もってはいるが，側鎖が緊密にパッキングされたタンパク質固有の立体構造ではなく，多様な立体構造の集合体のこと．

熱ショックタンパク質
細胞が高温などのストレスにさらされたときに生じる変性タンパク質をもとの構造に戻したり，損傷を受けたタンパク質を修復するために産生されるタンパク質で，ストレスタンパク質ともいう．

GroEL
大腸菌のシャペロニンで，約60Kのサブユニットが7個集まって1個のリングを形成するが，そのリングが2個集まってGroELを形成する．ATPase活性をもつ．

GroES
大腸菌のシャペロニンで，約10Kのサブユニット7個からなるリングを形成する．GroELとともに働く補助因子．

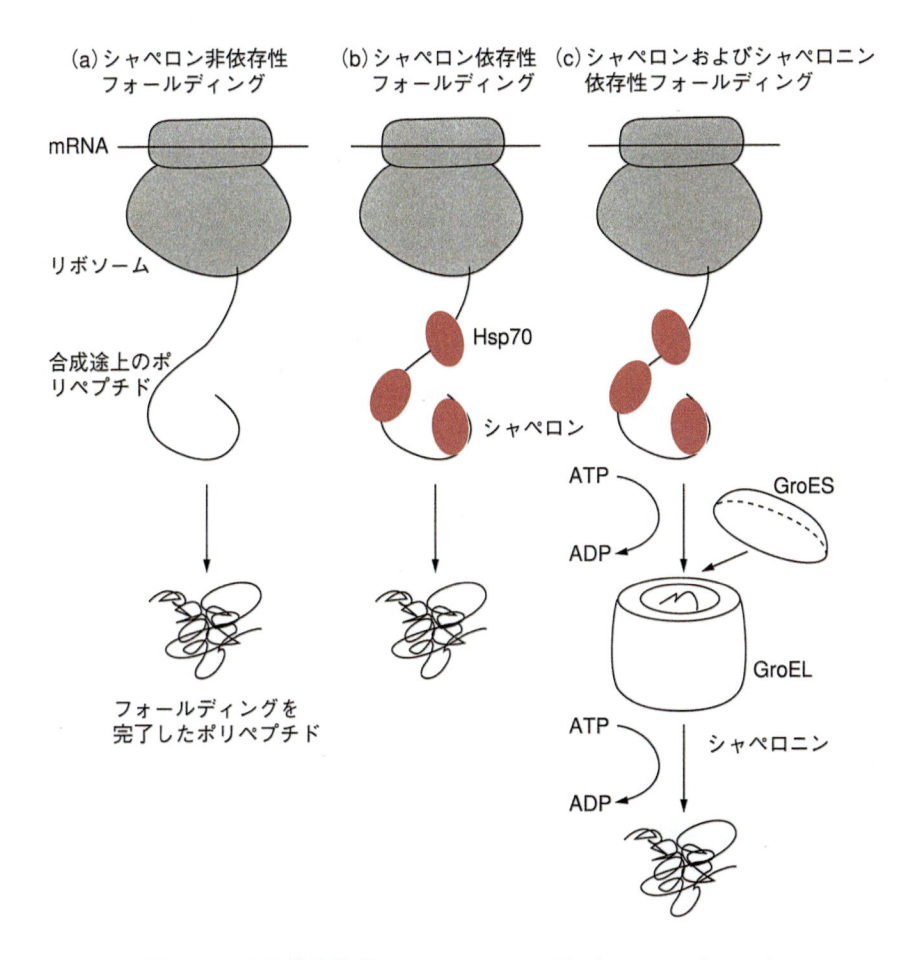

図 6.29 大腸菌細胞質におけるタンパク質のフォールディング

(2) 新規タンパク質の創製

タンパク質工学の最大の目標は，なんといっても人間の手で設計した人工タンパク質の合成であろう．この種の研究は，自然界に存在しない多様なアミノ酸配列を設計してその役割を試すという天然タンパク質の研究とは異なる一面をもっている．しかし残念なことに，現在のところ人工タンパク質の設計手法が確立されているわけではない．したがって新規人工タンパク質の成功例は少ない．以下に紹介するのは，① まったく人工的に設計した4ヘリックスバンドル型タンパク質と，② 抗体に酵素活性をもたせる**触媒抗体**(catalytic antibody)である(73頁の欄外参照)．

4ヘリックスバンドル型タンパク質は4本のαヘリックスが会合して束になったものである．自然界にはこのタイプのタンパク質は数多く存在するので，設計の対象としての利点がある．DeGradoらは，まず図6.30に示すような16残基からなる**両親媒性**(amphipathic)のαヘリックスを設計した．このペプチドがヘリックス構造をとると，その一方の面にはロイシン(Leu)が集まって疎

図6.30 ヘリックスバンドル型タンパク質の設計

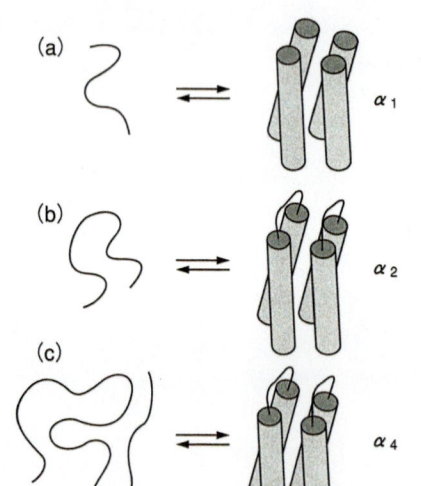

ヘリックス: -Gly-Glu-Leu-Glu--Glu-Leu-Leu-Lys-Lys-Leu-Lys-Glu-Leu-Leu-Lys-Gly-
ループ: -Pro-Arg-Arg-
α_1: Ac-ヘリックス-CONH$_2$
α_2: Ac-ヘリックス-ループ-ヘリックス-CONH$_2$
α_4: Met-ヘリックス-ループ-ヘリックス-ループ-ヘリックス-ループ-ヘリックス-COOH

(a), (b), (c)はそれぞれα_1を4本, α_2を2本, α_4を1本使用していることを示す.
L. Regan, W. F. DeGrado, *Science*, **241**, 976-978(1988)より.

水性となり, 反対側の面にはグルタミン酸(Glu)とリシン(Lys)が集まって親水性となる特徴をもっており, これらがイオン結合で安定化するように設計されている. また, このペプチドは低濃度ではαヘリックス構造をとらないが, 高濃度では会合してαヘリックス構造をとるようになる. このαヘリックス4本を3本のプロリン-アルギニン-アルギニン(Pro-Arg-Arg)の短いターンでつないで[図6.30(c)], 大腸菌で発現させたところ, 得られたポリペプチドは, **円二色性**(circular dichroism：CD)スペクトル測定の結果から, 安定でαヘリックスを含むことが明らかにされた. しかし, 現在の設計技術では新しい触媒機能をもった人工タンパク質をつくりだすまでには至っていない.

そこで, 多様な抗原の構造を特異的に認識する抗体の抗原結合部位の構造を利用して, そこに目的の触媒機能を導入しようというのが②の触媒抗体の考え方である. 酵素が触媒として働く酵素反応において, 酵素は反応の**遷移状態**(transition state)の構造を安定化させて活性化エネルギーを低下させる. そこでまずこの**遷移状態アナログ**(transition analog)を設計する. このような遷移状態アナログは一般に免疫応答を刺激する活性をもたないので, 適当な**担体タンパク質**(carrier protein)と結合させてマウスを免疫する. 得られた抗体のなかから遷移状態アナログに特異的かつ強固に結合するものを選択すれば, もとの遷移状態アナログを安定化して活性化エネルギーを低下させると考えられる.

このような考えで, 1983年, 米国スクリプス医学研究所のLernerらおよび当時カリフォルニア大学(バークレー)のSchultzらは, エステル結合の加水分解を触媒する最初の抗体の調製に成功した. エステル結合の加水分解反応は

円二色性
直線偏光は光スペクトルが時計まわりに回転する右円偏光と, 反時計まわりに回転する左円偏光の合成されたものである. この左円偏光, 右円偏光のそれぞれに対するモル吸光係数が異なる現象. ポリペプチドの主鎖の二次構造を測定できる.

遷移状態アナログ
遷移状態によく似た安定な類似分子. 遷移状態類似体ともいう.

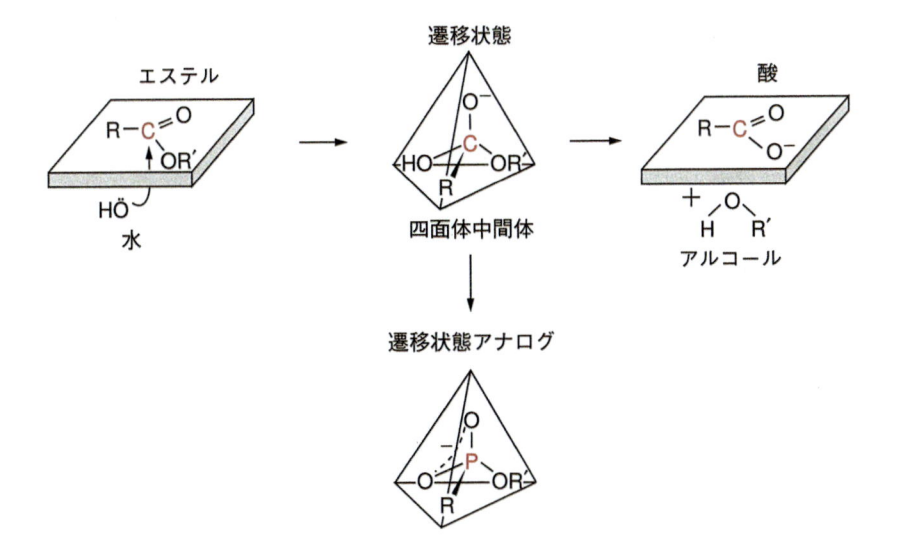

図 6.31 エステル結合の加水分解と遷移状態アナログ

(図 6.31)，カルボニル基の酸素原子に負荷電をもった四面体中間体を経て進行する．そこで彼らは遷移状態アナログとしてリン酸エステルを利用してマウスを免疫して，エステルを加水分解する触媒抗体をつくることに成功した．P−O 結合の長さはもとの C−O 結合の長さよりおよそ 20 % ほど長いが，実際の遷移状態にある C−O 結合の長さによく似ている．また，用いたリン酸エステルはエステルのカルボニル基が分極している形によく似ている．このような触媒抗体の作製はその後も数多く報告されてはいるが，現時点ではその多くは触媒活性が弱いのが欠点である．

7章 生体膜と細胞工学

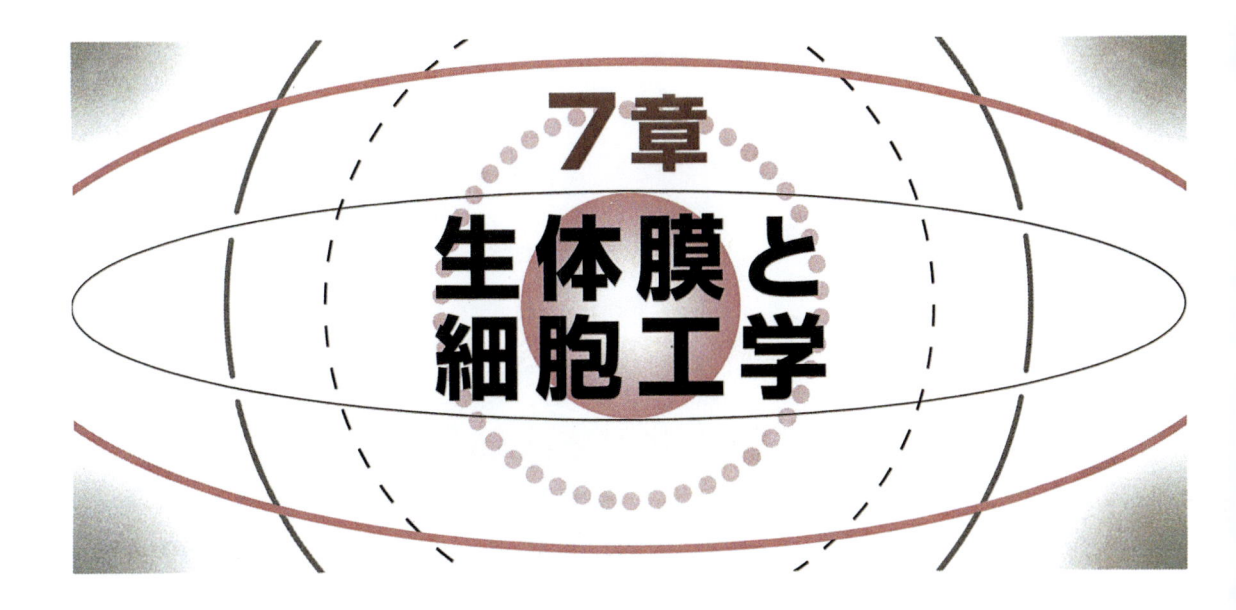

7.1 生体膜

　細胞は外表面を一定の膜構造をした細胞膜で取り囲み，外界(環境)と境界をもつことにより生命をもった機能的な単位として存在している．また，細胞内に存在するリソソーム，ミトコンドリア，小胞体，ゴルジ体，核などのオルガネラ(細胞小器官)も膜で区切られ，それぞれのオルガネラのもつ機能の多くが膜構造と密接にかかわっている．微生物の形質膜，真核細胞の細胞膜とオルガネラ膜は共通して厚さ 6～10 nm の脂質二重層から形成されている．この膜構造を一般的に**生体膜**(biological membrane)と呼ぶ．

7.1.1　細胞における生体膜の存在場所と生体膜の一般的な特徴

　細胞は真核細胞と原核細胞に分類される．真核細胞の核は核膜によって包まれ，原核細胞では核質と細胞質とを隔てる構造物がない．細胞を取り囲む細胞膜と微生物の形質膜，真核細胞に認められる細胞内オルガネラの膜の存在場所とその一般的な特徴を紹介する(図 7.1)．

　細胞膜〔cell membrane，**原形質膜**(plasma membrane)とも呼ばれる〕は，原形質の外表面を包む膜構造で，選択透過性をもつ隔壁としての役割のほかに，環境との物質の輸送や情報の授受と伝達，細胞相互の認識や細胞外マトリックスとの結合にかかわる細胞接着分子，細胞を特徴づける物質などを発現する場である．

　核膜(nuclear membrane)は，核と細胞質を隔てる外膜および内膜と呼ばれる二重の構造膜を形成している．それぞれの膜は約 15 nm の空間を挟んで同心円状に並んでいる．外膜と内膜は**核孔**(nuclear pore)で連結され，核と細胞質の間の mRNA や核タンパク質などの高分子物質の選択的な透過にかかわっている．

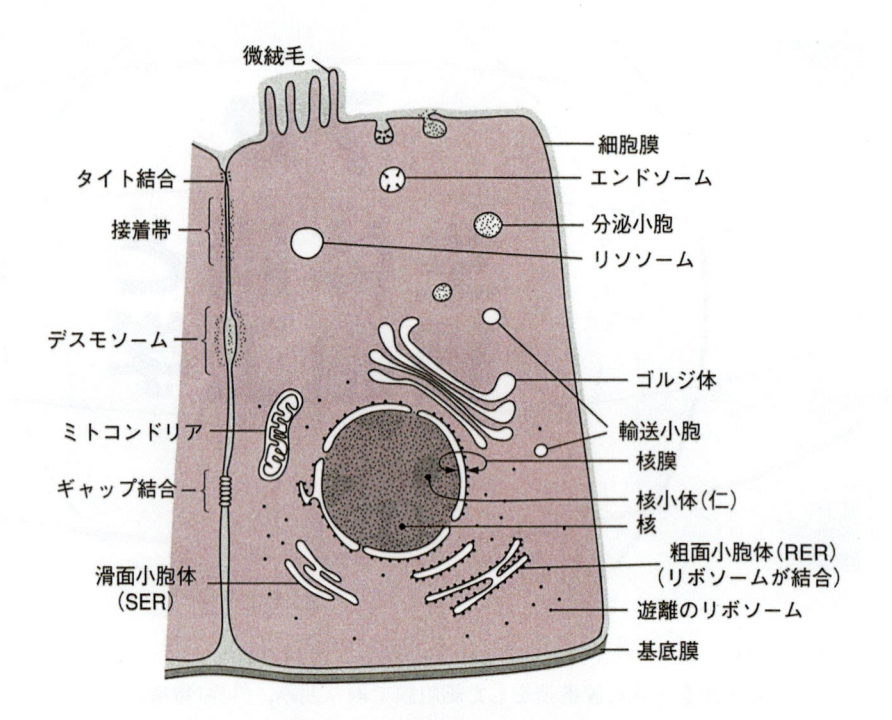

図 7.1　真核細胞(動物)の構造
上皮細胞を例として膜構造と細胞接着装置を示す．細胞内のさまざまな物質は生物学的な機能を発揮するために，膜で仕切られた細胞内小器官(オルガネラ)に局在する．また，細胞は他の細胞や基底膜と結合して組織を形成している．

　小胞体(endoplasmic reticulum，ERと略される)は，真核細胞の細胞質に普遍的に存在する袋状の構造物である．形態は小胞状，小管状，偏平嚢状，空胞状などさまざまであり，互いに吻合して細胞内に網状構造を形成している．リボソームの付着した小胞体は**粗面小胞体**(rough endoplasmic reticulum)，リボソームを欠く小胞体は**滑面小胞体**(smooth endoplasmic reticulum)と呼ばれる．
　ミトコンドリア(mitochondria)は外膜と内膜と呼ばれる二重の構造膜からなり，内膜は内部に向かって突出して棚状の**クリステ**(crista)を形成している．内膜と内膜に囲まれたマトリックスには，クエン酸回路と電子伝達系に共役した酸化的リン酸化酵素群が存在し，好気的条件下でのエネルギー生産の場となっている(**4.3.1参照**)．
　ゴルジ体(Golgi body)は一重膜の袋状の小胞で，小胞膜には小胞体でつくられゴルジ体に運ばれたタンパク質を糖鎖やリン酸基などで修飾(プロセシング)する酵素群が存在する．また，ゴルジ体には修飾されたタンパク質を仕分けして，細胞外の分泌に向かわせたり，細胞膜の**頂端膜**(apical membrane)や**側底膜**(basolateral membrane)の膜タンパク質にする役目をもった細胞内小器官である．
　リソソーム(lysosome)は一重膜の小胞で，形態はきわめて多様である．リソ

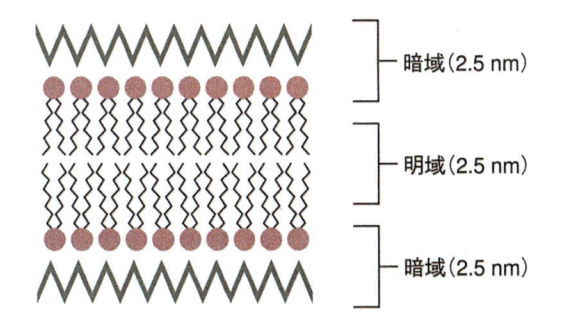

図7.2 **Robertson**の示した単位膜の構造模型
中央の層（電子顕微鏡で明るく見える部分）はリン脂質の二分子層からなり，両側（電子顕微鏡で暗く見える部分）はタンパク質の伸びた状態のペプチド鎖が表層に結合していると考えた．

ソームには酸性領域に最適 pH をもつ加水分解酵素群が含まれ，細胞膜での食作用で生じた**ファゴソーム**(phagosome)と融合して消化を行う．

生体膜における脂質の存在様式について，赤血球から抽出した脂質を水の表面に拡散させてつくった単分子膜の面積が赤血球表面積の約2倍あることから，生体膜は脂質の二分子層から構成されていることが示唆されていた．生体膜の脂質二重層からなる普遍的な構造が明らかにされたのは，1950年代に電子顕微鏡が細胞構造の研究に用いられるようになって以来である．膜が四酸化オスミウムで濃く染まる内外の幅2.5 nm 程度の2層と，その中間にあって電子密度の低い2.5 nm 程度の1層からなる構造に基づいて，Robertson(1960)はすべての生体膜は図7.2に示す基本的な構造を形成していると考え，これを**単位膜**(unit membrane)と呼んだ．その後，Singer と Nicolson(1972)は膜を構成するタンパク質について，**フリーズ・フラクチャー・エッチング法**による膜内部と表面の構造研究や細胞融合による膜タンパク質の流動研究からの事実に基づいて，膜タンパク質には脂質二分子層のなかに挿入された状態のものや膜を貫通したものがあり，それらは膜内を浮遊して自由拡散し移動できるとする**流動モザイクモデル**(fluid mosaic model，図7.3)を提唱した．流動モザイクモデルで示された膜の形態は，膜のもつさまざまな機能（物質輸送，シグナルの伝達，細胞相互の認識，細胞の接着）などの説明を可能とし，現在では生体膜の基本構造を示すものとされている〔**7.1.6(3)**参照〕．

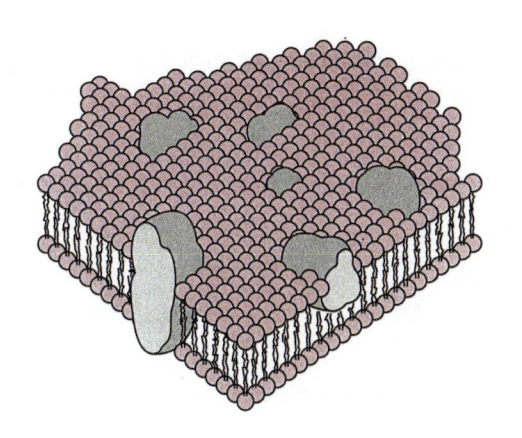

ファゴソーム
細胞の食作用によって細胞外から取り込んだ固形物を含む小胞．加水分解酵素を含んでいるが，まだ消化作用を行っていない一次リソソーム(primary lysosome)と融合して異食作用胞(heterophagic vacuole)を形成する．

フリーズ・フラクチャー・エッチング法
透過型の電子顕微鏡を用いて割断面の表層構造を観察する方法．固定してグリセリン処理した試料を急速に凍結(freeze)させ真空中で冷却したナイフで割断(fracture)すると，生体膜の存在する部分では脂質二分子層の間の疎水領域で割れて，膜は二つの半膜に分かれる．膜の表面を覆っていた氷を一部昇華させ膜の表面を露出(etching)させた後に，試料の表面にプラチナなどの金属を斜め方向から照射して蒸着膜をつくり，カーボン膜で裏打ちの後に蒸着膜を剥離して電子顕微鏡用のグリッドに移して観察する．

図7.3 **Singer**と**Nicolson**の示した**流動モザイクモデル**
脂質二分子層構造は膜タンパク質の溶媒と境界としての役割をもつ．膜タンパク質は制限を受けないかぎり側方拡散できる〔*Science*, **175**, 720-731(1972)より転載〕

7.1.2 生体膜の化学組成

(1) 膜の分離法

赤血球を低張液にさらすと，細胞膜の一部が破壊されて内部の成分が流失(溶血)した赤血球ゴースト(red cell ghost)となる．赤血球ゴーストは比較的純粋な細胞膜として簡単に得られるために，古くから細胞膜のモデルとして用いられてきた．最近では，赤血球以外の生体膜を分離する方法が数多く工夫されている．一般的な研究で用いられる生体膜を分離する方法としては，ホモジナイザーによって破壊された細胞を遠心分画(differential centrifugation)で細胞膜やオルガネラに分画し，浸透圧ショックや酵素処理を用いてそれらの純粋な膜を

図7.4 遠心分画法を用いた肝細胞からのオルガネラの分離
生理食塩水で灌流して血液を除いた肝臓を細片化して0.25 Mショ糖液中でホモジナイズする．連続した遠心によって細胞内構造物を沈殿として分画する．遠心分画によって分離された細胞内構造物の純度は，電子顕微鏡による観察，マーカー酵素の比活性から測定する．

図7.5 細胞膜の分離
Ca^{2+}の添加によって膜の強度を増加させ，低張液中で細胞を膨潤させる．ダンス(Dounce)型のホモジナイザーを用いて細胞膜を緩やかにパンクさせる．シート状の細胞膜をショ糖密度勾配遠心法によって分離する．

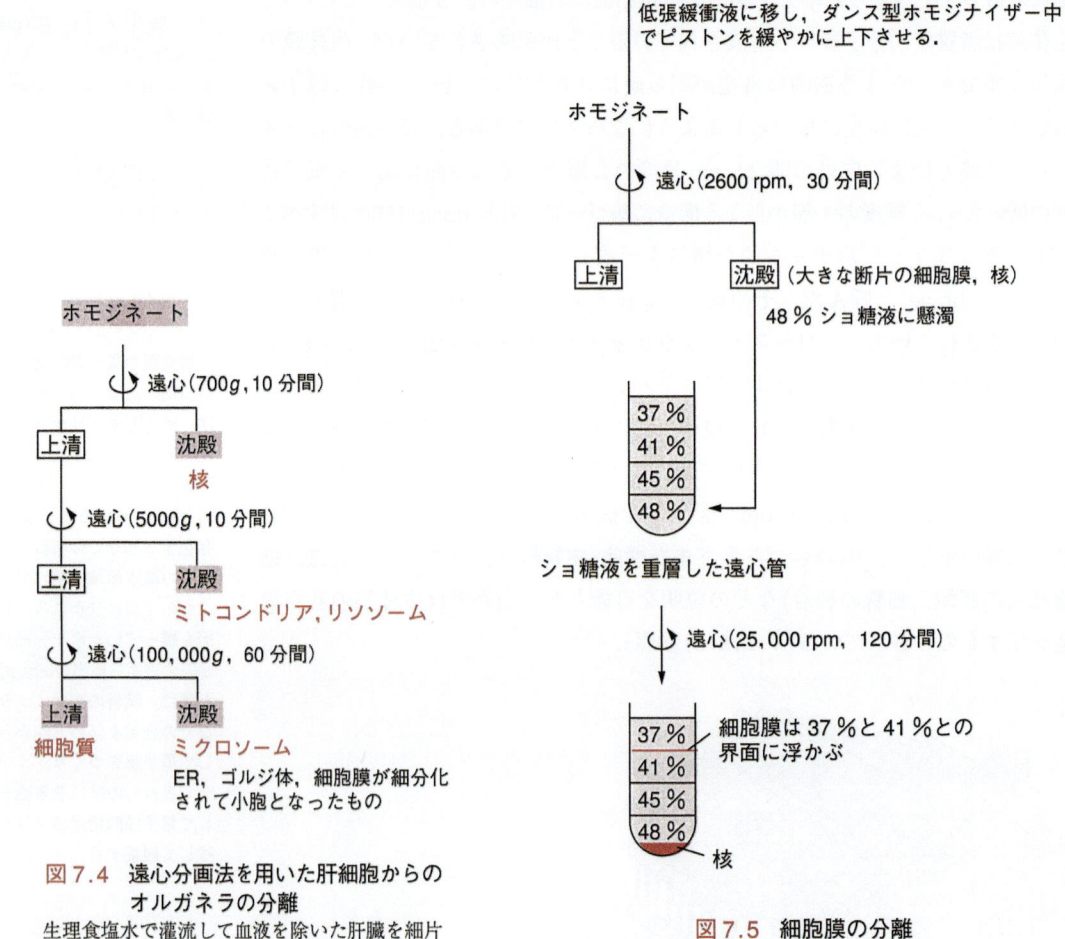

分離している．遠心分画は溶質(細胞膜やオルガネラ)にかかる遠心力の違いを利用する方法である．溶質の質量を$m(g)$，溶質の偏比容を$v(cm^3/g)$，溶媒の密度を$\rho(g/cm^3)$，遠心ローターの回転半径をr，ローターの角速度をωとしたとき，溶質にかかる遠心力は次式で示され，質量の大きなもの，偏比容の小さなものに大きなgがかかり沈殿する．

$$溶質にかかる遠心力(g) = mr\omega^2(1-v\rho)$$

一般的な研究で用いる肝細胞からのオルガネラの遠心分画法(図7.4)，密度差を利用する細胞膜の分離(図7.5)，およびミトコンドリア内外膜の浸透圧ショックによる分離法(図7.6)を示す．

偏比容

溶質によって置き換えられる溶媒の量(単位$cm^3\ g^{-1}$)．一般的に，脂質は0.9〜1.1，タンパク質は0.75〜0.8，核酸は0.5〜0.6の値を示す．

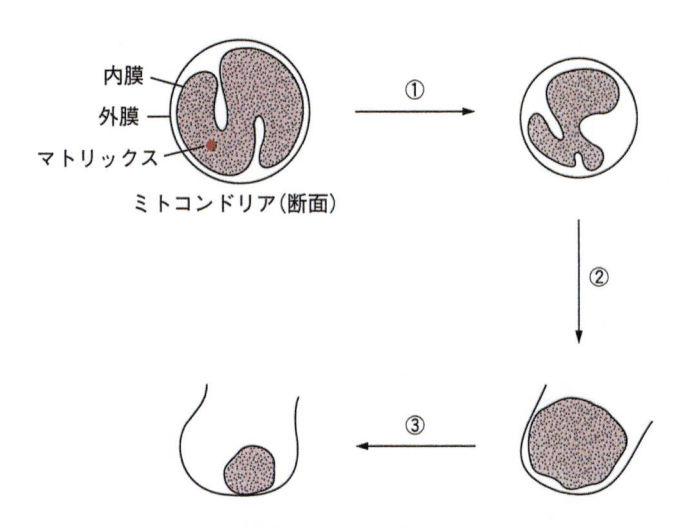

図7.6　ミトコンドリアの内膜と外膜の浸透圧ショックに対する抵抗性の違いを利用した分離法
①細胞から分離したミトコンドリアを高張液に浸すと内膜と外膜が離れる．②低張液に戻すと膨潤し外膜がパンクする．③再び高張液に浸すとマトリックスが収縮し，そこで超音波処理をするとマトリックスを含んだ内膜と外膜が離れる．

(2) 化学組成からみた生体膜の特徴

生体膜の主成分はタンパク質と脂質であり，少量の糖(炭水化物)が含まれる．タンパク質と脂質の比率(タンパク質/脂質)は細胞の種類や由来するオルガネラなどによって異なる．通常の細胞の細胞膜ではタンパク質/脂質の値はほぼ1である．極端な例として，末梢神経で神経興奮の跳躍伝達や化学伝達物質の漏洩を防止する役割を担うミエリンの細胞膜では脂質含量が高い．一方，クエン酸回路の酸化的リン酸化酵素群が存在してエネルギー産生の場となっているミトコンドリア内膜ではタンパク質含量が高い．一般的に，タンパク質と脂質の比率は1:4から4:1の範囲である．糖は単独では存在せず，脂質やタンパク質に結合して糖脂質や糖タンパク質の糖鎖として存在する．

7.1.3 生体膜を構成する脂質

(1) 生体膜からの脂質の分離と分析方法

生体を構成する**脂質**(lipid)には，エネルギーの貯蔵体として脂肪組織に蓄えられるグリセリンに三つの脂肪酸がエステル結合したトリグリセリド(単純脂質)と，グリセリンやスフィンゴシンに脂肪酸とリン酸あるいは糖鎖が結合した複合脂質(リン脂質，糖脂質)がある(**2.4.2 参照**)．生体膜を構成する脂質は後者である．脂質のもつ化学的な性質のために，目的とする脂質を直接単離することは困難とされ，細胞や組織からの脂質の分離には，有機溶媒を用いて抽出した総脂質をさまざまなクロマトグラフィーによって分離する方法が用いられている．

細胞あるいは分離した細胞膜やオルガネラ膜から脂質を抽出するときの有機溶媒として，クロロホルム-メタノール混合液が用いられる．抽出した脂質は，ケイ酸(シリカゲル)への吸着性の違いを利用してクロロホルムで平衡化したケイ酸カラムで分離する(図 7.7)．単純脂質は素通り画分に，生体膜の構成成分である複合脂質はクロロホルム-メタノール(1:4)を流して溶出する．得られた複合脂質をさらに**薄層クロマトグラフィー**(thin layer chromatography：TLC)によって展開すると，**移動距離**(R_f 値，rate of flow)に基づいて脂質の種類が同定できる．

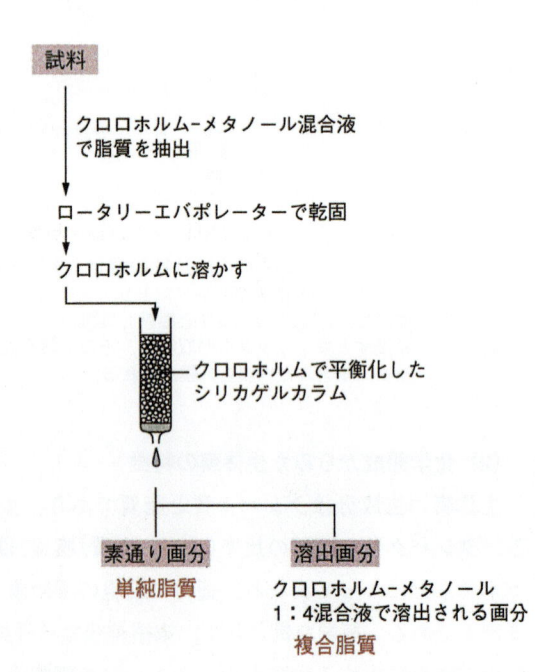

図 7.7 ケイ酸(シリカゲル)カラムを用いる脂質の分離
多孔性で表面積の広いシリカゲルは吸着力が強く脂質の分離に広く用いられる．

(2) 生体膜を構成する脂質の一般的な特徴

生体膜を構成する代表的な脂質である**グリセロリン脂質**(phosphoglyceride)，**スフィンゴミエリン**(sphingomyelin)，**糖脂質**(glycolipid)，**コレステロール**(cholesterol)の分子構造を図 7.8 に示す．これらの脂質はいずれも両親媒性で，

7.1 生体膜 273

図7.8 膜を構成する脂質(グリセロリン脂質,スフィンゴミエリン,糖脂質,コレステロール)と,コリン,スフィンゴシンの分子構造.

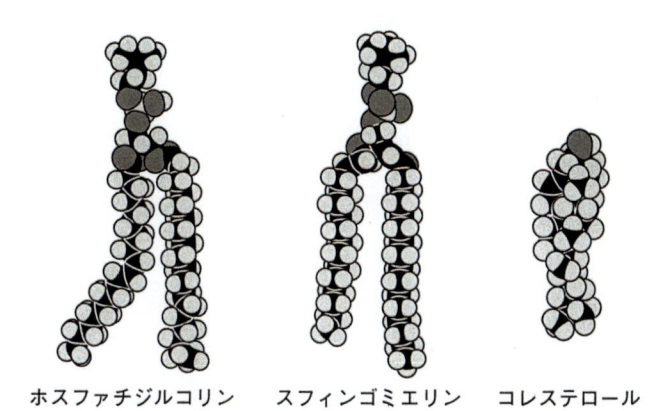

図7.9 ホスファチジルコリン,スフィンゴミエリン,コレステロールの立体分子模型

分子のなかに，グリセロリン脂質のリン酸化アルコール部分，スフィンゴミエリンのリン酸化コリン部分，糖脂質の糖鎖部分，コレステロールのヒドロキシル基に由来する親水性を示す**極性基**(hydrophilic unit)と，グリセロリン脂質やスフィンゴミエリンや糖脂質の直鎖状の脂肪酸の炭化水素鎖，スフィンゴシンの炭化水素鎖，コレステロールのヒドロキシル基以外の部分の疎水性を示す**非極性基**(hydrophobic unit)の両方をもっている．図7.9に，膜を構成する最も代表的な脂質であるホスファチジルコリン，スフィンゴミエリン，コレステロールの立体分子模型を示す．グリセロリン脂質ではグリセリンの1位の炭素(C1)に結合する脂肪酸は飽和脂肪酸であるが，2位の炭素(C2)に結合する脂肪酸は不飽和脂肪酸の場合が多く，炭化水素鎖が折れ曲がった構造をしている．分子内の親水性の極性基と非極性基(疎水性)の脂肪酸の炭化水素鎖が互いに反発するために，全体的に見てそれらの立体構造は直方体とみなすことができる．通常，膜を構成する脂質について簡単な図で表現するとき，親水性の極性基を丸で示し，疎水性の脂肪酸の炭化水素鎖を2本のジグザグ線で示す(図7.10)．

生体膜を構成する脂質の組成を表7.1に示す．真核細胞と原核細胞の間における脂質の組成面から見た特徴として，真核細胞の膜ではホスファチジルコリンが主要脂質であり，そのほかにホスファチジルエタノールアミン，スフィンゴミエリン，糖脂質(スフィンゴ糖脂質)，コレステロール(ミトコンドリア膜では含量が1/10程度と少ない)が含まれる．それに対して，原核細胞の膜では

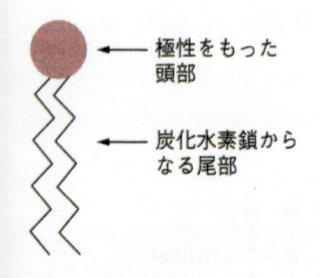

図7.10 膜を構成するリン脂質や糖脂質を表すときに用いる略図
親水性の頭部を丸で，疎水性の尾部を2本のジグザグ線で表す．

表7.1 生体膜を構成する主要な脂質

	脂質の組成(脂質全体に対する%)					
	PC	SM	PE	PI	PS	PG	コレステロール
ラット肝臓							
細胞膜	18	14	11	4	9	—	30
粗面小胞体	55	3	16	8	3	—	6
滑面小胞体	55	12	21	7	—	—	10
ミトコンドリア内膜	45	5	25	6	1	2	3
ミトコンドリア外膜	50	5	23	13	2	3	5
核膜	55	3	20	7	3	—	10
ゴルジ体膜	40	10	15	6	4	—	8
リソソーム膜	25	24	13	7	—	—	14
ラット脳							
ミエリン	11	6	14	—	7	—	22
シナプトソーム	24	4	20	2	8	—	20
ラット赤血球							
赤血球膜	41	—	37	2	13	—	24
原核細胞							
大腸菌形質膜	0	—	80	—	—	15	0
枯草菌形質膜	0	—	69	—	—	30	0

PC：ホスファチジルコリン，SM：スフィンゴミエリン，PE：ホスファチジルエタノールアミン
PI：ホスファチジルイノシトール，PS：ホスファチジルセリン，PG：ホスファチジルグリセロール

ホスファチジルエタノールアミンが主要脂質であり，ホスファチジルコリン，コレステロール，糖脂質(リポポリサッカライドは除外する)含量が著しく低い．

(3) 脂質による二分子層構造

膜を構成する主要な脂質であるグリセロリン脂質とスフィンゴリン脂質の立体構造は，前述のとおり分子内の極性基と非極性基が反発して直方体である．SDS (sodium dodecylsulfate) や Triton X-100 などの両親媒性の界面活性剤の場合とは異なって，極性基部分の占める断面積と非極性基(疎水性)の2本の脂肪酸の炭化水素鎖の束でつくられる断面積とが同程度である．したがって，グリセロリン脂質とスフィンゴリン脂質は，水のなかでは，濃度が低い場合はそれぞれの分子は水中に分散した状態をとるが，濃度が高くなるとグリセロリン脂質とスフィンゴリン脂質は**自己集合**(self-assembly)して(疎水性の脂肪酸の炭化水素鎖どうしが疎水結合して中央部に集められ，親水性の極性基を水のほうに向けて)，熱力学的に安定な**脂質二重層**(lipid bilayer)を形成する．水中でできた脂質二重層は閉じて直径が1mm程度までのさまざまな大きさの安定な**小胞**(lipid vesicle)となる(図7.11)．

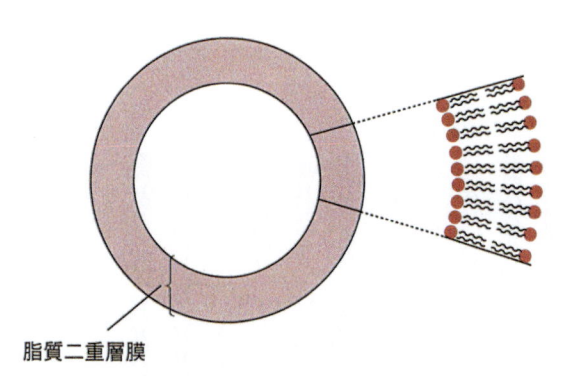

図7.11 **脂質二分子層からなる閉鎖小胞**
一般的には，膜を構成する脂質を有機溶媒に溶解して試験管壁などに広げて乾燥し，それに緩衝液を加え相転移温度以上にして超音波をかけて形成させる．

グリセロリン脂質を用いて人工的につくった脂質二重層からなる小胞は**リポソーム**(liposome)と呼ばれ，生体膜のモデル実験，透過性実験，高分子物質の細胞内への注入実験などに利用される．また，生体膜の電気生理学では，直径1mm程度の平面状の**脂質二重層膜**(planar bilayer membrane)を隔壁板の孔に形成させる方法が用いられる(図7.12)．

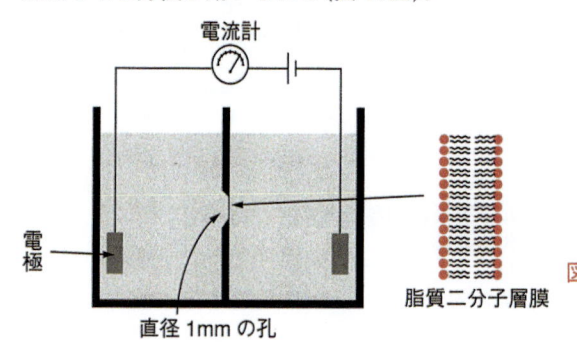

図7.12 **隔壁板の孔に形成させた平面状の脂質二重層膜**
両側に電極を挿入し電流の流れを測定してイオンの動きを観察する．

(4) 膜を構成する脂質の役割

リポソームや平面状の脂質二重層膜を用いてさまざまな物質の透過係数が測定されている(図7.13). 一般的に, 分子量が小さいほど, また極性基をもたない分子ほど脂質二重層膜を透過する速度が速い傾向にある. 低分子の H_2O (分子量18)や電荷をもたない極性分子である尿素(分子量60)やグリセリン(分子量92)は透過性が高く, 電荷をもつイオンは透過性が著しく低い. 事実, Na^+ (分子量23)や K^+ (分子量39)は H_2O (分子量18)に比べ 10^9 倍ほど透過速度が遅い. 極性分子のトリプトファン(分子量204)は類似構造をもつ非極性分子のインドール(分子量117)に比べて透過速度が1/1000程度になっている. 親水性のグルコース(分子量180)はトリプトファンより透過速度が遅い. 脂質二重層膜の主要な機能は, 膜を介する物質の移動の制御である. とくに極性をもつ分子と高分子量物質に対しての障壁としての役割をもつ.

ホスファチジルイノシトール二リン酸(PIP_2)はシグナル伝達系に関与する重要な脂質である. 受容体型チロシンキナーゼやGタンパク質型受容体を介してホスホリパーゼC($PLC\gamma$ と $PLC\beta$)が活性化され, PIP_2 はジアシルグリセロール(DAG)とイノシトール三リン酸(IP_3)に変換される. DAG はプロテインキナーゼC(PKC)を活性化し, それがさらに Na^+/H^+ トランスポーターを刺激して細

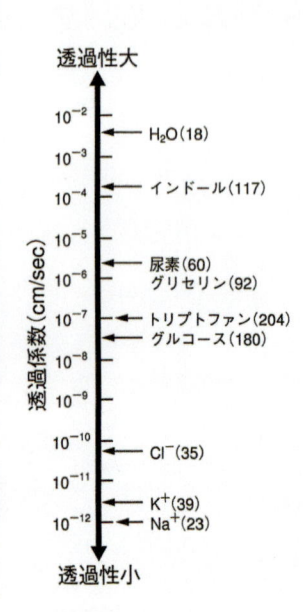

図7.13
人工脂質二重層膜を用いて測定された透過係数
かっこ内に分子量を示す.

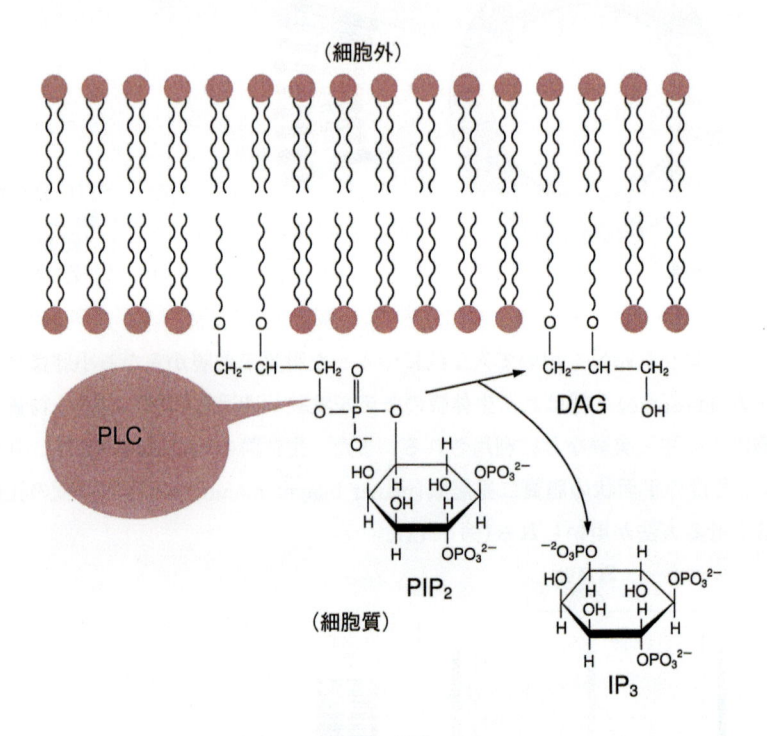

図7.14 シグナル伝達系に関与するイノシトールリン酸代謝経路
活性化されたホスホリパーゼC ($PLC\gamma$ と $PLC\beta$)は膜のホスファチジルイノシトール二リン酸(PIP_2)をジアシルグリセロール(DAG)とイノシトール三リン酸(IP_3)に変換する.

胞内の pH を増加させる．一方，IP$_3$ は小胞体のカルシウムイオンチャンネルを開き，細胞質の Ca^{2+} 濃度を高めることが示されている（図 7.14）．

(5) 二分子層構造での脂質の非対称的分布

脂質二分子層を形成する脂質は細胞の外界に面する部分（外葉）と細胞質側に位置する部分（内葉）とに区別される．赤血球膜にはホスファチジルエタノールアミンやホスファチジルセリンのように遊離のアミノ基をもつ脂質が含まれる．Bretscher (1972) は，アミノ基と結合する修飾試薬（膜を通過できない）を正常な赤血球に働かせたとき，それらはほとんど修飾を受けないが，赤血球ゴーストにして赤血球内部に修飾試薬を侵入させるとすべてが修飾されることを示した．また，ホスホリパーゼやスフィンゴミエリナーゼで処理すると，膜に含まれる大部分のホスファチジルコリンからコリンが遊離することも示した．

脂質二分子層の脂質は内葉と外葉での**相互移動**（flip-flop）がなく，脂質は膜の内外で非対称的に分布する．赤血球膜ではホスファチジルエタノールアミン，ホスファチジルセリンは内葉に存在し，ホスファチジルコリン，スフィンゴミエリンの多くは外葉に分布している．

7.1.4 生体膜を構成するタンパク質

(1) 膜を構成するタンパク質の特徴

生体膜に含まれるタンパク質のなかには，高濃度の塩 (NaCl) や尿素などでイオン結合や水素結合を打ち破ると膜から遊離するタンパク質と，脂質の脂肪酸炭化水素鎖と強く結合していて，界面活性剤や有機溶媒を用いるとはじめて遊離されるタンパク質とがある．後者は**内在性膜タンパク質**（integral membrane protein）として分類され，そのタンパク質分子は**膜貫通ドメイン**（transmembrane domain：TM）と呼ばれる領域で脂質二分子層と結合した状態で膜に存在する．比較的温和な条件で遊離する前者のタンパク質は，**表在性**あるいは**周辺膜タンパク質**（peripheral membrane protein）として分類され，それらは内在性膜タンパク質と水素結合や電気的結合を介して結合した状態で存在する（図 7.15）．

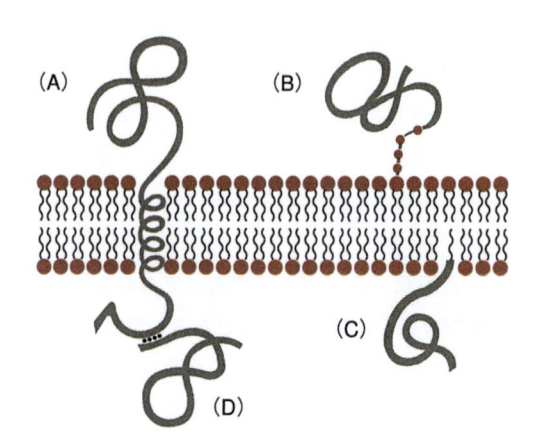

図 7.15 膜を構成するタンパク質の存在様式の違いによる分類
内在性膜タンパク質には，(A) 膜貫通領域をもち膜を貫通しているもの，(B) GPI アンカーを介して膜の脂質に結合しているもの，(C) 脂肪酸を介して膜の脂質に結合しているものがある．表在性（周辺）膜タンパク質 (D) は水素結合やイオン結合で内在性膜タンパク質に結合している．

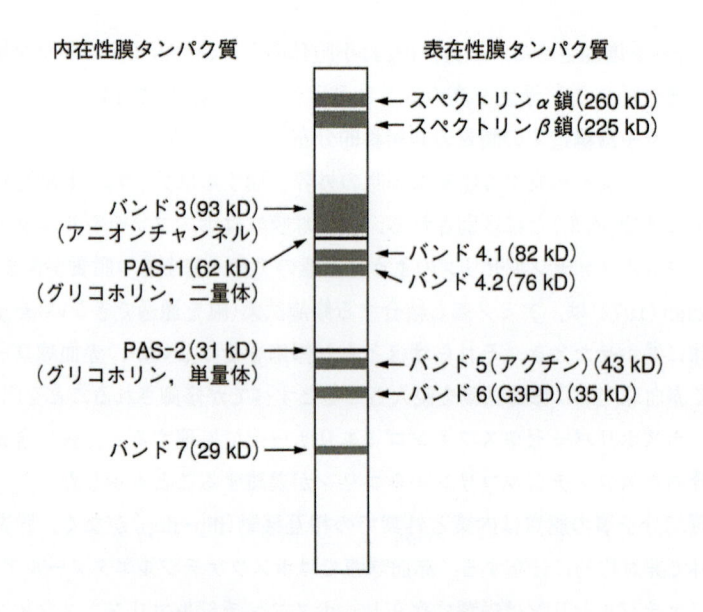

図 7.16 赤血球の膜タンパク質の **SDS-PAGE** してタンパク染色したときの泳動パターンの概略図
左側に内在性膜タンパク質を，右側に表在性膜タンパク質を示す．分子量（単位，kD）をかっこ内に示す．PAS-1, PAS-2 は糖鎖含量が高いために染色性が悪く，泳動が遅れる．

一例として，図7.16には，赤血球の膜を構成するタンパク質をSDS電気泳動（SDS-PAGE）したときの泳動パターンと，膜内在性と膜表在性の区別を示す．赤血球膜の主要タンパク質のバンド3は分子内に10箇所の膜貫通ドメインをもつ分子量 95 kD の内在性膜タンパク質で，赤血球内外での Cl^- と HCO_3^- の交換反応を行い，CO_2 の運搬と排泄に重要な役割を担うアニオンチャンネルである．アニオンチャンネルのN末端は細胞質に突き出ていて，この部分に表在性膜タンパク質のバンド2.1（アンキリン）やProtein 4.1と4.2が結合し，さらにそれらのタンパク質を介して別の表在性膜タンパク質（スペクトリン）が結合する．また，赤血球膜にはPAS（periodic acid-Schiff）染色される膜内在性のグリコホリンと呼ばれる糖タンパク質（PAS-1, -2, -3, -4）がある．

内在性膜タンパク質には，タンパク質のN末端のアミノ基に脂肪酸（おもにミリスチン酸）がアシル基を介して結合したものと，C末端のカルボキシル基にGPIアンカーと呼ばれる糖脂質を結合したタンパク質（GPIアンカー型タンパク質）が存在する．それらは脂肪酸の炭化水素鎖を膜の脂質二分子層に埋め込んで結合しており，内在性膜タンパク質として分類される．

(2) 膜タンパク質の役割

生体膜を構成する脂質は，異なった細胞・オルガネラであっても組成が比較的似ており，その主たる役割は物質の透過を制御する障壁であるとされている．それに対して，生体膜を構成するタンパク質は，細胞・オルガネラの種類によって著しく異なる．膜タンパク質はそれぞれの細胞やオルガネラのもつ機能的

特性を担っていると考えられる．

細胞外表面に存在する膜タンパク質には，細胞膜の表面に存在し細胞間の認識や接着にかかわる細胞接着分子，細胞内外に分子を輸送する役割を担う輸送タンパク質，細胞外からの物質の取り込み（エンドサイトーシス）や細胞の増殖や分化にかかわる因子に反応して情報を細胞内部に伝える受容体タンパク質などがある．細胞膜の内面には，受容体の情報を核に伝達する過程にかかわるタンパク質，内在性膜タンパク質に結合して細胞の動きや細胞の形態形成にかかわる細胞骨格タンパク質などがある．また，小胞体やゴルジ体膜の内腔側には膜タンパク質や分泌タンパク質の修飾に関与するさまざまな酵素群が，ミトコンドリア内膜にはエネルギー生産にかかわる酵素群が存在する．それぞれの膜タンパク質は，その機能を果たすために脂質二分子層からなる膜によって最適な環境に配置されている．

(3) 膜タンパク質の生合成

膜タンパク質の生合成経路を図7.17に示す．①核から細胞質に移行したmRNAはリボソームに結合し，**翻訳**(translation)が開始されてN末端のシグナルペプチドが合成され，そこに**シグナルペプチド認識粒子**(signal recognition particle：SRP)が結合する．②シグナルペプチドに結合したSRPは小胞体膜上

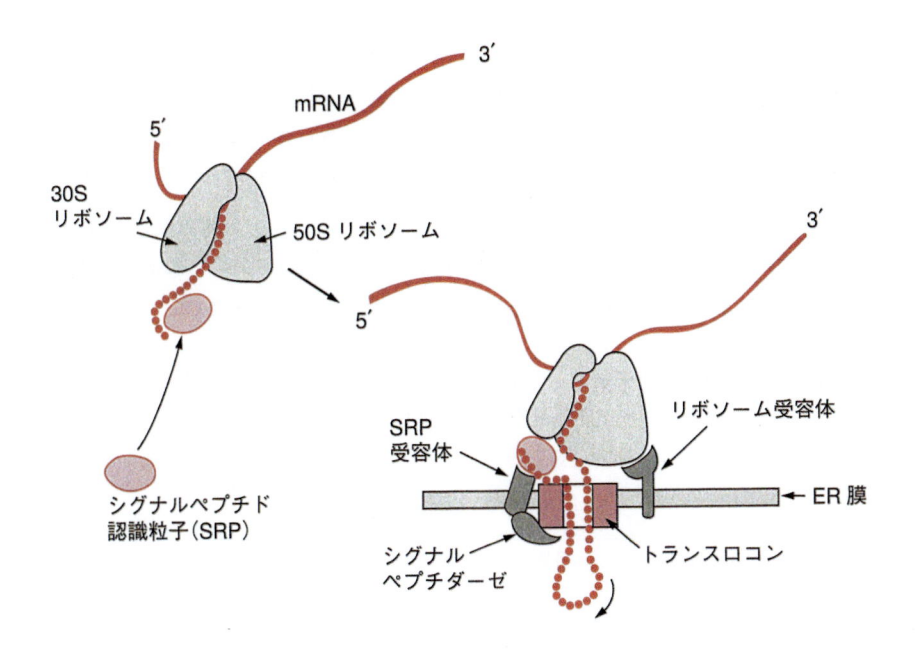

図7.17 膜タンパク質の生合成経路
リボソーム上でシグナルペプチドが合成されると，そこにシグナルペプチド認識粒子(SRP)が結合する．さらに，リボソーム・mRNA複合体はER膜上のSRP受容体に結合する．翻訳が再開されて合成されたペプチドは小胞体内腔に侵入する．ペプチドの侵入は膜貫通領域が脂質二重層に入ると停止する．小胞体内腔側でシグナルペプチドがシグナルペプチダーゼによって切断される．その後，膜タンパク質は輸送小胞によってゴルジ体に運ばれ，そこで修飾されて最終的に細胞膜に運ばれる．

のSRP受容体に結合する．翻訳されたペプチドは**トランスロコン**(translocon)と呼ばれる膜タンパク質の隙間を通って小胞体内腔に侵入する．③小胞体内腔に侵入したペプチドは膜貫通領域で侵入を停止する．同時に，小胞体内腔のシグナルペプチドはシグナルペプチダーゼによって切断され，膜タンパク質はトランスロコンから小胞体膜の脂質二分子層に移される．多くの場合，小胞体内腔側が糖鎖の付加を受ける．そして，膜タンパク質は**輸送小胞**(transport vesicle)によってゴルジ体に運ばれ，**シス槽**(cis Golgi)，**中間槽**(middle Golgi)，**トランス槽**(trans Golgi)を経由して糖鎖やリン酸基で修飾(プロセシング)され，輸送小胞に移されて細胞膜に運ばれる．

膜タンパク質は小胞体膜へのペプチド鎖の侵入の様式の違いによって分類される．N末端を小胞体内腔側(最終的に細胞表面)に，C末端を細胞質側にしたものを type I，その反対に C 末端を小胞体内腔側に，N 末端を細胞質側にしたものを type II，複数の膜貫通領域をもつものを type III と呼ぶ．

(4) 膜タンパク質の膜貫通領域の予測

内在性膜タンパク質の膜貫通部分は，アミノ酸配列から予測することができる．脂質二分子層の疎水性領域の幅(厚さ)は約 3 nm で，この幅は α ヘリックスを形成したペプチドでは約 20 個のアミノ酸に相当する．膜貫通領域は疎水性に富んだアミノ酸残基が 20 個程度集まった部分である．したがって，膜貫通領域は個々のアミノ酸残基についての脂質二分子層の疎水性領域から水へ移行するときの自由エネルギーの変化量の値に基づいて，連続した約 20 個のアミノ酸の和として示される値から予測できる．n 番目のアミノ酸から $n+m$ 番目までのアミノ酸のそれぞれの値を合計して n 番目の値としてグラフに表すことを Hydropathy plot という($1 \leq n \leq$ タンパク質のアミノ酸残基数 $-m$)．とくに，m の数値をウインドウ幅といい，通常 19 か 20 が用いられる．表 7.2 に，Engelman, Steitz, Goldman (1982) によって求められた個々のアミノ酸の自由

表7.2 膜貫通領域を予測するための **Hydropathy plot** に用いられるアミノ酸の自由エネルギー変化量の値〔Engelman, Steitz, Goldman (1982)〕

アミノ酸残基 (三文字，一文字記号)	疎水領域から親水領域への 自由エネルギー変化量 (kcal/mol)	アミノ酸残基 (三文字，一文字記号)	疎水領域から親水領域への 自由エネルギー変化量 (kcal/mol)
フェニルアラニン (Phe, P)	3.7	セリン (Ser, S)	0.6
メチオニン (Met, M)	3.4	プロリン (Pro, P)	−0.2
イソロイシン (Ile, I)	3.1	チロシン (Tyr, T)	−0.7
ロイシン (Leu, L)	2.8	ヒスチジン (His, H)	−3.0
バリン (Val, V)	2.6	グルタミン (Gln, Q)	−4.1
システイン (Cys, C)	2.0	アスパラギン (Asn, N)	−4.8
トリプトファン (Trp, W)	1.9	グルタミン酸 (Glu, E)	−8.2
アラニン (Ala, A)	1.6	リシン (Lys, K)	−8.8
トレオニン (Thr, T)	1.2	アスパラギン酸 (Asp, D)	−9.2
グリシン (Gly, G)	1.0	アルギニン (Arg, R)	−12.3

エネルギー変化量の値を示す.

(5) 膜の裏打ちタンパク質としての細胞骨格タンパク質

赤血球膜バンド3（アニオンチャンネル）は細胞質側でバンド2.1（アンキリン）やProtein 4.1と4.2に結合し，それらのタンパク質を介して細胞骨格タンパク質であるスペクトリンに結合していることは先に説明した．赤血球膜にある膜タンパク質（PAS-1, -3, グリコホリンA, C）は細胞質側でバンド4.1を介してスペクトリンに結合している．スペクトリン欠損症のマウスの赤血球の形態は，中央部がくぼんだ円盤状ではなく球形で，正常赤血球に比べてもろく溶血しやすい．これらの膜タンパク質は細胞骨格タンパク質と結合して細胞形態の維持と膜の安定化に寄与していることが示されている．

細胞接着に関与する膜タンパク質は，細胞接着の過程で細胞骨格タンパク質に結合することが重要である．カドヘリンは細胞質側でカテニンを介して，インテグリンはタリンとαアクチニンを介して，細胞膜を裏打ちするアクチン繊維に結合している．

7.1.5 生体膜を構成する糖質

(1) 膜を構成する糖質の種類

生体膜に存在する糖含量は通常2～10％程度で，それは脂質に結合した**糖脂質**（glycolipid）とタンパク質に結合した**糖タンパク質**（glycoprotein）の糖鎖として存在する．

哺乳類由来の糖脂質には，スフィンゴシンに脂肪酸がアミド結合したセラミドに糖鎖が結合したスフィンゴ糖脂質，糖鎖がグリセロリン脂質に結合したグリセロ糖脂質とがある．代表的なスフィンゴ糖脂質の構造を表7.3に示す．

表7.3 生体膜を構成する代表的なスフィンゴ糖脂質の基本糖鎖構造

ガラクトシルセラミド	Galβ1→1Cer
ラクトシルセラミド	Galβ1→4Glcβ1→1Cer
ガングリオ系	GalNAcβ1→4Galβ1→4Glcβ1→1Cer
ガングリオ系	Galβ1→3GalNAcβ1→4Galβ1→4Glcβ1→1Cer
ラクト系（ラクト1型）	(Galβ1→3GalNAcβ1→3)$_n$Galβ1→4Glcβ1→1Cer
ネオラクト系（ラクト2型）	(Galβ1→4GalNAcβ1→3)$_n$Galβ1→4Glcβ1→1Cer
グロボ系	GalNAcβ1→3Galα1→4Glcβ1→1Cer

糖タンパク質の糖鎖は，糖鎖とタンパク質との結合様式の違いによって分類されている（図7.18）．哺乳類由来の代表的な糖鎖は，アスパラギンのアミノ基にN-アセチルグルコサミンがアミド結合した糖鎖（N-グリコシド型），セリンあるいはトレオニンのヒドロキシル基にN-アセチルガラクトサミンがグリコシド結合した糖鎖（O-グリコシド型糖鎖）である．

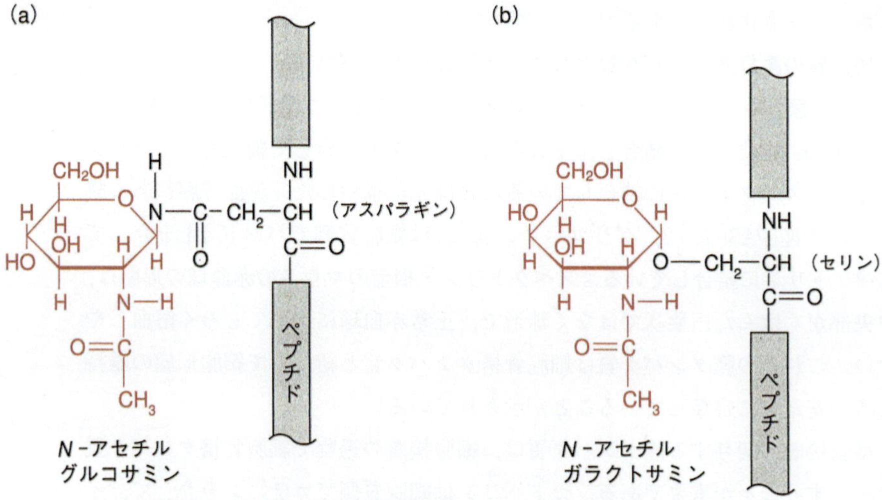

図7.18 糖タンパク質糖鎖の結合様式
代表的な糖鎖として，(a) アスパラギン側鎖の窒素(N)原子に結合した N-グリコシド型糖鎖，および (b) セリンあるいはトレオニン側鎖の酸素(O)原子に結合した O-グリコシド型糖鎖がある．

(2) 膜脂質と糖タンパク質の役割

糖脂質と糖タンパク質に結合した糖鎖について，その詳細な糖鎖構造が数多く報告されているが，糖鎖自身のもつ役割については不明な点が多い．機能的な役割が明らかにされている糖鎖には，血液型の ABO 型(49頁のコラム参照)，ルイス型，Ii 型，P 型活性をもつ糖鎖，炎症で循環リンパ系細胞が炎症部位の血管内皮に接着するときのリガンドであるシアリルルイス X 型(Sialyl-Le^x)糖鎖，哺乳類胚発生初期の桑実胚のコンパクションにかかわる時期特異的胎児性抗原(SSEA-1 糖鎖)，受精に関与する卵細胞膜上の N-アセチルグルコサミンを末端にもつ糖鎖などが知られているにすぎない．

糖タンパク質で N-グリコシド型糖鎖が結合する部位はアミノ酸配列が Asn-X-Ser(Thr)である．N-グリコシド型糖鎖の結合の有無から膜タンパク質の細胞外領域が決定される．

(3) 糖タンパク質糖鎖の生合成過程におけるプロセシング

糖タンパク質の N-グリコシド型糖鎖の典型的なプロセシングを図7.19に示す．① 小胞体(ER)腔に侵入したペプチドに Asn-X-Ser(Thr)配列があると，ドリコールリピド中間体[Dol-PP-(GlcNAc)$_2$(Man)$_9$(Glc)$_3$]から糖鎖が転移される．次に，3分子のグルコース(Glc)と α(1→2)結合したマンノース(Man)の一つが除去される．② ゴルジ体に運ばれた糖タンパク質はシスゴルジからトランスゴルジへと移される過程で，α(1→2)結合した3分子の Man と α(1→3)と α(1→6)結合した Man が除かれ，残った末端の二つの Man に N-アセチルグルコサミン(GlcNAc)が，アスパラギン(Asn)に結合した GlcNAc にフコース(Fuc)が結合する．そしてガラクトース(Gal)とシアル酸(SA)が末端の GlcNAc に結

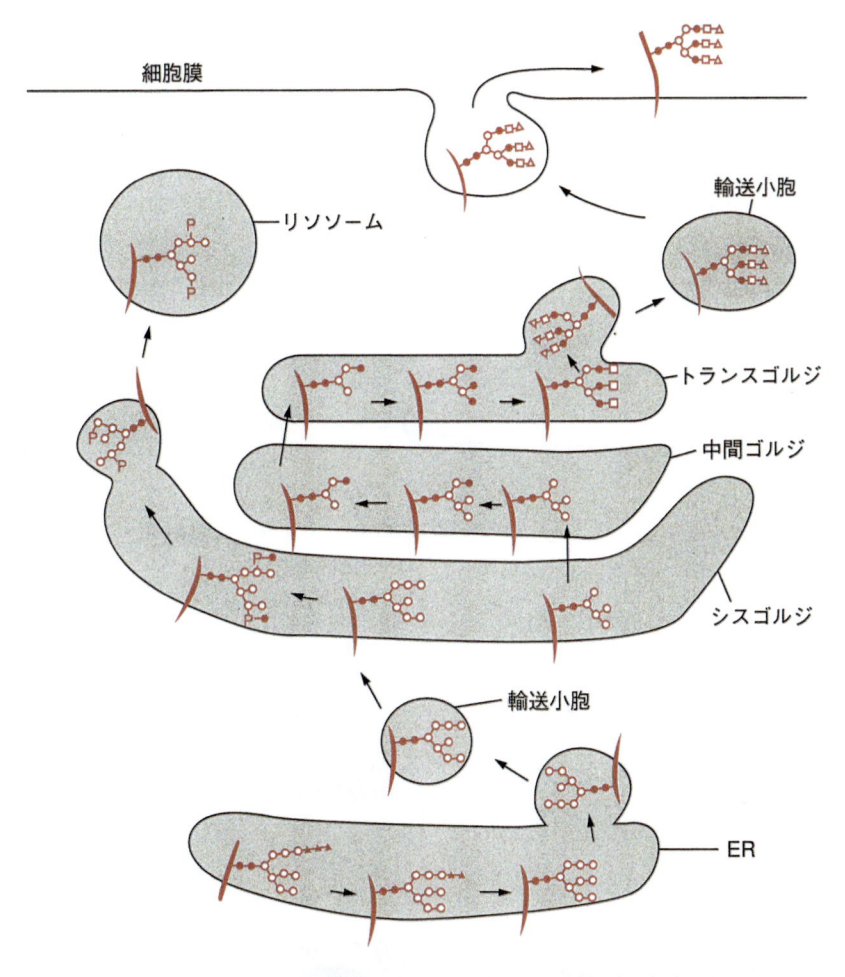

図7.19 *N*-グリコシド型糖鎖をもつ糖タンパク質の生合成経路
N-グリコシド型糖鎖は ER とゴルジ体（シス槽 cis Golgi，中間槽 middle Golgi，トランス槽 trans Golgi）を経由してプロセスされ，細胞膜やリソソームに運ばれる．

合して糖鎖のプロセシングが完了する．

　リソソームに局在する糖タンパク質は ER で Dol-PP-(GlcNAc)$_2$(Man)$_9$(Glc)$_3$ から糖鎖が転移し，3分子の Glc が除去された後で，Man が UDP-GlcNAc を介してリン酸化される．リン酸化 Man がシグナルとなってそのタンパク質がリソソームに運ばれる．

7.1.6　生体膜を構成する脂質とタンパク質の膜面上での拡散

(1) 膜面上を拡散する脂質とタンパク質の観察

　膜にある脂質とタンパク質の多くは膜面上を**側方拡散**(lateral diffusion)する．脂質とタンパク質の流動性は，細胞融合による抗原タンパク質の挙動観察，蛍光標識された細胞表面物質のレーザー光線による光退色と回復実験，および不対電子対をもつ標識剤をタンパク質に結合させたり脂質二分子層に挿入してス

ピン共鳴を測定することによって示された．

　FryeとEdidin(1970)はヒトとマウスの細胞をセンダイウイルスを用いて融合させ，経時的に細胞を固定して，融合細胞の表面にあるそれぞれの細胞から由来する抗原タンパク質の分布を調べた(図7.20)．融合細胞を37℃に移して5〜10分後にそれぞれの抗原が半球状に分布した細胞が生じ，25〜40分後には両抗原が交じり合いモザイク状の分布をした細胞が生じた．種々の代謝阻害剤と温度変化の実験から，この現象が膜の流動性によって生じたもので，抗原タンパク質の代謝やリサイクル機構などで生じたものでないことを示した．

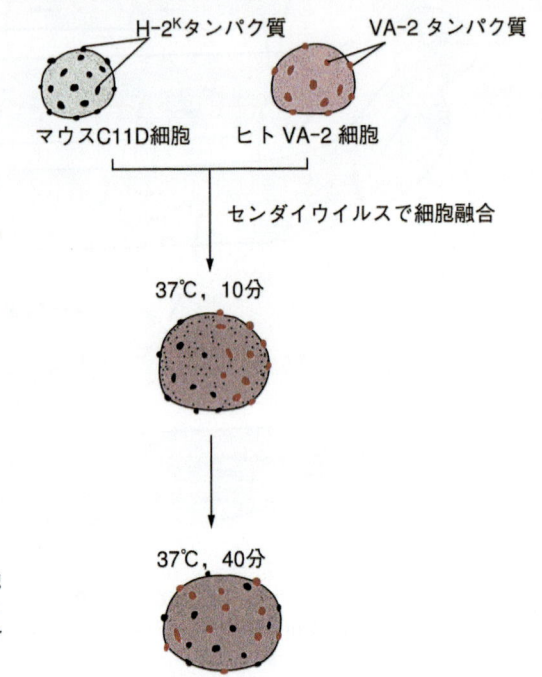

図7.20　FryeとEdidinの行った細胞融合実験
マウス(C11D)細胞とヒトVA-2細胞をセンダイウイルスによって融合させ，蛍光標識した抗体を用いてマウスの膜タンパク質($H-2^K$)とヒトの膜タンパク質(VA-2抗原)の分布を調べた．細胞融合後40分に両抗原が交じり合ってモザイク状の分布を示した．

　イソチオシアナート基をもつ蛍光色素試薬で膜表面の脂質やタンパク質を標識した細胞にレーザー光線を照射すると，照射された部分の蛍光物質が**分解**(bleach)されて退色する．経時的に細胞表面のその部分の蛍光強度を測定すると，徐々に蛍光が回復することが観察される(図7.21)．この現象は膜の流動性を示すものである．この**蛍光退色回復法**(fluorescence photobleaching recovery method：FPR)と呼ばれる方法によって，脂質やタンパク質の膜面上の**拡散係数**(diffusion coefficient，単位 cm^2/sec)が測定できる．37℃の膜面上での拡散係数は，脂質では約 10^{-8} cm^2/sec，タンパク質では約 4×10^{-9} cm^2/sec の値を示す．この拡散係数から算出される移動速度は，脂質で約 $1.4\,\mu m/sec$，タンパク質で約 $0.9\,\mu m/sec$ である．

　脂質とタンパク質のなかには膜面上を自由に拡散しないものも知られている．膜の裏打ちタンパク質である細胞骨格タンパク質に結合する細胞接着分子，バ

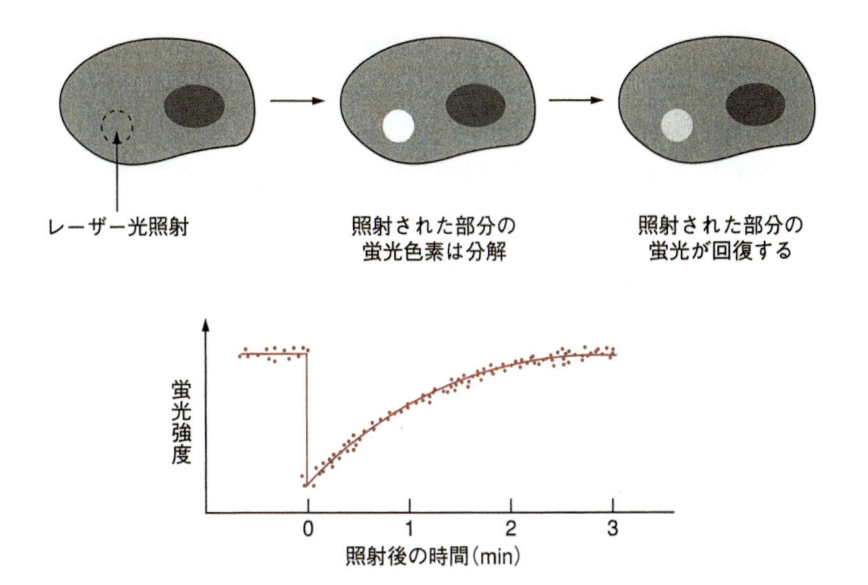

図 7.21 細胞膜のタンパク質や脂質の拡散を測定するときに用いられる蛍光退色回復法
蛍光色素で標識した細胞を顕微鏡下に置き，直径数 μm の強いレーザー光線を照射して，その部分の蛍光を退色させた後，減光したレーザー光を照射してその部分の蛍光の回復を測定する．回復の程度の測定から拡散係数が求められる．

ンド 3，アニオンチャンネルなどの膜タンパク質は拡散せず，拡散係数が約 10^{-12} cm^2/sec である．脂質でも，膜タンパク質の膜貫通領域に結合している脂質のなかには拡散しない脂質もある．

(2) 膜の流動性を調節する要因

膜の流動性 (membrane fluidity) は，温度，構成する脂肪酸の組成，コレステロール含量，ホスファチジン酸に結合する極性基の違いなどによって異なる．

脂肪酸の炭化水素鎖の炭素－炭素結合は，温度が低いとき熱力学的に安定なトランス形の立体配座を示すが，温度が高くなると部分的に回転してゴーシュ形の立体配座 (回転異性) も示す．この性質のために，脂質二分子層は低温では**ゲル状** (gel phase)，高温では**液晶状** (liquid crystalline phase) の状態をとる．この状態変化を起こす温度を**相転移温度** (midtransition temperature, T_m) と呼ぶ．示差熱分析によって測定された単一のリン脂質からなる脂質二分子膜の T_m 値から，飽和脂肪酸のみの場合は含まれる脂肪酸の炭化水素鎖が長くなると T_m 値が高くなり，炭素数が同じ脂肪酸の場合は不飽和脂肪酸が含まれると T_m 値が低くなることが示されている．また，T_m 値は含まれる脂肪酸が同じであっても結合する極性基 (コリン，エタノールアミン，グリセロール) の違いでも変わり，エタノールアミンの場合に T_m 値が高くなる．

真核細胞の生体膜に含まれるコレステロールは膜の流動性を調節する重要な要因である．コレステロールは脂質二分子層に垂直に突き刺さった形で挿入さ

れ，コレステロールのステロイド部分が脂肪酸の炭化水素鎖と疎水結合し，ヒドロキシル基はリン脂質のカルボニル基の酸素原子と水素結合する．その結果，コレステロールは膜の流動性を低下させる．

原核細胞は，形質膜の流動性を不飽和脂肪酸の含量を変化させて調節している．一例として，42℃で培養した大腸菌（E. coli）の形質膜では飽和脂肪酸/不飽和脂肪酸の値が1.6であったが，培養温度を27℃にすると飽和脂肪酸の割合が少なくなり値は1.0に下がることが示されている．

(3) SingerとNicolsonによる膜の流動モザイクモデル

生体膜の基本的な構造としてSingerとNicolson（1972）は図7.3を示し，生体膜は次の四つの特性をもつことを示した．① 大部分のリン脂質は，親水性の部分を外側に，疎水性の非極性部分を内側に配列した二重層構造をとる．脂質二重層構造は膜タンパク質を安定化させる溶媒（solvent）と物質の透過を防ぐ障

コラム

脂質二分子層に浮かぶ筏

生体膜の流動モザイクモデルから示されるように，生体膜を構成する脂質は膜タンパク質と相互作用しないかぎり自由に側方拡散すると考えられてきた．しかし，スフィンゴシンを共通構成成分とするスフィンゴ脂質（sphingolipid）は，生体膜を構成する主要脂質であるグリセロールを共通構成成分とするグリセロ脂質（glycerolipid）と異なって，脂質二分子層に埋め込まれる脂肪酸のアシル基の炭化水素鎖は長く，しかも不飽和二重結合をもっていないものが多い．そのために生体膜では不飽和脂肪酸をもつグリセロリン脂質含量が高くて液晶状態を示す脂質二分子層の中に，スフィンゴ脂質とコレステロールが集合してゲル状となったraft（筏）と呼ばれる領域があることが示されている．

一方，生体膜を界面活性剤で処理したときに可溶化されない膜画分が存在し，この画分にはスフィンゴ脂質とコレステロール含量が高く，またGPIアンカー型のタンパク質とそれと相互作用する膜貫通型のタンパク質も含まれていることが知られていた．とくに細胞膜上のこの領域は，DRM（detergent-resistant membrane），DIG（detergent-insoluble glycolipid-enriched membrane），GEM（glycolipid-enriched membrane），あるいはTIFF（Triton-insoluble floating fraction）と呼ばれている．最近，界面活性剤で可溶化されない膜画分はスフィンゴ脂質とコレステロールからなるraftと同一のものと考えられている（図参照）．この領域の役割は，上皮細胞でGPIアンカー型のタンパク質が頂端側細胞膜（apical membrane）に運ばれるシグナル，細胞間の認識にかかわる膜貫通型の細胞接着分子を集合させてアビディティー（avidity）を高める作用，ERで生合成された膜タンパク質をGPIアンカー型のタンパク質と共同的に働く場となって細胞膜に向かわせるシグナル，細胞内への情報伝達に関して細胞質側のホスファチジルイノシトールキナーゼ（PI3-kinase）を活性化させることなどが明らかとされている．

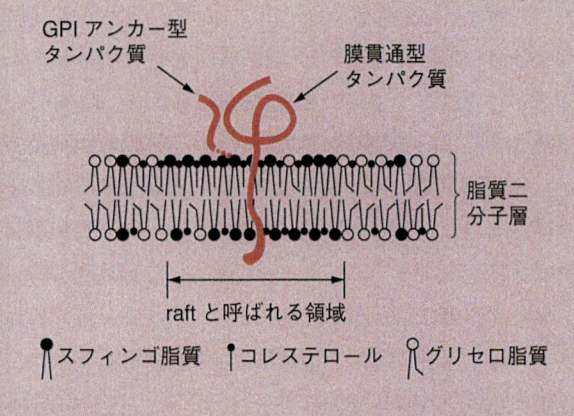

壁との役割をもつ．②リン脂質のなかには，膜タンパク質と特異的に結合し，そのタンパク質の機能にかかわるものもある．③他のタンパク質と相互作用することによって制限されないかぎり，膜タンパク質は溶媒としてのリン脂質の上を**横方向**(lateral)に自由に拡散(側方拡散)する．④膜タンパク質は細胞外の部分と細胞質側の部分とが入れ替わらない．

SingerとNicolsonの示した生体膜のモデルは"流動モザイクモデル"と呼ばれ，このモデルはタンパク質分子の回転や膜面上の移動現象に対する説明を可能にした．

7.1.7　生体膜の再構成実験
(1) 細胞生物学・生化学に用いられる界面活性剤

内在性膜タンパク質は脂質二分子層に強く結合している．細胞生物学や生化学の研究では，内在性膜タンパク質の可溶化に界面活性剤を用いる．界面活性剤は，陰イオン性界面活性剤，陽イオン性界面活性剤，両性界面活性剤，非イオン性界面活性剤に分類される．

代表的な界面活性剤として，陰イオン性界面活性剤には**ドデシル硫酸ナトリウム**(sodium dodecylsulfate：SDS)，**リゾレシチン**(lysolecithin)，**デオキシコール酸ナトリウム**(sodium deoxycholate)，**タウロコール酸ナトリウム**(sodium taurocholate)などが，陽イオン性界面活性剤には**ドデシルトリメチルアンモニウムブロミド**(dodecyltrimethylammonium bromide：DTAB)が，両性界面活性剤には**チャプス**(cholamidopropyldiethylammoniopropane sulfonate：CHAPS)，**ドデシルジメチルアミンオキシド**(dodecyldimethylamine oxide：DDAO)などが，非イオン性界面活性剤には**トリトン系界面活性剤**(Triton X-100, Triton X-114, NP-40など)，**オクチルグルコシド**(octyl-β-glucoside)が用いられる．

細胞生物学や生化学の研究で内在性膜タンパク質を可溶化するときに用いる界面活性剤の特性を表7.4に示す．

表7.4　細胞生物学や生化学で広く用いられる界面活性剤の性質

商品名	分子量	限界ミセル濃度 mM	ミセル分子量	タンパク質分子構造の維持	界面活性剤の除去
非イオン性界面活性剤					
Triton X-100	625	0.24	90000	＋	比較的困難
オクチルグルコシド	292	25		＋	容易
イオン性界面活性剤					
コール酸	409	14	900-1800	＋	容易
デオキシコール酸	392	4〜6	1700-4200	＋	容易
タウロデオキシコール酸	392	2〜6	2000	＋	容易
リゾレシチン	500-600	0.02〜0.2	95000	＋	比較的困難
SDS	288	8	18000	−	困難
両性界面活性剤					
CHAPS	615	1.4	6150	＋	容易

(2) 生体膜の再構成

内在性膜タンパク質を界面活性剤で可溶化した後に，界面活性剤を除去すると膜タンパク質は凝集して沈殿する．しかし，界面活性剤を除去する前にリン脂質を加えると，脂質二分子層が再構築されて小胞が形成され，タンパク質がその膜に挿入される．この手法は膜にあってのみ機能を発現する膜タンパク質（膜酵素や受容体など）の研究に用いられる．

ミセル内分子集合数が少なくて，ミセル粒子の分子量が比較的小さく透析によって除去できる界面活性剤（コール酸，CHAPS，オクチルグルコシドなど）の存在下で，可溶化した精製膜タンパク質溶液にホスファチジルコリンを加え緩衝液に対して透析する．界面活性剤が除去されると，脂質二分子層からなる小胞が構築される．構築された小胞の脂質二分子層膜に挿入された膜タンパク質の方向性はランダムであるが，酵素の基質やリガンドは外側からのみ作用するので，そのタンパク質の機能分析が可能となる．

図 7.22 に，細胞内の低 Ca^{2+} 濃度を維持するポンプである Ca^{2+}-ATPase を膜に再構成させた実験を示す．再構成膜の小胞を懸濁させた溶液に $^{45}Ca^{2+}$ と ATP を加えると，小胞内に $^{45}Ca^{2+}$ が蓄積される．

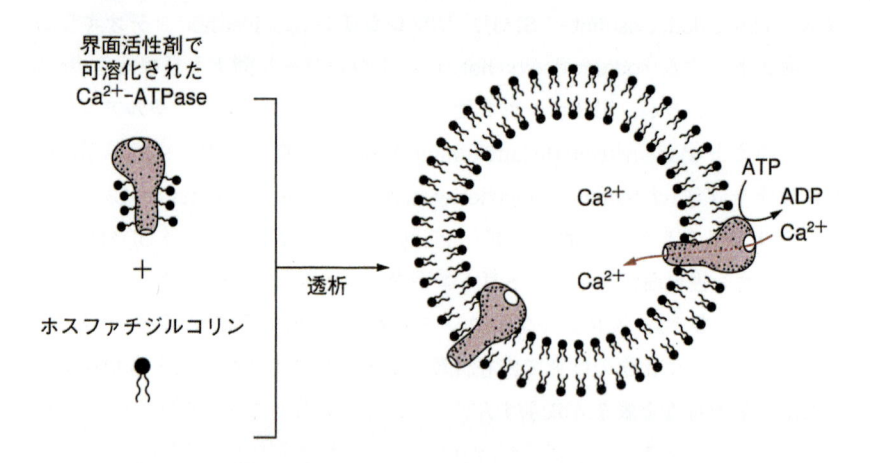

図 7.22 膜に再構成したイオンポンプ（Ca^{2+}-ATPase）の Ca^{2+} 輸送活性の回復実験

7.2 細胞融合と細胞工学

細胞膜の融合は普遍的な生命現象の一つである．真核細胞では，細胞内で生じる膜融合現象として，細胞外からの物質をエンドソーム（endosome）に取り込むエンドサイトーシス（endocytosis），ER で生合成されたタンパク質のプロセシングにかかわる細胞内輸送過程やエキソサイトーシス（exocytosis），膜表面にある受容体タンパク質のリサイクル（recycling）などが知られている．細胞-細胞間で起こる膜の融合については，受精の際の精子と卵母細胞との融合，筋芽細胞の融合による多核の筋管細胞の形成，前破骨細胞の融合による破骨細胞

の形成，炎症における**巨細胞**(giant cell)の形成，エイズの原因ウイルスであるHIVやインフルエンザウイルスやセンダイウイルスなど**外被**(envelope)をもつウイルスが宿主細胞に感染する際のウイルス外被と宿主細胞膜との融合が知られている．細胞膜の融合を利用して，膜の流動性を証明する実験，モノクローナル抗体の作製，核移植によるクローン動物の作製，高分子物質の細胞内への輸送などが行われている．

現在，ポリエチレングリコール(PEG)やポリビニルアルコール(PVA)にセンダイウイルスと同様な細胞膜融合活性が認められ，細胞融合にはPEGやPVAが広く用いられている．また，電気刺激や機械刺激による細胞融合法も開発されている．

7.2.1 岡田善雄による細胞融合の発見

2種類の細胞を混合培養すると，頻度は非常に低いが雑種細胞が得られることが古くから知られていた．しかし，多数の雑種細胞を簡単な方法で効率よく得ることは困難であった．

岡田善雄(1962)はラットの浮遊型の**エールリッヒ腹水がん細胞**(Ehrlich's ascites tumor cell)に**センダイウイルス**〔Sendai virus, Hemagglutinating virus of Japan(HVJ)〕を低温(4℃)で混合すると，ただちに巨大な凝集塊が形成され，それを37℃にすると細胞が融合して巨大な多核細胞が生じることを発見した(図7.23)．しかし，融合細胞ではウイルスが感染増殖するために，融合細胞を増殖させたり，融合細胞としての特徴を生かした研究は不可能であった．

HarrisとWatkins(1965)は，紫外線を照射したHVJ(不活化HVJ)は細胞融合能力を保持しているが，子ウイルスの増殖能を失うことを示した．そして彼らは，エールリッヒ腹水がん細胞どうしのみならず，異種の細胞(ラットのエールリッヒ腹水がん細胞とヒトの子宮頚部がん由来のHeLa細胞)間でも融合が起こることを認めた．異種細胞間で融合した細胞(雑種細胞と呼ばれる)でRNAとタンパク質の合成，DNAの複製が行われることも示し，不活化HVJを用いた細胞融合研究の道を開いた．

7.2.2 融合細胞の性質

異種の細胞間融合によってつくられた雑種細胞のもつ形質としては，①肝臓がん細胞のカタラーゼや神経芽腫細胞のアセチルコリンエステラーゼの場合に見られるように，融合後も安定して発現されるもの，②メラノーマ細胞のメラニン合成や神経芽腫細胞のS-100タンパク質の場合のように，抑制されて発現されなくなるもの，③ニワトリの細胞膜タンパク質の場合のように，融合後は抑制されるが培養を続けていると再び発現されるもの，④ニワトリ赤血球のように休止状態であった核が活性化され核小体の出現とrRNA合成が認められ，本来，発現されない形質が新たに発現されるものの四つの場合が知られている．

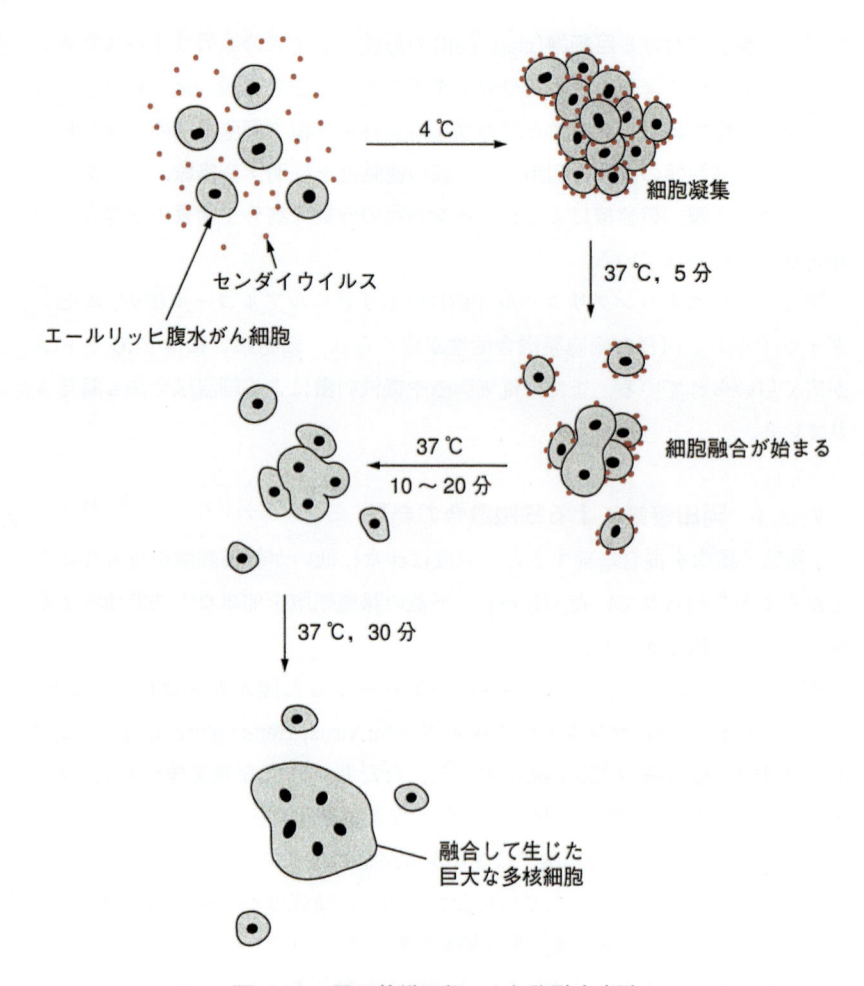

図 7.23　岡田善雄の行った細胞融合実験
エールリッヒ腹水がん細胞の浮遊液に低温でセンダイウイルス（HVJ）を加えると細胞が凝集する．それを 37℃にすると融合して巨大な多核細胞（シンシチウム）を形成する．

　興味深い実験として，Harris(1969)はγ線照射して増殖能を失わせたマウス L 細胞をニワトリ赤血球（核をもつが不活性化されている）と融合させたとき，ニワトリ赤血球由来の凝集した核がしだいに肥大して核小体が出現し，rRNA 合成が認められることを示し，マウス L 細胞の細胞質には，種の異なるニワトリの休止状態にある核を活性化させる種の違いを超えて働く因子（転写因子）があることを証明した（図 7.24）．また，Peterson と Weiss(1972)はアルブミン合成能のないマウス 3T3 細胞をアルブミン合成能をもつラット肝がん細胞腫（Hepatoma, Fu5 あるいは SFu5-5）と融合させた．融合細胞にはラットのアルブミンのみを合成する細胞やアルブミンを合成しない細胞を認めたが，そのほかにマウスのアルブミンを合成する細胞を発見した．彼らはこれによって，細胞分化の過程ですでに分化を完了した細胞であっても，分化に不必要であった遺伝子を失っていないこと，アルブミン合成を活性化する因子（転写因子）は種

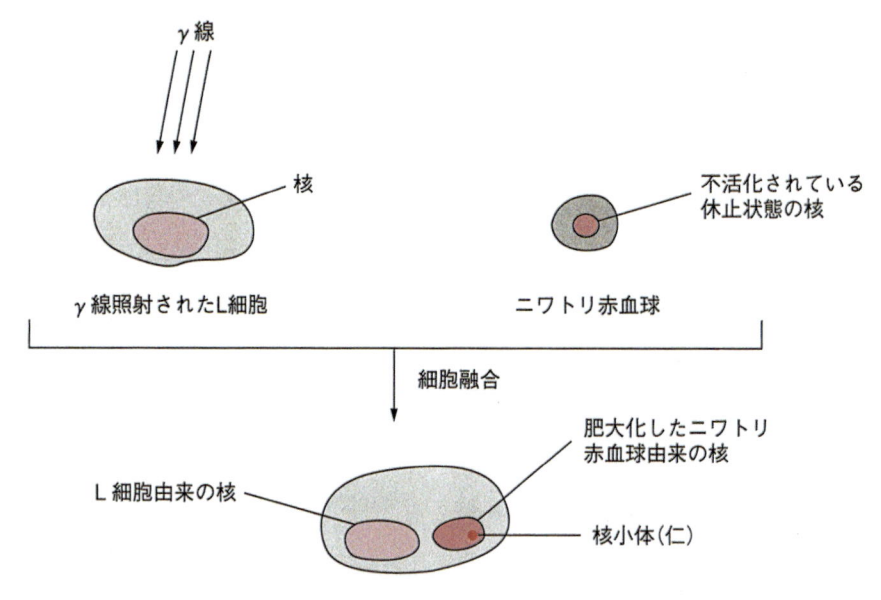

図 7.24 γ線照射され増殖能を失ったマウス L 細胞を
ニワトリ赤血球(不活性化された凝集した核
をもつ)と融合させた実験

Harris(1969)は融合細胞でニワトリ赤血球由来の核が大きくなり rRNA 合成
が始まり核小体が出現することを認めた.

の違いを超えて作用できることを示した.

7.2.3 融合細胞の選別方法

雑種細胞を選択的に分離するために，核酸の合成阻害剤に対する耐性を利用した方法が広く用いられている．代表的な細胞として，ヒポキサンチングアニンホスホリボシルトランスフェラーゼ(hypoxanthine guanine phosphoribosyl-transferase：HGPRT)活性を欠損した細胞(HGPRT⁻，グアニンのアナログである 8-azaguanine の存在下でも増殖することができる変異細胞として分離される)，thymidine kinase(TK)活性を欠損した細胞(TK⁻，thymidine のアナログである 5-ブロモデオキシウリジンの存在下でも増殖することができる変異細胞として分離される)，アデノシンホスホリボシルトランスフェラーゼ(adenosine phosphoribosyltransferase：APRT)活性を欠損した細胞(APRT⁻，アデニンのアナログである 2,6-ジアミノプリンや 2-フルオロアデニンの存在下でも増殖することができる変異細胞として分離される)，また，デオキシシチジンデアミナーゼ(deoxycytidine deaminase：dCD)活性を欠損した細胞(dCD⁻，5-ブロモデオキシシチジンが存在していても増殖が可能である)を用いて核酸の合成阻害剤の存在下で核酸(DNA)を合成できる融合細胞を選別する方法もある.

① **HGPRT⁻細胞と TK⁻細胞を融合させる方法** アミノプテリンによって DNA の *de novo* 合成経路を遮断すると同時に，ヒポキサンチンとチミジンに

DNA の *de novo* 合成経路

DNA 合成の材料となるプリンヌクレオチドとピリミジンヌクレオチドを，リボース，グリシン，グルタミン，アスパラギン酸，炭酸などの前駆物質を材料として *de novo*(新規に)合成する経路．DNA 合成の新生経路とも呼ばれる．*de novo* 合成経路にはホルミルテトラヒドロ葉酸の関与するホルミル化反応とメチル化反応があり，それはジヒドロ葉酸のアナログであるアミノプテリン(aminopterin)やメソトレキセート(methotrexate)などの葉酸拮抗剤で特異的に阻害される.

DNA 合成のサルベージ経路

ヌクレオチドの分解物であるプリンおよびピリミジン塩基を再利用してヌクレオチドを合成する経路．DNA 合成の再生経路とも呼ばれる．アデニル酸の合成はアデノシンホスホリボシルトランスフェラーゼ (adenosine phosphoribosyltransferase, APRT)，イノシン酸，GMP の合成はヒポキサンチン・グアニンホスホリボシルトランスフェラーゼ (hypoxanthine-guanine phosphoribosyltransferase, HGPRT)，チミジル酸の合成はチミジンキナーゼ (thymidine kinase, TK) によってなされる．

よってサルベージ経路 (salvage pathway) を利用して DNA を合成できる細胞のみを選別する方法である．選択培地として 100 μM ヒポキサンチン (H)，0.4 μM アミノプテリン (A)，16 μM チミジン (T) を加えた培養液 (HAT 培地) が用いられる (図 7.25)．

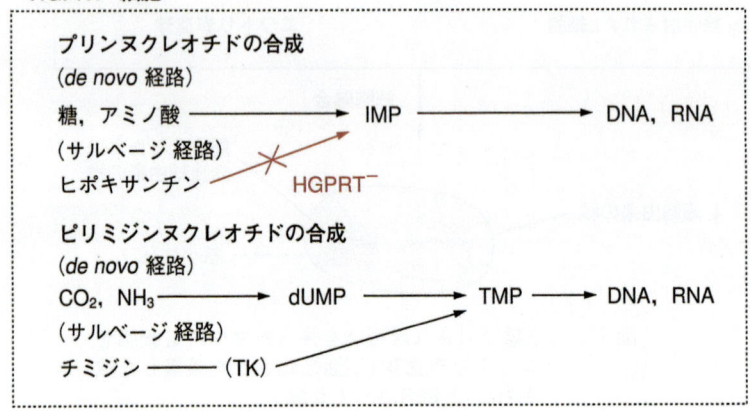

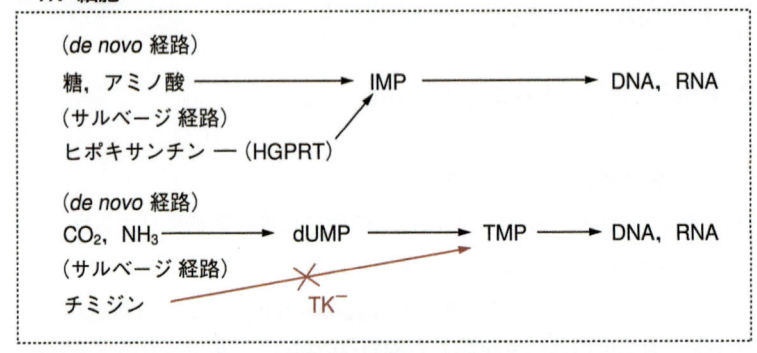

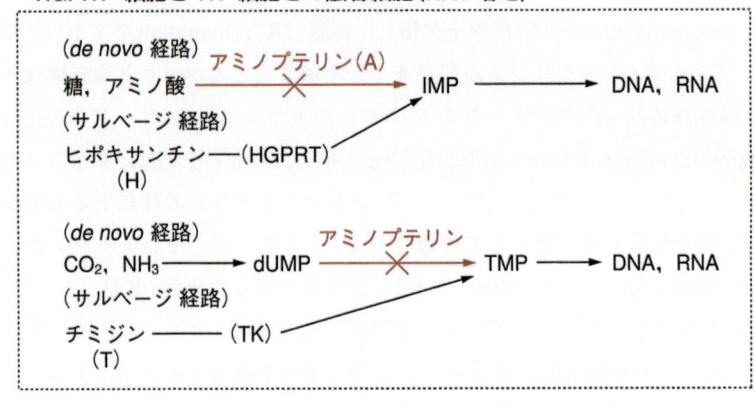

図 7.25 HGPRT⁻ 細胞と TK⁻ 細胞とを融合させる
HAT 培地に培養して，そのなかから融合細胞を選別する．

② **一方の細胞が HGPRT⁻ 細胞あるいは TK⁻ 細胞，他方が野生型の細胞を用いて融合させる方法**　一方を野生型の細胞として，分化した細胞で *in vitro* の培養系に移したときに増殖能を示さないリンパ球，ある程度増殖するがしだいに増殖速度が遅くなる初代培養の細胞，*in vitro* の培養系では増殖が困難である腹水がん細胞などを，DNA 合成のサルベージ経路を欠損している細胞の HGPRT⁻ 細胞あるいは TK⁻ 細胞とを融合させ，HAT 培地で増殖しつづける細胞を選別する（図 7.26）．この方法は Half selection（半選択）と呼ばれる．

HGPRT⁻ 細胞

プリンヌクレオチドの合成
(*de novo* 経路)
糖，アミノ酸 ──────→ IMP ──────→ DNA, RNA
(サルベージ 経路)
ヒポキサンチン ──✗── HGPRT⁻

ピリミジンヌクレオチドの合成
(*de novo* 経路)
CO₂, NH₃ ──────→ dUMP ──────→ TMP ──────→ DNA, RNA
(サルベージ 経路)
チミジン ────── (TK)

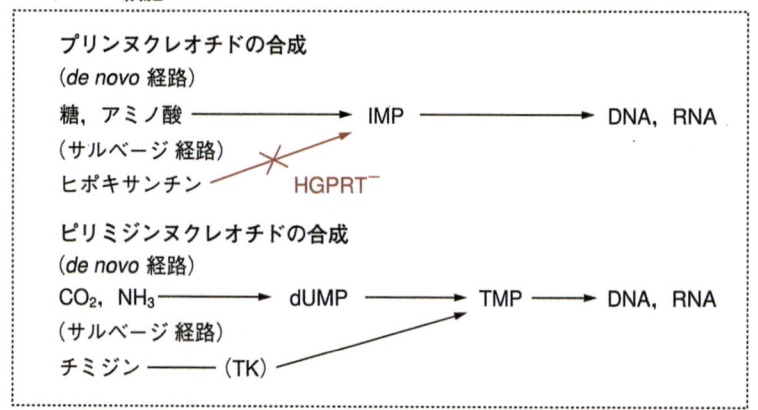

野生型細胞と融合した HGPRT⁻ 細胞（HAT 培地）

(*de novo* 経路)　アミノプテリン(A)
糖，アミノ酸 ──✗── IMP ──────→ DNA, RNA
(サルベージ 経路)
ヒポキサンチン ── (HGPRT)
(H)

(*de novo* 経路)　　　アミノプテリン
CO₂, NH₃ ──────→ dUMP ──✗── TMP ──────→ DNA, RNA
(サルベージ 経路)
チミジン ────── (TK)
(T)

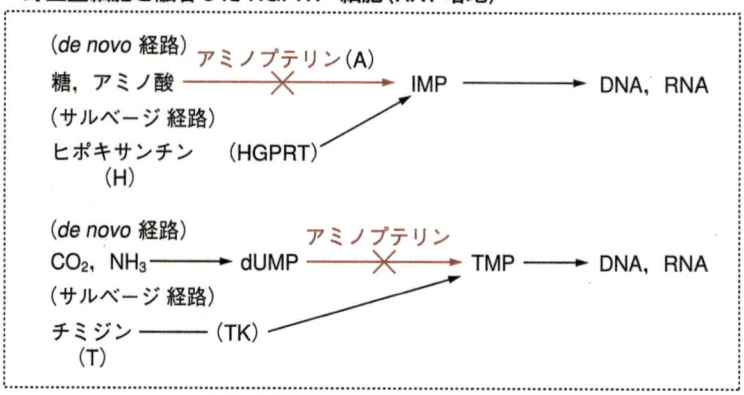

図 7.26　HGPRT⁻ 細胞あるいは TK⁻ 細胞を野生型の細胞と融合させる
HAT 培地に培養して，そのなかから融合細胞を選別する．野生型細胞は増殖が遅いために除かれる．

③ **APRT⁻ 細胞を用いる Half selection**　APRT⁻ 細胞を野生型の細胞と融合させた後に，50 μM アラノシン(A)と 50 μM アデニン(A)を加えた培養液(AA 培地)で培養する．核酸の前駆体の一つである AMP を合成する経路としては，IMP から AMP を合成する *de novo* 経路と，アデニンから AMP を合成するサル

ベージ経路がある．APRT⁻細胞はアデニンからAMPを生合成できない変異細胞で，IMPからAMPを生成して核酸を合成している細胞である．したがって，野生型細胞と融合しなかったAPRT⁻細胞においては，アラノシンの存在下ではIMPからAMPの生成が阻害され，増殖を停止する（図7.27）．

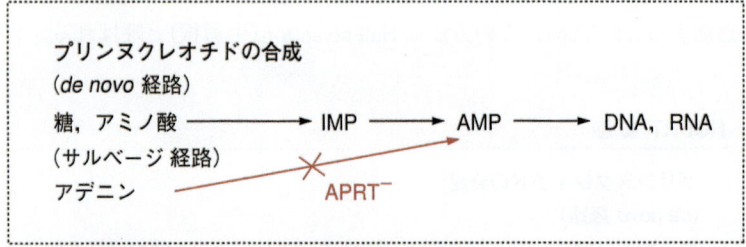

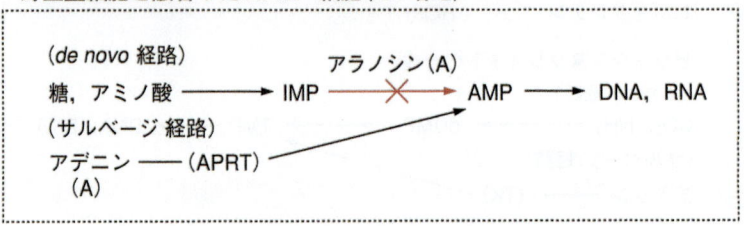

図7.27 APRT⁻細胞を野生型の細胞と融合させる
AA培地に培養して，そのなかから融合細胞を選別する．

④ **dCD⁻細胞を用いたHalf selection** dCD⁻細胞を野生型の細胞と融合させた後に，ヒポキサンチン（H），アミノプテリン（A），5-メチルデオキシシチジン（M）を加えた培養液（HAM培地）で培養する．デオキシシチジンデアミナーゼ（deoxycytidine deaminase：dCD）は5-メチルデオキシシチジンからチミジンを合成する酵素である．融合しなかったdCD⁻細胞は，アミノプテリンによって *de novo* ヌクレオチド合成系が遮断されたときに5-メチルデオキシシチジンが存在すると，チミジンの細胞内プールがなくなって死滅する（図7.28）．

7.2.4 Köhler と Milstein によるモノクローナル抗体の作製

　動物をある抗原で免疫状態にさせると，抗原分子のさまざまな領域に結合する複数の抗体が産生される．しかし，一つの抗体産生細胞は1種類の抗体をつくるのみである．無限に増殖する骨髄腫細胞と抗体を産生するが増殖できない細胞（リンパ球細胞）とを融合させてできた雑種細胞のなかから，抗体を産生しかつ増殖できる細胞（ハイブリドーマ）を選別して，その1個の細胞から増殖（クローン化）させた細胞群は，1種類の抗体をつくる細胞群となる．このクローン化したハイブリドーマから得た抗体をモノクローナル抗体（monoclonal antibody）と呼ぶ．

dCD⁻細胞

デオキシシチジン → dCMP → dUMP → TMP → DNA，RNA

5-メチルデオキシシチジン ─✗→ チミジン
　　　　　　　　　　　　　dCD⁻

野生型細胞と融合したdCD⁻細胞（HAM培地）

　　　　　　　　　　　　　　アミノプテリン(A)
デオキシシチジン → dCMP → dUMP ─✗→ TMP → DNA，RNA

5-メチルデオキシシチジン ──→ チミジン
　　(M)　　　　　　　　　(dCD)

図7.28　dCD⁻細胞を野生型の細胞と融合させる
HAM培地に培養して，そのなかから融合細胞を選別する．

　KöhlerとMilstein(1975)は細胞融合を利用して，抗体を産生しかつ増殖できる細胞を得ることを目的として，2種類の骨髄腫細胞〔一方はP1Bul細胞でPC5と呼ばれる抗体(H鎖がIgG2aで，L鎖がκ)を産生しHGPRT⁺でTK⁻，他方はP3×63Ag8細胞でMOPC21と呼ばれる抗体(H鎖がIgG1，L鎖がκ)を産生しHGPRT⁻でTK⁺〕を融合させ，HAT培地で雑種細胞を選別してクローン化した．クローン化された雑種細胞の分泌する抗体を等電点電気泳動によって調べたところ，雑種細胞は抗体PC5とMOPC21のほかに互いにH鎖とL鎖が入れ替わった新たな抗体もつくることを認めた(図7.29)．
　次に，ヒツジの赤血球(SRBC)で免疫させたマウスの脾臓から分離した細胞とP3×63Ag8細胞とを融合させて，HAT培地で雑種細胞を選別した．目的とするハイブリドーマの選別とクローン化を兼ねてSRBCと補体を混ぜた寒天培

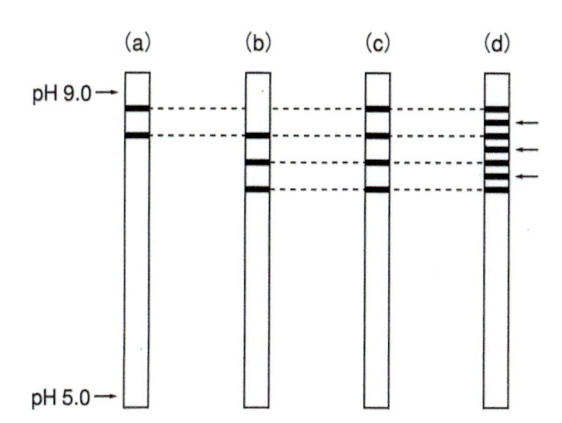

図7.29　細胞培養液に分泌する抗体の等電点電気泳動による分析
(a) P1Bul細胞の産生するPC5抗体(糖鎖などの修飾によって多様性を示している)，(b) P3×63Ag8細胞の産生するMOPC21抗体，(c) PC5とMOPC21を混ぜて泳動したもの，(d) P1BulとP3×63Ag8の融合細胞の産生する抗体．PC5とMOPC21以外に，互いにH鎖とL鎖が入れ替わった抗体(矢印で示すバンド)も含まれる．

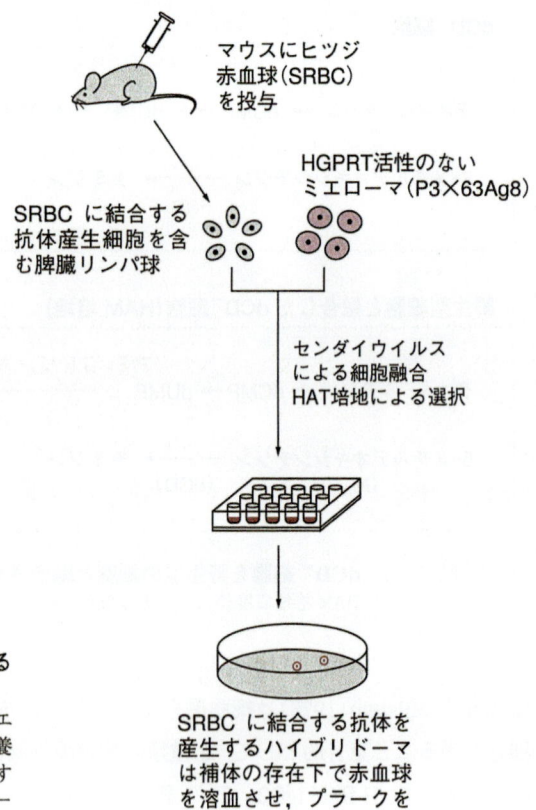

図 7.30　ヒツジの赤血球(SRBC)に対する抗体を産生するハイブリドーマのクローン化
SRBC に対して免疫にされたマウスのリンパ細胞とミエローマ細胞(P3×63Ag8)とを融合させ，HAT 培地に培養して増殖する細胞を選別し，そのなかから SRBC に対する抗体産生ハイブリドーマを赤血球の溶血によるプラークの形成を利用してクローン化した．

地中でそれを培養した．SRBC に対する抗体を産生するハイブリドーマは SRBC を溶血させて寒天培地に透明なプラークをつくることを利用して選別された(図7.30)．

7.2.5　細胞融合を利用した高分子物質の移入実験

生理活性を示す高分子物質を細胞内に注入する試みは古くからなされていた．細胞融合が試験管内で効率よく行われることが判明するまでは，微細なガラス管を細胞に刺して目的とする物質を細胞内に注入する方法が一般的であった．現在，細胞融合を利用した高分子物質の細胞内への取り込み実験として，赤血球やリポソームに生理活性物質などを封入して目的とする細胞と融合させて取り込ませる方法，目的とする遺伝子をもつ染色体を一つもつ微小核細胞を細胞と融合させその遺伝子の作用を調べる方法，卵子の核移植実験として核のみが細胞膜で覆われた細胞を脱核した他の細胞(卵子)の卵膜下に注入する方法などがある．ここでは，がん抑制遺伝子の発見に寄与した微小核融合法について説明する．

異種の細胞間で融合させて得た雑種細胞では，細胞の継代培養にともなってどちらか一方の染色体が選択的に消失する(chromosomal segregation)．ヒトと

マウスの融合細胞ではヒトの染色体を1〜数個含むさまざまな雑種細胞が得られ，これらの細胞を用いてヒト遺伝子の存在する染色体が同定（染色体マッピング）されている．正常者のヒトの染色体（*neo* 耐性遺伝子が導入されている）を1〜数個含む雑種細胞を用意し，コルセミド処理によってそれぞれの染色体が核膜で覆われた微小核を細胞内につくらせる．次に，サイトカラシン処理を行った後で，遠心力を利用して微小核が細胞膜で囲まれた微小核細胞を作製する．大きさの違いを利用して染色体を一つ含む微小核細胞を分離して，それをヒトがん細胞と融合させる．正常ヒト染色体をもつ微小核細胞とがん細胞の融合した細胞が薬剤（G418）耐性を示すのを利用して，目的とする融合細胞を選別する．そのなかから，がん細胞のもつ形質を失わせ正常化させる微小核細胞の由来を決定すると，その遺伝子（がん抑制遺伝子）をもつ染色体が同定される（図7.31）.

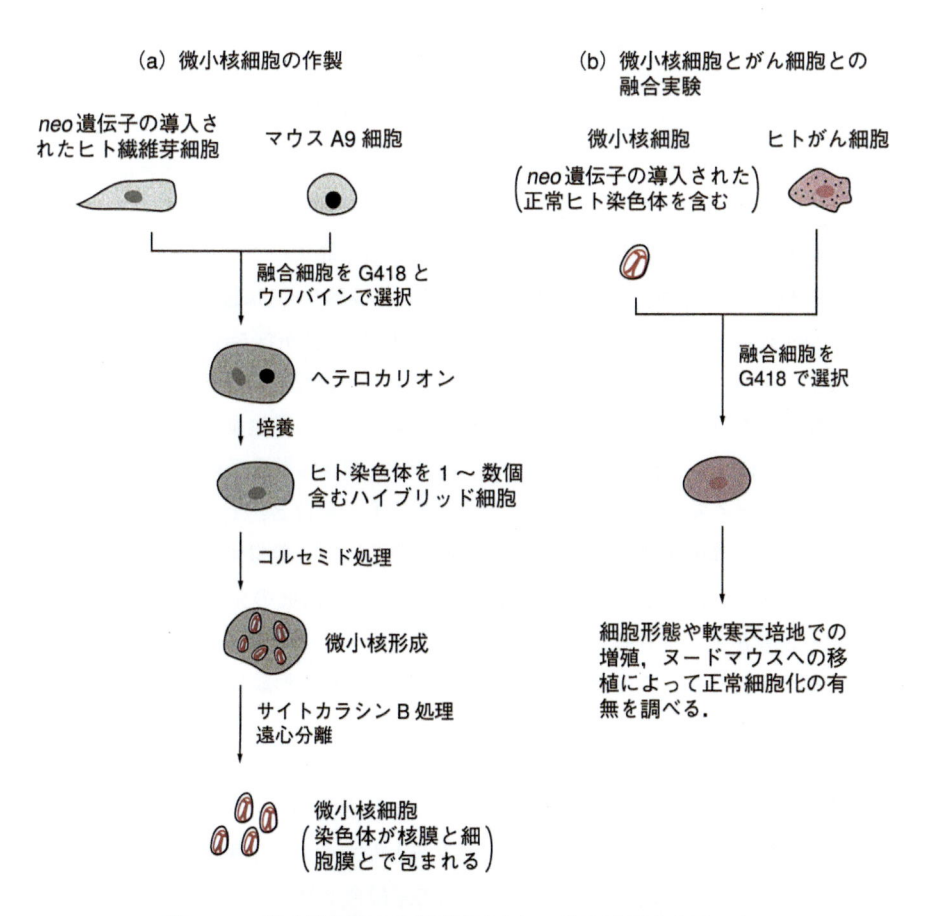

図7.31 微小核細胞の作製方法（**a**）と，微小核細胞を用いたがん抑制遺伝子染色体の同定（**b**）

7.2.6 生体内で起こる細胞融合現象

細胞融合は普遍的な生命現象の一つである．細胞融合実験で広く用いられたセンダイウイルスによる融合のみならず，受精の際の精子と卵母細胞との融合，筋芽細胞どうしの融合による多核の筋管細胞の形成，前破骨細胞の融合による破骨細胞の形成などがよく知られている．

受精では，精子が卵母細胞と接触すると卵の細胞膜に受精丘が形成され，精子膜と卵膜が融合して精子膜の構成成分は卵膜上に残り，精子核は卵内に入る．ウニ精子にはセンダイウイルスのF糖タンパク質(膜融合タンパク質)と類似してN末端近くに疎水性のアミノ酸残基からなる部位をもつタンパク質のバインディンが，アワビでは卵黄膜を溶かす溶解素に膜融合タンパク質としての活性もあることが示されている．

Primakoff ら (1987) は，モルモット精子を抗原として精子膜タンパク質に対するモノクローナル抗体を作製し，そのなかの PH-30 と名づけたモノクローナル抗体が精子と卵母細胞との融合を阻害することを見いだした．その後，PH-30 が認識する抗原タンパク質(後に fertilin α, β サブユニットと名づけられた)は，精子が成熟する時期に発現すること，PH-30 タンパク質は融合が起こる精子頭部に局在していることが示され，精子と卵母細胞との融合は PH-30 タンパク質の介在により引き起こされることが明らかにされた．

骨格筋の発生の過程では，一列に並んだ単核の筋芽細胞が互いに接着し融合して多核の筋管細胞(シンシチウム)を形成し，成熟して筋細胞となる．Yagami-Hiromasa ら (1995) は，マウスの培養筋芽細胞株(C2)から fertilin 遺伝子との相同性に基づいて3種類の meltrin(α, β, γ)と名づけた膜タンパク質の遺伝子を分離した．この meltrin-α と meltrin-β の発現は，筋の発生する胎児期の筋組織や骨組織に認められ，meltrin-α 分子内には，細胞接着分子のインテグリンと結合するディスインテグリンと高い相同性をもつ部位と，センダイウイルスの膜融合タンパク質(F糖タンパク質の融合ペプチド)と類似する部位が存在することが判明した．また，アンチセンス RNA で meltrin の発現を抑制させると C2 細胞は融合しないこと，meltrin-α を発現させた繊維芽細胞では融合して多核の細胞ができることを認め，meltrin が筋管細胞の形成にかかわっていることを示した(図 7.32)．

7.2.7 膜融合タンパク質のもつ特徴と細胞融合の機構

細胞の融合に関与する膜融合タンパク質としてその分子構造の詳細が明らかにされているものは，センダイウイルスの膜融合タンパク質(F糖タンパク質と HN タンパク質)，インフルエンザウイルスの HA タンパク質，精子と卵母細胞の融合(受精)にかかわる fertilin α, β サブユニット，それと筋管細胞の形成の meltrin，エイズ原因ウイルスである HIV の gp160(gp120 と gp41 の前駆体)である(図 7.33)．

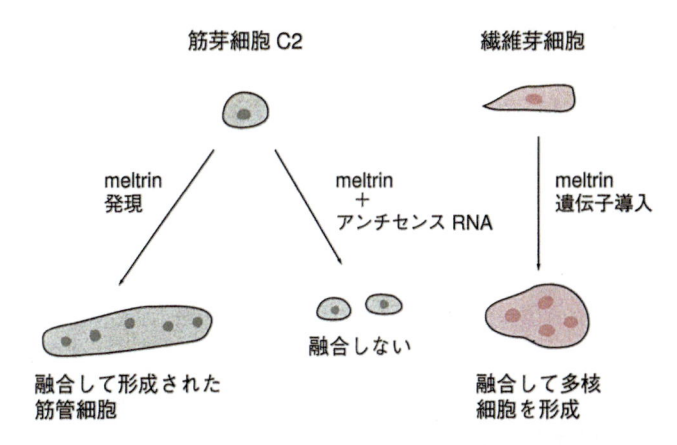

図 7.32　meltrin による細胞膜融合
骨格筋細胞の発生過程で筋芽細胞 (myoblasts, C2) は融合して細長い多核の筋管細胞となる．アンチセンス RNA を導入された C2 では meltrin が合成されず，融合しなかった．一方，meltrin 遺伝子を導入した繊維芽細胞は融合して多核の細胞となった．

それらの膜融合タンパク質は，次のような共通した特徴をもっている．① 融合する相手 (標的細胞) の細胞膜に接着するための受容体領域 (HN タンパク質と HA タンパク質では HA1 のシアル酸結合部位，fertilin β と meltrin ではインテグリン結合部位，gp120 では CD4 結合部位) が存在する，② 融合する標的細胞の細胞膜の脂質二分子層の脂質分子を乱す 20 数個の疎水性アミノ酸残基を含む部位 (融合ペプチド) が存在する，③ 膜タンパク質としての膜貫通ドメインをもっている．

細胞融合の機構の詳細については不明であるが，ここでは比較的研究の進んでいるインフルエンザウイルスとセンダイウイルスについて説明する．

インフルエンザウイルスの表面を覆う脂質二重層からなるエンベロープ (envelop，外被とも呼ぶ) には，膜融合タンパク質の HA (hemagglutinin) タンパク質がスパイク状に突き出した状態で存在している．それは，宿主細胞内でつくられたプロ HA タンパク質が細胞膜に運ばれ，膜表面のタンパク質分解酵素によって，膜貫通領域をもち膜に結合した HA1 と HA1 に S−S 結合で結合した HA2 とに切断されて HA タンパク質 (単量体) がつくられ，それが会合して三量体となったものである．HA1 には細胞膜から 13.5 nm 離れた先端にシアル酸を結合するポケットが，HA2 には 20 数個の疎水性のアミノ酸からなる融合ペプチドが含まれる．HA タンパク質はエンベロープ上で融合ペプチドを三量体の内部に向けて会合している．ウイルスは HA タンパク質を標的細胞表面の糖タンパク質や糖脂質のシアル酸に結合させた状態で宿主細胞のエンドソーム (endosome) に取り込まれる．エンドソームの pH が酸性になると，三量体 HA タンパク質の立体構造が変化して融合ペプチドが HA タンパク質の外側に配置される．相互の細胞膜に接近した融合ペプチドが脂質二重層を乱し細胞とウイルスが融合する．

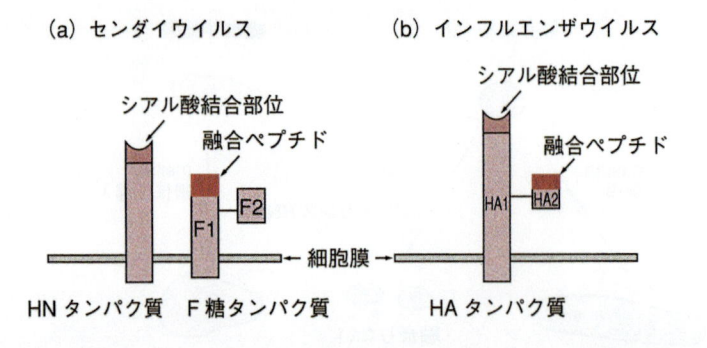

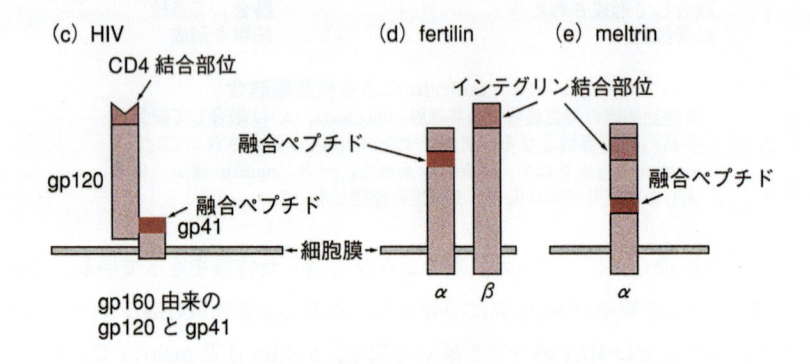

図 7.33 膜融合タンパク質の分子構造
(a) センダイウイルスの F 糖タンパク質と HN タンパク質，(b) インフルエンザウイルスの HA タンパク質，(c) ヒト免疫不全ウイルス (HIV) の gp160 由来の gp120 と gp41，(d) 精子と卵子の受精にかかわる fertilin，(e) 筋管細胞の形成にかかわる meltrin．

　センダイウイルスのエンベロープには膜融合にかかわるタンパク質として，F 糖タンパク質と HN (hemagglutinin and neuraminidase) タンパク質の 2 種類の膜タンパク質が存在しスパイク状に突き出している．F 糖タンパク質はインフルエンザウイルスの HA タンパク質に似て，プロ F 糖タンパク質が膜表面でタンパク質分解酵素によって，膜貫通領域をもちエンベロープに結合した F1 と，F1 に SS 結合で結合した F2 とに切断される．F1 の N 末端には 20 数個の疎水性のアミノ酸からなる融合ペプチドが含まれる．HN タンパク質にはシアル酸と結合する部位があり，標的細胞表面のシアル酸を認識して結合する．細胞表面のシアル酸と結合した HN タンパク質は pH が中性の状態で立体構造を変化させる．HN タンパク質の立体構造の変化によって，F1 先端の融合ペプチドが宿主細胞の脂質二重層に突き刺さり脂質二重層が乱され細胞とウイルスが融合する．

索　引

【あ】

IMP(イノシン5′-一リン酸)	173
アイソシゾマー	228
I.U.(国際単位)	76
アクチベーター	211
アーケア	2
アシドーシス	9, 154
アシル CoA	152
アシルグリセロール	45
アスコルビン酸(ビタミン C)	70
アスパラギン	12, 16
アスパラギン酸	12
アセタール	37
アセチル CoA	125, 154, 157
アセチル転移反応	158
アセト酢酸	154
アップ変異	197
アテニュエーション	178, 213
アテニュエーター	212
アデニル酸	55
アデニン	54
アデノシルコバラミン	93
アデノシン一リン酸(AMP)	55, 173
アデノシン三リン酸(ATP)	55
アデノシン二リン酸(ADP)	55
アドレナリン	137
アナログ耐性変異株	181
アニオンチャンネル	278
アニーリング	190
アノマー炭素	37
アフィニティークロマトグラフィー	19
アブザイム	73
アポ酵素	84, 85
アポタンパク質	17
アミノアシル tRNA	201
――結合部位	203
アミノ基	11
――転移酵素	75
――転移反応	169
アミノ酸	11
――代謝	165
――の分解	170
――配列	21
――発酵	178, 181
アミノ糖	34
γ-アミノ酪酸(GABA)	15, 172
アミロース	40
アミロペクチン	40
アラキドン酸	46, 161, 162
――カスケード	51
アラニン	12
アラントイン	177
rRNA(リボソーム RNA)	58, 63
RNA(リボ核酸)	53, 58
――酵素	73, 239
――ファージ	219
――ポリメラーゼ	196
アルカローシス	9
アルギニン	12, 180
アルコールデヒドロゲナーゼ	78, 94
アルコール発酵	124
アルジミン	88
アルドース	32, 33
アルドテトロース	33
アルドラーゼ	121
アルドン酸	35
αα 構造	24
α 酸化	154
α ヘリックス	22
アロステリックエフェクター	105
アロステリック酵素	104, 122, 123
アロステリック調節	104, 212
アロステリック部位	104
アンキリン	278, 281
アンチコドン	199
アンチセンス鎖	193
アンテナ色素	139
アントシアニン	253
アンバー	206
暗反応	139
アンピシリン	230, 237
Anfinsen のドグマ	30
ES 複合体	107
EMP 経路	119
イオン交換クロマトグラフィー	19
異化作用	116
鋳型鎖	193
EC 番号	75
いす形配座	38
イズロン酸	36
異性化酵素	74, 75
異性化糖	111
イソプレン	50
イソマルトース	40
イソロイシン	12
一般的組換え	189
一本鎖 DNA ファージ	219
イーディー・ホフステープロット	99
遺伝子型	248
遺伝子工学	227
遺伝子地図	224
遺伝子治療	252
遺伝子発現	193, 210, 248
遺伝子ライブラリー	239
遺伝子レベルでの調節	178
イノシトール三リン酸(IP₃)	276
イノシン 5′-一リン酸(IMP)	173
イミダゾール環	173
陰イオン性界面活性剤	287
インスリン	137, 209, 257
インテグリン	281
インデューサー	212
イントロン	25, 239
インフルエンザウイルス	298, 299
ウェスタンブロッティング	242, 244, 251
右旋性	32
ウラシル	54
ウリジル酸	173
ウレアーゼ	75, 77
ウロン酸	35
ARS	184
エイコサノイド	51, 162
栄養要求性変異株	179, 180
AMP(アデノシン一リン酸)	55, 173
エキソサイトーシス	288

索引

エキソヌクレアーゼ	234
エキソン	25, 239
S1 ヌクレアーゼ	235
SOS 応答	188
SDS (ドデシル硫酸ナトリウム)	20, 251, 287
SDS-PAGE (ドデシル硫酸ナトリウム-ポリアクリルアミド電気泳動法)	20, 242
エチジウムブロミド	233
X 線結晶構造解析	30
HVJ (センダイウイルス)	289, 298
ATP (アデノシン三リン酸)	55, 149
ADP (アデノシン二リン酸)	55
——-リボシル化反応	89
エドマン分解法	26
エナンチオマー	12, 79
NAD$^+$ (ニコチンアミド-アデニンジヌクレオチド)	56, 86
NADH	145
NADP$^+$ (ニコチンアミド-アデニンジヌクレオチドリン酸)	56, 86
NADPH	133
NMR (核磁気共鳴法)	30
N 末端配列	28
エネルギー充足率	122
エノラーゼ	122
ABH 式血液型	49
ABO 式血液型	49
エピソーム	231
エピマー	32
A 部位	203
FAD (フラビン-アデニンジヌクレオチド)	56, 86
FMN (フラビンモノヌクレオチド)	86, 145, 146
F 線毛	244
fd ファージ	224
M13 ファージ	244
mRNA (メッセンジャー RNA)	58, 193, 239
Mu ファージ	225
Embden-Meyerhof-Parnas 経路	119
エリスロマイシン	204
エリトロース	33
エルゴカルシフェロール (ビタミン D$_2$)	70
エールリッヒ腹水がん細胞	289
エレクトロポレーション法	233
塩化カルシウム法	233
塩化セシウム密度勾配遠心法	233
塩化ルビジウム法	233
塩基除去修復	188
塩基性アミノ酸	14
塩基対合のゆらぎ	202
塩基対	58
塩基配列の決定	244
遠心分画法	270
塩析	18
円筒状シャペロニン	262
エンドサイトーシス	288
エンドソーム	288, 299
エンドヌクレアーゼ	234
塩入	18
エンハンサー	215
エンベロープ	299
円(偏光)二色性(CD)	30, 264
塩溶	18
ori C	184
オーカー	206
岡崎フラグメント	183
オキサロ酢酸	126, 131, 154
2-オキソグルタル酸	127, 168
オクチルグルコシド	287
オパール	206
オペレーター	211, 212
オペロン	211, 214
ω 酸化	155
オリゴ糖	31, 49
オリゴヌクレオチド変異導入法	254
オルガネラ(細胞小器官)	4, 267, 270
オルニチン	15
オレイン酸	44, 159

【か】

介在配列	239
開始因子	204
開始コドン	195
開始複合体	206
解糖	119
解糖系	119, 120
外皮タンパク質	219
回文配列	228
界面活性剤	287
解離性アミノ酸	14
解離定数	7
化学進化	2
化学浸透圧説	149
化学浸透共役	149
鍵と錠前	77
核孔	267
核酸	53, 176
核酸プローブ	241
拡散係数	284
核磁気共鳴法(NMR)	30
核タンパク質	17, 60
核膜	267
加水分解酵素	73, 74
カスガマイシン	204
カセット変異導入法	254
カタラーゼ	75
カタール	76
活性化エネルギー	107
滑面小胞体	268
活量	8
カドヘリン	281
カナマイシン	230
加ヒドロキシルアミン分解反応	82
可変領域	260
ガラクツロン酸	36
ガラクトース	33
下流	196
加リン酸分解	133
カルニチン	152
カルバミルリン酸	169
カルビン回路	141
カルビン-ベンソン回路	141
カルボキシル基	11
がん原遺伝子	218
がん細胞	289, 290
がん抑制遺伝子	297
ガングリオシド	50
還元型窒素	165
還元的アミノ化反応	168
還元的ペントースリン酸回路	141, 142
環状 DNA	185, 230
緩衝液	8
感染多重度	220
肝ミトコンドリア	154
キサンチン	177
基質特異性	77
基質レベルのリン酸化	122, 127
キシルロース	34
——5-リン酸	133
キチン	41
キメラ抗体	260
キメラタンパク質	259
キモシン	112
キモトリプシン	75, 78, 108
逆転遺伝学	253

逆転写酵素	193	――1-リン酸	133, 134	酵素	
逆平行βシート	23	――6-リン酸	133	――の固定化法	84
キャップ	239	グルコン酸	35	――の触媒機構	106
キャプシド	219	グルタミン	12, 168	――の分類	74
吸エルゴン反応	117	グルタミン酸	12, 16, 168	――の命名法	75
球状タンパク質	17	クレノーフラグメント	245	酵素-基質複合体	82
競合阻害	96, 100	Krebs回路	126	酵素活性の単位	76
協奏的フィードバック阻害	104	クローニング	234	酵素自殺基質	96
共通配列	197	――ベクター	238	酵素発生複合体	139
共有結合触媒	108	クローバー葉構造	199	酵素反応速度論	96
極性アミノ酸	14	クロマチン	61	酵素レベルでの調節	178
極性基	274	クロマトホア	139	構造遺伝子	210
切り出し	191	クロラムフェニコール	204	構造多糖類	40, 41
キロミクロン	52, 151	クロロフィル	138, 139	構造特異性	77
近接効果	108	クロロプラスト(葉緑体)	4, 138	高速原子衝撃質量分析法	30
金属イオン触媒	108	クロロホルム-メタノール混合液	272	抗体産生細胞	294
金属酵素	94	クローン化(クローニング)	234, 294	抗体触媒	73
金属タンパク質	17	クローンの選択	241	酵母フェニルアラニン tRNA	59, 200
金属プロテアーゼ	96	群特異的酵素	78	高密度リポタンパク質	163
グアニン	54	蛍光退色回復法	284	好冷菌	83
グアノシン5′-一リン酸	173	形質転換	233	好冷性酵素	83
クエン酸	127, 157	形質導入	221	国際単位(I.U.)	76
クエン酸回路	125, 126	ゲスマー	243	骨髄腫細胞	295
クエン酸輸送系	157	ケチミン	88	コード鎖	193
組換えウシ成長ホルモン	253	血液型物質	49, 50	コドン	194
組換え結合部	189	欠陥ファージ	222	コピー数	231
組換えDNA	227, 236, 252	欠失変異体	235	コリン	273
組換えタンパク質	247, 252	ケトース	32, 34	ゴルジ体	4, 268
組込み	191	ケトン体	154	コルセミド処理	297
グラナ	138	ゲノム	218	コレカルシフェロール(ビタミンD_3)	70
グラム陰性菌	3	――ライブラリー	239	コレステロール	50, 162, 273
グラム陽性菌	3	ケラタン硫酸	43	コレプレッサー	212
グリコーゲン	40, 133	ゲル沪過カラムクロマトグラフィー	18	コロニーハイブリダイゼーション	241
グリコサミノグリカン	43	けん化	45	混合型阻害	103
グリコシド	38	限界デキストリン	134	コンセンサス配列	197
グリコシド型糖鎖	282	限外沪過	18	コンドロイチン硫酸	43
グリコシド結合	38, 42, 43	原核細胞	267	コンピテント細胞	233
グリコホリン	278	原核生物	2	コンピテント法	233
グリシン	12, 16	原形質	3	コンホメーション	25
クリステ	4, 143, 268	原形質膜	267		
グリセロ糖脂質	281	コア酵素	199	【さ】	
グリセルアルデヒド	32, 33	コアセルベート	2		
――3-リン酸	141	コア配列	191	細菌外膜	3
グリセロ脂質	46	高エネルギーリン酸結合	55, 121	サイクリックアデノシン3′,5′-一リン酸(cAMP)	55
グリセロ糖脂質	46	光化学系	139		
グリセロリン脂質	46, 47, 161, 273, 275	光合成	137	サイトカラシン処理	297
グリセロール発酵	124	――細菌	2, 137	細胞	3, 267
グルカゴン	137	――生物	137	細胞骨格タンパク質	281
グルクロン酸	35	交差	189	細胞質	3
グルコース	32, 33, 119, 129	合成酵素	74, 75	細胞小器官(オルガネラ)	4, 267

索引

細胞接着分子	279	シッフ塩基	88	神経芽腫細胞	289
細胞壁	3	質量分析法	30	シンシチウム	290, 298
細胞膜	3, 267	CD（円（偏光）二色性）	30	親水性	5
——の分離	270	cDNA ライブラリー	239	伸長因子 G	204
——の融合	288	ジデオキシ法	244	水素結合	5, 9, 58, 183
細胞融合	290, 298	自動アミノ酸配列分析装置	29	水溶性ビタミン	63
再利用経路	173	シトクロム	146, 147	スクシニル CoA	127
サザンブロッティング	242	シトシン	54	スクロース	40
左旋性	32	シトルリン	15	ステアリン酸	44
雑種細胞	289	2,4-ジニトロフェノール	150	ステム-ループ構造	63
サブユニット	21, 25	GPT（グルタミン酸-ピルビン酸トランスア		ステロイド	50
サプレッサー	202	ミナーゼ）	170	ステロール	50
サルベージ経路	173	ジヒドロキシアセトン	32, 34	ストレプトマイシン	204
酸塩基触媒	107	3,4-ジヒドロキシルフェニルアラニン		ストローマ	138
酸化還元酵素	73, 74	（DOPA）	16	スーパーオキシドジスムターゼ	75, 93
酸化的脱アミノ反応	170	ジフテリア菌	89	スーパーコイル	232
酸化的リン酸化	128, 143, 149	脂肪酸	44	スフィンゴ脂質	48
サンガー法	227, 244	——エステル	45	スフィンゴシン	49, 273
酸性アミノ酸	14	——合成酵素	159	スフィンゴ糖脂質	49, 50, 281
酸性リン脂質	162	——の鎖長伸長	159, 160	スフィンゴミエリン	50, 273
C_3 回路	141	——の酸化	152	スフィンゴリン脂質	49, 275
次亜塩素酸	256	——の生合成	156, 158	スプライシング	239
ジアシルグリセロール	46	——の不飽和化	159	スペクトリン	278, 281
ジアステレオマー	80	シャペロニン	262	制限酵素	227～229
シアノコバラミン（ビタミン B_{12}）	69	自由エネルギー変化	117	成熟タンパク質	209
シアル酸	35	終止コドン	195, 206	生体微量元素	71, 93
CAAT ボックス	215	修復機構	187	生体膜	267, 288
cAMP（サイクリックアデノシン 3′,5′-一		修復酵素	187	静電結合	9
リン酸）	55	周辺膜タンパク質	277	静電効果	108
GABA（γ-アミノ酪酸）	15, 172	宿主	247	正の調節	211
GOT（グルタミン酸-オキサロ酢酸トランス		——-ベクター系	236	生物学的封じ込め	236
アミナーゼ）	170	縮重	195	生物進化	2
色素性乾皮症	187	受精	298	西洋ワサビペルオキシダーゼ（HRPO）	251
色素タンパク質	17	出生前診断	252	セカンドメッセンジャー	55
シグナル認識粒子	209	受容体タンパク質	279	赤血球ゴースト	270
シグナル配列	208	硝酸イオン	165	Z 図	140
シグナルペプチダーゼ	209	脂溶性ビタミン	50, 63, 70	セラミド	49
シグナルペプチド認識粒子（SRP）	279	小胞体（ER）	4, 268	セリン	12
σ 因子	199	上流	196	セルロース	41
シクロデキストリン	111	上流活性化配列	215	セレノシステイン	15
シクロヘキセン	113	触媒抗体	263	セレブロシド	50, 273
自己集合	275	触媒中心活性	76	セレン	72
脂質	44, 150, 163, 272	触媒能率	76	セロビオース	40
脂質二重層	275	ショットガンクローニング	234	繊維状一本鎖 DNA ファージ	224
脂質二分子膜	52	シリアチン	11	繊維状タンパク質	17
GC ボックス	215	進化工学	256	遷移状態	107
シスチン	16	真核細胞	267	——アナログ	264
システイン	12, 16, 172	真核生物	2	旋光性	32
システイン残基の保護	26	新規タンパク質	263	線状ファージ	225
ジスルフィド結合	21, 26	ジンクフィンガー	217	センス鎖	193

センダイウイルス(HVJ)	289, 298
セントラルドグマ	193
双極子モーメント	23
相対活性	76
相転移温度	285
相同組換え	189
挿入配列	192
相補鎖 DNA	193
相補性決定部位(CDR)	260
阻害剤	96
阻害定数	100
側底膜	268
側方拡散	283
疎水性	6
疎水性クロマトグラフィー	19
疎水性結合	10
ソマトスタチン	247
粗面小胞体	268

【た】

代謝調節	115, 122, 178
耐性遺伝子	232, 237
耐熱性酵素	83
タウリン	11
ダウン変異	197
多核細胞	290
多価不飽和脂肪酸	161
脱アミノ反応	170
Taq DNA ポリメラーゼ	246
脱炭酸反応	172
脱離・付加酵素	74, 75
多糖	31, 40
ターミネーター	196, 213
単位膜	269
ターンオーバー数	76
単鎖抗体	260
単純タンパク質	17
淡色効果	60
ダンシルクロリド	29
炭水化物	31
担体タンパク質	264
単糖	31, 32, 36
タンパク質	16, 20, 86
——の安定性	258
——の一次構造	21, 25
——の改良技術	253
——の機能改善	257
——の局在化	208
——の構造解析	30

——の構造決定	25
——の三次構造	25, 30
——の二次構造	21, 22, 30
——のフォールディング	263
——の分子量	20
——の翻訳後修飾	31
——の巻き戻し	251
——の四次構造	25
タンパク質移行	208
タンパク質工学	253
チアミン(ビタミン B_1)	64, 86
チアミンピロリン酸(TPP)	86
チオクト酸(リポ酸)	69
窒素固定	165
窒素サイクル	167
窒素の循環	165, 166
チミン	54
——二量体	187
チャプス(CHAPS)	287
中性脂肪	46
中性リン脂質	162
腸肝循環	162
超好熱菌	83
超好熱性始原菌	2
長鎖脂肪酸	152
調節遺伝子	210
調節変異株	181
調節領域	210
頂端膜	268
超二次構造(モチーフ)	24
貯蔵多糖類	40
チラコイド膜	138
チロキシン	15
チロシン	12
沈降定数	63
テアニン	15
デアミダーゼ	171
T4 ファージ	219
tRNA(トランスファー RNA, 転移 RNA)	58, 199
——のクローバー葉構造	59, 200
TATA ボックス	215
DNA(デオキシリボ核酸)	53, 57
——のクローニング	227
——の切断	227
——の $de\ novo$ 合成経路	291
——の複製	183
——の変性	60
——の融解	60
——の融点	60

——の連結	227
DNA 合成のサルベージ経路	292
DNA ファージ	219, 224
DNA ヘリカーゼ	184
DNA ポリメラーゼ	183, 246
DNA ライブラリー	234
DNA リガーゼ	183, 227, 229
DOPA(3, 4-ジヒドロキシルフェニルアラニン)(ドーパ)	16
低温菌	83
ディクソンプロット	101
定常領域	260
低密度リポタンパク質	163
デオキシコール酸ナトリウム	287
デオキシ糖	35
デオキシリボ核酸(DNA)	53, 57
デオキシリボース	35, 53
——の生合成	175
鉄-硫黄クラスター	145
テトラサイクリン耐性遺伝子	232
テトラヒドロ葉酸(H_4F)	87
テトラヘドラル中間体	108
テルペノイド	50
転移 RNA(tRNA)	58, 199
転移酵素	73, 74
転化糖	111
電気化学的プロトン勾配	148
電子伝達系	143, 144
電子伝達体	139
転写	193, 195
——因子	215, 216
——開始点	196
——活性化	216
——単位	196
伝達性プラスミド	231
デンプン	40
糖鎖	282
糖脂質	42, 43, 50, 273, 281
糖質	31
糖新生	129
糖代謝	119
糖タンパク質	17, 42, 281
糖ヌクレオチド	56
等イオン点	19
透過係数	276
同化作用	116
透析	18
動的平衡	116
等電点	13
——電気泳動法	19, 251, 295

索引

de novo 合成	173
動脈硬化	163
特異性	77
特異的脱アミノ酵素	171
特殊アミノ酸	15
特殊形質導入	221
トコフェロール(ビタミンE)	70
ドデシル硫酸ナトリウム(SDS)	20, 251, 287
──-ポリアクリルアミド電気泳動法 (SDS - PAGE)	20, 242
ドーパ(DOPA)	16
ドパキノン	91
ドメイン	25, 216
トランスアミナーゼ	75
トランスファー RNA(tRNA)	58, 199
トランスポザーゼ	192
トランスポゾン	189, 192
トランスロコン	280
トリアシルグリセロール	46, 151, 161
トリオース	32
トリカルボン酸回路	126
トリグリセリド	46, 272
トリトン系界面活性剤	287
トリプトファン	12, 114
トリプトファンオペロン	212
トレオニン	12
トロンボキサン	51

【な】

ナイアシン(ニコチン酸,ニコチンアミド)	69, 86
内在性膜タンパク質	277
内部共生説	144
ナンセンスコドン	195
二機能酵素	158
ニコチンアミド(ナイアシン,ニコチン酸)	69, 86
────-アデニンジヌクレオチド(NAD$^+$)	56, 86
────-アデニンジヌクレオチドリン酸(NADP$^+$)	56, 86
ニコチン酸(ナイアシン,ニコチンアミド)	69
二重らせん	57, 58, 60
二糖類	39
ニトロゲナーゼ	165
二分子膜構造	6
二本鎖 DNA ファージ	219
二本鎖 RNA	59
二命名法	2
乳酸発酵	124
尿酸	177
尿素回路	172
認識配列	228
ヌクレアーゼ	234
ヌクレオシド	54, 55
ヌクレオソーム	61, 216
ヌクレオチド	53, 54, 56
────の生合成	173
ヌクレオチド除去修復	188
ヌクレオチド配列	228
熱ショック応答	188
熱ショックタンパク質	250, 262
粘着末端	228
濃色効果	60
ノーザンブロッティング	242

【は】

バイオレメディエーション	156
配向効果	108
ハイブリダイゼーション	241
ハイブリッドタンパク質	249
ハイブリドーマ	294
麦芽糖(マルトース)	39
バクテリオファージ	218
はさみの握りモデル	218
発エルゴン反応	117
発現系	247
発現ベクター	249
バナジウム	72
ハーバー-ボッシュ法	165
バリン	12
パルミチン酸	44, 153, 159
半選択(Half selection)	293
パントテン酸	69, 87
反応特異性	82
P680	139
P700	139
非イオン性界面活性剤	287
PEG(ポリエチレングリコール)	289
PAGE(ポリアクリルアミドゲル電気泳動法)	19
pH	7
────勾配	148
ビオチン	69, 86
────カルボキシルキャリヤー	86
比活性	76
光回復	187
非競合阻害	101
────剤	96
非極性アミノ酸	14
非極性基	274
非繰り返し構造	24
非酸化的脱アミノ反応	171
PCR(ポリメラーゼ連鎖反応)	227, 246
微小核融合法	296
ヒスチジン	12
────オペロン	214
ヒストン	61
1,3-ビスホスホグリセリン酸	141
ひだ状板構造	23
ビタミン	63
──── A	70
──── A$_1$(レチナール)	70
──── B$_1$(チアミン)	64, 86
──── B$_2$(リボフラビン)	65, 86
──── B$_6$(ピリドキシン)	65, 86
──── B$_{12}$(シアノコバラミン)	69, 87
──── C(アスコルビン酸)	70
──── D	70
──── D$_2$(エルゴカルシフェロール)	70
──── D$_3$(コレカルシフェロール)	70
──── E(トコフェロール)	70
──── K	71
非タンパク質性アミノ酸	16
必須金属イオン	72
非伝達性プラスミド	232
ヒトゲノム計画	252
ヒト成長ホルモン	261
ヒトリゾチーム	258
4-ヒドロキシプロリン	15
3-ヒドロキシ酪酸	154
5-ヒドロキシリシン	15
ヒドロニウムイオン	7
pBR322	231
P 部位	203
PVA(ポリビニルアルコール)	289
ヒポキサンチン	177
ヒポタウリン	11
ピューロマイシン	204
表在性膜タンパク質	277
標準酸化還元電位	144
標準自由エネルギー変化	118, 147
HeLa 細胞	289
ピラノース	37
ピリドキサール酵素	88
ピリドキサールリン酸	85, 86

索　引

ピリドキシン(ビタミン B₆)	65, 86	フラノース	37	ペプチドグリカン	3
ピリミジン塩基	54	フラビン-アデニンジヌクレオチド(FAD)		ペプチド鎖の切断法	26
——の分解	176		56, 86	ペプチド断片	28
ピリミジン二量体	187	フラビンモノヌクレオチド(FMN)		ペプチド・ビルトイン型補酵素	91
ピリミジンヌクレオチドの生合成	173		86, 145, 146	ペプチド結合	21
ヒルの式	106	フリーズ・フラクチャー・エッチング法		ヘミアセタール	37
ピルビン酸	122, 129, 157		269	ヘム	71, 147
ピルボイル残基	92	プリン塩基	54	ペラグラ	69
ビルレントファージ	220	——の分解	176	ヘリックス-ターン-ヘリックスモチーフ	
ピロロキノリンキノン(PQQ)	70, 87, 89	プリン環ヌクレオチドの生合成	173		216
ヒンジ構造	25	フルクトース	34	ヘリックスバンドル型タンパク質	264
ファゴソーム	269	フルクトース 6-リン酸	131	ヘルパーファージ	223
ファージ	218	プレタンパク質	208	変異原物質	186
ファージディスプレー	260	フレームシフト変異	186	ヘーンズ・ウルフプロット	99
ファンデルワールス力	10	プロスタグランジン	51, 162	変旋光	37
部位特異的組換え	190	プロセシング	210	ペントースリン酸経路	131, 132
部位特異的変異	254	プロタンパク質	209	偏比容	271
フィードバック阻害	104, 178	ブロッティング	242	鞭毛	4
フィードバック抑制	178	プロテアーゼ	96	補因子	84
封じ込め	236	プロテイン A	249	飽和脂肪酸	44
封入体	249	プロテオグリカン	42, 43	補欠金属	93
フェニルアラニン	12	プロトン駆動力	148	補欠分子族	84
——オペロン	214	プロビタミン	63	補酵素	63, 85
フォールディング	261, 262	プローブ	243	—— A(CoA-SH)	87
不活性化剤	96	プロファージ	220	—— B₁₂	87
不競合型阻害	104	プロモーター	196, 212, 248	——依存性酵素	85
複合脂質	272	プロリン	12	ホスファチジルイノシトール	46
複合タンパク質	17	分子活性	76	——二リン酸	276
複合糖質	42	分子シャペロン	31, 250, 261	ホスファチジルコリン	273
複製	183, 185	分子進化工学	256	ホスファチジン酸	46, 161
複製型 DNA(RF-DNA)	244	分枝点移動	189	ホスホエノールピルビン酸	131
複製起点	184	分泌タンパク質	208	3-ホスホグリセリン酸	141
複製フォーク	185	平滑末端	228	ホスホジエステル結合	234
L-フコース	35	平行 β シート	23	ホスホリパーゼ	46, 47
付着部位	191	ヘキソキナーゼ	121	ホトリアーゼ	187
付着末端	220, 228	ベクター	232	ホメオドメイン	216
復帰変異	185	βαβ 構造	24	ホモシステイン	15
物理的封じ込め	236	β 酸化	151〜153	ホモ多糖類	40
舟形配座	38	β シート	22, 23	ホモ乳酸発酵	124
負の調節	211	β ターン	22, 24	ポリアクリルアミドゲル電気泳動法	
普遍的組換え	189	β バレル構造	24	(PAGE)	19, 251
不飽和脂肪酸	44, 156, 161	β ヘアピン構造	24	ポリアデニル化	239
プライマー	184, 245, 246	ヘテロ多糖類	40	ポリエチレングリコール(PEG)	289
プライマーゼ	184	ヘテロ二本鎖	189	ポリ(A)尾部	240
プライモソーム	184	ヘテロ乳酸発酵	124	ポリソーム	208
プラーク	220	L-ペニシラミン	91	ホリデイ構造	189
——ハイブリダイゼーション	241	ヘパラン硫酸	43	ポリヌクレオチド	57
プラスミド	230	ペプチジル tRNA	202	ポリペプチド	16
プラスミド DNA	230	——結合部位	203	ポリメラーゼ連鎖反応(PCR)	227
——の分離	232	ペプチド	16	ポリリボソーム	208

索引

ポーリン	143
N-ホルミルメチオニン	205
ホロ酵素	85, 199
ホロタンパク質	17
翻訳	193, 199, 279

【ま】

マーカー遺伝子	237
膜貫通タンパク質	149
膜貫通ドメイン	277
膜貫通領域	280
膜電位	148
膜の流動性	285
膜面タンパク質	149
膜融合タンパク質	298
マクサム-ギルバート法	227, 244
膜タンパク質	208, 277, 278
マトリックス	4, 143
マルチクローニングサイト	238
マルトース(麦芽糖)	39
マロニル CoA	157
マロニル転移反応	158
マンノース	33
ミカエリス	97
——定数	98
——・メンテンの式	98
ミセル	52
密度勾配遠心法	18
ミトコンドリア	4, 143, 268, 271
—— DNA	143
ミューテーター遺伝子	185
娘鎖	183
明反応	139
メチオニン	12
メチルグルコシド	38
メチルコバラミン	93
メチルニトロソグアニジン	186
3-メチルヒスチジン	15
メッセンジャー RNA(mRNA)	
	58, 193, 239
メバロン酸	163

メラノーマ細胞	289
免疫グロブリン G	260
モジュール	25
モチーフ(超二次構造)	24, 216
モノアシルグリセロール	46
モノクローナル抗体	260, 294, 298
モルテングロビュール	262

【や】

融解温度	60
融合タンパク質	249
誘導型プロモーター	248
誘導物質	212, 248
誘発	220
遊離因子(RF)	206
輸送小胞	280
輸送タンパク質	279
UDP グルコース	135
ユビキノン	145, 146
陽イオン性界面活性剤	287
溶菌	219
溶原化	220, 221
溶原菌	220
溶原性ファージ	220
葉酸	69, 87
溶媒効果	108
葉緑体(クロロプラスト)	4, 138

【ら】

ラインウィーバー・バークの式	99, 101
ラギング鎖	184
α-ラクトアルブミン	258
ラクトース	40
——オペロン	211
ラット肝がん細胞腫	290
λ ファージ	220, 222, 238, 239
ランダム変異	255
リシン	12, 113, 180
リソソーム	4, 268
リゾチーム	219

リゾレシチン	287
リーダー配列	213
リーダーペプチド	212
立体特異性	77, 79
立体配座	32
立体配置	32
リーディング鎖	184
リノレン酸	44
リブロース	34
—— 5-リン酸	133
リボ核酸(RNA)	53
リボザイム	73, 239
リポ酸(チオクト酸)	69
リボース	33, 53
—— 5-リン酸	133
リボソーム	4, 61, 62, 203
—— RNA(rRNA)	58, 203
——結合部位	205, 206
リボソーム	53, 275
リポタンパク質	17, 51, 163
リボフラビン(ビタミン B_2)	65, 86
流動モザイクモデル	269, 286
両親媒性	6, 263
両性界面活性剤	287
両性電解質	13
リンカー	230
リンゴ酸	127, 157
リンタンパク質	17
Rubisco	141
ループ構造	24
レチナール(ビタミン A_1)	70
Rec A タンパク質	188
レトロウイルス	193
レプリコン	230
レプレッサー	211
レポーター遺伝子	226
ロイコトリエン	51, 162
ロイシン	12, 80
——オペロン	214
——ジッパー	217
ρ 因子	198
Rossmann フォールド	24

● 執筆者紹介 ●

左右田健次（そうだ）
1956年　京都大学農学部卒業
現　在　京都大学名誉教授
　　　　関西大学工学部非常勤講師
農学博士

菊池　正和
1964年　京都大学農学部卒業
現　在　立命館大学理工学部教授
農学博士

西野　徳三
1966年　東北大学理学部卒業
現　在　東北生活文化大学家政学科教授
理学博士

川嵜　敏祐
1964年　京都大学薬学部卒業
現　在　京都大学薬学部教授
薬学博士

黒坂　光
1981年　京都大学薬学部卒業
現　在　京都産業大学工学部教授
薬学博士

福井　成行
1968年　神戸大学理学部卒業
現　在　京都産業大学工学部教授
薬学博士

生化学――基礎と工学

第1版　第1刷　2001年3月10日
　　　　第15刷　2023年9月20日

検印廃止

JCOPY　〈出版者著作権管理機構委託出版物〉
本書の無断複写は著作権法上での例外を除き禁じられています．
複写される場合は，そのつど事前に，出版者著作権管理機構
（電話 03-5244-5088，FAX 03-5244-5089，e-mail: info@jcopy.or.jp）
の許諾を得てください．

本書のコピー，スキャン，デジタル化などの無断複製は著作権法上
での例外を除き禁じられています．本書を代行業者などの第三者に
依頼してスキャンやデジタル化することは，たとえ個人や家庭内の利
用でも著作権法違反です．

乱丁・落丁本は送料小社負担にてお取りかえします．

Printed in Japan © K. Soda et al., 2001　無断転載・複製を禁ず

編　著　者　左右田健次
発　行　者　曽根　良介

発　行　所　（株）化学同人
〒600-8074　京都市下京区仏光寺通柳馬場西入ル
編集部　Tel 075-352-3711　Fax 075-352-0371
営業部　Tel 075-352-3373　Fax 075-351-8301
振替01010-7-5702
e-mail　webmaster@kagakudojin.co.jp
URL http://www.kagakudojin.co.jp

印刷・製本　（株）ウイル・コーポレーション

ISBN978-4-7598-0882-7